菜园农药
实用手册

何永梅　王迪轩　主编

化学工业出版社

·北京·

本书从菜农常用农药的角度出发，结合种植业生产使用的低毒低残留农药的主要品种名录（2016）及当前蔬菜上使用的主流农药品种，精心选编了120余种农药，详细介绍了其结构式、分子式、分子量、CAS登录号、其他名称、化学名称、主要剂型、理化性质、产品特点、防治对象、使用方法、中毒急救及注意事项，为政府部门培训农药品种业务知识、农资经销商详细了解农药品种、菜农科学使用农药提供参考。

本书通俗易懂，可为农业生产合作社、家庭农场、种植大户、农民科学用药提供参考，亦可供农资经销商参考。

图书在版编目（CIP）数据

菜园农药实用手册/何永梅，王迪轩主编．—北京：
化学工业出版社，2019.1
ISBN 978-7-122-33394-0

Ⅰ.①菜… Ⅱ.①何…②王… Ⅲ.①蔬菜-农药施
用-手册 Ⅳ.①S436.3-62

中国版本图书馆 CIP 数据核字（2018）第 283163 号

责任编辑：刘　军　冉海滢
责任校对：张雨彤　　　　　　　　　装帧设计：关　飞

出版发行：化学工业出版社（北京市东城区青年湖南街 13 号　邮政编码 100011）
印　　刷：大厂聚鑫印刷有限责任公司
装　　订：三河市宇新装订厂
710mm×1000mm　1/16　印张 17½　字数 410 千字　2019 年 3 月北京第 1 版第 1 次印刷

购书咨询：010-64518888　　售后服务：010-64518899
网　　址：http://www.cip.com.cn
凡购买本书，如有缺损质量问题，本社销售中心负责调换。

定　　价：58.00 元　　　　　　　　　　　　　　版权所有　违者必究

本书编写人员名单

主　　编　何永梅　王迪轩

副 主 编　彭特勋　周建芳　龚立林　谭一丁　隆志方

编写人员　（按姓氏汉语拼音排序）

曹冰兵　曹建安　陈天奇　龚立林　何延明　何永梅

贺铁桥　胡　为　孔志强　李光波　李丽蓉　李雪峰

李　艳　刘国荣　隆志方　彭特勋　谭卫建　谭一丁

王　灿　王迪轩　王雅琴　吴　琴　夏　妹　徐　军

徐军辉　杨毅然　藏文兵　张建萍　张有民　周建芳

前　言

　　剧毒、高毒农药不得用于防治卫生害虫，不得用于蔬菜、瓜果、茶叶、菌类、中草药材的生产，不得用于水生植物的病虫害防治。《农药管理条例》（2017年修订版）于2017年6月1日起实施，以保证农药质量为核心，保障安全为主要目的，对违法行为的处罚力度堪称史上最严。对农药生产者、经营者和使用者都有一些新的规定，也说明农药的生产、经营与使用规范与我们的生活息息相关。对农药新品种的正确认识和使用是贯彻好新的《农药管理条例》的必不可少的一个环节。

　　新颁布的《农药管理条例》（以下简称《案例》）指出："农药经营要求有具备农药和病虫害防治专业知识，熟悉农药管理规定，能够指导安全合理使用农药的经营人员。农药经营者应当向购买人询问病虫害发生情况，必要时应当实地查看病虫害发生情况，并且科学推荐，正确说明农药的使用范围、使用方法和剂量、使用技术要求和注意事项，不得误导购买人。"《条例》同时强调，"强化农药使用者的义务，严格按照农药的标签使用农药，不得扩大使用范围、加大用药剂量或者改变使用方法；不得使用禁用的农药；不得将剧毒、高毒农药用于防治卫生害虫，蔬菜、瓜果、茶叶、菌类、中草药材的生产，水生植物的病虫害防治。"这就赋予了农药经销商更多的责任，不仅推荐产品要符合需求，对症下药，而且要引导农民合理用药。这主要是针对农药经销商提出的更高要求，农药经销商必须加强业务学习，对所经营的农药产品做到非常熟悉，除了通过农药进行赢利，还得是"植物医生"，看病虫给药，不得乱给药。

　　原农业部制定的《到2020年农药使用量零增长行动方案》提出："到2020年，初步建立资源节约型、环境友好型病虫害可持续治理技术体系，科学用药水平明显提升，单位防治面积农药使用量控制在近三年平均水平以下，力争实现农药使用总量零增长。但在减少农药使用量的同时，还要做到提高病虫害综合防治水平，做到病虫害防治效果不降低，促进粮食和重要农产品生产稳定发展，保障有效供给。"这主要是针对农民而言，要做到科学用药，即要求农民结合农业、物理等手段，结合科学用药减少农药施用量，在药剂选用上，要选用高效、低毒、低残留的农药，尽量使用生物农药。

　　据农业农村部消息，根据《中华人民共和国食品安全法》《农药管理条例》有关规定和《关于持久性有机污染物的斯德哥尔摩公约》《关于消耗臭氧层物质的蒙特利尔议定书（哥本哈根修正案）》的相关要求，农业农村部决定对硫丹、溴甲烷、乙酰甲胺磷、丁硫克百威、乐果5种农药采取禁限用措施。其中自2019年3月26日起，禁止含硫丹产品在农业上使用，自2019年1月1日起，禁止含溴甲烷产品在农业上使用，

2019 年 8 月 1 日起，禁止乙酰甲胺膦、丁硫克百威、乐果在蔬菜、瓜果、茶叶、菌类和中草药材作物上使用。这是由于目前生产上应用的氯虫苯甲酰胺系列、甲维盐系列、噻虫嗪等许多产品，已经能够替代这些高毒高残留农药，目前微生物农药、生物农药等环境友好型农药正在快速发展，一些高毒高残留农药的淘汰也是必然。全国农业技术推广服务中心推广研究员束放表示："总体来看，农药行业正在向高效、低毒、低残留、无污染的方向发展。杀虫剂也在向安全性高、生物活性高、选择性高的"三高"方向发展。"这指明了农民在农业生产中防治作物病虫害药剂选用的方向。随着农药原药、制剂的不断研究和开发，以及国内、国际对农产品质量安全、环境保护等的要求，随时都会有一些旧的原药、制剂被淘汰，新的原药、制剂得到推广应用，因此，农药经销商、使用者必须时时紧跟形势，对新的原药、制剂的性质、特点、使用方法和注意事项有最新的了解。

要实现农药使用量零增长，必须有政府部门、农药经销商及农民三方的共同努力，三者都应对农药品种有较为全面的认识，了解农药的作用特点、防治对象、使用方法及注意事项等。

为响应国家减药行动和新颁布的《农药管理条例》，编者从生物农药、新农药、菜农常用农药等角度，并结合种植业生产使用低毒低残留农药主要品种名录（2016）及当前蔬菜上使用的主流农药品种选编了 120 余种农药，详细介绍其结构式、分子式、分子量、CAS 登录号、其他名称、化学名称、主要剂型、理化性质、产品特点、防治对象、使用方法、中毒急救及注意事项，以期为政府部门农药业务知识培训、农药经销商详细了解农药品种、菜农科学使用农药提供参考。

由于时间仓促，编者水平有限，疏漏和不妥之处在所难免，敬请读者批评指正。

何永梅　王迪轩
2018 年 10 月

目　录

第一章　杀虫（螨）剂

吡虫啉（imidacloprid）

$C_9H_{10}ClN_5O_2$, 255.7, 138261-41-3

其他名称　大丰收、连胜、千红、毒蚜、蚜克西、蚜虫灵、蚜虱灵、敌虱蚜、抗虱丁、蚜虱净、扑虱蚜、高巧、咪蚜胺、比丹、大功臣、康福多、一遍净、艾金、艾美乐、比巧等。

化学名称　1-(6-氯吡啶-3-吡啶基甲基)-N-硝基亚咪唑烷-2-基胺

主要剂型　2.5％、5％、10％、20％、25％、50％、70％可湿性粉剂，5％、10％、20％可溶性浓剂，5％、6％、10％、12.5％、20％可溶性液剂，10％、30％、45％微乳剂，40％、65％、70％80％水分散粒剂，10％、15％、20％、25％、35％、48％、240g/L、350g/L、600g/L悬浮剂，15％微囊浮剂，2.5％、5％片剂，15％泡腾片剂，5％展膜油剂，2％颗粒剂，0.03％、1.85％、2.10％、2.50％胶饵，0.50％、1％、2％、2.15％、2.50％饵剂，2.5％、4％、5％、10％、20％乳油，70％湿拌种剂，10mg/片杀蝇纸，1％、60％悬浮种衣剂，70％种子处理可分散粉剂等。

理化性质　无色结晶，具有轻微特殊气味。熔点144℃，蒸气压 4×10^{-7} mPa（20℃），9×10^{-7} mPa（25℃），相对密度1.54（23℃）。溶解度（20℃，g/L）：水中0.61；有机溶剂：二氯甲烷67，异丙醇2.3，甲苯0.69，正丁烷＜0.1（室温）。稳定性：pH5～11稳定。属新烟碱类硝基亚甲基类内吸性低毒杀虫剂。

产品特点

（1）吡虫啉是一种结构全新的神经毒剂化合物，其作用靶标是害虫体神经系统突触后膜的烟酸乙酰胆碱酯酶受体，干扰害虫运动神经系统正常的刺激传导，因而表现为麻痹致死。这与一般传统的杀虫剂作用机制完全不同，因而对有机磷、氨基甲酸酯、拟除虫菊酯类杀虫剂产生抗性的害虫，改用吡虫啉仍有较佳的防治效果。且吡虫啉与这三类杀虫剂混用或混配增效明显。

（2）吡虫啉是一种高效、内吸性、广谱型杀虫剂，具有胃毒、触杀和拒食作用，对有机磷类、氨基甲酸酯类、拟除虫菊酯类等杀虫剂产生抗药性的害虫也有优异的防治效果，对刺吸式口器如蚜虫、叶蝉、飞虱、蓟马、粉虱等有较好的防治效果。

（3）易引起害虫产生耐药性。由于吡虫啉的作用位点单一，害虫易对其产生耐药性，使用中应控制施药次数，在同一作物上严禁连续使用2次，当发现田间防治效果降低时，应及时换用有机磷或其他类型杀虫剂。

（4）速效性好，药后1d即有较高的防效，残留期长达25d左右，施药1次可使一些作物在整个生长季节免受虫害。

（5）药效和温度呈正相关，温度高，杀虫效果好。

（6）吡虫啉除了用于叶面喷雾，更适用于灌根、土壤处理、种子处理。这是因为其对害虫具有胃毒和触杀作用，叶面喷雾后，药效虽好，持效期也长，但滞留在茎叶的药剂一直是吡虫啉的原结构。而用吡虫啉处理土壤或种子，由于其良好的内吸收，被植物根系吸收进入植株后的代谢产物杀虫活性更高，即吡虫啉原体及其代谢产物共同起杀虫作用，因而防治效果更高。吡虫啉用于种子处理时还可与杀菌剂混用。

（7）鉴别要点：纯品为无色结晶，能溶于水。原药为浅橘黄色结晶。10％可湿性粉剂为暗灰黄色粉末状固体。

用户在选购吡虫啉制剂及复配产品时应注意：确认产品的通用名称或英文通用名称及含量；查看农药"三证"，5％和10％乳油、10％和25％可湿性粉剂应取得生产许可证（XK），其他吡虫啉单品品种及其所有复配制剂应取得农药生产批准证书（HNP）；查看产品是否在2年有效期内。

生物鉴别：摘取带有稻飞虱或者稻叶蝉的水稻叶片若干个，将10％可湿性粉剂稀释4000倍后直接对带有稻飞虱或者稻叶蝉的叶片均匀喷雾，数小时后观察害虫是否被击倒致死。若致死，则说明该药为合格品，反之为不合格品。

（8）吡虫啉常与杀虫单、杀虫双、噻嗪酮、抗蚜威、敌敌畏、辛硫磷、高效氯氰菊酯、氯氰菊酯、联苯菊酯、氰戊菊酯、溴氰菊酯、阿维菌素、甲氨基阿维菌素苯甲酸盐、苏云金杆菌、多杀霉素、吡丙醚、灭幼脲、哒螨灵等杀虫剂成分混配，用于生产复配杀虫剂。

防治对象 不能用于防治线虫和螨。主要用于防治刺吸式口器害虫及其抗性品系，如蚜虫、蓟马、粉虱、叶蝉、飞虱及其抗性品系。对鞘翅目、双翅目和鳞翅目的一些害虫也有较好的防效，如潜叶蝇、潜叶蛾、黄曲条跳甲和种蝇属害虫。

使用方法 主要用于喷雾，也可用于种子处理等。

（1）防治十字花科蔬菜蚜虫、叶蝉、粉虱等。从害虫发生初期或虫量开始较快上升时开始喷药，每亩（1亩＝667m²）用5％乳油30～40mL，或5％片剂30～40g，或10％可湿性粉剂15～20g，或25％可湿性粉剂6～8g，或50％可湿性粉剂3～4g，或70％可湿性粉剂或70％水分散粒剂2～3g，或200g/L可溶液剂8～10mL，或350g/L悬浮剂4～6mL，兑水30～45kg均匀喷雾。15d左右喷1次，连喷2次。

（2）防治番茄、茄子、黄瓜、西瓜等瓜果类蔬菜的蚜虫、粉虱、蓟马、斑潜蝇。从害虫发生初期或虫量开始迅速增多时开始喷药，一般每亩用5％乳油60～80mL，或5％片剂60～80g，或10％可湿性粉剂30～40g，或25％可湿性粉剂12～16g，或50％可湿性粉剂6～8g，或70％可湿性粉剂或70％水分散粒剂4～6g，或200g/L可溶液剂15～20mL，或350g/L悬浮剂8～12mL，兑水45～60kg均匀喷雾。15d左右喷1次，连喷2次。

（3）防治保护地蔬菜白粉虱、斑潜蝇。从害虫发生初期开始喷药，一般每亩用5％

乳油 80～100mL，或 5％片剂 80～100g，或 10％可湿性粉剂 40～60g，或 25％可湿性粉剂 20～25g，或 50％可湿性粉剂 10～12g，或 70％可湿性粉剂或 70％水分散粒剂 6～8g，或 200g/L 可溶液剂 20～30mL，或 350g/L 悬浮剂 12～15mL，兑水 45～60kg 均匀喷雾。10～15d 喷 1 次，连喷 2 次。

（4）防治小猿叶虫，用 10％可湿性粉剂 1250 倍液喷雾。

（5）防治葱类蓟马，用 10％可湿性粉剂 2500 倍液喷雾。

（6）防治西花蓟马、棕榈蓟马等，采用穴盘育苗的，可在定植前用 20％可溶性液剂 3000～4000 倍液蘸根，每株蘸 30～50mL，持效期 1 个月。

（7）防治葱须鳞蛾，用 20％浓可溶性粉剂 2500 倍液喷雾。

（8）种子处理，一般有效成分亩用量为 3～10g，兑水喷雾或拌种。

中毒急救　对眼有轻微刺激作用，对皮肤无刺激作用。使用时要注意防护，防止药液接触皮肤和吸入药粉、药液，用药后要及时洗洁暴露部位，应用大量清水冲洗至少 15min。如不慎食用，立即催吐并及时送医院治疗。吡虫啉无特效解毒剂，如发生中毒应及时送医院对症治疗。

注意事项

（1）尽管本药低毒，使用时仍需注意安全。

（2）不要与碱性农药混用，不宜在强阳光下喷雾使用，以免降低药效。

（3）为避免出现结晶，使用时应先把药剂在药筒中加少量水配成母液，然后再加足水，搅匀后喷施。

（4）不能用于防治线虫和螨类害虫。

（5）吡虫啉对人畜低毒，但对家蚕和虾类属高毒农药，对蜜蜂的毒性极高，因此必须禁止在桑园及蜜蜂活动区域使用。

（6）由于吡虫啉作用位点单一，害虫易对其产生耐药性，使用中应控制施药次数，在同一作物上严禁连续使用 2 次，当发现田间防治效果降低时，应及时换用有机磷类或其他类型杀虫剂。据有关试验，啶虫脒和吡虫啉对甜瓜蚜虫的防治效果相对较差，可能与甜瓜蚜虫的抗药性有关。因此，在甜瓜蚜虫实际防治时，应慎用吡虫啉和啶虫脒，或与其他作用机制的杀虫剂（如氟啶虫酰胺、吡蚜酮、溴氰虫酰胺等）进行交替、轮换使用。

（7）最近几年的连续使用，造成了很高的抗性，国家已经禁止其在水稻上使用。

（8）20％可溶性浓剂防治甘蓝菜蛾，安全间隔期为 7d，一季最多使用 2 次；防治番茄白粉虱，安全间隔期为 3d，一季最多使用 2 次。10％乳油用于萝卜，安全间隔期为 7d，一季最多使用 2 次。5％乳油用于甘蓝，安全间隔期为 7d，一季最多使用 2 次。

噻虫胺（clothianidin）

$C_6H_8ClN_5O_2S$, 249.7, 210880-92-5

其他名称　可尼丁、多面星、福利星、伏威、镇定。

化学名称 (*E*)-1-(2-氯-1,3-噻唑-5-基甲基)-3-甲基-2-硝基胍

主要剂型 35％、50％水分散粒剂，20％、50％悬浮剂，0.5％颗粒剂。

理化性质 纯品为无色、无味粉末。熔点 176.8℃，相对密度 1.61（20℃）。溶解度：水 0.327g/L，甲醇 6.26g/L，乙酸乙酯 2.03g/L，二氯甲烷 1.32g/L，二甲苯 0.0128g/L。

产品特点

（1）噻虫胺结合位于神经后突触的烟碱乙酰胆碱受体，属广谱性新型烟碱类杀虫剂，具有内吸性、触杀和胃毒作用，是一种高效、安全、高选择性的新型杀虫剂。

（2）具有高效、广谱、用量少、毒性低、持效期长、对作物无药害、使用安全、与常规农药无交互抗性等优点，有卓越的内吸和渗透作用，是替代高毒有机磷农药的又一品种。其结构新颖、特殊，性能与传统烟碱类杀虫剂相比更为优异，有可能成为世界性的大型杀虫剂品种。

（3）对有机磷、氨基甲酸酯和合成拟除虫菊酯具高抗性的害虫对噻虫胺无抗性。

（4）适用于叶面喷雾、土壤处理。经室内对白粉虱的毒力测定和对番茄烟粉虱的田间药效试验表明，具有较高活性和较好的防治效果。表现出较好的速效性，持效期在 7d 左右。

（5）可与联苯菊酯、醚菊酯、高效氯氟氰菊酯、啶虫脒等进行复配，生产复配杀虫剂，如 37％噻虫胺·联苯菊酯悬浮剂、20％噻虫胺·醚菊酯悬浮剂、25％噻虫胺·高效氯氟氰菊酯微胶囊悬浮剂、25％啶虫·噻虫胺乳油。

防治对象 主要用于水稻、蔬菜、玉米、棉花、果树等作物上防治粉虱、蚜虫、叶蝉、蓟马、飞虱、小地老虎、金针虫、蛴螬、种蝇等半翅目、鞘翅目、双翅目和鳞翅目类害虫。

使用方法

（1）防治番茄烟粉虱，在低龄若虫盛施药，用 35％水分散粒剂 3～4g/亩兑水均匀喷雾。

（2）防治白菜菜青虫，用 50％噻虫胺水分散粒剂 6.4～12.8g/亩喷雾，持效期达 14～21d，可大面积推广应用。

注意事项

（1）不宜与碱性农药或物质（如波尔多液、石硫合剂等）混用。

（2）对蜜蜂接触高毒，经口剧毒，具有极高风险性，使用时应注意，蜜源作物花期禁用，施药期间密切关注对附近蜂群的影响。

（3）对家蚕剧毒，具极高风险性。蚕室及桑园附近禁用。

（4）禁止在河塘等水域中清洗施药器具。

（5）勿让儿童接触本品。不能与食品、饲料存放一起。

（6）在番茄上使用的安全间隔期为 7d，每季最多施药 3 次。

噻虫嗪（thiamethoxam）

C$_8$H$_{10}$ClN$_5$O$_3$S, 291.7, 153719-23-4

其他名称 阿克泰、锐胜、快胜、亮盲、领绣、噻农。

化学名称 3-（2-氯-1,3-噻唑-5-基甲基）-5-甲基-1,3,5-噁二嗪-4-基亚乙基（硝基）胺

主要剂型 21％、25％、50％水分散粒剂，21％、30％悬浮剂，10％微乳剂，0.12％颗粒剂，30％悬浮种衣剂，30％种子处理悬浮剂，70％种子处理可分散粉剂，0.01％胶饵。

理化性质 结晶粉末。熔点 139.1℃，蒸气压 6.6×10^{-6} mPa（25℃），相对密度 1.57（20℃）。溶解度：水中（25℃）4.1g/L；有机溶剂（g/L）：丙酮 48，乙酸乙酯 7.0，二氯甲烷 110，甲苯 0.680，甲醇 13，正辛醇 0.620，正己烷＜0.001。在 pH＝5 条件下稳定。

产品特点

（1）作用机理与吡虫啉等烟碱类杀虫剂相似，但具有更高的活性；有效成分干扰昆虫体内神经的传导作用，其作用方式是模仿乙酰胆碱，刺激受体蛋白，而这种模仿的乙酰胆碱又不会被乙酰胆碱酯酶所降解，使昆虫一直处于高度兴奋中，直到死亡。

（2）噻虫嗪是第二代烟碱类高效低毒广谱杀虫剂，其作用机理完全不同于现有的杀虫剂，与吡虫啉、啶虫脒和烯啶虫胺等无交互抗性问题，是取代对哺乳动物毒性高、残留时间长的有机磷、氨基甲酸酯类和有机氯类杀虫剂的较好品种。对各种蚜虫、飞虱、叶蝉、蓟马、粉虱等刺吸式口器害虫及多种咀嚼式口器害虫有特效，对马铃薯甲虫也有很好的防治效果，对多种类型化学农药产生抗性的害虫防治效果较好。

（3）作用途径多样，具有良好的胃毒、触杀活性、强内吸传导性和渗透性，叶片吸收后迅速传导到植株各部位，害虫吸食药剂后，能迅速抑制害虫活动，停止取食，并逐渐死亡，药后 2～3d 出现死虫高峰。

（4）高效低毒，每亩用 25％噻虫嗪水分散粒剂 2～4g，即可取得理想的防效，属低毒产品。

（5）持效期长，耐雨水冲刷，一般药效可达 14～35d。

（6）噻虫嗪常与氯虫苯甲酰胺、吡虫啉、高效氯氟氰菊酯、溴氰菊酯、吡蚜酮混配，制成复配杀虫剂。

防治对象 有效防治鳞翅目、鞘翅目、缨翅目害虫。如各种蚜虫、叶蝉、粉虱、飞虱、金龟子幼虫、跳甲、线虫、蛴螬、蓟马、叶蝉等。

使用方法 噻虫嗪主要用于喷雾防治刺吸式口器害虫，既可用于茎叶处理、种子处理，也可用于土壤处理。

（1）喷雾

① 防治番茄、辣椒、茄子、十字花科蔬菜等的白粉虱，于苗期（定植前 3～5d），每亩用 25％水分散粒剂 7～15g，兑水 60～75kg 喷雾。或在定植时浇灌 25％水分散粒剂 4000 倍液，可控制 20～30d。

② 防治黄瓜等瓜类蔬菜上的白粉虱、烟粉虱，使用 25％水分散粒剂 2500～5000 倍液喷雾，或每亩用 25％噻虫嗪水分散粒剂 10～20g，兑水 60～75kg 喷雾。

③ 防治白菜、甘蓝、芥菜、萝卜、油菜、黄瓜和番茄等的蚜虫、蓟马，用 25％水分散粒剂 7500～10000 倍液喷雾。

④ 防治节瓜蓟马，每亩用 25％水分散粒剂 8～15g，兑水 60～75kg 喷雾。

⑤ 防治西瓜蚜虫，每亩用 25％水分散粒剂 8～10g，兑水 60～75kg 喷雾。

⑥ 防治美洲斑潜蝇、南美斑潜蝇等，用25％水分散粒剂1800倍液喷雾，斑潜蝇发生量大时，定植时可用25％水分散粒剂2000倍液灌根，更有利于对斑潜蝇的控制。

⑦ 防治马铃薯叶蝉，用25％水分散粒剂10000倍液喷雾。防治马铃薯白粉虱，每亩用25％水分散粒剂8～15g，兑水60～75kg喷雾。每季最多施用2次，安全间隔期7d。

⑧ 防治马铃薯二十八星瓢虫，抓住幼虫分散前的有利时机，喷洒25％水分散粒剂1800倍液。

⑨防治油菜、白菜等十字花科蔬菜黄曲条跳甲，每亩用25％水分散粒剂8～15g，兑水60～75kg喷雾。

（2）拌种

① 防治线虫、蚜虫等，将25％水分散粒剂160～200g，处理100kg玉米种子。

② 防治玉米、甜菜、油菜、马铃薯、豌豆、豆类等的蚜虫、蓟马、金针虫、潜叶蛾、跳甲、白粉虱等，用70％干种衣剂拌种，每100kg玉米种子用70％干种衣剂200～450g，甜菜用药43～86g，油菜用药300～600g，马铃薯用药7～10g，豌豆、豆类用药50～74.3g。拌种方法分手工拌种和机械化拌种，手工拌种的方法是准备好容器，先倒入一定量的水，一般每100kg种子加水1～1.5L，将噻虫嗪干粉慢慢倒入水中，待其溶解后，搅拌至均匀即可，倒入种子上拌种，也可不加水溶解直接与种子一起搅拌。机械化拌种的方法是首先加水溶解稀释（方法同上），然后按不同拌种比，补水至所需量即可上机拌种。

③ 防治灰飞虱，用30％悬浮种衣剂600mL/100kg拌种，防治灰飞虱效果显著高于70％种子处理可分散粒剂200mL/100kg处理。

④ 防治玉米粗缩病，用30％悬浮种衣剂600mL/kg拌种，防治效果最高达82.23％。

⑤ 防治马铃薯甲虫，用70％种子处理可分散粉剂拌种，100kg种薯拌有效成分18g，对出苗后60d防效较高。

（3）灌根

① 25％水分散粒剂在作物苗期灌根比栽后喷雾防治烟粉虱、瓜蓟马防效明显，而且有促进作物生长作用，移栽前3d苗期，用25％水分散粒剂800～1000倍液灌根，或移栽后4～5d，用25％水分散粒剂4000～5000倍液灌根。

② 防治番茄、辣椒、茄子、十字花科蔬菜等的白粉虱，用25％水分散粒剂2000～4000倍液进行灌根。

③ 防治西花蓟马、棕榈蓟马等，采用穴盘育苗的，可在定植前用25％水分散粒剂3000～4000倍液蘸根，每株蘸30～50mL，持效期1个月。

中毒急救 如误食引起不适等中毒症状，没有专门解毒药剂，可请医生对症治疗。对昏迷病人，切勿经口喂入任何东西或引吐。

注意事项

（1）不能与碱性药剂混用。

（2）在施药以后，害虫接触药剂后立即停止取食等活动，但死亡速度较慢，死虫的高峰通常在药后2～3d出现。

（3）使用剂量较低，应用过程中不要盲目加大用药量，以免造成不必要的浪费。

（4）避免在低于－10℃和高于35℃处贮存。

（5）本剂对蜜蜂有毒，不要在蜜蜂采蜜的场所使用。蚕室及桑园附近、作物花期及天敌放飞区禁用。

（6）在番茄、辣椒、茄子上安全间隔期 7d，在十字花科蔬菜上安全间隔期为 14d，每季最多施用 1 次。

噻虫啉（thiacloprid）

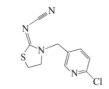

$C_{10}H_9ClN_4S$, 252.7, 111988-49-9

其他名称 蚜虱扫光、雷宽、天保、毕飞、天锉。

化学名称 （Z）-3-(6-氯-3-吡啶基甲基)-1,3-噻唑啉-2-亚基氰胺

主要剂型 40%、48%悬浮剂，2%微囊悬浮剂，1%、1.5%微囊粉剂，36%、50%、70%水分散粒剂，25%可湿性粉剂。

理化性质 纯品为黄色结晶粉末，熔点 136℃，沸点＞270℃（分解），蒸气压 $3.0×10^{-7}$mPa（20℃），相对密度 1.46。水中溶解度（20℃）；185mg/L；有机溶剂中溶解度（g/L，20℃）：正己烷＜0.1，二甲苯 0.30，二氯甲烷 160，正辛醇 1.4，正丙醇 3.0，丙酮 64，乙酸乙酯 9.4，聚乙二醇 42，二甲基亚砜 150。25℃，pH5～9 时稳定。

产品特点

（1）噻虫啉为氯化烟碱类杀虫剂。作用机理与其他传统杀虫剂有所不同，它主要作用于昆虫神经接合后膜，通过与烟碱乙酰胆碱受体结合，干扰昆虫神经系统正常传导，引起神经通道的阻塞，造成乙酰胆碱的大量积累，从而使昆虫异常兴奋，全身痉挛、麻痹而死。

（2）具有较强的内吸、触杀和胃毒作用，与常规杀虫剂如拟除虫菊酯类、有机磷类和氨基甲酸酯类没有交互抗性，因而可用于抗性治理。是防治刺吸式和咀嚼式口器害虫的高效药剂。

（3）对人畜具有很高的安全性，而且药剂没有臭味或刺激性，对施药操作人员和施药区居民安全。

（4）噻虫啉残质进入土壤和河流后可快速分解，对环境造成的影响很小。

（5）噻虫啉常与阿维菌素、联苯菊酯、吡蚜酮、螺虫乙酯、氟虫双酰胺混配，生产复配杀虫剂 3%阿维·噻虫啉颗粒剂、40%联苯·噻虫啉悬浮剂、25%噻虫啉·吡蚜酮悬浮剂、22%螺虫·噻虫啉悬浮剂、21.6%螺虫乙酯·噻虫啉悬浮剂、48%氟虫双酰胺·噻虫啉悬浮剂。

防治对象 用于蔬菜上的蚜虫、粉虱等。

使用方法

（1）防治马铃薯甲虫，每亩用 48%悬浮剂 7～13mL，兑水 25～50kg 喷雾。

（2）防治甘蓝蚜虫，每亩用 50%水分散粒剂 3～7.5g，兑水喷雾。

注意事项

（1）本品不可与其他强酸或强碱性的物质混用。

（2）本品对蜜蜂、鱼类等水生生物、家蚕有毒，施药期间应避免对周围蜂群的影响，开花植物花期、蚕室和桑园附近禁用。远离水产养殖区、河塘等水体，地下水、饮用水水源地附近禁用，赤眼蜂等天敌放飞区域禁止施药，禁止在河塘等水体中清洗施药器具，避免污染水源。

（3）使用本品应采取相应的安全防护措施，穿防护服，戴防护手套、口罩，避免皮肤接触及口鼻吸入。使用中不可吸烟、饮水及吃东西，使用后及时清洗手、脸等暴露部位皮肤并更换衣物，不要让无关人员及动物进入刚施过药的施药区。

（4）建议与其他作用机制不同的杀虫剂轮换使用，以延缓抗性产生。

（5）用过的容器应妥善处理，不可做他用，也不可随意丢弃。

（6）避免孕妇及哺乳期妇女接触本品。

（7）安全间隔期为 7d。

烯啶虫胺（nitenpyram）

$C_{11}H_{15}ClN_4O_2$，270.7，150824-47-8

其他名称　吡虫胺、强星、蚜虱净、联世、天下无蚜。

化学名称　(E)-N-(6-氯-3-吡啶基甲基)-N-乙基-N'-甲基-2-硝基亚乙烯基二胺

主要剂型　5％、10％、20％水剂，20％、30％、60％水分散粒剂，20％、60％可湿性粉剂，10％可溶液剂，50％、60％可溶粒剂。

理化性质　纯品为浅黄色结晶体，熔点 82.0℃，相对密度 1.40（26℃），蒸气压 $1.1×10^{-9}$ Pa（25℃）。水中溶解度＞590g/L（20℃，pH7.0）；有机溶剂中溶解度（g/L，20℃）：二氯甲烷、甲醇＞100，氯仿 700，丙酮 290，乙酸乙酯 34.7，甲苯 10.6，二甲苯 4.5，正己烷 0.00470。

产品特点

（1）烯啶虫胺属于烟酰亚胺类，是继吡虫啉、啶虫脒之后开发的又一种新烟碱类杀虫剂。具有卓越的内吸性、渗透作用，杀虫谱广，安全无药害。是防治刺吸式口器害虫如白粉虱、蚜虫、梨木虱、叶蝉、蓟马的换代产品。

（2）与其他的新烟碱类杀虫剂相似，烯啶虫胺主要作用于昆虫神经系统的乙酰胆碱受体，对害虫的突触受体具有神经阻断作用，在自发放电后扩大隔膜位差，最后使突触隔膜刺激下降，结果导致神经的轴突触隔膜电位通道刺激消失，致使害虫麻痹死亡。

（3）随着烟碱类农药的大量推广应用，许多病虫对烟碱类农药吡虫啉、啶虫脒等具有一定的抗性，由于烯啶虫胺是推出的换代产品，持效期较长，使用安全，害虫不易产生抗药性。

（4）烯啶虫胺对爆发阶段的害虫有绝杀作用，飞虱爆发期每亩用10%烯啶虫胺均匀喷雾，效果达90%以上，效果显著优于30%啶虫脒、70%吡虫啉等同类产品，用药十分钟见效，速效性非常明显，持效期可达到15d左右，是一种超高效杀虫剂，随着刺吸式害虫对传统农药抗药性的产生，烯啶虫胺是替代啶虫脒、吡虫啉抗性较好的产品之一。

（5）可与吡蚜酮、噻嗪酮、联苯菊酯、阿维菌素、噻虫啉、异丙威等复配，如25%烯啶·吡蚜酮可湿性粉剂、80%烯啶·吡蚜酮水分散粒剂、70%烯啶·噻嗪酮水分散粒剂、25%烯啶·联苯可溶液剂、15%阿维·烯啶可湿性粉剂、30%阿维·烯啶可湿性粉剂、20%烯啶·噻虫啉水分散粒剂、25%烯啶·异丙威可湿性粉剂等。

防治对象　主要用于防治白粉虱、蚜虫、叶蝉、蓟马等刺激式口器害虫。

使用方法

（1）防治蔬菜烟粉虱、白粉虱，用10%可溶性液剂或10%水剂2000～3000倍液均匀喷雾。对于世代重叠（成虫、若虫、卵）且虫口基数高的田块，可每亩用10%吡丙醚乳油60mL加25%噻嗪酮可湿性粉剂45g加10%烯啶虫胺水剂60mL，兑水45～60L，每隔5～7d，连续防治2～6次。也可在定植时浇灌10%烯啶虫胺水剂2000～3000倍液。

（2）防治蔬菜蓟马和蚜虫，用10%可溶性液剂3000～4000倍液均匀喷雾。或每次每亩用20%水分散粒剂7～10g，兑水45～60L喷雾。

中毒急救　不慎溅入眼睛，用大量清水冲洗至少15min。皮肤接触，立即脱掉污染的衣服，用肥皂水或者大量清水冲洗皮肤。误吸，将病人转移到空气清新处，如呼吸停止，应立即进行人工呼吸，如呼吸困难，应输氧。注意给病人保暖。误服应立即催吐、洗胃、导泻。洗胃可用清水或1∶2000高锰酸钾溶液。如进行洗胃，应防止呕吐物进入呼吸道，考虑使用活性炭或泻药。对于昏迷病人不能这样做，应立即送医院治疗。没有特效解毒药，绝不可乱服药物。

注意事项

（1）不可与碱性农药及碱性物质混用，也不要与其他同类的烟碱类产品（如吡虫啉、啶虫脒等）进行复配，以免诱发交互抗性。

（2）为延缓抗性，要与其他不同作用机制的药剂交替使用。

（3）尽可能喷在嫩叶上，有露水或雨后未干时不能施药，以免产生药害。

（4）对水生生物风险大，使用时注意远离河塘等水域施药，禁止在河塘等水域中清洗施药器具。

（5）对家蚕有毒，对蜜蜂高毒，施药期间应避免对周围蜂群的影响，蜜源作物花期、蚕室和桑园附近禁用。

（6）安全间隔期为7d，每个作物周期最多使用2次。

抗蚜威（pirimicarb）

$C_{11}H_{18}N_4O_2$, 238.3, 23103-98-2

其他名称　辟蚜雾、正港、灭定威、比加普、麦丰得、正港、蚜宁、飞虱专家等。

化学名称 2-二甲氨基-5,6-二甲基嘧啶-4-二甲基氨基甲酸酯

主要剂型 25％、50％可湿性粉剂，25％、50％水分散粒剂，25％高渗可湿性粉剂，5％高渗可溶液剂，5％可溶性液剂。

理化性质 原药为白色无臭结晶体，熔点91.6℃，蒸气压$4.3×10^{-1}$mPa（20℃），相对密度1.18（25℃）。溶解度（20℃）：丙酮、甲醇、二甲苯中＞200g/L。稳定性：在一般的贮藏条件下稳定性＞2年，pH4～9（25℃）不发生水解，水溶液对紫外光不稳定。

产品特点

（1）其作用机理是：通过抑制昆虫神经系统中乙酰胆碱酯酶的活性，使昆虫肌肉及腺体持续兴奋，而导致死亡。

（2）具有很强的触杀、熏蒸作用，但熏蒸作用与气温呈正相关，20℃以上时熏蒸作用较强，15～20℃之间熏蒸作用随温度下降而显著减弱，15℃以下熏蒸作用消失。因此，在低温时施药，必须喷雾均匀，使药液接触蚜虫才能取得好的防治效果。

（3）对植物叶片具有很强的渗透性，喷在叶面上的药剂，能透过叶片组织杀死叶片背面的蚜虫。杀虫迅速，施药后数分钟即可杀死蚜虫，数小时后就显示良好的防治效果，可有效预防蚜虫传播的病毒病。能防治除棉蚜以外的所有蚜虫，但残效期短。

（4）对捕食蚜虫或寄生在蚜虫体内的害虫天敌，如瓢虫、食蚜虻、草蛉、步行甲、蚜茧蜂等的毒力很小，施药后对蚜虫天敌基本无伤害，在抗蚜威的杀蚜效力消失后，这些天敌会继续捕食残存的蚜虫，控制蚜虫数量的上升，因此，抗蚜威是综合防治蚜虫比较理想的药剂。用于防治大白菜、萝卜等蔬菜制种田的蚜虫时，还可提高蜜蜂授粉率，增加产量。对高等动物毒性中等，对皮肤和眼睛无刺激作用，对鱼类、水生生物低毒。

（5）鉴别要点：抗蚜威属氨基甲酸酯类杀虫剂，纯品为无色固体或结晶，50％抗蚜威可湿性粉剂为蓝色粉末，50％抗蚜威水分散粒剂为蓝色颗粒状。水溶液见光易分解，在酸性及碱性溶液中易分解失效。用户在选购抗蚜威制剂及复配产品时应注意：确认产品的通用名称及含量，查看农药"三证"，抗蚜威制剂应取得农药生产批准证书（HNP），查看产品是否在2年有效期内。

（6）抗蚜威可与敌敌畏、吡虫啉、啶虫脒、乙酰甲胺磷等杀虫剂成分混配，生产复配杀虫剂。

防治对象 主要用于防治桃蚜、萝卜蚜、甘蓝蚜、莴苣指管蚜、莲缢管蚜、大豆蚜、豌豆修尾蚜、豆蚜、葱蚜、胡萝卜微管蚜、枸杞蚜虫、枸杞负泥虫、小绿叶蝉、番茄瘿螨、神泽氏叶螨、土耳其斯坦叶螨等。

使用方法

（1）喷雾

① 防治大豆蚜、豌豆修尾蚜，于蚜虫始盛期，用50％可湿性粉剂1500倍液喷雾。

② 防治豆蚜、葱蚜、胡萝卜微管蚜等，于蚜虫始盛期，用50％可湿性粉剂2000倍液喷雾。

③ 防治桃蚜、萝卜蚜、甘蓝蚜、莴苣指管蚜、莲缢管蚜等，于蚜虫始盛期，用50％可湿性粉剂200～3000倍液喷雾。

④ 防治油菜蚜虫，于蚜虫始盛期，每亩用50％可湿性粉剂12～20g，兑水60～75kg喷雾。

⑤ 防治小绿叶蝉，用 50％可湿性粉剂 3000 倍液喷雾。

⑥ 防治马铃薯蚜虫，每亩用 50％可湿性粉剂或 50％水分散粒剂 25～30g，或 25％可湿性粉剂或 25％水分散粒剂 50～60g，兑水 45～60kg 喷雾。

（2）灌根　防治菜豆根蚜，用 50％可湿性粉剂 3000 倍液灌根。

中毒急救　如有药剂溅到皮肤上或眼睛内，应立即用清水洗将。如使用者中毒，应立即求医，肌注 1～2mg 硫酸颠茄碱。

注意事项

（1）只对蚜虫有高效，对其他害虫无效。但对瓜蚜（棉蚜）防治效果差，不宜选用。

（2）在低温时施药无熏蒸作用，以触杀作用为主，故必须喷雾均匀，使药液接触蚜虫才能取得好的防治效果。

（3）对叶面蜡质较多的作物喷药时，在药液中添加适量"885"助剂或其他渗透剂，可提高杀蚜效果。

（4）本剂必须用金属容器盛装。施药后 24h 内，禁止家畜进入施药区。

（5）用 50％抗蚜威可湿性粉剂防治叶菜蚜虫，安全间隔期为 8d，每季作物最多使用 3 次。

啶虫脒（acetamiprid）

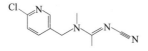

$C_{10}H_{11}ClN_4$，222.7，135410-20-7

其他名称　阿达克、阿拉特、安乐使、敌蚜虮、中科蚜净、天达啶虫脒、吡虫清、莫比朗、乙虫脒、力杀死、蚜克净、农家盼等。

化学名称　(E)-N-[(6-氯吡啶-3-基)甲基]-N^2-腈基-N'-甲基乙酰胺

主要剂型　3％、5％、10％、25％、25％乳油，3％、5％、8％、10％、15％、20％、60％、70％可湿性粉剂，10％水乳剂，1.8％、2％高渗乳油，3％、5％、20％、40％可溶性粉剂，3％、5％、6％、10％、20％微乳剂，3％、20％、21％可溶性液剂，20％、36％、40％、50％、70％水分散粒剂等。

理化性质　白色晶体。熔点 98.9℃，蒸气压＜$1×10^{-3}$ mPa（25℃），相对密度 1.330（20℃）。溶解度：水中 4250mg/L；易溶于丙酮、甲醇、乙醇、二氯甲烷、氯仿、乙腈和四氢呋喃等有机溶剂。在 pH4、5、7 的缓冲溶液中稳定，在 pH9、45℃条件下缓慢分解；光照下稳定。属氯代烟碱类内吸性低毒杀虫剂。

产品特点

（1）啶虫脒属吡啶类化合物，为超高活性神经毒剂，作用于昆虫神经系统突触部位的烟碱乙酰胆碱受体，干扰昆虫神经系统的刺激传导，引起神经系统通路阻塞，造成神经递质乙酰胆碱在突触部位的积累，从而导致昆虫麻痹，最终死亡。

（2）啶虫脒是新一代超高效杀虫剂，具有强烈的触杀、胃毒和内吸作用，速效性好，用量少，持效期长。

（3）由于其独特的作用机制，对已经对抗蚜威等有机磷、拟除虫菊酯、氨基甲酸酯类杀虫剂产生抗性的害虫有良好效果；对刺吸式口器害虫如蚜虫、蓟马、粉虱等，喷药后15min即可解除危害，对害虫药效可达20d左右，强烈的内吸及渗透作用防治害虫，可达到正面喷药、反面死虫的优异效果。

（4）对天敌杀伤力小，对鱼毒性较低，对蜜蜂影响小，对环境无污染，是无公害防治技术应用中的理想药剂。

（5）可用颗粒剂做土壤处理，防治地下害虫。广泛用于防治蔬菜的蚜虫、飞虱、蓟马、鳞翅目等害虫，防效在90%以上。

（6）鉴别要点：原药为白色结晶，微溶于水，易溶于丙酮、甲醇、乙醇、二氯甲烷、氯仿等。乳油为淡黄色均相液体。用户在选购啶虫脒制剂及复配产品时应注意：确认产品的通用名称或英文通用名称及含量；查看农药"三证"，3%啶虫脒乳油等单剂品种及其所有复配制剂应取得农药生产批准证书（HNP）；查看产品是否在2年有效期内。

生物鉴别：摘取带有蚜虫的叶片若干个，将3%啶虫脒乳油稀释2000～2500倍液后，直接对蚜虫的叶片均匀喷雾，数小时后观察蚜虫是否被击倒致死。若致死，则说明该药为合格品，反之为不合格品。

（7）啶虫脒常与阿维菌素、甲氨基阿维菌素苯甲酸盐、氰氟虫腙、吡蚜酮、哒螨灵、高效氯氰菊酯、高效氯氟氰菊酯、联苯菊酯、氯氟氰菊酯、杀虫单、杀虫双、辛硫磷等杀虫剂成分混配，生产复配杀虫剂。

防治对象　用于防治蔬菜上的蚜虫、白粉虱、小菜蛾、菜青虫、飞虱、蓟马等害虫。

使用方法

（1）防治各种蔬菜蚜虫，在蚜虫发生的初盛期，每亩用3%乳油40～50mL，或10%微乳剂10～20mL，或60%泡腾片剂1.5～2.5g，或40%水分散粒剂4～8g，兑水均匀喷雾，有良好的防治效果。

（2）防治白粉虱、烟粉虱，在苗期喷洒3%乳油1000～1500倍液，成株期喷洒3%乳油1500～2000倍液，防效达95%以上，采收期喷洒3%乳油4000～5000倍液，防效达80%以上，对产量品质无影响。也可用10%微乳剂1500～2000倍液，或70%水分散粒剂2～3g/亩，兑水均匀喷雾。

（3）防治各种蔬菜蓟马，在幼虫发生盛期喷洒3%乳油1500倍液，或10%微乳剂2000～3000倍液，防效达90%以上。

（4）防治小菜蛾，用3%乳油1000～1500倍液喷雾。

（5）防治瓜褐螨等螨类害虫，可用40%水分散粒剂3000～4000倍液喷雾。

（6）防治马铃薯二十八星瓢虫，抓住幼虫分散前的有利时机，喷洒20%水分散粒剂3000倍液。

中毒急救　防止药液从口鼻吸入，施药后清洗被污染部位。若误食、饮，立即到医院洗胃。粉末对眼睛有刺激作用，一旦有粉末进入眼中，应立即用清水冲洗或去医院治疗。

注意事项

（1）啶虫脒为低毒杀虫剂，但对人、畜有毒，应加以注意。对桑蚕高毒，桑园内及其附近禁止使用，剩余药液及洗涤药械的废液，严禁污染河流、湖泊、池塘等水域及水源地，避免对鱼类及水生生物造成毒害。

（2）使用本品时，应避免直接接触药液。

（3）不可与强碱性药液（波尔多液、石硫合剂等）混用；连续喷药时，注意与不同类型药剂交替使用或混合使用，与触杀性杀虫剂混用效果更好。啶虫脒与吡虫啉属同类型药剂，两者不宜混合使用或交替使用。在多雨年份，药效仍可达15d以上。

（4）药品应贮存于阴凉、干燥、通风处。

（5）据有关试验，啶虫脒和吡虫啉对甜瓜蚜虫的防治效果相对较差，可能与甜瓜蚜虫的抗药性有关。因此，在甜瓜蚜虫实际防治时，应慎用吡虫啉和啶虫脒，或与其他作用机制的杀虫剂（如氟啶虫酰胺、吡蚜酮、溴氰虫酰胺等）进行交替、轮换使用。

（6）3％乳油在黄瓜上安全间隔期4d，一季最多使用3次。20％乳油在黄瓜安全间隔期为2d，一季最多使用3次。3％可湿性粉剂在甘蓝上安全间隔期为5d，一季最多使用2次。5％可湿性粉剂在甘蓝上安全间隔期为5d，一季最多使用2次。

多杀霉素（spinosad）

spinosyn A,R=H—

spinosyn D,R=CH₃—

spinosyn A：$C_{41}H_{65}NO_{10}$，732.0，spinosyn D：$C_{42}H_{67}NO_{10}$，746.0，
168316-95-8(131929-60-7＋131929-63-0)

其他名称　菜喜、催杀、多杀菌素、刺糖菌素、猎蝇。

主要剂型　2.5％、5％、48％、25g/L、480g/L悬浮剂，0.02％饵剂，2.5％可湿性粉剂，10％水分散粒剂。

理化性质　原药为灰白色或白色晶体。熔点：spinosyn A 为 84～99.5℃，spinosyn D 为 161.5～170℃。相对密度 0.512（20℃）。蒸气压（25℃）：spinosyn A 为 $3.0×10^{-5}$ mPa，spinosyn D 为 $2.0×10^{-5}$ mPa。溶解度（spinosyn A）：水（20℃）：89mg/L（蒸馏水），235mg/L（pH7）；二氯甲烷 52.5（g/L，20℃，下同），丙酮 16.8，甲苯45.7，乙腈 13.4，甲醇 19.0，正辛醇 0.926，正己烷 0.448。溶解度（spinosyn D）：水（20℃）：0.5mg/L（蒸馏水），0.33mg/L（pH7）；二氯甲烷 44.8（g/L，20℃，下同），丙酮 1.01，甲苯 15.2，乙腈 0.255，甲醇 0.252，正辛醇 0.127，正己烷 0.743。pH5 和pH7 时不易水解。属生物源低毒、低残留、高效、广谱杀虫剂。

产品特点

（1）多杀霉素是在刺糖多孢菌发酵液中提取的一种大环内酯类无公害高效生物杀虫剂。作用机制新颖、独特，不同于一般的大环内酯类化合物。通过刺激昆虫的神经系

统，增加其自发活性，导致非功能性的肌收缩、衰竭，并伴随颤抖和麻痹，显示出烟碱型乙酰胆碱受体（nChR）被持续激活引起的乙酰胆碱（Ach）延长释放反应。多杀霉素同时也作用于 γ-氨基丁酸（GABA）受体，改变 GABA 门控氯通道的功能，进一步促进其杀虫活性的提高。

（2）与其他生物杀虫剂相比，多杀霉素杀虫速度更快，施药后当天可见效果，杀虫速度可与化学农药相媲美，非一般的生物杀虫剂可比。

（3）对害虫具有快速的触杀和胃毒作用，对叶片有较强的渗透作用，可杀死表皮下的害虫，残效期较长，对一些害虫具有一定的杀卵作用。以胃毒为主，无内吸作用。

（4）其有效成分多杀霉素是一种微生物代谢产生的纯天然活性物质，具很强的杀虫活性和安全性，能有效地防治鳞翅目、双翅目和缨翅目害虫，也能很好地防治鞘翅目和直翅目中某些大量取食叶片的害虫种类，对顽固性害虫（小菜蛾、蓟马、甜菜夜蛾等）高效。因无内吸作用，故对刺吸式害虫和螨类的防治效果较差。对捕食性天敌昆虫比较安全，因杀虫作用机制独特，目前尚未发现与其他杀虫剂存在交互抗药性的报道。

（5）毒性极低，对植物安全无药害，对有益昆虫和哺乳动物安全，与常规杀虫剂无交互抗性。对皮肤无刺激，对眼睛有轻微刺激，2d 内可消失。见光分解，水解较快，无环境富集作用，不污染环境。

（6）杀虫效果受下雨影响较小。

（7）多杀霉素可与甲氨基阿维菌素苯甲酸盐、吡虫啉、噻虫嗪、虫螨腈、茚虫威、阿维菌素、高效氯氰菊酯等杀虫剂成分混配，生产复配杀虫剂。

防治对象　主要适用作物为甘蓝、大白菜、茄子、节瓜等蔬菜。主要用于防治鳞翅目、双翅目和缨翅目害虫，如小菜蛾低龄幼虫、甜菜夜蛾低龄幼虫、斜纹夜蛾、棉铃虫、烟青虫、蓟马、蚜虫、白粉虱、马铃薯甲虫、茄黄斑螟幼虫、美洲斑潜蝇、马铃薯甲虫等。

使用方法

（1）防治十字花科蔬菜小菜蛾、菜青虫，在低龄幼虫期施药，用 2.5% 悬浮剂 1000～1500 倍液，或用 10% 水分散粒剂 10～20g/亩，兑水 30～50kg 均匀喷雾。根据害虫发生情况，可连续用药 1～2 次，间隔 5～7d。

（2）防治茄子、辣椒等茄果蔬菜及瓜类蔬菜上的西花蓟马、棕榈蓟马等，用 2.5% 悬浮剂或 25g/L 悬浮剂 1000～1500 倍液，于蓟马发生初期喷雾，重点喷洒幼嫩组织，如花、幼果、顶尖及嫩梢。每隔 5～7d 施药 1 次，连续用药 2～3 次。

（3）防治瓜果蔬菜的甜菜夜蛾，于低龄幼虫期时施药，每亩用 2.5% 悬浮剂 50～100mL 喷雾，傍晚施药防虫效果最好。

（4）防治菜田中的棉铃虫、烟青虫，在低龄幼虫发生期，每亩用 48% 悬浮剂 4.2～5.6mL，兑水 20～50kg 喷雾。

（5）防治瓜绢螟，在种群主体处在 1～3 龄时，用 2.5% 悬浮剂 1000 倍液喷雾。

（6）防治茄黄斑螟，在幼虫孵化盛期，喷洒 25g/L 悬浮剂 1000 倍液。

（7）防治芋单线天蛾、双线天蛾等，在田间幼虫低龄时，喷洒 25g/L 悬浮剂 1000 倍液。

（8）防治肾毒蛾，虫口密度大时在初龄幼虫期喷洒 25g/L 悬浮剂 1000 倍液。

中毒急救　动物实验表明，该药剂可能造成眼睛或皮肤刺激。如溅入眼睛，立刻用大量清水冲洗，如佩戴隐形眼镜，冲洗 1min 后摘掉眼镜再冲洗几分钟。如症状持续，携该产品标签去医院诊治。误食时，如神志清醒，可饮用少量清水，不要自行引吐，切勿给不清醒或发生痉挛患者灌喂任何东西或催吐，携该产品标签送医诊治。皮肤黏附时，脱去被溅衣服，立即用大量清水冲洗皮肤，衣服彻底清洗晒干后方可再穿。如误吸，转移至空气清新处。如症状持续，请就医。无特殊解毒剂。

注意事项

（1）本品无内吸性，喷雾时应均匀周到，叶面、叶背及叶心均需着药。

（2）为延缓抗药性产生，每季蔬菜喷施 2 次后要换用其他杀虫剂。

（3）药剂易黏附在包装袋或瓶壁上，应用水将其洗下再进行二次稀释，力求喷雾均匀。

（4）在高温下，对采用棚室栽培的瓜类、莴苣苗期应慎用。

（5）对蜜蜂高毒，应避免直接施用于开花期的蜜源植物上，避开养蜂场所，最好在黄昏时施药。

（6）对水生节肢动物有毒，应避免污染河流、水源。

（7）25％多杀霉素悬浮剂用于茄子，安全间隔期为 3d，一季最多使用 1 次；用于甘蓝，安全间隔期为 1d，一季最多使用 4 次。

乙基多杀菌素（spinetoram）

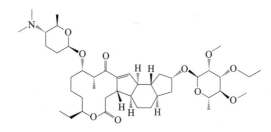

XDE-175-J, $C_{42}H_{69}NO_{10}$, 748.0,187166-40-1
XDE-175-L, $C_{43}H_{69}NO_{10}$, 760.0,187166-15-0

其他名称　艾绿士。

主要剂型　60g/L、6％悬浮剂。

理化性质　乙基多杀菌素-J（22.5℃）外观为白色粉末。乙基多杀菌素-L（22.9℃）外观为白色至黄色晶体，带苦杏仁味。密度：XDE-175-J，（1.1495±0.0015）g/cm³，（19.5±0.4）℃；XDE-175-L，（1.1807±0.0167）g/cm³，（20.1±0.6）℃。熔点：XDE-175-J，143.4℃；XDE-175-L，70.8℃。溶解度（20～25℃）：水中，XDE-175-J，10.0mg/L，XDE-175-L，31.9mg/L；在甲醇、丙酮、乙酸乙酯、1,2-二氯乙烷、二甲苯中＞250mg/L。

产品特点

（1）乙基多杀菌素由乙基多杀菌素-J 和乙基多杀菌素-L 两部分组成，是放线菌代谢物经化学修饰而得的活性较高的杀虫剂，作用于昆虫的神经系统。

（2）作用机理是作用于昆虫神经中的烟碱型乙酰胆碱受体和 γ-氨基丁酸受体，致使虫体对兴奋性或抑制性的信号传递反应不敏感，影响正常的神经活动，导致昆虫死亡。

（3）具有胃毒和触杀作用。主要用于防治鳞翅目、缨翅目害虫。对鸟类、鱼类、蚯蚓和水生植物低毒；在实际应用中，对蜜蜂几乎无毒；对田间有益节肢动物的影响是轻微的、短暂的；适用于有害生物综合治理。

防治对象　主要用于防治十字花科蔬菜小菜蛾、甜菜夜蛾、斜纹夜蛾等害虫。

使用方法

（1）防治十字花科蔬菜小菜蛾、甜菜夜蛾等，每亩用 60g/L 悬浮剂 20～40mL，兑水 40～60L 喷雾。本品无内吸性，喷雾时应均匀周到，叶面、叶背、心叶都应喷到。应在低龄幼虫期施药 2～3 次，间隔 7d。

（2）防治茄子蓟马，每亩用 60g/L 悬浮剂 10～20mL，兑水 40～60L 喷雾。应在蓟马发生高峰前施药。

（3）防治豇豆蓟马，用 60g/L 悬浮剂 1000～1500 倍液喷雾。

（4）防治马铃薯二十八星瓢虫，用 6% 悬浮剂 1000 倍液喷雾。

中毒急救　溅入眼睛，立刻用大量清水冲洗，持续 15～20min。如佩戴隐形眼镜，冲洗 5min 后摘掉眼镜再冲洗。如症状持续，请及时就医。误食，请即刻就医。皮肤黏附，除去被溅衣物，立刻用大量清水彻底冲洗皮肤 15～20min，如症状持续，请就医。误吸，转移至空气清新处。如病人停止呼吸，请速叫救护车并进行人工呼吸。进行人工呼吸时，请采用适当的保护措施，如戴防护口罩。

注意事项

（1）不可与碱性物质混用。

（2）严禁在池塘、水渠、河流和湖泊中洗涤施用过本品的药械，以避免对水生生物造成伤害的风险。

（3）该药剂对蜜蜂、家蚕等有毒。施药期间应避免影响周围蜂群，禁止在开花植物花期、蚕室和桑园附近使用，施药期间应密切关注对附近蜂群的影响。

（4）禁止在养鱼稻田使用。

（5）在甘蓝作物上使用的安全间隔期为 7d，每季作物最多使用 3 次；在茄子上使用的安全间隔期为 5d，每季作物最多使用 3 次。

虫螨腈（chlorfenapyr）

$C_{15}H_{11}BrClF_3N_2O$，407.6，122453-73-0

其他名称　除尽、溴虫腈、氟唑虫清。

化学名称　4-溴-2-(4-氯苯基)-1-(乙氧基甲基)-5-三氟甲基吡咯-3-腈

主要剂型　10%、100g/L、20%、240g/L 悬浮剂，5%、10% 乳油，5% 微乳剂。

理化性质　白色固体。熔点为 101～102℃，蒸气压 <$1.2×10^{-2}$ mPa（20℃），相对密度 0.355（24℃）。溶解度：水中（pH＝7，25℃）0.14mg/L；其他溶剂（g/100mL，25℃）：己烷 0.89，甲醇 7.09，乙腈 68.4，甲苯 75.4，丙酮 114，二氯甲烷 141。

产品特性

（1）该药是新型吡咯类化合物，作用于昆虫体内细胞的线粒体上，通过昆虫体内的多功能氧化酶起作用，主要抑制二磷酸腺苷（ADP），向三磷酸腺苷（ATP）的转化，破坏细胞内的能量产生过程，从而使细胞衰竭，最终导致昆虫死亡。

（2）杀虫谱极广，能防治小菜蛾、菜青虫、甜菜夜蛾、甘蓝夜蛾、斜纹夜蛾等鳞翅目害虫，蚜虫、粉虱、马铃薯叶蝉等同翅目害虫，甜菜象甲等鞘翅目害虫，盲蝽等半翅目害虫，瓜蓟马、洋葱蓟马等缨尾目害虫，及二点叶螨、红蜘蛛等螨类害虫。防治小菜蛾效果好、持效期较长、用药量低，是无公害蔬菜理想药剂。虽然一次用药投入较高，但因杀虫谱广、防治彻底、控制时间长，累计成本仍比用其他杀虫剂合算。

（3）速效性强，施药后24h内，就能使大多数昆虫中毒死亡。

（4）持效期长，防治小菜蛾，15d防效在90%以上；防治甜菜夜蛾，15d防效在90%以上；防治红蜘蛛，35d防效在90%以上。

（5）在植物叶面渗透性强，并有一定的内吸作用，在傍晚施药，效果更好。

（6）适用范围极广，适宜于甘蓝、番茄、甜椒、黄瓜、马铃薯、西瓜、甜瓜等蔬菜。

（7）在植物体内具有良好的局部传导性，可从叶片的一面渗透传导到另一面，就算害虫取食着药叶片的背面，也可以取得同样的效果，此外，虫螨腈还有一定的杀卵活性。

（8）安全性好，混用性强，对哺乳动物毒性低，性高活，残留量极少，适合于无公害蔬菜或出口蔬菜生产。

（9）虫螨腈可与高效氯氰菊酯、丁醚脲进行混配，生产复配杀虫剂。

使用方法

（1）防治十字花科蔬菜小菜蛾、甜菜夜蛾，在1～2龄幼虫盛发期或虫口密度较低时，每亩用10%悬浮剂33～70mL，或240g/L悬浮剂25～33mL，或5%微乳剂80～100mL，兑水45～60L均匀喷雾。同时对蚜虫有兼治作用。

（2）防治黄瓜斜纹夜蛾，每亩用240g/L悬浮剂30～50mL，兑水45～60L均匀喷雾。视虫害发生情况，每隔10d左右施药1次。每个生长季节使用不宜超过2次。

（3）防治茄子朱砂叶螨、蓟马，每亩用240g/L悬浮剂20～30mL，兑水45～60L均匀喷雾。茄子、甜（辣）椒上发生茶黄螨、茄子上发生截形叶螨时，用100g/L悬浮剂800～1000倍液喷雾。

（4）防治棉铃虫、烟青虫，抓住卵孵化盛期至2龄盛期，即幼虫未蛀入果内之前施药，用10%悬浮剂喷雾。

（5）防治甘薯麦蛾，在幼虫尚未卷叶时，用10%悬浮剂700倍液喷雾，下午4～5时喷洒，效果最佳。

（6）防治肾毒蛾，虫口密度大时在初龄幼虫期喷洒10%悬浮剂1200倍液。

（7）防治豆银纹夜蛾，幼虫3龄前喷洒10%悬浮剂1000～1500倍液。

（8）防治蚕豆象，成虫进入产卵盛期、卵孵化以前喷洒10%悬浮剂1200倍液。

注意事项

（1）在田间多种虫态发生时，应采用高剂量、细喷雾，以确保防效。

（2）施药时要均匀将药液喷到叶面害虫取食部位或虫体上，虽然虫螨腈可用于整个害虫为害期，仍应提倡早用药，以卵孵盛期或低龄幼虫时施药最好。

（3）提倡与其他不同作用机制的杀虫剂交替使用，如氟虫脲等。

（4）对鱼类有毒，不可将用剩的药液倒入水源及鱼塘内。

（5）安全保管，远离热源、火源，避免冻结。

（6）在甘蓝上安全间隔期为14d，每季作物最多使用2次。

噻嗪酮（buprofezin）

C$_{16}$H$_{23}$N$_3$OS, 305.4, 953030-84-7

其他名称 飞虱宁、扑虱灵、破虱、蚧逝、灭幼酮、亚乐得、优乐得、比丹灵、大功达、稻飞宝、飞虱宝、飞虱仔、劲克泰。

化学名称 2-叔丁基亚氨基-3-异丙基-5-苯基-3,4,5,6-四氢-2H-1,3,5-噻二嗪-4-酮

主要剂型 8%展膜油剂，50%、40%、400g/L、37%、25%悬浮剂，5%、20%、25%、50%、65%、75%、80%可湿性粉剂，5%、10%、20%、25%乳油，20%、40%、50%胶悬剂，20%、40%、70%水分散粒剂。

理化性质 白色结晶固体。熔点104.6～105.6℃，相对密度1.18（20℃），蒸气压4.2×10^{-2}mPa（20℃）。溶解度：水（mg/L）0.387（20℃），0.46（pH7，25℃）；其他溶剂（20℃，g/L）：丙酮253.4，二氯甲烷586.9，甲苯336.2，甲醇86.6，正庚烷17.9，乙酸乙酯240.8，正辛醇25.1。对酸、碱、光、热稳定。

产品特点

（1）其作用机理为抑制昆虫几丁质合成和干扰新陈代谢，致使幼（若）虫蜕皮畸形而缓慢死亡，或致畸形不能正常生长发育而死亡。

（2）噻嗪酮是抑制昆虫生长发育的选择性杀虫剂，对害虫有很强的触杀作用，也具胃毒作用。对作物一定的渗透能力，能被作物叶片或叶鞘吸收，但不能被根系吸收传导，对低龄若虫毒杀能力强，对3龄以上若虫毒杀能力显著下降，对成虫没有直接杀伤力，但可缩短其寿命，减少产卵量，且所产的卵多为不育卵，即使孵化的幼虫也很快死亡，从而可减少下一代的发生数量。

（3）对害虫具有很强的选择性，只对半翅目的粉虱、飞虱、叶蝉及介壳虫有高效，对小菜蛾、菜青虫等鳞翅目害虫无效。

（4）具有高效性、选择性、长效性的特点，但药效发挥慢，一般要在施药后3～7d才能见效。若虫蜕皮时才开始死亡，施药后7～10d死亡数达到最高峰，因而药效期长，一般直接控制虫期为15d左右，可保护天敌，发挥天敌控制害虫的效果，总有效期可达

1个月左右。

（5）试验条件下无致癌、致畸、致突变作用，对水生动物、家蚕及天敌安全，对蜜蜂无直接作用，对眼睛、皮肤有轻微的刺激作用。在常用浓度下对作物、天敌安全，是害虫综合防治中一种比较理想的农药品种。

（6）噻嗪酮常与杀虫单、吡虫啉、高效氯氰菊酯、高效氯氟氰菊酯、阿维菌素、烯啶虫胺、吡蚜酮、醚菊酯、哒螨灵等杀虫剂成分混配，生产复配杀虫剂。

防治对象　对一些鞘翅目、半翅目和蜱螨目具有持效性杀幼虫活性，在蔬菜上主要用于防治白粉虱、小绿叶蝉、棉叶蝉、烟粉虱、长绿飞虱、白背飞虱、灰飞虱、侧多食跗线螨（茶黄螨）、B型烟粉虱、温室白粉虱等。

使用方法

（1）防治白粉虱，用10％乳油1000倍液，或25％可湿性粉剂2000～2500倍液喷雾。或用25％噻嗪酮可湿性粉剂1500倍液与2.5％联苯菊酯乳油5000倍液混配喷施，可兼治茶黄螨。

（2）防治小绿叶蝉、棉叶蝉等叶蝉类，在主害代低龄若虫始盛期喷药1次，用20％可湿性粉剂（乳油）1000倍液，或25％可湿性粉剂300～450g/亩兑水75～150kg喷雾，重点喷植株中下部。

（3）防治烟粉虱，用20％可湿性粉剂（乳油）1500倍液喷雾。或在粉虱危害初期或虫量快速增长时喷洒65％可湿性粉剂2500～3000倍液。

（4）防治长绿飞虱、白背飞虱、灰飞虱等，用20％可湿性粉剂（乳油）2000倍液喷雾。

（5）防治侧多食跗线螨（茶黄螨），用20％可湿性粉剂（乳油）2000倍液喷雾。

（6）防治B型烟粉虱和温室白粉虱，用20％可湿性粉剂（乳油）1000～1500倍液喷雾。

中毒急救　若使用中感到不适，应立即停止作业，离开施药现场，脱去工作服，用清水冲洗污染的皮肤和眼睛。如误服，应立即催吐，并送医院对症治疗，没有特殊解毒药剂。

注意事项

（1）噻嗪酮无内吸传导作用，要求喷药均匀周到。

（2）该药剂防治见效慢，一般施药后3～7d才能看到效果，期间不宜使用其他药剂。

（3）不可在白菜、萝卜上使用，否则将会出现褐色斑或绿叶白化等药害表现。

（4）不能与碱性药剂、强酸性药剂混用。不宜多次、连续、高剂量使用，一般1年只宜用1～2次。连续喷药时，注意与不同杀虫机理的药剂交替使用或混合使用，以延缓害虫产生耐药性。

（5）药剂应保存在阴凉、干燥和儿童接触不到的地方。

（6）此药只宜兑水稀释后均匀喷雾使用，不可用作毒土法。

（7）对家蚕和部分鱼类有毒，桑园、蚕室及周围禁用，避免药液污染水源、河塘。施药田水及清洗施药器具废液禁止排入河塘等水域。

（8）一般作物安全间隔期为7d，一季最多使用2次。

虫酰肼（tebufenozide）

C$_{22}$H$_{28}$N$_2$O$_2$，352.5，112410-23-8

其他名称　米满、米螨、咪姆、幼除、咪姆、卷易清、博星、特虫肼、菜螨等。

化学名称　N-叔丁基-N′-(4-乙基苯甲酰基)-3,5-二甲基苯酰肼

主要剂型　10％、20％、24％、30％、200g/L 悬浮剂，20％可湿性粉剂，10％乳油。

理化性质　无色粉末。熔点191℃，蒸气压<1.56×10^{-4}mPa（25℃，气体饱和度法），相对密度1.03（20℃，比重瓶法）。溶解度：水中0.83mg/L（25℃）；有机溶剂中微溶。稳定性：94℃下稳定期7d；pH7的水溶液下光稳定（25℃）；在无光无菌的水中稳定期30d（25℃）；光存在下30d（25℃）。

产品特点

（1）虫酰肼为非甾族新型昆虫生长调节剂。作用机理为促进鳞翅目幼虫蜕皮，当幼虫取食药剂后，在不该蜕皮时产生蜕皮反应，开始蜕皮。由于不能完全蜕皮而导致幼虫脱水、饥饿而死亡。对低龄和高龄幼虫均有效，当幼虫取食喷有药剂的作物叶片后，6～8h就停止取食，不再为害作物，3～4d后开始死亡。

（2）虫酰肼是通过吸收和接触起作用，杀虫活性高，选择性强，对所有鳞翅目幼虫有极高的选择性，持效期长，对作物安全。对抗性害虫棉铃虫、菜青虫、小菜蛾、甜菜夜蛾等有特效。

（3）对眼睛和皮肤无刺激性，对高等动物无致畸、致癌、致突变作用，对哺乳动物、鸟类、天敌均十分安全。

（4）虫酰肼可与氯氰菊酯、高效氯氰菊酯、高效氯氟氰菊酯、阿维菌素、甲氨基阿维菌素苯甲酸盐、辛硫磷、苏云金杆菌、虫螨腈等杀虫剂成分混配，生产制造复配杀虫剂。

防治对象　主要用于防治蚜虫、叶蝉科、鳞翅目、斑潜蝇属、叶螨科、缨翅目、根疣线虫属、鳞翅目幼虫如甜菜夜蛾、斜纹夜蛾、甘蓝夜蛾、菜青虫、卷叶蛾、玉米螟等。本品持效期2～3周。

使用方法

（1）防治十字花科蔬菜小菜蛾、甜菜夜蛾、菜青虫及瓜类、豆类、茄果类蔬菜的瓜螟、茄黄斑螟、豆野螟等害虫，在卵孵化盛期至幼虫1～2龄盛发期，每亩用20％悬浮剂或200g/L悬浮剂75～100mL，或24％悬浮剂60～80mL，兑水45～60kg均匀喷雾。

（2）防治甘蓝夜蛾、甜菜夜蛾等，在卵孵化盛期，每亩用20％悬浮剂67～100mL，

兑水 30~40kg 喷雾。

（3）防治斜纹夜蛾，用 20％悬浮剂 1000~2000 倍液均匀喷雾。

（4）防治棉铃虫，在卵孵化盛期至幼虫钻蛀前喷药防治，一般使用 20％悬浮剂或 200g/L 悬浮剂 1500~2000 倍液，或 24％悬浮剂 1800~2400 倍液均匀喷雾。

（5）防治玉米螟、豆卷叶螟，用 20％悬浮剂 1280~2300 倍液喷雾。

（6）防治瓜褐螨等螨类害虫，可用 20％悬浮剂 800 倍液喷雾。

中毒急救　中毒症状为对眼睛有轻微刺激。皮肤接触，立即脱掉被污染的衣物，用肥皂和大量清水彻底清洗。溅入眼睛，立即将眼睑翻开，用清水冲洗至少 15min，若用大量清水冲洗眼睛后仍有刺激感，要至眼科进行治疗。发生吸入，立即将吸入者转移到空气新鲜处。如误服、误吸，应请医生诊治，进行催吐洗胃和导泻，并移到空气清新的地方。无特殊解药，可对症治疗。

注意事项

（1）对卵的效果较差，施用时应注意掌握在卵发育末期或幼虫发生初期喷施。使用本品喷雾时要均匀周到，尤其对目标害虫的危害部位。本品对小菜蛾药效一般，防治小菜蛾时宜与阿维菌素混用。

（2）不能与碱性药剂、强酸性药剂混用。避免长期单一使用本品，应与其他不同作用机制的杀虫剂交替使用。

（3）对蚕高毒，蚕室和桑园附近禁用。对鱼类有毒，应远离水产养殖区用药，禁止在河塘等水体中清洗施药器具，避免污染水源。

（4）20％悬浮剂用于甘蓝，安全间隔期为 7d，一季最多使用 2 次。

甲氧虫酰肼（methoxyfenozide）

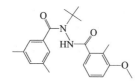

C$_{22}$H$_{28}$N$_2$O$_3$, 368.5, 161050-58-4

其他名称　雷通、美满、氧虫酰肼、突击、螟虫净。

化学名称　N-叔丁基-N′-(3-甲基-2-甲苯甲酰基)-3,5-二甲基苯甲酰肼

主要剂型　24％、240g/L 悬浮剂，5％乳油，0.3％粉剂。

理化性质　纯品为白色粉末。熔点 206.2~208℃（原药 204~206.6℃），蒸气压＜1.48×10^{-3}mPa（20℃）。溶解度：水中 3.3mg/L；其他溶剂（20℃，g/100g）：DMSO 11，环己酮 9.9，丙酮 9。稳定性：在 25℃下贮存稳定；在 25℃，pH5、7、9 下水解。

产品特点

（1）甲氧虫酰肼属双酰肼类低毒杀虫剂。对鳞翅目害虫具有高度选择杀虫活性，以触杀作用为主，并具有一定的内吸作用。本品为一种非固醇型结构的蜕皮激素，模拟天然昆虫蜕皮激素-20-羟基蜕皮激素，激活并附着蜕皮激素受体蛋白，促使鳞翅目幼虫在成熟前提早进入蜕皮过程而又不能形成健康的新表皮，从而导致幼虫提早停止取食、最

终死亡。

(2) 甲氧虫酰肼是虫酰肼的衍生物，在分子结构上比虫酰肼在苯环上多一个甲氧基，在农业应用上与虫酰肼基本相同。

(3) 本剂属于昆虫生长调节剂类杀虫剂，对害虫具有触杀和胃毒作用。

(4) 有两点值得注意：一是生物活性比虫酰肼更高；二是有较好的根内吸性，特别是在单子叶植物上表现更为明显。

(5) 对防治对象选择性强，只对鳞翅目幼虫有效，对抗性甜菜夜蛾效果极佳，对高龄甜菜夜蛾同样高效；对斜纹夜蛾、菜青虫等众多鳞翅目害虫高效。

(6) 反应速度快，害虫取食后 6～8h 即产生中毒反应，停止取食和为害作物，所以，尽管害虫死亡的时间长短不一，但能在较短的时间里保护好作物。

(7) 选择性强，用量少，对高等动物毒性低。对鱼类中等毒性，对水生生物中等毒性，对鸟类低毒，对蜜蜂毒性低，对蚯蚓安全。对人畜毒性极低，不易产生药害，对环境安全。

(8) 甲氧虫酰肼与虫螨腈、阿维菌素、甲氨基阿维菌素苯甲酸盐、茚虫威、乙基多杀霉素、吡蚜酮等杀虫药剂可复配。

防治对象　主要用于防治十字花科蔬菜、茄果类蔬菜、瓜类等作物上的鳞翅目害虫，如甜菜夜蛾、斜纹夜蛾、甘蓝夜蛾、菜青虫、棉铃虫等。

使用方法

(1) 防治十字花科蔬菜甜菜夜蛾、斜纹夜蛾、菜青虫等害虫，宜在卵孵高峰期至 2 龄幼虫始盛期及早用药，在低龄幼虫期（1～2 龄），每亩用 24% 悬浮剂或 240g/L 悬浮剂 15～20mL 兑水 45～60kg，均匀喷雾，于低龄幼虫期施药，最好在傍晚施用。喷雾以均匀透彻为宜。

(2) 防治黄条跳甲，每亩用 24% 悬浮剂 3000 倍液，在卵孵化或幼虫高峰期喷施。

(3) 防治瓜绢螟，宜在 2 龄幼虫始盛期（未卷叶危害前），用 24% 悬浮剂或 240g/L 悬浮剂 1500 倍液喷雾。

(4) 防治棉铃虫，每亩用 24% 悬浮剂或 240g/L 悬浮剂 50～80mL，兑水 50L 喷雾，10～14d 后再喷 1 次。

(5) 防治茄黄斑螟，在幼虫孵化盛期，喷洒 24% 悬浮剂 1500 倍液。

(6) 防治豇豆荚螟、豆蚀叶野螟，在菜豆、豇豆现蕾开花后，及时喷洒 240g/L 悬浮剂 2000 倍液，从现蕾开始，每隔 10d 喷蕾、花 1 次，可控制为害。

(7) 防治豆银纹夜蛾，幼虫 3 龄前喷洒 240g/L 悬浮剂 1500～2000 倍液。

(8) 防治甜菜螟，幼虫大量发生时，在 2 龄幼虫期喷洒 240g/L 悬浮剂 1500～2000 倍液。

中毒急救　对皮肤和眼睛有刺激性。溅入眼睛，立刻用大量清水冲洗不少于 15min，如佩戴隐形眼镜，冲洗 1min 后摘掉眼睛再冲洗几分钟，如症状持续，携该商品标签去医院诊治。若误食，不要自行引吐，携该商品标签去医院诊治。如神志清醒，可服用少量清水。若皮肤黏附，立即用肥皂及大量清水冲洗皮肤。若误吸，转移至空气清新处，如症状持续，请就医。

给医护人员的提示：吸氧治疗头痛和虚弱症状。第一个 24h 中每 3～6h 检测血液中的正铁血红蛋白浓度，此值应该在 24h 内恢复正常。可静脉注射亚甲蓝对毒性正铁血红蛋白血症进行治疗。如正铁血红蛋白浓度大于 $10\%\sim20\%$，可注射 $1\sim2mg/kg$ 体重的 1% 亚甲蓝溶液后再以 $15\sim30mL$ 冲洗，同时给予 100% 氧气治疗。正铁血红蛋白血症可能会加重因缺氧而产生的症状，如慢性肺病、冠状动脉疾病或贫血。

注意事项

（1）对鳞翅目以外的害虫防治效果差或无效。

（2）使用前先将药剂充分摇匀，先用少量水稀释，待溶解后边搅拌边加入适量水。喷雾务必均匀周到。

（3）施药应掌握在卵孵盛期或害虫发生初期，防治延迟则影响药效。

（4）本品对家蚕高毒，在桑蚕和桑园附近禁用。对鱼类毒性中等。避免本品污染水塘等水体，不要在水体中清洗施药器具。

（5）可与其他药剂如与杀虫剂、杀菌剂、生长调节剂、叶面肥等混用（不能与碱性农药、强酸性药剂混用），混用前应先做预试，将预混的药剂按比例在容器中混合，用力摇匀后静置 15min，若药液迅速沉淀而不能形成悬浮液，则表明混合液不相容，不能混合使用。

（6）为防止抗药性产生，害虫多代重复发生时勿单一施此药，建议与其他作用机制不同的药剂交替使用。

（7）不适宜灌根等任何浇灌方法。

（8）在甘蓝上使用的安全间隔期为 7d，一季最多使用 4 次。

灭蝇胺（cyromazine）

$C_6H_{10}N_6$, 166.2, 66215-27-8

其他名称　潜克、美克、网蝇、斑蝇敌、环丙胺嗪、蝇得净、赛诺吗嗪、速杀蝇、潜蝇灵、潜力、钻皮净、蛆蝇克等。

化学名称　N-环丙基-2,4,6-三氨基-1,3,5-三嗪

主要剂型　20%、30%、50%、70%、75%、80% 可湿性粉剂，60%、70%、80% 水分散粒剂，20%、50%、70%、75% 可溶粉剂，10%、20% 悬浮剂。

理化性质　无色晶体。熔点 224.9℃，蒸气压 4.48×10^{-4} mPa（25℃），相对密度 $1.35g/cm^3$（20℃）。溶解度：水 13g/L（pH7.1，25℃）；其他溶剂（20℃，g/kg）：甲醇 22，异丙醇 2.5，丙酮 1.7，n-辛醇 1.2，二氯甲烷 0.25，甲苯 0.015，己烷 0.0002。稳定性：310℃ 以下稳定；在 pH5～9 时，水解不明显；70℃ 以下 28d 内未观察到水解。

产品特点

（1）杀虫机理是抑制昆虫体壁几丁质的合成，诱使双翅目昆虫幼虫和蛹在形态上发生畸变，成虫羽化不完全或受抑制。

（2）本品属 1,3,5-三嗪类昆虫生长调节剂，具有触杀和胃毒作用，具有超强内吸传导作用，叶面喷雾即可杀死叶肉内的害虫，持效期长达 15d 以上。

（3）低毒性、无公害。毒性比食用盐还低，对作物、人畜高度安全，当天用药当天即可上市，是无公害、绿色蔬菜生产上的首选药剂，尤其适合用于出口水果、蔬菜生产基地。

（4）加工工艺先进。分散性好，黏附性更好，超强吸附耐雨水冲刷。

（5）使用方便。既可以用于喷雾，又可用于灌根、淋根。

（6）高效、速效。低用量、超高效，为目前防治美洲斑潜蝇的最好产品。

（7）可与阿维菌素、杀虫单等复配，生产复配杀虫剂。

防治对象 灭蝇胺适用于多种瓜果蔬菜的害虫防治，主要对"蝇类"害虫具有良好的杀虫作用。目前瓜果蔬菜生产上主要用于防治各类美洲斑潜蝇、南美斑潜蝇、豆秆黑潜蝇、葱斑潜叶蝇、三叶斑潜蝇等多种潜叶蝇，韭菜及葱、蒜的根蛆等。

使用方法

（1）防治黄瓜、豇豆、菜豆等多种蔬菜上的斑潜蝇，于发生初期当叶片被害率（潜道）达5%时，用75%可湿性粉剂3000倍液，或10%悬浮剂800倍液均匀喷施到叶片正面和背面，每隔7~10d，连续喷2~3次。

（2）防治豆秆黑潜蝇，大豆初花期，用75%可湿性粉剂3000倍液喷洒，防治成虫兼治初孵幼虫。

（3）防治温室白粉虱，用50%可湿性粉剂1800倍液喷雾。

（4）防治红蜘蛛，用75%可湿性粉剂4000~4500倍液喷雾。

（5）防治韭菜及葱、蒜的根蛆，在害虫发生初期或每次收割1d后用药液浇灌，或顺垄淋根1次；防治葱、蒜根蛆时，在害虫发生初期用药液浇灌或顺垄淋根。用10%悬浮剂400倍液，或20%可溶性粉剂800倍液，或50%可湿性粉剂或50%可溶性粉剂2000倍液，或70%可湿性粉剂或70%水分散粒剂3000倍液，或75%可湿性粉剂3500倍液，浇灌或淋根。淋根用药时，用药液量要尽量充足，以使药液充分淋渗到植株根部。

（6）防治葱须鳞蛾，用50%可溶性粉剂1500倍液喷雾。

结合农业防治效果更佳：如棚室保护和育苗畦提倡蔬菜防虫网覆盖，田间设置黄板诱杀，每亩投放15~20块黄板。在豇豆、菜豆等豆类蔬菜上，有时潜叶蝇和煤霉病并发，可采用50%灭蝇胺可湿性粉剂5000倍液加50%腐霉利可湿性粉剂1500倍液喷雾。

中毒急救 中毒症状为头晕、头痛、恶心、呕吐等，对眼睛有刺激作用，要注意保护。皮肤接触，用清水及肥皂水洗干净。溅入眼睛中，立即用清水冲洗至少15min，仍有不适，立即就医。误服，立即带该产品标签就医，对症治疗。无特效解毒剂。

注意事项

（1）该药剂对幼虫防效好，对成蝇效果较差，要掌握在初发期使用，保证喷雾质量。在害虫暴发期使用本品，可配合其他药剂使用。勿与其他碱性药剂等物质混用。

（2）对斑潜蝇的防治适期以低龄幼虫始发期为好，如果卵孵不整齐，用药时间可适当提前，7~10d后再次喷药，喷药务必均匀周到。

（3）在多年使用灭蝇胺防效下降的地区，注意与不同作用机理的药剂交替使用，以减缓害虫抗药性的产生。喷药时，若在药液中混加0.03%的有机硅或0.1%的中性洗衣粉，可显著提高药剂防效。

（4）由于本品特殊的作用机制，使用时较其他常规药剂提前2~3d施药。

(5) 使用前先摇匀药剂，再取适量兑水稀释。

(6) 用于菜豆，安全间隔期为 7d，一季最多使用 2 次；用于黄瓜，安全间隔期为 2d，一季最多使用 2 次。

抑食肼（RH-5849）

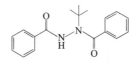

C₁₈H₂₀N₂O₂，296.4，112225-87-3

其他名称 佳蛙、绿巧、锐丁、抑食肼、虫死净。

化学名称 *N*-苯甲酰基-*N'*-叔丁基苯甲酰肼

主要剂型 20％、25％可湿性粉剂，20％胶悬剂，5％颗粒剂等。

理化性质 原药外观为白色结晶固体。熔点 174～176℃。溶解度：水约 50mg/L，环己酮约为 50g/L，异亚丙基丙酮约 150g/L。常温下贮存稳定。

产品特点

(1) 作用机制为通过降低或抑制幼虫和成虫取食能力，促使昆虫加速蜕皮，减少产卵，阻碍昆虫繁殖，达到杀虫作用。

(2) 抑食肼属于双酰肼类，是一种非甾类、具有蜕皮激素活性的昆虫生长调节剂，对害虫以胃毒作用为主，也具有较强的内吸性，杀虫谱广，对鳞翅目、鞘翅目、双翅目等害虫具良好的防治效果。

(3) 对害虫以胃毒作用为主，速效性较差，当害虫吃了适量的喷洒过抑食肼的作物鲜叶，在短期内就会停止取食，再也不吃没喷过药的鲜叶，以致饿死，施药后 2～3d 见效，持效期较长。

(4) 对人、畜、禽、鱼毒性低，是一种可取代有机磷的农药，特别是可以取代高毒农药甲胺磷的低毒、无残留、无公害的优良杀虫剂。

(5) 可与甲维盐、阿维菌素等进行复配，生产复配杀虫剂，如 63％甲维·抑食肼水分散粒剂、33％阿维·抑食肼可湿性粉剂、20％阿维·抑食肼可湿性粉剂。

防治对象 在蔬菜上主要防治菜青虫、小菜蛾、甜菜夜蛾等。

使用方法

(1) 防治菜青虫、斜纹夜蛾，在低龄幼虫期施药，每亩用 20％可湿性粉剂 50～65g 或 20％悬浮剂 65～100mL，兑水 40～50L 均匀喷雾。对低龄幼虫防治效果较好，且对作物无药害。

(2) 防治小菜蛾，于幼虫孵化高峰期至低龄幼虫盛发期，每亩用 20％可湿性粉剂 80～125g，兑水 40～50L 均匀喷雾。在幼虫盛发高峰期用药防治 7～10d 后，再喷 1 次，以维持药效。

(3) 防治马铃薯甲虫，每亩用 20％可湿性粉剂 50～65g，兑水 40～50kg 喷雾。

注意事项

(1) 喷药应均匀周到，以便充分发挥药效。

（2）速效性差，作用缓慢，施药后 2～3d 后见效，应在害虫发生初期用药，可收到更好效果，且最好不要在雨天施药。

（3）不可与碱性物质混用，可与阿维菌素混配成 20% 阿维·抑食可湿性粉剂用于防治十字花科蔬菜斜纹夜蛾。

（4）由于该药持效期长，蔬菜收获前 10d 停止用药。

（5）对蜜蜂、鱼类等水生生物、家蚕有毒，施药期间应避免对周围蜂群的影响，蜜源作物花期、蚕室和桑园附近禁用。远离水产养殖区施药，禁止在河塘等水体中清洗施药器具。

（6）药剂应贮存在阴凉、干燥、通风之处，远离火源、热源等，严防受潮、暴晒。

（7）一般作物安全间隔期为 7～10d，每季作物最多使用 2 次。

阿维菌素（abamectin）

(i) R=—CH₂CH₃(avermectin B₁ₐ)
(ii) R=—CH₃(avermectin B₁ᵦ)

avermectin B_{1a}：$C_{48}H_{72}O_{14}$，873.1；avermectin B_{1b}：$C_{47}H_{70}O_{14}$，859.1，71751-41-2

其他名称 绿维虫清、害极灭、除虫菌素、杀虫菌素、揭阳霉素、灭虫丁、赛福丁、灭虫灵、7051 杀虫素、爱福丁、爱螨力克、爱立螨克、爱诺虫清 1 号、爱诺虫清 2 号、阿维虫清、虫螨克星、虫螨克、虫螨光。

化学名称 4″-表-乙酰氨基-4″-脱氧阿维菌素

主要剂型 3%、5%、10% 悬浮剂，0.2%、0.3%、0.5%、0.6%、0.9%、1%、1.8%、2%、2.8%、3%、3.2%、4%、5% 乳油，0.2%、0.22%、0.5%、1%、1.8%、3%、5% 可湿性粉剂，0.5%、1.8%、2%、3%、3.20%、4%、5%、5.4%、6% 微乳剂，0.5%、2%、6%、10% 水分散粒剂，1%、5% 可溶液剂，0.5%、0.9%、1%、1.8%、2%、2.2%、3%、3.2%、5%、18g/L 水乳剂，1%、2%、3%、5% 微囊悬浮剂，0.5% 颗粒剂，0.12% 高渗可湿性粉剂，0.10% 饵剂。

理化性质 原药精粉为白色或黄色结晶（含 B_{1a} 80%，B_{1b} <20%），蒸气压 <3.7×10⁻⁶Pa（25℃），熔点 161.8～169.4℃。20℃ 水中溶解度 7～10μg/L；其他溶剂中溶解度（g/L，21℃）：三氯甲烷 25，丙酮 100，甲苯 350，甲醇 19.5，乙腈 287，乙酸乙酯 232，丙醇 70，正丁醇 10，乙醇 20，环己烷 6，氯仿 25。常温下不易分解。在 25℃，

pH5～9的溶液中无分解现象。在通常贮存条件下稳定，对热稳定，对光、强酸、强碱不稳定。

产品特点

（1）阿维菌素是一种由链霉菌产生的新型大环内酯双糖类化合物。对昆虫及螨类具有触杀和胃毒作用，并有很微弱的熏蒸作用，无内吸作用，但它对叶片有很强的渗透作用，可杀死表皮下的害虫，且残效期长，不杀卵。

（2）其作用机制是干扰害虫神经生理活动，刺激释放 γ-氨基丁酸，而 γ-氨基丁酸对节肢动物的神经传导有抑制作用，螨类成螨、若螨、幼虫与药剂接触后即出现麻痹症状，不活动，不取食，2～4d后死亡。因不引起虫体迅速脱水，所以杀虫速度较慢。

（3）阿维菌素属农用抗生素类、广谱、杀虫、杀螨剂，高效、广谱。一次用药可防治多种害虫，能防治鳞翅目、双翅目、同翅目、鞘翅目的害虫以及叶螨、锈螨等。对害虫、害螨有触杀和胃毒作用，对作物有渗透作用，但无杀卵作用。一般防治食叶害虫每亩用有效成分 0.2～0.4g，对鳞翅目的蛾类害虫用 0.6～0.8g；防治钻蛀性害虫，每亩用有效成分 0.7～1.5g。

（4）持效期长，一般对鳞翅目害虫的有效期为 10～15d，对害螨为 30～45d。阿维菌素是一种细菌代谢分泌物，在土壤中降解快、光解迅速，环境兼容性较好。

（5）对天敌安全。阿维菌素对捕食性天敌和寄生性天敌虽有直接触杀作用，但因喷施到叶表面的阿维菌素能迅速分解消散，而渗入植物薄壁组织内的活性成分可较长时间存在于植物组织并有传导作用，故对害螨和潜食为害的昆虫具长效性，而对捕食性及寄生性天敌安全。

（6）在土壤中易被吸附，不能移动，并被微生物分解，在环境中无积累，对人畜和环境很安全。

（7）对作物安全，不易产生药害。即使施用量大于治虫量的 10 倍，对大多数作物仍很安全。阿维菌素原药对人畜毒性高，制剂对人畜毒性低，对蜜蜂、某些鱼类毒性高。可以在一般无公害食品和 A 级绿色食品生产中使用，只在 AA 级绿色食品中限用。

（8）鉴别要点：纯品为白色或黄白色结晶粉。1.8%阿维菌素乳油等乳油制剂为棕色透明液体，无明显的悬浮物和沉淀物。

用户在选购阿维菌素单剂及复配产品时应注意：确认产品通用名称及含量；查看农药"三证"，阿维菌素乳油的单剂品种应取得生产许可证（XK），其他复配制剂应取得农药生产批准证书（HNP）；查看产品是否在 2 年有效期内。

生物鉴别：于菜青虫（2～3 龄）幼虫发生期，摘取带虫叶片若干个，将 1.8%阿维菌素乳油稀释 4000 倍直接喷洒在有害虫的叶片上，待后观察。若菜青虫被击倒致死，则该药品为合格品，反之为不合格品。

（9）阿维菌素常与苏云金杆菌、印楝素、吡虫啉、啶虫脒、吡蚜酮、噻虫嗪、烯啶虫胺、氯氰菊酯、高效氯氰菊酯、高效氯氟氰菊酯、甲氰菊酯、联苯菊酯、氰戊菊酯、溴氰菊酯、丙溴磷、辛硫磷、敌敌畏、三唑磷、灭幼脲、除虫脲、虫酰肼、氟虫脲、灭蝇胺、多杀霉素、炔螨特、噻螨酮、哒螨灵、螺螨酯、唑螨酯、四螨嗪等杀虫（螨）剂成分混配，生产制造复配杀虫（螨）剂。

防治对象　适用于蔬菜、果树、水稻、棉花、花卉、林木等。在蔬菜上主要用于防治螨类、小菜蛾、菜青虫、甜菜夜蛾、斜纹夜蛾、黏虫、黄曲条跳甲、猿叶甲、潜叶蝇、瓜实蝇、食心虫、卷叶蛾等害虫，并对许多蔬菜的根结线虫也具有很好的防治效果。

使用方法

（1）喷雾

① 防治菜青虫，平均每株有虫 1 头时开始防治，用 1.8％阿维菌素乳油 2500～3000 倍液均匀喷雾。

② 防治小菜蛾，在幼龄幼虫期或卵孵盛期，用 1.8％乳油 2500～3000 倍液均匀喷雾。

③ 防治菜豆斑潜蝇及其他蔬菜上的潜叶蝇类害虫，在幼虫低龄期，即多数被害虫道长度在 2cm 以下时，用 1.8％乳油 2000～2500 倍液，或 1％乳油 2000 倍液均匀喷雾，喷药宜在早晨或傍晚进行。

④ 防治甜菜夜蛾、斜纹夜蛾，用 1.8％乳油 1000 倍液喷雾，药后 7～10d 防效仍达 90％以上。

⑤ 防治瓜果蔬菜及豆类蔬菜红蜘蛛、叶螨、茶黄螨等害螨和各种抗性蚜虫，在害虫发生初盛期，或蚜虫点片发生时防治，1～1.5 个月后再喷药 1 次。一般用 2％乳油 3500～4500 倍液，或 1.8％乳油，或 18g/L 乳油 3000～4000 倍液，或 1％乳油 1700～2200 倍液，或 0.9％乳油 1500～2000 倍液，或 0.5％乳油（可湿性粉剂）800～1000 倍液均匀喷雾。

⑥ 防治美洲斑潜蝇、南美斑潜蝇，成虫高峰期至卵孵化盛期或低龄幼虫期，瓜类、茄果类、豆类蔬菜某叶片有幼虫 5 头、幼虫 2 龄前、虫道很小时，于 8～12 时，用 1.8％阿维菌素乳油 1800 倍液，或 40％阿维·敌畏乳油 1000 倍液，或 0.9％阿维·印楝素乳油 1200 倍液、或 3.3％阿维·联苯菊乳油 1300 倍液喷雾防治。

⑦ 防治烟粉虱，可用 1.8％乳油 2000 倍液喷雾。

⑧ 防治温室白粉虱，可用 1.8％乳油 1800 倍液喷雾。

⑨ 防治瓜绢螟，在种群主体处在 1～3 龄时，可用 1.8％乳油 1500 倍液喷雾。

⑩ 防治豇豆荚螟、豆荚斑螟、豆蚀叶野螟，在菜豆、豇豆现蕾开花后，及时喷洒 1.8％乳油 2000 倍液，从现蕾开始，每隔 10d 喷蕾、花 1 次，可控制为害。

⑪ 防治蚕豆象，成虫进入产卵盛期、卵孵化以前喷洒 1.8％乳油 1500 倍液。

⑫ 防治草地螟，大发生时，在幼虫为害期，喷洒 1.8％微乳剂 2000 倍液。

⑬ 茄子、甜（辣）椒上发生茶黄螨、茄子上发生截形叶螨时，用 3％微乳剂 2800 倍液喷雾，但番茄、茄子、黄瓜幼苗敏感，须慎用。还可用 1.8％乳油 1800 倍液、3.3％阿维·联苯菊酯乳油 850 倍液等喷雾。

⑭ 防治芋单线天蛾、双线天蛾等，在田间幼虫低龄时，喷洒 1.8％乳油 1500 倍液。

（2）灌根

① 防治韭蛆，每平方米用 1.8％乳油 0.8～1.2g，或 1％乳油 800～1000 倍液 2.25g，加适量水混入塑料桶（盆），在畦口处缓缓注入灌溉水中，随水注入韭菜根部。

② 防治黄瓜、西瓜、甜瓜地灰地种蝇，出苗后用 1.8% 乳油 2000 倍液灌根。

③ 防治瓜果蔬菜的根结线虫，定植前，每亩用 2% 乳油 750～900mL，或 1.8% 乳油或 18g/L 乳油 800～1000mL，或 1% 乳油 1500～1800mL，或 0.9% 乳油 1600～2000mL，或 0.5% 乳油 3000～3500mL，或 0.5% 可湿性粉剂 3000～3500g，对适量水浇灌定植沟或穴；定植后发现根结线虫时，再使用相同剂量的药剂兑水后进行根部浇灌，一个月后再浇灌 1 次。

（3）蘸穴盘　防治茄子根结线虫，在天暖之后冲施 1.8% 乳油，每亩用 1～2kg。自己育苗的可用 0.5% 颗粒剂，每亩用 3kg 拌苗土。若是买来的苗，定植时要用阿维菌素蘸穴盘。

（4）处理土壤　防治草莓芽线虫病，在花芽分化前 7d 或定植前用药防治，对压低虫口具有重要作用，可用 1.8% 乳油 1500 倍液，每平方米用 20～27g 处理土壤，防治草莓线虫及土传病害。

中毒急救　用药时注意安全保护，如误服，立即引吐并服用土根糖浆或麻黄素，但勿给昏迷患者催吐或灌任何东西，并送医院对症治疗；抢救时不要给患者使用增强 γ-氨基丁酸活性的物质，如巴比妥、丙戊酸等。

注意事项

（1）阿维菌素杀虫、杀螨的速度较慢，在施药后 3d 才出现死虫高峰，但在施药当天害虫、害蛾即停止取食为害。

（2）该药无内吸作用，喷药时应注意喷洒均匀、细致周密。

（3）应选择阴天或傍晚用药，避免在阳光下喷施，施药时采取戴口罩等防护措施。

（4）合理混配用药。在使用阿维菌素类药剂前，应注意所用药剂的种类、有效成分的含量、施药面积和防治对象等，严格按照要求，正确选择施药面积上所需喷洒的药液量，并准确配制使用浓度，以提高防治效果，不能随意增加或减少用量。

（5）慎用阿维菌素。对一些用常规农药就能完全控制的蔬菜害虫，不必使用阿维菌素。对一些钻蛀性害虫或已对常规农药产生抗药性的害虫，宜使用阿维菌素。不能长期、单一使用阿维菌素，以防害虫产生抗药性，应与其他类型的杀虫剂轮换使用。

（6）施药后防治效果不理想，可能与所用药剂质量较差、用药量不足、虫龄过大及施药方法不当等有关。部分剂型的阿维菌素在贮存过程中容易光解，会造成药物损失。阿维菌素在叶片表面很容易见光分解，进入叶片后则可以保持较长的持效期。施药时用水量过少，施药后药滴很快在叶面变干，药物不能渗透进入叶片，容易光解失效。虫龄过大时，不容易将虫及时杀灭，特别是用药量偏少时，保叶效果会较差。同类药甲氨基阿维菌素苯甲酸盐也有类似情况。

（7）不可与碱性农药混合使用。施药后 24h 内，禁止家畜进入施药区。黄瓜苗期如大量根施阿维菌素乳油则会产生药害，致叶缘发黄，叶脉皱缩。

（8）对鱼高毒，使用时禁止污染水塘、河流，蜜蜂采蜜期禁止施药。对蚕高毒，桑叶喷药后 40d 还有明显毒杀蚕作用。

（9）1.8% 乳油用于萝卜，安全间隔期为 7d，一季最多使用 3 次；用于豇豆，安全间隔期为 3d，一季最多使用 2 次；用于黄瓜，安全间隔期 2d，一季最多使用 3 次；用于叶菜，安全间隔期为 7d，一季最多使用 1 次。

甲氨基阿维菌素苯甲酸盐（emamectin benzoate）

B_{1a} : R——CH_2CH_3
B_{1b} : R——CH_3

$C_{56}H_{81}NO_{15}$（B_{1a}），$C_{55}H_{79}NO_{15}$（B_{1b}）；1008.3（B_{1a}），994.2（B_{1b}），155569-91-8

其他名称 甲维盐、威克达、刹虫、绿卡一、力虫晶、劲闪、埃玛菌素、抗蛾斯、京博泰利、红烈、万庆。

化学名称 4′-表-甲氨基-4′-脱氧阿维菌素苯甲酸盐

主要剂型 0.2%高渗微乳剂，5.7%、5%、2.88%、2.3%、2.15%、2%、1.9%、1.5%、1.14%、1.13%、1.2%、1.1%、1%、0.88%、0.57%、0.55%、0.5%、0.2%乳油，5.7%、5%、3.4%、3%、2.5%、2.3%、2.28%、2.2%、2%、1.8%、1.3%、1.2%、1.17%、1.14%、1.1%、1%、0.6%、0.57%、0.5%微乳剂，8%、5.7%、3.4%、3%、2.5%、2.3%水分散粒剂，3.4%、3%、1.5%泡腾片剂，3.4%、3%、2.5%、1%、0.6%、0.57%水乳剂，5.7%、5%、2.3%可溶粒剂，3%、1%可湿性粉剂，3%悬浮剂，2%可溶液剂，0.1%饵剂，0.2%高渗乳油，0.2%高渗可溶性粉剂。

理化性质 外观为白色或淡黄色结晶粉末。熔点 141～146℃，蒸气压 $4×10^{-6}$ Pa（21℃），相对密度 1.20（23℃）。水中溶解度 0.024g/L（25℃，pH7）。通常贮存条件下稳定，对紫外光不稳定。溶于丙酮、甲苯，微溶于水，不溶于己烷。属微生物源低毒杀虫剂。

产品特点

（1）甲氨基阿维菌素苯甲酸盐是从发酵产品阿维菌素 B_1 开始合成的一种新型高效半合成抗生素类杀虫、杀螨剂。其作用机理是 γ-氨基丁酸受体激活剂使氯离子大量进入突触后膜，产生超级化，从而阻断运动神经信息的传递过程，使害虫中央神经系统的信号不能被运动神经元接受。

（2）高效、广谱，以胃毒作用为主，兼有触杀活性，对作物无内吸性能，但可有效渗入作物的表皮组织，所以具有较长的持效期，但不具有杀卵功能，对鳞翅目昆虫的幼虫和其他许多害虫及螨类的活性极高。与阿维菌素比较，增加了对鳞翅目害虫的杀虫活性，杀虫谱变宽，降低了对温血动物的毒性，其杀虫活性提高了 100～200 倍，毒性降低 2～3 个数量级。甲维盐不易使害虫产生抗药性，对于其他农药已产生抗性的害虫仍有高效。

（3）与其他杀虫剂无交互抗性问题，可防治对有机磷类、拟除虫菊酯类和氨基甲酸酯类等杀虫剂产生抗药性的害虫，在常规剂量范围内对天敌、人畜安全。

（4）是一种防治甜菜夜蛾、斜纹夜蛾、棉铃虫、瓜绢螟、豆荚螟等的特效药剂，对以上害虫防治快、狠，低毒、低残留。杀虫谱广，对节肢动物没有伤害，对人畜低毒，具有易于降解的特点，不易污染环境。

（5）对鳞翅目昆虫的幼虫和其他许多害虫、害螨的活性高，既有胃毒作用又有触杀作用，但触杀作用缓慢，一般在施药 2d 后才出现中毒症状。药剂可以渗透到目标作物的表皮，形成一个有效成分的贮存层，持效期长。

（6）甲氨基阿维菌素苯甲酸盐常与氯氰菊酯、高效氯氰菊酯、高效氯氟氰菊酯、甲氰菊酯、联苯菊酯、哒螨灵、虫螨腈、多杀霉素、氟虫苯甲酰胺、丙溴磷、三唑磷、茚虫威、吡虫啉、杀虫单、杀虫双、辛硫磷、虫酰肼、灭幼脲、氟铃脲、氟啶脲、丁醚脲、虱螨脲、噻虫嗪、啶虫脒等杀虫剂成分混配，生产制造复配杀虫剂。

（7）质量鉴别：0.2%、2.2% 微乳剂及 0.5%、0.8%、1%、1.5%、2% 乳油为黄褐色均相液体，稍有氨气味，可与水直接混合成乳白色液体，乳液稳定不分层。0.2% 可溶粉剂外观为灰白色疏松粉末，在水中快速溶解。

生物鉴别：取带有菜青虫（或小菜蛾幼虫、甜菜夜蛾）的十字花科蔬菜菜叶数片，分别将 0.5% 甲氨基阿维菌素苯甲酸盐微乳剂、1% 甲氨基阿维菌素苯甲酸盐乳油稀释2000 倍喷洒于有虫菜叶上，待后观察菜青虫（或小菜蛾幼虫、甜菜夜蛾）是否死亡。若菜青虫（或小菜蛾幼虫、甜菜夜蛾）死亡，则药剂质量合格，反之不合格。

防治对象 在蔬菜上防治十字花科蔬菜小菜蛾、菜青虫、蚜虫、棉铃虫、红蜘蛛、黄曲条跳甲、豆荚螟、斑潜蝇等。

使用方法 夜蛾类害虫最佳防治期应为 3 龄前，该时期害虫为害小，集中，容易防治，用药量少、次数少。使用剂量为 0.2% 乳油 10mL 兑水 15kg 喷雾，施用时间以傍晚最佳。对 4 龄以上害虫，用 20mL 兑水 15kg 喷雾，14h 防效也达 80%。

（1）防治各种豆荚螟、斑潜蝇，用 0.5% 微乳剂 1500～3000 倍液喷雾。防治成虫，以上午 8 点施药最好，防治幼虫以 1～2 龄期施药最佳。

（2）防治菜螟，在成虫盛发期和幼虫孵化期，喷洒 0.5% 乳油或微乳剂 800～1000倍液（30～50mL/亩）。

（3）防治十字花科蔬菜小菜蛾、菜青虫，在幼虫低龄期用 0.5% 微乳剂 1500～3000倍液喷雾防治。防治高抗性小菜蛾，用 0.5% 微乳剂 1000～2000 倍液喷雾。

（4）防治甜菜夜蛾，每亩用 0.5% 乳油 20～30mL，或 1.5% 乳油 10～16mL，或0.2% 高渗微乳剂 15～30mL，兑水 50～60kg 喷雾。

（5）防治蔬菜蚜虫，可用 0.5% 微乳剂 2000～3000 倍液喷雾。

（6）防治棉铃虫、红蜘蛛等，用 0.5% 微乳剂 2000～3000 倍液喷雾。

（7）防治油菜、白菜等十字花科蔬菜黄曲条跳甲，每亩用 2.2% 微乳剂 15～20mL，兑水 40～50kg 均匀喷雾。或用 1% 乳油或微乳剂 1500～2000 倍液喷雾防治。

（8）防治瓜褐螨、菜螨等螨类害虫，可用 3% 微乳剂 2500～3000 倍液喷雾。

（9）防治茄黄斑螟，在幼虫孵化盛期，用 3% 微乳油 2800 倍液喷雾。

（10）防治豆银纹夜蛾，幼虫 3 龄前用 1% 乳油 1500 倍液喷雾。

（11）防治玉米螟，每亩用 1% 乳油 10～14mL，在玉米心叶末期时使用，拌细沙（约 10kg）撒入心叶丛最上面 4～5 个叶片内。

中毒急救 本品没有专用解毒剂，对眼睛有中度刺激，不慎溅入眼睛，要用大量清水冲洗；如误服中毒，30min 内可采用刺激喉咙法催吐，对昏迷者，则不能诱导催吐或喂任何东西。不能使用 GABA 的增活剂，如巴比土酸盐、苯并二氮、丙戊酸等，它们可能增加甲维盐的活性。

注意事项

（1）提倡轮换使用不同类别或不同作用机理的杀虫剂，以延缓抗性的发生。不能在作物的生长期内连续用药，最好是在第 1 次虫发期过后，第 2 次虫发期使用别的农药，间隔使用。

（2）本品对昆虫主要是胃毒作用，因此喷雾要均匀周到，保证足够的药液量，叶片正反及幼嫩部位药液要均匀分布。

（3）禁止和百菌清、代森锰锌及铜制剂混用。

（4）避免在高温下使用，以减少雾滴蒸发和飘移。

（5）制剂有分层现象，用药前需先摇匀。

（6）与其他农药混用时，应先将本药剂兑水搅匀后再加入其他药剂。

（7）不同剂型的甲氨基阿维菌素苯甲酸盐产品耐储性有所不同，部分剂型的产品在贮存期药物就可能大量光解损失。施药时光照条件和用水量等不同，也会影响药物的吸收和光解损失，进而影响害虫防治效果。

（8）对鱼类、家蚕、鸟、蜜蜂等敏感，施药期间应避开蜜源作物花期、有授粉蜂群采粉区，避免该药剂在桑园使用和飘移到桑叶上，避免在珍贵鸟类保护区及其觅食区使用。远离水产养殖区施药，药液及施药用水避免进入鱼类养殖区、产卵区、越冬场、洄游通道的索饵场等敏感水区及保护区，禁止在河塘等水体中清洗施药器具。

（9）本品易燃，在贮存和运输时远离火源，应贮存在通风、干燥的库房中。贮运时，严防潮湿和日晒，不能与食物、种子、饲料混放。

（10）用 1% 乳油防治甘蓝小菜蛾安全间隔期为 3d，一季最多使用 2 次。

氯虫苯甲酰胺（chlorantraniliprole）

$C_{18}H_{14}BrCl_2N_5O_2$, 483.2, 500008-45-7

其他名称 氯虫酰胺，康宽、杜邦普尊、金尊、兴农科得拉、全能王、奥得腾等。

化学名称 3-溴-N-[4-氯-2-甲基-6-（甲氨基甲酰基）苯]-1-（3-氯吡啶-2-基）-1-氢-吡唑-5-甲酰胺

主要剂型 5%、18.5%、20%、200g/L悬浮剂，35%水分散粒剂，0.4%颗粒剂。

理化性质 纯品为精细白色结晶粉末。熔点208～210℃（原药200～202℃），蒸气压2.1×10^{-8}mPa（25℃，原药）、6.3×10^{-9}mPa（20℃）。溶解度：水中0.9～1.0mg/L（pH4～9，20℃），丙酮3.4（g/L，下同）、乙腈0.71、二氯甲烷2.48、乙酸乙酯1.14、甲醇1.71。属邻甲酰氨基苯甲酰胺类高效微毒广谱杀虫剂。

产品特点

（1）氯虫苯甲酰胺的化学结构使其具有其他任何杀虫剂不具备的全新杀虫原理，能高效激活害虫肌肉上的鱼尼丁（兰尼碱）受体，从而过度释放平滑肌和横纹肌细胞内钙离子，导致昆虫肌肉麻痹，害虫停止活动和取食，致使害虫瘫痪死亡。该有效成分表现出对哺乳动物和害虫鱼尼丁受体极显著的选择性差异，大大提高了对哺乳动物和其他脊椎动物的安全性。

（2）氯虫苯甲酰胺是酰胺类新型内吸杀虫剂。根据目前的试验结果，其对靶标害虫的活性比其他产品高出10～100倍，并且可以导致某些鳞翅目昆虫交配过程紊乱，研究证明其能降低多种夜蛾科害虫的产卵率。其持效性好和耐雨水冲刷的生物学特性，实际上是渗透性、传导性、化学稳定性、高杀虫活性和导致害虫立即停止取食等作用的综合体现。因此，决定了其比目前绝大多数在用的其他杀虫剂有更长和更稳定的对作物的保护作用。胃毒为主，兼具触杀作用，是一种高效广谱的鳞翅目、甲虫和粉虱杀虫剂，在低剂量下就可使害虫立即停止取食。

（3）持效期长，防雨水冲刷，在作物生长的任何时期提供即刻和长久的保护，是害虫抗性治理、轮换使用的最佳药剂。持效期可以达到15d以上，对农产品无残留影响，同其他农药混合性能好。

（4）该农药属微毒级，对哺乳动物低毒，对施药人员很安全，对有益节肢动物如鸟、鱼和蜜蜂低毒，非常适合害虫综合治理。

（5）氯虫苯甲酰胺常与噻虫嗪、吡蚜酮、高效氟氯氰菊酯、阿维菌素、噻虫啉、甲氨基阿维菌素苯甲酸盐等杀虫剂成分进行复配，生产复配杀虫剂。

防治对象 主要用于甘蓝、辣椒、花椰菜、菜用大豆、小青菜苗床等蔬菜。高效广谱，对鳞翅目的夜蛾科、螟蛾科、蛙果蛾科、卷叶蛾科、粉蛾科、菜蛾科、麦蛾科、细蛾科等均有很好的控制效果，还能控制鞘翅目象甲科、叶甲科、双翅目潜蝇科，烟粉虱等多种非鳞翅目害虫。

可用于防治黏虫、棉铃虫、天蛾、马铃薯块茎蛾、小菜蛾、菜青虫、烟青虫、黄曲条跳甲、欧洲玉米螟、亚洲玉米螟、瓜绢螟、瓜野螟、烟青虫、甜菜夜蛾、小地老虎、豆荚螟等。

使用方法

（1）防治蔬菜小菜蛾、斜纹夜蛾、甜菜夜蛾，每亩使用20%悬浮剂10mL，兑水30kg喷雾，且只要蔬菜叶片的正面均匀喷到药液，就可以表现高药效，而不像其他农药需要把蔬菜叶片的正反两方面都均匀喷到药液。

（2）防治菜用大豆豆野螟和豆荚螟，每亩用20%悬浮剂5～10mL，兑水30kg喷雾。

（3）防治玉米小地老虎和玉米螟，防治小地老虎在害虫发生初期（玉米2～3叶期）施药，每亩用200g/L悬浮剂3～6mL兑水喷雾，重点喷茎基部；防治玉米螟在卵孵高峰期施药，每亩用200g/L悬浮剂4～5mL兑水整株喷雾。

（4）防治烟粉虱，用5％悬浮剂1000倍液喷雾。

（5）防治黄守瓜，6～7月经常检查根部，发现有黄守瓜幼虫时，地上部萎蔫，或黄守瓜幼虫已钻入根内时，马上往根际喷淋或浇灌5％悬浮剂900倍液，或30％氯虫·噻虫嗪悬浮剂6.6g/亩。

（6）防治瓜绢螟，在种群主体处在1～3龄时，喷洒5％悬浮剂1200倍液。

（7）防治棉铃虫、烟青虫，抓住卵孵化盛期至2龄盛期，即幼虫未蛀入果内之前施药，用5％悬浮剂1000倍液喷雾。

（8）防治茄黄斑螟，在幼虫孵化盛期，喷洒200g/L悬浮剂3000倍液。

（9）防治豇豆荚螟、豆荚斑螟、豆蚀叶野螟，在菜豆、豇豆现蕾开花后，及时喷洒5％悬浮剂1000倍液，从现蕾开始，每隔10d喷蕾、花1次，可控制为害。

（10）防治菜螟，在成虫盛发期和幼虫孵化期喷洒200g/L悬浮剂3000倍液。

（11）防治豆天蛾，在3龄前喷洒200g/L悬浮剂3000倍液。

（12）防治肾毒蛾，虫口密度大时在初龄幼虫期喷洒5％悬浮剂1000倍液。

（13）防治草地螟，大发生时，在幼虫为害期，喷洒5％悬浮剂1000～1500倍液，7d喷1次，防治2次。

（14）防治马铃薯二十八星瓢虫，抓住幼虫分散前的有利时机，喷洒20％悬浮剂4500倍液。

（15）防治芋蝗，在成虫、若虫盛期喷洒20％悬浮剂4000倍液。

（16）防治甘薯叶甲，每亩用30％氯虫·噻虫嗪悬浮剂6.6g，兑水喷雾。

（17）防治甘薯麦蛾，在幼虫尚未卷叶时，每亩用20％悬浮剂10mL，兑水30kg喷雾，防治麦蛾持效25d，防效好。

（18）防治葱须鳞蛾，在卵孵化盛期，用200g/L悬浮剂3000倍液喷雾。

（19）防治芋单线天蛾、双线天蛾等，在田间幼虫低龄时，喷洒5％悬浮剂1500倍液。

（20）防治黑缝油菜叶甲，在羽化成虫为害时，喷洒5％悬浮剂1200倍液。

（21）防治油菜、白菜等十字花科蔬菜黄曲条跳甲，喷洒5％悬浮剂1500倍液（50～75g/亩）。

中毒急救 无中毒报道。不慎溅入眼睛或接触皮肤，用大量清水冲洗至少15min。误吸，将病人转移到空气清新处。误食，要及时洗胃并引吐，立即送医院治疗。没有特效解毒药，绝不可乱服药物。

注意事项

（1）不能与碱性药剂及肥料混用。

（2）因为其具有较强的渗透性，药剂能穿过作物茎部表皮细胞层进入木质部传导至其他没有施药的部位，所以在施药时可用弥雾或喷雾，这样效果更好。

（3）当气温高、田间蒸发量大时，应选择早上10点以前，下午4点以后用药，这样不仅可以减少用药液量，也可以更好地增加作物的受药液量和渗透性，有利于提高防治效果。

（4）产品耐雨水冲刷，喷药2h后下雨，无须再补喷。

（5）本品对藻类、家蚕及某些水生生物有毒，特别是对家蚕剧毒，有高风险性。因此在使用本品时应防止污染鱼塘、河流、蜂场、桑园。采桑期间，避免在桑园及蚕室附近使用,在附近农田使用时,应避免药液飘移到桑叶上。禁止在河塘等水域中清洗施药器具;蜜源作物花期禁用。

孕妇和哺乳期妇女应避免接触本品。

(6) 本品在多年大量使用的地方已产生抗药性,建议已产生抗药性的地区停止使用本品。

该药虽有一定内吸传导性,喷药时还应均匀周到。连续用药时,注意与其他不同类型药剂交替使用,以延缓害虫产生抗药性。为避免该农药抗药性的产生,每季作物或一种害虫最多使用 3 次,每次间隔时间在 15d 以上。

(7) 5%悬浮剂用于蔬菜,安全间隔期为 1d,一季最多使用 3 次;在玉米上安全间隔期为 14d,每季最多使用 3 次。

氟虫双酰胺(flubendiamide)

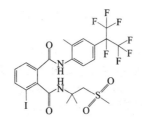

C$_{23}$H$_{22}$F$_7$IN$_2$O$_4$S, 650.4, 272451-65-7

其他名称　氟苯虫酰胺、垄歌、福先安、稻腾。

化学名称　3-碘-N-2-(甲磺酰基-1,1-二甲基乙基)-N-{4-[1,2,2,2-四氟-1-(三氟甲基)乙基]-O-甲苯基}邻苯二甲酰胺

主要剂型　10%悬浮剂,20%水分散粒剂。

理化性质　纯品为白色结晶粉末。熔点 217.5～220.7℃,蒸气压<1×10^{-1} mPa (25℃),相对密度 1.659(20℃)。水中溶解度 29.9μg/L(20℃);其他溶剂中溶解度 (g/L):二甲苯 0.488,正己烷 0.000835,甲醇 26.0,1,2-二氯乙烷 8.12,丙酮 102,乙酸乙酯 29.4。

产品特点

(1) 具有独特的作用方式,高效广谱,残效期长,毒性低。用于防治鳞翅目害虫,是一种鱼尼丁类受体,即类似于位于细胞内肌质网膜上的钙释放通道的调节剂。鱼尼丁类是一种肌肉毒剂,它主要作用于钙离子通道,影响肌肉收缩,使昆虫肌肉松弛性麻痹,从而杀死害虫。氟虫双酰胺对除虫菊酯类、苯甲酰脲类、有机磷类、氨基甲酸酯类已产生抗性的小菜蛾 3 龄幼虫具有很好的活性。

(2) 具有胃毒和触杀作用,能快速抑制害虫取食,见效快。

(3) 耐雨水冲刷,持效期长。与现有杀虫剂无交互抗性,非常适宜于对现有杀虫剂产生抗性的害虫的防治。

(4) 几乎对所有的鳞翅目类害虫均具有很好的活性,对幼虫有非常突出的防效,对成虫防效有限,没有杀卵作用。

（5）渗透植株体内后通过木质部略有传导。

（6）施用氟虫双酰胺后，害虫肌肉失控，立即停止取食。用药1～2h后，害虫的典型症状是体长缩小为原来的一半。

（7）氟虫双酰胺可与阿维菌素、依维菌素、甲维盐等进行复配，生产复配杀虫剂。

防治对象　可以防治蔬菜上的多种食叶害虫，如蛾类、蝶类等。

使用方法

（1）防治斜纹夜蛾、甜菜夜蛾和小菜蛾等鳞翅目害虫，在害虫卵孵盛期至低龄幼虫期施药，用20%水分散粒剂2000～3000倍液喷雾，间隔10～12d喷1次。

（2）防治瓜绢螟，在种群主体处在1～3龄时，用20%水分散粒剂3000倍液喷雾。

（3）防治菜螟，在成虫盛发期和幼虫孵化期，用20%水分散粒剂3000倍液喷雾。

（4）防治豆天蛾，在3龄前，用20%水分散粒剂3000倍液喷雾。

（5）防治葱须鳞蛾，在卵孵化盛期，用20%水分散粒剂3000倍液喷雾。

（6）防治其他害虫，每亩用药量2g，先用少量水溶解药剂，再加够水量，每亩用水量30L，充分搅拌均匀后开始喷药，喷雾务必均匀周到。加助剂可提高喷雾效率，减少用水量。

注意事项

（1）氟虫双酰胺用量低，在配药液时需采用二次稀释法，稀释前应先将药剂配制成母液。先在喷雾器中加水至1/4～1/2，再将该药倒入已盛有少量水的另一容器中，并冲洗药袋，然后搅拌均匀制成母液。将母液倒入喷雾器中，加够水量并搅拌均匀即可使用。

（2）植物花期、蚕室及桑园附近禁用。

（3）安全间隔期为3d，每季使用2～3次。

氟啶虫酰胺（flonicamid）

$C_9H_6F_3N_3O$, 229.2, 158062-67-0

其他名称　氟烟酰胺、铁壁。

化学名称　N-(氰甲基)-4-(三氟甲基)烟酰胺

主要剂型　10%、50%水分散粒剂。

理化性质　纯品为白色无味结晶粉末。熔点157.5℃，蒸气压$9.43×10^{-4}$ mPa（20℃），相对密度1.531（20℃）。溶解度（20℃，g/L）：水5.2、丙酮157.1、乙酸乙酯34.9、甲醇89.0、正己烷0.0003、正辛醇2.6、乙腈111.4、异丙酮14.7。

产品特点

（1）一种低毒吡啶酰类杀虫剂，其对靶标具有新的作用机制，对乙酰胆碱酯酶和烟酰乙酰胆碱受体无作用，对蚜虫有很好的神经作用和快速拒食活性，具有内吸性强和较好的传导活性、用量少、活性高、持效期长等特点，与有机磷、氨基甲酸酯和除虫菊酯类农药无交互抗性，并有很好的生态环境相容性。对抗有机磷、氨基甲酸酯和拟除虫菊酯的棉蚜也有较高的活性，对其他一些刺吸式口器害虫同样有效。

（2）对各种刺吸式口器害虫有效，并具有良好的渗透作用。可从根部向茎部、叶部渗透，但由叶部向茎、根部渗透作用相对较弱。该药剂通过阻碍害虫吮吸作用而致效。害虫摄入药剂后很快停止吮吸，最后饥饿而死。据电子的昆虫吮吸行为解析，本剂可使蚜虫等刺吸式口器害虫的口针组织无法插入植物组织。

（3）氟啶虫酰胺具有选择性、内吸性，渗透作用强，持效期长。

防治对象　可用于防治刺吸式口器害虫，如蚜虫、粉虱、褐飞虱、蓟马和叶蝉等，其中对蚜虫具有优异防效。

使用方法

（1）防治黄瓜蚜虫，在若虫盛发期施药，每次每亩用10％水分散粒剂30～50g兑水进行茎叶均匀喷雾。该药剂与其他昆虫生长调节剂类杀虫剂相似，但持续效性较好，药后2～3天才可看到蚜虫死亡，一次施药可维持14d左右。

（2）防治马铃薯蚜虫，在若虫盛发期施药，每次每亩用10％水分散粒剂35～50g兑水喷雾。

中毒急救　无特殊解毒剂，如误服立即携标签将病人送医院就诊，对症治疗。

注意事项

（1）由于该药剂为昆虫拒食剂，因此施药后2～3d才能见到蚜虫死亡。注意不要重复施药。

（2）在欧盟已经禁限用。

（3）在黄瓜上安全间隔期为3d，每季最多使用3次；在马铃薯上安全间隔期为7d，每季最多使用2次。

溴氰虫酰胺（cyantraniliprole）

$C_{19}H_{14}BrClN_6O_2$，473.7105，736994-63-1

其他名称　氰虫酰胺、倍内威、斯来德、青杀掌、维瑞玛、沃多农。

化学名称　3-溴-1-(3-氯-2-吡啶基)-N-4-氰基-2-甲基-6-[(甲基氨基)羟基苯基]-1H-吡唑-5-甲酰胺

主要剂型　10％、100g/L 可分散油悬浮剂，10％、100g/L、19％、200g/L 悬浮剂。

理化性质　外观为白色粉末，密度1.387g/cm³，熔点168～173℃，不易挥发。水中溶解度0～20mg/L；（20±0.5）℃时其他溶剂中的溶解度：甲醇（2.383±0.172）g/L、丙酮（5.965±0.29）g/L、甲苯（0.576±0.05）g/L。

产品特点 溴氰虫酰胺是杜邦公司继氯虫苯甲酰胺（杜邦产品商品名为康宽）之后成功开发的第二代鱼尼丁受体抑制剂类杀虫剂。由于氯虫苯甲酰胺与氟虫酰胺结构相似，都具有二酰胺基元，故被称为新型二酰胺类杀虫剂。本品为氯虫苯甲酰胺的升级产品，被誉为"康宽二代"。

溴氰虫酰胺通过激活靶标害虫的鱼尼丁受体而防治害虫。鱼尼丁受体的激活可释放平滑肌和横纹肌细胞内贮藏的钙离子，结果导致损害肌肉运动调节、麻痹，最终害虫死亡。该药表现出对哺乳动物和害虫鱼尼丁受体极显著的选择性差异，大大提高了对哺乳动物、其他脊椎动物以及其他天敌的安全性。具有以下特点。

（1）作为第二代鱼尼丁受体制剂类杀虫剂，溴氰虫酰胺是通过改变苯环上的各种极性基团而成，更高效。

（2）适用作物广泛，可有效防治鳞翅目、同翅目和鞘翅目害虫，尤其对刺吸式口器害虫具有优异的防效。

（3）高效、低毒，作用机制新颖，对非目标生物安全，与现有杀虫剂无交互抗性。

（4）由于溴氰虫酰胺具有内吸性，因此可以采用多种方式使用，包括喷雾、灌根、土壤混施和种子处理等。

（5）对鸟类、鱼类、哺乳动物、蚯蚓和土壤微生物低毒，在环境中能够快速降解。

防治对象 可用于防治蔬菜、果树和多种农田作物害虫。如甘蓝夜蛾、菜蚜、斜纹夜蛾、二十八星瓢虫、粉虱、棉铃虫、红蜘蛛、蚜虫、黄条跳甲等。并可用于防治地老虎、金针虫、蝼蛄、蛴螬、地蛆、线虫等地下害虫。

使用方法

（1）防治美洲斑潜蝇，每亩用10%可分散油悬浮剂14～24mL兑水均匀喷雾。

（2）防治蓟马，每亩用10%可分散油悬浮剂15～25mL兑水均匀喷雾。

（3）防治甜菜夜蛾，每亩用10%可分散油悬浮剂15～20mL兑水均匀喷雾。

（4）防治黄条跳甲，每亩用10%可分散油悬浮剂15～25mL兑水均匀喷雾。

（5）防治蚜虫，每亩用10%可分散油悬浮剂15～25mL兑水均匀喷雾。

（6）防治小白菜上小菜蛾、斜纹夜蛾、菜青虫，每亩用10%可分散油悬浮剂15～20mL兑水均匀喷雾。

（7）防治西瓜烟粉虱，在成虫发生初期，每亩用10%悬浮剂3.6g兑水喷雾，7d间隔1次，连续施药2次，同时能增强西瓜茎蔓长度，增强西瓜长势，降低烟粉虱对西瓜的为害。

（8）防治黄瓜和番茄等作物上的白粉虱，每亩用10%可分散油悬浮剂4.33～5.67g，兑水喷雾。

（9）防治辣椒白粉虱，在若虫盛发期，每亩用100g/L悬浮剂40～60g，兑水均匀喷雾。

（10）防治辣椒烟粉虱，在辣椒移栽前2d，每亩用10%悬浮剂8～10g，兑水进行苗床喷淋。

（11）防治番茄、黄瓜和豇豆上的美洲斑潜蝇、豆荚螟，每亩用10%可分散油悬浮剂1.4～1.8g，兑水喷雾。

（12）防治大葱上美洲斑潜蝇和蓟马，每亩用10%可分散油悬浮剂1.4～2.4g，兑水喷雾。

（13）防治豇豆、番茄、黄瓜和西瓜等作物上的蓟马、蚜虫、烟粉虱，每亩用10％可分散油悬浮剂3.33～4g，兑水喷雾。

（14）防治棉铃虫，每亩用10％可分散油悬浮剂1.93～2.4g，兑水喷雾。

注意事项

（1）本品不能与呈碱性的农药等物质混用及先后紧接使用。

（2）本品对蜜蜂、鱼类等水生生物、家蚕有毒，施药期间应避免对周围蜂群的影响，蜜源作物花期、蚕室和桑园附近禁用。远离水产养殖区施药，禁止在河塘等水体中清洗施药器具，鸟类保护区禁用，瓢虫、赤眼蜂等天敌放飞区域禁用。

（3）建议与其他不同作用机制的杀虫剂交替使用。

（4）为避免害虫产生抗药性，一个生长季在同一种植物上，防治同种害虫最多使用3次。

（5）在甘蓝上的安全间隔期为14d，每季最多使用2次。

丁醚脲（diafenthiuron）

C$_{22}$H$_{32}$N$_2$OS, 384.6, 80060-09-9

其他名称　宝路、杀螨隆、汰芬隆、杀螨脲等。

化学名称　1-叔丁基-3-(2,6-二异丙基-4-苯氧基苯基)硫脲

主要剂型　50％可湿性粉剂，25％、43.5％、50％、500g/L悬浮剂，15％微乳剂，25％水乳剂，80％水分散粒剂，15％、25％、30％乳油。

理化性质　原药外观为白色至浅灰色粉末，熔点144.6～147.7℃，蒸气压＜2×10^{-3}mPa（25℃），相对密度1.09（20℃）。溶解度（25℃）：水中0.06mg/L；有机溶剂（g/L）：乙醇43，丙酮320，甲苯330，正己烷9.6，辛醇26。稳定性：对于空气、水和光都稳定。

产品特点　属硫脲类杀虫、杀螨剂。在内转化为线粒体呼吸抑制剂。具有触杀、胃毒、内吸和熏蒸作用。低毒，但对鱼、蜜蜂高毒。可以控制蚜虫的敏感品系及对氨基甲酸酯、有机磷和拟除虫菊酯类产生抗性的蚜虫、大叶蝉和椰粉虱等，还可以控制小菜蛾、菜粉蝶和夜蛾为害。该药可以和大多数杀虫剂和杀菌剂混用。对害虫具有触杀和胃毒作用，并有良好的渗透作用，在阳光下杀虫效果更好，施药后3d出现防效，5d后效果最佳。

使用方法

（1）防治甜菜夜蛾幼虫，用50％可湿性粉剂1200倍液喷雾。

（2）防治小菜蛾幼虫、蚜虫、温室白粉虱，及蔬菜上的叶螨、跗线螨等，用50％可湿性粉剂1500倍液喷雾。

（3）防治甘蓝小菜蛾，在小菜蛾发生"春峰"期（4～6月）或甘蓝结球期及甘蓝莲座期，于小菜蛾2～3龄为主的幼虫盛发期，每亩用50％可湿性粉剂43～65g，兑水

40～50L喷雾，或用50％可湿性粉剂1000～2000倍液喷雾。

（4）防治菜青虫，在幼虫3龄之前施药，每亩用25％乳油60～100mL，或25％悬浮剂60～80mL兑水喷雾。

（5）防治瓜蚜，用50％悬浮剂或可湿性粉剂1000～1500倍液喷雾。

（6）防治朱砂叶螨和二斑叶螨，用25％乳油500～800倍液喷雾。

中毒急救　无特效解毒药，如误服，可服活性炭或用催吐剂催吐，但切勿给昏迷者服用任何东西，携标签将病人送医院对症治疗。

注意事项

（1）本药剂宜在抗药性极为严重的地区使用，不宜作为常规农药大面积长期、连续作用，只能在抗性达到失控程度前，施用1～2次。

（2）不可与呈强碱性的农药等物质混合使用。

（3）宜在晴天使用，在温室内的使用效果不如露地。

（4）因本剂无杀卵作用，故在害虫盛发期，宜隔3～5d施药1次，要做好个人的安全防护。

（5）对蜜蜂、鱼类等水生生物及家蚕有毒，施药期间应避免对周围蜂群的影响，蜜源作物花期、蚕室和桑园附近禁用。远离水产养殖区施药，禁止在河塘等水体中清洗施药器具。

（6）应在通风干燥、温度低于30℃处贮存，稳定期2年以上。

（7）安全间隔期为7d，每季作物最多使用1次。

氟啶脲（chlorfluazuron）

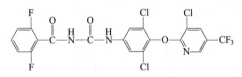

C$_{20}$H$_9$Cl$_3$F$_5$N$_3$O$_3$, 540.7, 71422-67-8

其他名称　氟伏虫脲、抑太保、定虫脲、克福隆、氟虫隆等。

化学名称　1-[3,5-二氯-4-(3-氯-5-三氟甲基-2-吡啶氧基)苯基]-3-(2,6-二氟苯甲酰基)脲

主要剂型　5％、50g/L乳油，0.1％浓饵剂，25％悬浮剂。

理化性质　纯品为白色结晶固体。熔点221.2～223.9℃（分解），蒸气压<1.559×10^{-3}mPa（20℃），相对密度1.542（20℃）。溶解度（20℃）：水中0.012mg/L；正己烷0.00639(g/L，下同)，正辛醇1，二甲苯4.67，甲醇2.68，甲苯6.6，异丙醇7，二氯甲烷20，丙酮55.9，环己酮110。对光和热稳定，在正常条件下存放稳定。苯甲酰脲类广谱性低毒杀虫剂。

产品特点

（1）作用机制为抑制昆虫表皮几丁质合成，阻碍幼虫正常脱皮，使卵的孵化、幼虫蜕皮以及蛹发育畸形，成虫羽化受阻，而发挥杀虫作用。对害虫药效高，但药效较慢，幼虫接触药剂后不会很快死亡，但取食活动明显减弱，一般在药后5～7d才能达到防效

高峰。

（2）具迟效性，此剂是起阻碍脱皮作用的，杀虫效果需要3～5d的时间，在散布适期（幼虫发生始期）时散布，基本上无食害影响。

（3）残效性长，在植物体表面上显示出稳定的残效性，使用氟啶脲药后1～2d有些害虫虽然不死，但已无危害能力，药后3～5d即死亡，药效期7～21d。

（4）不具有浸透移动性，因而对散布后的新展叶无效果。

（5）氟啶脲产品作为蔬菜上有机磷（已禁）品种的替代品种，不仅解决了地下害虫问题，同时也保障了蔬菜安全。氟啶脲在蔬菜地下害虫的防治方面将会作为主要的产品之一。

（6）安全性高，对人畜等极为安全。可用于A级绿色食品生产。

（7）氟啶脲为阻碍蜕皮的苯甲酰脲类昆虫生长调节剂类杀虫剂，以胃毒作用为主，兼有触杀和杀卵作用，无内吸作用。对多种鳞翅目害虫以及直翅目、鞘翅目、膜翅目等害虫杀虫活性高，但对蚜虫、灰飞虱、叶蝉等害虫无效。适用于对有机磷、拟除虫菊酯类、氨基甲酸酯类等农药产生抗性的害虫的综合治理。尤其适于防治小菜蛾、菜青虫、甜菜夜蛾、棉铃虫、潜叶蛾等害虫。

（8）氟啶脲常与氯氰菊酯、高效氯氰菊酯、丙溴磷、甲氨基阿维菌素苯甲酸盐、杀虫单等杀虫剂成分混配，生产复配杀虫剂。

防治对象 在蔬菜上主要用于防治十字花科蔬菜的小菜蛾、甜菜夜蛾、斜纹夜蛾、银纹夜蛾、烟青虫、豆荚螟、豆野螟、菜青虫、甘蓝夜蛾、棉铃虫、卷叶蛾等。

使用方法

（1）防治小菜蛾，对十字花科蔬菜，小菜蛾低龄幼虫为害苗期或莲座初期心叶及其生长点，防治适期应掌握在卵孵期至1～2龄幼虫盛发期；对生长中后期或莲座后期至包心期叶菜，幼虫主要在中、下部叶片为害，防治适期可掌握在卵孵期至2～3龄幼虫盛发期，用5%乳油1000～1500倍液喷雾防治；对菊酯类农药有抗性的小菜蛾，用5%乳油2000～2500倍液喷雾，药后10d左右的药效可达90%以上。

（2）防治菜青虫，在2～3龄幼虫期，用5%乳油1000～2000倍液喷雾，药后10d效果可达90%以上，3000～4000倍液喷雾，药后10～15d防效也可达90%左右。

（3）防治豇豆、菜豆的豆野螟、豆荚螟等鳞翅目害虫，在害虫卵孵化盛期至幼虫钻蛀为害前喷药，重点喷洒花蕾、嫩荚等部位，早、晚喷药效果较好。一般使用5%乳油或50g/L乳油600～800倍液，或50%乳油6000～8000倍液喷雾，隔10d再喷1次，共喷2次。

（4）防治斜纹夜蛾、甜菜夜蛾、银纹夜蛾、地老虎、茄二十八星瓢虫、马铃薯瓢虫等，在害虫卵孵化盛期至幼虫钻蛀为害前或低龄幼虫期开始均匀喷药，7d左右喷1次。害虫发生偏重时最好与速效性杀虫剂混配使用，一般用5%乳油400～600倍液，或50%乳油6000～8000倍液均匀喷雾。

（5）防治棉铃虫，在卵孵盛期，用5%乳油1000～2000倍液喷雾，7d后杀虫效果达80%～90%。以推荐浓度施用时，对作物都不产生药害，对蜜蜂及非靶标益虫安全。

（6）防治茄子红蜘蛛，在若螨发生盛期，平均每叶螨数2～3头时，用5%乳油1000～2000倍液喷雾，药后20～25d的防治效果达90%～95%。

（7）防治韭蛆，目前韭蛆以化学防治为主，常规药剂产生较高的抗性，防治效果不理想，残留高。高毒农药的禁用给氟啶脲防治韭蛆带来了机会，氟啶脲对韭蛆可以产生持续的防效，对当代和第二代幼虫都有抑制作用，可以延长韭蛆的发育历期，降低化蛹率、羽化率和产卵率。可用 5％乳油 1000～2000 倍液，均匀喷雾。或用 5％乳油 100～200mL/亩，兑水 150kg，开沟灌根，持效期可达 90d。

中毒急救　皮肤接触，立即脱掉被污染的衣物，用肥皂和大量清水彻底清洗。溅入眼睛，立即将眼睑翻开，用清水冲洗，若用大量清水冲洗眼睛后仍有刺激感，要至眼科进行治疗。发生吸入，立即将吸入者转移到空气新鲜处。如误服，不要催吐，喝 1～2 杯水，立即洗胃，并应送医院治疗。

注意事项

（1）无内吸传导作用，施药必须力求均匀、周到，使药液湿润全部枝叶，才能充分发挥药效。

（2）白菜幼苗易出现药害，避免使用。

（3）不能与碱性农药混用。

（4）如果在药液中加入 0.03％有机硅或 0.1％洗衣粉，可显著提高药效。

（5）本品是阻碍幼虫蜕皮致使其死亡的药剂，从施药至害虫死亡需 3～5d，防治为害叶片的害虫，应在低龄期用药效果好。

（6）对蚜虫、叶蝉、飞虱类等刺吸性害虫无效，可与杀蚜剂混用。但因其显效较慢，应较一般有机磷、拟除虫菊酯类等杀虫剂适当提前 3d 左右用药或与其他药剂混用。防治钻蛀性害虫宜在卵孵化盛期至幼虫蛀入作物前施药。不宜连续多次使用，以免害虫产生抗药性。

（7）本品对蜜蜂、鱼类等水生生物、家蚕有毒，施药期间应避免对周围蜂群的影响，蜜源作物花期、蚕室和桑园附近禁用。远离水产养殖区施药，禁止在河塘等水体中清洗施药器具。

（8）5％乳油防治甘蓝菜青虫、小菜蛾，安全间隔期为 7d，一季最多使用 4 次。

氰氟虫腙（metaflumizone）

$C_{24}H_{16}F_6N_4O_2$, 506.4 ,139968-49-3

其他名称　艾杀特、艾法迪、氟氰虫酰肼。

化学名称　(E,Z)-2-{2-(4-氰基苯)-1-［(3-三氟甲基)苯]亚乙基}-N-［(4-三氟甲氧基)苯]-联氨羰草酰胺

主要剂型　22％、24％、36％悬浮剂，20％乳油。

理化性质　纯品为白色晶体粉末状。熔点为 190℃，蒸气压为 1.33×10^{-9} Pa（25℃，不挥发），水中溶解度小于 0.5mg/L。

产品特点　氰氟虫腙是一种全新作用机制的缩氨基脲类杀虫剂，通过附着在钠离子

通道的受体上，阻断害虫神经元轴突膜上的钠离子通道，使钠离子不能通过轴突膜，进而抑制神经冲动，致使虫体麻痹，停止取食，最终死亡。与菊酯类或其他种类的化合物无交互抗性。该药主要是通过害虫取食进入其体内发生胃毒杀死害虫，触杀作用较小，无内吸作用。

该药对于各龄期的靶标害虫、幼虫都有较好的防治效果。具有很好的持效性，持效在 7～10d。在一般的侵害情况下，氰氟虫腙一次施用就能较好地控制田间已有的害虫种群，在严重及持续的害虫侵害压力下，在第一次施药 7～10d 后，需要进行第二次施药以保证对害虫的彻底防治。

防治对象 氰氟虫腙对咀嚼和咬食的鳞翅目和鞘翅目昆虫具有明显的防治效果，常见的种类有甜菜夜蛾、棉铃虫、棉红铃虫、菜粉蝶、甘蓝夜蛾、小菜蛾、菜心野螟、小地老虎等，对卷叶蛾类的防效为中等。氰氟虫腙对鞘翅目害虫叶甲类如马铃薯叶甲防治效果较好，对跳甲类防治效果中等。氰氟虫腙对缨尾目、螨类及线虫无任何活性。

使用方法

（1）防治斜纹夜蛾，甜菜夜蛾，在低龄幼虫高发期喷雾施药，每亩用 22% 悬浮剂 60～80mL 兑水均匀喷雾。

（2）防治甘蓝小菜蛾，在低龄幼虫高发期喷雾施药，每亩用 22% 悬浮剂 70～80mL 兑水均匀喷雾。

（3）防治黄条跳甲、猿叶甲，在成虫始盛期，每亩用 24% 悬浮剂双联包（艾法迪 15mL＋专用助剂 5mL）3～4 包，每双联包兑水 15L。

（4）防治黄守瓜，6～7 月经常检查根部，发现有黄守瓜幼虫时，地上部萎蔫，或黄守瓜幼虫已钻入根内时，马上往根际喷淋或浇灌 24% 悬浮剂 900 倍液。

（5）防治瓜褐螨、长肩刺缘螨、菜螨等螨类害虫，可用 22% 悬浮剂 500～700 倍液喷雾。

（6）防治棉铃虫、烟青虫，抓住卵孵化盛期至 2 龄盛期，即幼虫未蛀入果内之前施药，用 22% 悬浮剂 600～800 倍液喷雾。

（7）防治茄黄斑螟，在幼虫孵化盛期，用 240g/L 悬浮剂 550 倍液喷雾。

（8）防治豇豆荚螟、豆荚斑螟、豆蚀叶野螟、大豆食心虫，在菜豆、豇豆现蕾开花后，及时喷洒 240g/L 悬浮剂 600～800 倍液，从现蕾开始，每隔 10d 喷蕾、花 1 次，可控制为害。

（9）防治菜螟，在成虫盛发期和幼虫孵化期，用 240g/L 悬浮剂 500～600 倍液（70～80mL/亩）喷雾。

（10）防治马铃薯二十八星瓢虫，抓住幼虫分散前的有利时机，用 240g/L 悬浮剂 700 倍液喷雾。

（11）防治甜菜螟，幼虫大量发生时，在 2 龄幼虫期，用 240g/L 悬浮剂 700 倍液喷雾。

（12）防治甜菜跳甲、马铃薯甲虫等，在成虫盛发时，用 240g/L 悬浮剂 600～800 倍液喷雾。

（13）防治红棕灰夜蛾，幼虫 3 龄前，用 22% 悬浮剂 600～800 倍液喷雾。

（14）防治蒙古灰象甲，在成虫出土为害期，用 24% 悬浮剂 900 倍液喷洒或浇灌。

（15）防治芋蝗，在成虫、若虫盛期，用 24% 悬浮剂 900 倍液喷雾。

（16）防治豌豆象，7月初至中下旬，用240g/L悬浮剂900倍液喷雾。

（17）防治蚕豆象，成虫进入产卵盛期、卵孵化以前，用24%悬浮剂900倍液喷雾。

（18）防治双斑萤叶甲、二条叶甲，发生严重的，用22%悬浮剂600~800倍液喷雾。

（19）防治甘薯叶甲、蓝翅负泥虫、白薯绮夜蛾等，用24%悬浮剂1000倍液喷雾。

（20）防治甘薯天蛾，发生严重地区，百叶有幼虫2头时，于3龄前，用240g/L悬浮剂700倍液喷雾。

（21）防治芋单线天蛾、双线天蛾等，在田间幼虫低龄时，用24%悬浮剂900倍液喷雾。

注意事项

（1）温度对氰氟虫腙的活性有间接影响，由于幼虫在温度较高的条件下活动力强，取食量增多，这样更多的活性成分会进入虫体，因而杀虫速度会快一些。

（2）由于斜纹夜蛾、甜菜夜蛾等靶标害虫均以夜间危害为主，因此傍晚施用防治效果更佳。

（3）该制剂无内吸作用，喷药时应使用足够的喷液量，以确保作物叶片的正反面能被均匀喷施。

（4）具有良好的耐雨水冲刷性，在喷施后1h后就具有明显的耐雨水冲刷效果。施药后1h若遇大雨应重新喷雾防治。

（5）氰氟虫腙的持效期一般在7~10d。

（6）该药剂对鱼类等水生生物、蚕、蜂高毒，施药时避免对周围蜂群产生影响，开花植物花期、桑园、蚕室附近禁用，赤眼蜂等天敌放飞区域禁用。

（7）在氰氟虫腙用药量为16g/亩时，每个生长季最多使用2次，安全间隔期为7d，在辣椒、莴苣、白菜、花椰菜、黄瓜、番茄、菜豆等蔬菜上的安全间隔期为0~3d；在西瓜、朝鲜蓟上的安全间隔期为3~7d；在甜玉米上的安全间隔期为7d；在马铃薯、玉米、向日葵、甜菜上的安全间隔期为14d；在甘蓝上安全间隔期为7d，每季最多使用2次。

唑虫酰胺（tolfenpyrad）

$C_{21}H_{22}ClN_3O_2$, 383.9, 129558-76-5

其他名称　捉虫朗。

化学名称　4-氯-3-乙基-1-甲基-N-[4-(对-甲基苯氧基)苯基]吡唑-5-酰胺

主要剂型　15%乳油、15%悬浮剂。

理化性质　纯品为白色固体粉末。熔点87.8~88.2℃，蒸气压（25℃）<5×10⁻⁴mPa，相对密度（25℃）1.18。溶解度（25℃）：水0.087mg/L，正己烷7.41g/L，甲

苯366g/L，甲醇59.6g/L，丙酮368g/L，乙酸乙酯339g/L。稳定性：在pH4～9（50℃）能存5d。

产品特点

（1）唑虫酰胺为新型吡唑杂环类杀虫、杀螨剂。其作用机理为阻碍线粒体的代谢系统中的电子传达系统复合体Ⅰ，从而使电子传达受到阻碍，使昆虫不能提供和贮存能量，被称为线粒体电子传达复合体阻碍剂（METI）。

（2）杀虫谱广，具有触杀作用。对鳞翅目幼虫小菜蛾、缨翅目害虫蓟马有特效。该药还具有良好的速效性，一经处理，害虫马上死亡。

防治对象 蔬菜害虫如小菜蛾、蓟马等。

使用方法

（1）防治十字花科蔬菜小菜蛾，在害虫卵孵盛期至低龄幼虫期施药，每次每亩用15%乳油30～50mL，兑水均匀喷雾。由于小菜蛾易产生抗药性，应与其他杀虫剂轮换使用。

（2）防治茄子蓟马，于害虫卵孵化盛期至低龄若虫发生期间施药，每次每亩用15%乳油50～80mL兑水喷雾。该药有较好的速效性，持效期较长，可达10d左右。根据害虫发生严重程度，每次施药间隔在7～15d之间。

（3）防治瓜蚜，可用15%乳油600～1000倍液喷雾。

（4）防治烟粉虱，在温度高时，用15%乳油1000～1500倍液喷雾。

（5）防治甜菜夜蛾，在大发生时，用15%乳油1000倍液喷雾。

（6）茄子、甜（辣）椒上发生茶黄螨、茄子上发生截形叶螨时，用15%乳油600～1000倍液喷雾，但番茄、茄子、黄瓜幼苗敏感，须慎用。

注意事项

（1）为避免害虫产生抗药性，应与其他作用机制不同的农药交替使用。

（2）对黄瓜、茄子、番茄、白菜等幼苗可能有药害，使用时应注意。

（3）对鱼剧毒，对鸟、蜜蜂、家蚕高毒。蜜源作物花期、桑园附近禁用。不得在河塘等水域清洗施药器具。

（4）甘蓝和白菜安全间隔期为14d，每季最多使用2次；茄子安全间隔期为3d，每季最多使用2次。推荐使用剂量范围，对作物安全，未见药害发生。

茚虫威（indoxacarb）

$C_{22}H_{17}ClF_3N_3O_7$，527.8，173584-44-6

其他名称 安打、安美、全垒打。

化学名称 (S)-7-氯-2,3,4a,5-四氢-2-[甲氧基羰基(4-三氟甲氧基苯基)氨基甲酰基]茚并[1,2-e][1,3,4-]噁二嗪-4a-羧酸甲酯。

主要剂型 15%、150g/L、23%悬浮剂，15%、150g/L乳油，15%、30%水分散粒剂，6%微乳剂。

理化性质 茚虫威结构中仅 S 异构体有活性，R 异构体没有活性。白色粉状固体。熔点88.1℃，蒸气压 2.5×10^{-5} mPa（25℃），相对密度1.44（20℃）。水中溶解度：0.20mg/L（25℃）；其他溶剂中溶解度（g/L，25℃）：正辛醇14.5，甲醇103，乙腈139，丙酮＞250。

产品特点

（1）作用机理：通过阻止钠离子流进入神经细胞，把钠离子通道完全关闭，干扰钠离子通道，使害虫麻痹致死。药剂进入害虫体内的途径是通过害虫的取食作用，或通过体壁渗透到体内，使害虫中毒，然后神经麻痹，行为失调。由于茚虫威的杀虫途径主要是胃毒作用兼触杀作用，所以害虫死亡时间比较长，不如有机磷及氨基甲酸酯类死亡快。害虫一中毒后虽然未立即死亡，但它不进食，嘴巴被封住，不再为害作物。虫体会成"C"形，1~2d内必死亡。

（2）茚虫威为低毒低残留农药，对害虫有很强的毒力，是一种广谱性全新类型高效杀虫剂。对害虫具有胃毒和触杀作用，受药害虫在4h内会停止取食，2d内死亡，对各龄幼虫都有效，适宜防治夜蛾类害虫。

（3）与有机磷类、拟除虫菊酯类和氨基甲酸酯类等杀虫剂无交互抗性问题。

（4）快速高效，对作物的叶、花、果保护作用突出，持效期可达7~14d。杀虫谱广，对甜菜夜蛾、斜纹夜蛾、小菜蛾、棉铃虫、菜青虫、地老虎、菜螟、瓜绢螟、豆野螟、豆荚螟、豆天蛾、豆卷叶螟、草地螟等害虫高效，对各龄期幼虫都有防效，尤其对高龄幼虫仍有优异的防治效果，无公害，毒性低，活性高，用量少。

（5）茚虫威具有耐紫外线、耐高温、耐雨水冲刷等特点，用量少，但药效优越。

（6）亲和性好，能与碱性以外的杀虫剂、杀螨剂、杀菌剂、除草剂、助剂和微肥进行混用。可与吡虫啉、阿维菌素混配，生产复配杀虫剂。

（7）茚虫威属噁二嗪类昆虫生长调节剂，对人、畜低毒，无"三致"作用，对哺乳动物、家畜低毒，同时对环境中的非靶生物等有益昆虫非常安全，在作物中残留低，用药后第二天即可采收。尤其是对多次采收的作物如蔬菜类也很适合。特别适合无公害蔬菜和出口蔬菜的生产，对作物、空气、土壤、水环境及各种害虫天敌安全。可用于害虫的综合防治和抗性治理。

防治对象 广泛应用于叶菜类、瓜果、草莓、豆类等，防治鳞翅目害虫，如菜青虫、甜菜夜蛾、甘蓝夜蛾、斜纹夜蛾、造桥虫、烟青虫、棉铃虫等。

使用方法

（1）防治十字花科蔬菜甜菜夜蛾、斜纹夜蛾、甘蓝夜蛾、菜青虫、小菜蛾，在害虫低龄幼虫期喷药防治，根据害虫为害程度可连续喷药2~3次，间隔期7d左右。一般每亩用150g/L悬浮剂12~18mL，或30%水分散粒剂6~9g，兑水30~45kg均匀喷雾。清晨、傍晚施药效果较好。

（2）防治瓜果蔬菜甜菜夜蛾、甘蓝夜蛾、斜纹夜蛾等。在害虫低龄幼虫期喷药防治，一般每亩用150g/L悬浮剂15~20mL，或30%水分散粒剂8~10g，兑水45~60kg

均匀喷雾。害虫严重时，7d后再喷药1次。清晨、傍晚施药效果较好。

（3）防治棉铃虫，每亩用30%水分散粒剂6.6～8.8g或15%悬浮剂8.8～17.6mL兑水喷雾，依棉铃虫危害的轻重，每次间隔5～7d，连续施药2～3次。

（4）防治瓜绢螟，在种群主体处在1～3龄时，用15%悬浮剂2000倍液喷雾。

（5）防治茄黄斑螟，在幼虫孵化盛期，用150g/L悬浮剂2500倍液喷雾。

（6）防治豇豆荚螟、豆蚀叶野螟，在菜豆、豇豆现蕾开花后，用150g/L悬浮剂2500倍液喷雾，从现蕾开始，每隔10d喷蕾、花1次，可控制为害。

（7）防治肾毒蛾，虫口密度大时在初龄幼虫期，用150g/L悬浮剂2500倍液喷雾。

（8）防治豆银纹夜蛾，幼虫3龄前，用150g/L悬浮剂3000倍液喷雾。

（9）防治豌豆象，7月初至中下旬，用150g/L悬浮剂3000倍液喷雾。

（10）防治蒙古灰象甲，在成虫出土为害期，用150g/L悬浮剂3000倍液喷洒或浇灌。

（11）防治甘薯天蛾，发生严重地区，百叶有幼虫2头时，于3龄前，用15%悬浮剂3000倍液喷雾。

中毒急救　如沾染皮肤，立即用肥皂和清水冲洗；如溅到眼中，立即用大量清水冲洗，严重的需就医；如误服，没有医生的建议，不要催吐，应立即携标签就医。如果受伤者是清醒的，喝1～2杯水。无特效解毒剂，对症治疗。

注意事项

（1）用药后，害虫从接触到药液或食用含有药液的叶片到其死亡会有一段时间，但害虫此时已停止对作物取食和为害。

（2）茚虫威是以油基为载体的悬浮剂，环保、黏着力强、持效期较长，但在水中的分散较慢，用药时一定要先将农药稀释配成母液，即先将药倒入一个小的容器中，溶解稀释，然后再倒入喷雾器中，按所需浓度兑水稀释，再行喷雾，切不可直接将药液倒入喷桶中直接稀释喷雾，采用这种二次稀释法的喷雾防治效果更好。

（3）配制好的药液要及时喷施，避免长久放置。

（4）喷药时，一定要喷施均匀，作物的上、中、下部分和叶片的正、反面都要喷到、喷透，另外喷液量一定要充分，推荐用水量45～90kg/亩。

（5）施药应选早晚风小、气温低时进行，空气相对湿度低于65%、气温高于28℃、风速＞5m/s时应停止施药。

（6）需与不同作用机理的杀虫剂交替使用，每季作物上建议使用不超过3次。为防止害虫抗性出现，可在防治小菜蛾、棉铃虫等害虫时与其他杀虫剂交替使用，即可延缓抗性产生。

（7）在使用茚虫威时可加入0.1%～0.2%（容积比）表面活性剂，用药量可降低。

（8）采桑期间，蚕室、桑园附近禁用，水产养殖区附近禁用，开花植物花期禁用。鱼或虾蟹套养稻田禁用，施药后的田水不得直接排入水体。赤眼蜂等天敌放飞区域禁用。

（9）用15%茚虫威悬浮剂防治甘蓝菜青虫、甜菜夜蛾、小菜蛾，安全间隔期为3d，每季作物最多使用3次。用30%茚虫威水分散粒剂防治十字花科蔬菜菜青虫、甜菜夜蛾、小菜蛾，安全间隔期为 3d，每季作物最多使用 3 次。

炔螨特（propargite）

$C_{19}H_{26}O_4S$, 350.47, 2312-35-8

其他名称 威特螨、螨涕、踢螨、锐螨净、螨除净、克螨特、灭螨净、螨必克等。

化学名称 2-(4-叔丁基苯氧基)环己基丙炔-2-基亚硫酸酯

主要剂型 25％、40％、57％、73％、76％、730g/L、570g/L 乳油，40％微乳剂，20％、40％水乳剂，30％可湿性粉剂，3％粉剂。

理化性质 纯品为深琥珀色黏稠液，常压下 210℃分解。蒸气压 0.04mPa（25℃），相对密度 1.12（20℃）。溶解度：水中（25℃）0.215mg/L；易溶于甲苯、己烷、二氯甲烷、甲醇、丙酮等有机溶剂。不能与强酸、强碱相混。

产品特点

（1）属线粒体 ATP 酶抑制剂，通过破坏昆虫体内正常的新陈代谢，达到杀螨目的，害虫接触有效剂量的药剂后立即停止进食和减少虫卵，48～96h 死亡。在气温高于 27℃时具有触杀和熏蒸双重作用。

（2）低毒广谱有机硫杀螨剂，具有胃毒、触杀和熏蒸三重作用，但无内吸和渗透传导作用。杀成螨、若螨、幼螨及螨卵效果均较好，对有机磷、哒螨灵等产生抗药性的害螨具有特效。

（3）尤其在高温期螨类难防季节使用，对比效果更加显著。

（4）作用机理独特，具有药效高、速效性好、持效期长达 25d 以上等特点。

（5）对蜜蜂及天敌较安全，残效持久，毒性很低，对人畜及自然环境为害小，是综合防治的理想杀螨剂。

（6）鉴别要点：纯品为深琥珀色黏稠液，原药为棕褐色黏性液体，易燃。73％炔螨特乳油为深棕色黏稠液体。用户在选购炔螨特制剂及复配产品时应注意：确认产品通用名称及含量；查看农药"三证"，炔螨特单剂品种及其复配制剂均应取得农药生产批准证书（HNP）；查看产品是否在 2 年有效期内。

（7）炔螨特常与阿维菌素、联苯菊酯、甲氰菊酯、哒螨灵、噻螨酮、四螨嗪、唑螨酯、机油、柴油等成分混配，生产复配杀螨剂。

防治对象 用于防治黄瓜、大豆、番茄等蔬菜上的叶螨类害虫。

使用方法

（1）防治茄子、豆类、瓜类、番茄、辣椒等蔬菜上的红蜘蛛，在若、幼螨盛发初期施药，每亩用 73％乳油 30～50mL，兑水 75～100kg 喷雾，叶片正反面均喷洒周到。

（2）防治侧多食跗线螨（茶黄螨），用 73％乳油 1000 倍液喷雾。

（3）防治截形叶螨、二斑叶螨等，用 73％乳油 1000～2000 倍液喷雾。

（4）防治蘑菇上的腐嗜酪螨，用 73％乳油 8000 倍液喷雾。

中毒急救　施药时须戴安全保护用具，如不慎大量接触眼睛或皮肤时，应立即用清水冲洗 15min；若误服，立即饮下大量牛奶、蛋白或清水，避免使用酒精，并送医院治疗。

注意事项

（1）炔螨特的持效期随着单位面积使用剂量的增加而延长。

（2）在炎热潮湿的天气下，幼嫩作物喷洒高浓度炔螨特可能会有轻微的药害，使叶片趋曲或有斑点，但对于作物的生长没有影响。

（3）当瓜苗或豆苗高度低于 25cm，用 73％炔螨特乳油的稀释倍数不能低于 3000 倍液，在嫩小作物上使用时要严格控制浓度，过高易发生药害。

（4）除不能与波尔多液及强碱农药混合使用外，可与一般农药混用。

（5）炔螨特为触杀性农药，无组织渗透作用，故需均匀喷洒作物叶片的两面及果实表面。

（6）在气温高于 20℃时使用，药效可以提高，但在 20℃以下，药效随温度下降而递减。

（7）炔螨特对鱼类毒性大，使用时应防止污染鱼塘、河流。

（8）73％炔螨特乳油用于西瓜，安全间隔期 8d，每季作物最多使用 2 次。

螺虫乙酯（spirotetramat）

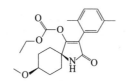

$C_{21}H_{27}NO_{53}$，373.5，203313-25-1

其他名称　亩旺特。

化学名称　顺-4-(乙氧基羰基氧基)-8-甲氧基-3-(2,5-二甲苯基)-1-氮杂螺[4,5]-癸-3-烯-2-酮

主要剂型　22.4％、24％、240g/L 悬浮剂。

理化性质　纯品为无特殊气味的浅米色粉末。熔点 142℃，235℃分解，无沸点，蒸气压 $5.6×10^{-9}$ Pa（20℃），相对密度 1.23（纯品）、1.22（原药）。水中溶解度（20℃）：29.9mg/L（pH7）；其他溶剂中溶解度（g/L，20℃）：正己烷 0.055，二氯甲烷>600，二甲基亚砜 200～300，甲苯 60，丙酮 100～120，乙酸乙酯 67，乙醇 44。30℃稳定性≥1 年。

产品特点

（1）螺虫乙酯是新型季酮酸类杀虫剂，与杀虫、杀螨剂螺螨酯和螺甲螨酯属同类化合物。螺虫乙酯具有独特的作用特性，其作用机理与现有的杀虫剂不同，是迄今具有双向内吸传导性能的新型杀虫剂之一。通过干扰昆虫的脂肪生物合成导致幼虫死亡，有效降低成虫的繁殖能力。

（2）该化合物可以在整个植物体内向上向下移动，抵达叶面和树皮，从而防治如生菜和白菜内叶上及果树皮上的害虫。这种独特的内吸性能可以保护新生茎、叶和根部，防止害虫的卵和幼虫生长。其另一个特点是持效期长，长达8周左右。

（3）高效广谱，可有效防治各种刺吸式口器害虫。

（4）可与噻虫啉复配，如22%螺虫·噻虫啉悬浮剂。

防治对象　主要用于防治番茄、马铃薯、大豆等蔬菜上的各种刺吸式口器害虫，如蚜虫、蓟马、木虱、粉蚧和介壳虫等。

使用方法

（1）防治番茄烟粉虱，于烟粉虱若虫发生始盛期，每亩用22.4%悬浮剂20～30mL兑水喷雾，或用22%螺虫乙酯·噻虫啉悬浮剂40mL/亩喷雾，持效21d。

（2）防治温室白粉虱，可用22%螺虫乙酯·噻虫啉悬浮剂40mL/亩喷雾，持效21d。

（3）防治康氏粉蚧，在若虫分散转移期，分泌蜡粉形成介壳之前，用24%悬浮剂2500倍液喷雾，如用含油量0.3%～0.5%柴油乳剂或黏土柴油乳剂混用，对已开始分泌蜡粉介壳的若虫也有很好的杀伤作用，可延缓防治适期，提高防效。

（4）防治茄果类或瓜类蔬菜西花蓟马、棕榈蓟马等，在2～3片真叶至成株期心叶有2～3头蓟马时，用24%悬浮剂2000倍液喷雾，7～15d喷1次，连续防治3～4次。

（5）防治瓜蚜，于瓜蚜点片发生时，用22.4%螺虫乙酯悬浮剂3000倍液喷雾，持效30d，或每亩用22%螺虫乙酯·噻虫啉悬浮剂40mL喷雾，持效21d。

（6）防治茄子、甜（辣）椒上茶黄螨，用240g/L悬浮剂4000倍液喷雾，每季不超过2次，对若螨、卵触杀效果好，但对雌成螨杀死速度慢，可使雌成螨绝育。

中毒急救　不慎溅入眼睛，用大量清水冲洗至少15min。皮肤接触，立即脱掉污染的衣服，用肥皂水或者大量清水冲洗皮肤。误吸，将病人转移到空气清新处，如呼吸停止，应立即进行人工呼吸，如呼吸困难，应输氧。误食，立即用大量清水漱口，不可催吐，立即送医院治疗。没有特效解毒药，绝不可乱服药物。

注意事项

（1）不可与碱性或者强酸性物质混用。

（2）对鱼有毒，因此在使用时应防止污染鱼塘、河流。

（3）开花植物花期禁用，桑园、蚕室禁用。

（4）建议与不同杀虫机制的杀虫剂交替使用。

（5）最多施药1次，安全间隔期为40d。

螺螨酯（spirodiclofen）

$C_{21}H_{24}Cl_2O_4$, 411.3, 148477-71-8

其他名称　螨威多、螨危、季酮螨酯。

化学名称　3-(2,4-二氯苯基)-2-氧代-1-氧杂螺[4,5]癸-3-烯-4-基-2,2-二甲基丁酸盐

主要剂型　24%、240g/L悬浮剂，15%水乳剂。

理化性质　纯品为白色粉状，无特殊气味，熔点94.8℃，蒸气压$3×10^{-10}$ Pa（20℃），相对密度1.29g/cm³（20℃）。溶解度（20℃）：水中（μg/L）：50（pH4）；其他溶剂（g/L）：正庚烷20，聚乙二醇24，正辛醇44，异丙醇47，丙酮、二氯甲烷、乙酸乙酯、乙腈和二甲苯>250。

产品特点

（1）具有全新的作用机理，具触杀作用，没有内吸性。主要抑制害螨体内的脂肪合成，阻断害螨的正常能量代谢而杀死害螨，对害螨的各个发育阶段都有效，包括卵。

（2）全新结构、作用机理独特。作用机制是抑制有害螨体内的脂肪合成。它与现有杀螨剂之间无交互抗性，适用于防治对现有杀螨剂产生抗性的有害螨类。

（3）杀螨谱广、适应性强。螺螨酯对红蜘蛛、黄蜘蛛、茶黄螨、朱砂叶螨和二斑叶螨等均有很好防效，可用于茄子、辣椒、番茄等茄科作物的螨害治理。

（4）卵幼兼杀。杀卵效果特别优异，同时对幼若螨也有良好的触杀作用。螺螨酯虽然不能较快地杀死雌成螨，但对雌成螨有很好的绝育作用。雌成螨触药后所产的卵有96%不能孵化，死于胚胎后期。

（5）持效期长。药效发挥较缓（药效高峰为药后7d左右），而持效期长达40～50d。螺螨酯施到作物叶片上后耐雨水冲刷，喷药2h后遇中雨不影响药效的正常发挥。

（6）低毒、低残留、安全性好。在不同气温条件下对作物非常安全，对人畜及作物安全、低毒，适合于无公害生产。

（7）无互抗性。可与大部分农药（强碱性农药与铜制剂除外）现混现用。与现有杀螨剂混用，既可提高螺螨酯的速效性，又有利于螨害的抗性治理。

防治对象　可防治茄子、辣椒、番茄等茄科作物上的有害螨类。杀卵效果特别优异，同时对幼若螨也有良好的触杀作用。对梨木虱、榆蛎盾蚧以及叶蝉等害虫有很好的兼治效果。

使用方法　防治茄科蔬菜叶螨、茶黄螨、红蜘蛛，在害螨发生初期，用24%悬浮剂4000～6000倍液喷雾。喷药时要均匀到位，特别是叶背及新叶更要喷到药。施用时间在害螨为害前期。茶黄螨是辣椒、茄子等蔬菜上常发生的小型虫害，体长仅0.2mm，体色没有明显的红色，而是透明色，所以肉眼难以观察，茶黄螨有趋嫩性，成螨和幼螨集中在植株幼嫩的心叶、顶尖上，或嫩茎、嫩枝和幼果上。

注意事项

（1）不能与强碱性农药和铜制剂混用，每季作物最多使用2次。

（2）害螨密度高，与其他速效性杀螨剂（哒螨灵、克螨特、阿维菌素等）混用，可提高药效，同时也可降低害螨产生抗性的风险。

（3）本品的主要作用方式为触杀和胃毒，无内吸性，因此喷药要全株均匀喷雾，特别是叶背。

（4）在害螨为害前期施用，以便充分发挥螺螨酯持效期长的特点。

（5）建议避开果蔬开花时用药。

（6）应贮存于阴凉、通风的库房，远离火种、热源，防止阳光直射，保持容器密

封。应与氧化剂、碱类分开存放，切忌混贮。配备相应品种和数量的消防器材，贮存区应备有泄漏应急处理设备和合适的收容材料。

噻螨酮（hexythiazox）

C$_{17}$H$_{21}$ClN$_2$O$_2$S，352.9，78587-05-0

其他名称　尼索朗、索螨卵、天王威、阿朗、卵朗、特危、除螨威、己噻唑、大螨冠等。

化学名称　（4RS，5RS）-5-(4-氯苯基)-N-环己基-4-甲基-2-氧代-1,3-噻唑烷-3-羧酰胺

主要剂型　5％、10％乳油，5％、10％、50％可湿性粉剂，3％水乳剂。

理化性质　无色晶体。熔点108.0～108.5℃。溶解度（20℃）：水0.5mg/L；氯仿1379（g/L，下同），二甲苯362，甲醇206，丙酮160，乙腈28.6，己烷4。对光、热、空气、酸碱稳定；温度低于300℃时稳定；水溶液在pH＝5、7、9时稳定。属噻唑烷酮类广谱低毒杀螨剂。对蜜蜂无毒。

产品特点

（1）杀虫机理为抑制昆虫几丁质合成和干扰新陈代谢，致使若虫不能蜕皮，或蜕皮畸形，或羽化畸形而缓慢死亡，具有高杀若虫活性。一般施药后3～7d才能看出效果，对成虫没有直接杀伤力，但可缩短其寿命，减少产卵量，并且产出的多是不育卵，幼虫即使孵化也很快死亡。

（2）对植物表皮层具有较好的穿透性，但无内吸传导作用，对杀灭害螨的卵、幼螨、若螨有特效，对成螨无效，但对接触到药液的雌成螨产的卵具有抑制孵化作用。

（3）噻螨酮以触杀作用为主，对植物组织有良好的渗透性，无内吸作用。属于非感温型杀螨剂，在高温和低温下使用的效果无显著差异，残效期长，药效可保持40～50d。由于没有杀成螨活性，所以药效发挥较迟缓。该药对叶螨防效好于锈螨和瘿螨。

（4）在常用浓度下对作物安全，对天敌、捕食螨和蜜蜂基本无影响。但在高温、高湿条件下，喷洒高浓度对某些作物的新梢嫩叶有轻微药害。

（5）鉴别要点：5％噻螨酮乳油为淡黄色或浅棕色透明液体；5％噻螨酮可湿性粉剂为灰白色粉末。用户在选购噻螨酮制剂及复配产品时应注意：确认产品通用名称及含量；查看农药"三证"，噻螨酮单剂品种及其复配制剂应取得农药生产批准文件（HNP）；查看产品是否在2年有效期内。

生物鉴别：在幼若螨盛发期，平均每叶有3～4只螨时，摘取带有红蜘蛛的苹果树叶若干片，将5％噻螨酮乳油（可湿性粉剂）1500倍液直接喷洒在有害虫的叶片上，待后观察。若蜘蛛被击倒致死，则该药品为合格品，反之为不合格品。

（6）噻螨酮常与阿维菌素、炔螨特、哒螨灵、甲氰菊酯等杀螨剂成分混配，生产复配杀螨剂。

防治对象 适用于防治瓜果蔬菜的叶螨类害虫，如红蜘蛛、黄蜘蛛、白蜘蛛（二斑叶螨）等。

使用方法

（1）防治红叶螨、全爪螨幼螨，用5%乳油1500～2000倍液喷雾。

（2）防治侧多食跗线螨（茶黄螨）、截形叶螨、二斑叶螨、神泽氏叶螨、土耳其斯坦叶螨、番茄刺皮瘿螨、（菜豆上）六斑始叶螨等，用5%乳油（可湿性粉剂）2000倍液喷雾。

（3）防治棉红蜘蛛、朱砂叶螨、芜菁红叶螨，6月底以前，在叶螨点片发生及扩散为害初期开始喷药，用5%乳油1500～2000倍液喷雾。

中毒急救 如误服，应让中毒者大量饮水，催吐，保持安静，并立即送医院治疗。

注意事项

（1）宜在成螨数量较少时（初发生时）使用，若是螨害发生严重时，不宜单独使用本剂，最好与其他具有杀成螨作用的药剂混用。

（2）产品无内吸性，故喷药时要均匀周到，并要有一定的喷射压力。

（3）对成螨无杀伤作用，要掌握好防治适期，应比其他杀螨剂稍早些使用。

（4）在高温、高湿条件下，喷洒高浓度对某些作物的新梢嫩叶有轻微药害。

（5）为防止害螨产生耐药性，要注意交替用药，建议每个生长季节使用1次即可，浓度不能高于600倍液。

（6）可与波尔多液、石硫合剂等多种农药现配现用，但波尔多液的浓度不能过高。

（7）不宜和拟除虫菊酯、二嗪磷、甲噻硫磷混用。

（8）应贮存于阴凉、通风的库房，远离火种、热源，防止阳光直射，保持容器密封。应与氧化剂、碱类分开存放，切忌混贮。配备相应品种和数量的消防器材，贮存区应备有泄漏应急处理设备和合适的收容材料。

（9）一般作物安全间隔期为30d。在1年内，只使用1次为宜。

印楝素（azadirachtin）

$C_{35}H_{44}O_{16}$, 720.8, 11141-17-6

其他名称 绿晶、全敌、爱禾、大印、蔬果净、川楝素、呋喃三萜、楝素、利除。

主要剂型 0.3%、0.5%、0.6%、0.7%、1%乳油，0.5%可溶液剂，0.5%、2%水分散粒剂，1%微乳剂。

理化性质 纯品为具有大蒜/硫黄味的黄绿色粉末。印楝树油为具有刺激大蒜味的深黄色液体。熔点 155～158℃，蒸气压 $3.6×10^{-6}$ mPa（20℃），相对密度 1.276（20℃）。水中溶解度（g/L，20℃）：0.26；能溶于乙醇、乙醚、丙酮和三氯甲烷，难溶于正己烷。避光保存，高温、碱性、强酸介质下易分解。属植物源类低毒杀虫剂。

产品特点

（1）三大植物性杀虫剂之一，是一类从杀虫植物印楝中分离提取的活性最强的四环三萜类化合物。印楝素可分为印楝素-A、印楝素-B、印楝素-C、印楝素-D、印楝素-E、印楝素-F、印楝素-G、印楝素-I共8种，印楝素通常所指印楝素-A。

（2）作用机制为直接或间接通过破坏昆虫口器的化学感应器官，产生拒食作用；通过对中肠消化酶的作用使得食物的营养转换不足，影响昆虫的生命力。高剂量的印楝素可直接杀死昆虫，低剂量则致使出现永久性幼虫或畸形的蛹、成虫等。通过抑制脑神经分泌细胞对促前胸腺激素的合成与释放，影响前胸腺对蜕皮甾类的合成和释放，以及咽侧体对保幼激素的合成和释放。昆虫血淋巴内保幼激素正常浓度水平的破坏同时使得昆虫卵成熟所需要的卵黄原蛋白合成不足而导致不育。

（3）从化学结构上看，本品的化学结构与昆虫体内的类固醇和甾类化合物等激素类物质非常相似，因而害虫不易区分它们是体内固有的还是外界强加的，所以它们既能够进入害虫体内干扰害虫的生命过程，从而杀死害虫，又不易引起害虫产生抗药性。

（4）多种作用方式。印楝素具有很强的触杀、拒食、忌避和抑制生长发育作用，兼有胃毒、忌避、抑制呼吸、抑制昆虫激素分泌等多种生理活性。

（5）复杂的大分子结构中有酯键、环氧化物和烯键等不稳定基因，在紫外光、阳光和高温下极易发生水解、光解、氧化等作用而降解，不污染环境，对人、畜、天敌安全，为目前世界公认的广谱、高效、低毒、易降解、无残留的杀虫剂。

（6）不易产生抗药性，印楝素含有多个组分，具有多种作用方式和多作用靶标，合理使用，害虫很难产生抗药性。

（7）对非靶标有益生物安全，对以昆虫为食的益虫、蜘蛛、蜜蜂、鸟类、蚯蚓以及高等动物低毒。

（8）广谱的杀虫特点。对几乎所有植物害虫都具有驱杀效果，特别适用于防治对化学杀虫剂已产生抗性的害虫。乳油为棕色液体，它能够防治410余种害虫，杀虫比例高达90%左右。适用于防治红蜘蛛、蚜虫、潜叶蝇、粉虱、小菜蛾、菜青虫、烟青虫、棉铃虫、茶黄螨、蓟马等鳞翅目、鞘翅目和双翅目害虫，还能防治地下害虫，并对小菜蛾、豆荚螟有特效。能与苏云金杆菌药剂混用，提高防治效果。

（9）使用本品时不受温度、湿度条件的限制，使用方便性优于其他生物农药。

（10）可与阿维菌素、苦参碱等复配。

防治对象 主要用于防治美洲斑潜蝇幼虫、茶黄螨、蓟马、菜青虫、小菜蛾幼虫、甘蓝夜蛾幼虫、斜纹夜蛾幼虫、甜菜夜蛾幼虫、棉铃虫、茶毛虫、潜叶蛾、蝗虫、草地夜蛾、玉米螟、稻褐飞虱、果蝇、黏虫等。

使用方法

（1）防治十字花科类害虫。防治菜青虫、小菜蛾、斜纹夜蛾、甘蓝夜蛾、菜螟、黄曲条跳甲等，于1～2龄幼虫盛发期时施药，用0.3%乳油800～1000倍液，或1%苦参·印楝乳油800～1000倍液喷雾。根据虫情约7d可再防治1次，也可使用其他药剂。0.3%乳油对小菜蛾药效与药量成正相关，可以高剂量使用，每亩用150mL兑水稀释

400~500倍喷雾，由于小菜蛾多在夜间活动，白天活动较少，因此施药应在清晨或傍晚进行。

（2）防治茄子、豆类白粉虱、棉铃虫、夜蛾、蚜虫、叶螨、豆荚螟、斑潜蝇，用0.3％乳油1000~1300倍液喷雾。

（3）防治茄子、甜（辣）椒上的茶黄螨、截形叶螨，用0.3％乳油800倍液喷雾。

（4）防治瓜蚜，于瓜蚜点片发生时，用0.5％乳油800倍液喷雾。

中毒急救　不慎溅入眼睛，用大量清水冲洗至少15min。皮肤接触，立即脱掉污染的衣服，用肥皂水或者大量清水冲洗皮肤。误吸，将病人转移到空气清新处，如呼吸停止，应立即进行人工呼吸，如呼吸困难，应输氧。注意给病人保暖。误服，应洗胃、导泻，但不可催吐。对于昏迷病人，应立即送医院治疗。没有特效解毒药，绝不可乱服药物。

注意事项

（1）该药作用速度较慢，一般施药后1d显效，故要掌握施药适期，不要随意加大用药量。

（2）应在幼虫发生前期预防使用。不能用碱性水进行稀释，也不能与碱性化肥、农药混用，与非碱性叶面肥混合使用效果更佳。如作物用过碱性化学农药，3d后方可施用此药，以防酸碱中和影响药效。

（3）印楝素对光敏感，暴露在光下会逐渐失去活性，在低于20℃下稳定，温度较高时会加速其降解，故以阴天或傍晚施药效果较好，避免中午时使用。

（4）建议将本品与不同作用机制杀虫剂轮换使用，以延缓产生抗药性。

（5）在使用时，按喷液量加0.03％的洗衣粉，可提高防治效果。

（6）对鱼类剧毒。严禁在池塘、水渠、河流和湖泊中洗涤施用过本品的药械，以避免对水生生物造成伤害的风险。对蜜蜂、家蚕剧毒，周围蜜源作物花期禁用，蚕室、桑园附近禁用。不得用于养鱼稻田。对鸟类高毒，鸟类聚集地和繁殖地禁止使用本品。

（7）应避光保存，印楝素在紫外光照射下会发生光异构化反应，在更加强烈的光照和氧化条件下，印楝素分子会发生氧化反应和聚合反应，生成的光降解产物比其母体化合物生物活性低。另外，温度升高，微生物及金属离子的存在下，均会导致印楝素分解加快。为防止光降解，可加些醌类、羟基二苯酮类、水杨酸类化合物。

（8）一般作物安全间隔期为5d，一季最多使用次数为3次。

苦参碱（matrine）

C$_{15}$H$_{24}$N$_2$O, 248.4, 519-02-8

其他名称　绿宝清、苦参、蚜满敌、苦参素、百草一号、田卫士、维绿特、虫危难。

主要剂型 0.2％、0.26％、0.3％、0.36％、0.38％、0.5％、0.6％、1.3％、2％苦参碱水剂，0.3％、0.36％、0.5％、1％苦参碱可溶性液剂，0.3％、0.38％、0.6％、1％苦参碱乳油，0.38％、1.1％苦参碱粉剂。

理化性质 深褐色液体，酸碱度≤1.0（以 H_2SO_4 计）。热贮存在（54±2）℃，14d分解率≤5.0％，（0±1）℃冰水溶液放置1h无结晶，无分层。属生物碱类植物源广谱低毒杀虫剂。

产品特点

（1）作用机理为害虫接触药剂后，即麻痹神经中枢，继而使虫体蛋白质凝固，堵塞虫体气孔，使害虫窒息而死亡。对害虫具有触杀和胃毒作用，24h对害虫击倒率达95％以上。

（2）苦参碱属广谱性植物杀虫剂，是由中草药植物苦参的根、茎、果实经乙醇等有机溶剂提取制成的一种生物碱，一般为苦参总碱，其主要成分有苦参碱、槐果碱、氧化槐果碱、槐定碱等多种生物碱，以苦参碱、氧化苦参碱含量最高。

（3）苦参碱是天然植物性农药，对人畜低毒，是广谱杀虫剂，具有触杀和胃毒作用，但药效速度较慢，施药后3d药效才逐渐升高，7d后达峰值。

（4）害虫对苦参碱不产生任何抗药性，与其他农药无交互抗性，对使用其他农药产生抗性的害虫防效仍佳。

（5）高效，对多数害虫的防治用量为10g/公顷左右。

（6）低残留，作为植物源农药，在自然界中能够完全降解，对环境安全，与其他化学农药无交互抗性，可降低化学杀虫剂的使用量，适合用于食品安全生产。

（7）对人、畜安全，对天敌无伤害，在生物体内无积累和残留，药效期长，持效期10～15d。

（8）不仅具有优良的杀虫、杀螨作用，而且对真菌有一定的抑制或灭杀作用，同时含有植物生长所需的多种营养成分，能够促进植物生长，达到增产增收。

（9）杀虫谱广，尤其针对蔬菜常见的菜青虫、斜纹夜蛾、甜菜夜蛾、蚜虫、蓟马、小绿叶蝉、粉虱等，有效率达95％以上，也可防治地下害虫。

（10）对目标害虫有驱避作用，在施用过本产品的作物上的有效期内害虫不再危害或很少危害，特别适合作物病虫害的预防。

（11）苦参碱可与烟碱、氰戊菊酯、印楝素、除虫菊素等杀虫剂成分混配，用于生产复配杀虫剂。

（12）鉴别要点：制剂（水剂、可溶性液剂、醇溶液、乳油）外观一般为深褐（或棕黄褐）液体，粉剂为浅棕黄色疏松粉末，水溶液呈弱酸性。

化学鉴别：取粉剂样品少许于白瓷碗中，加氢氧化钠试液数滴，即呈橙红色，渐变为血红色，久置不消失。苦参碱粉剂可发生以上颜色反应变化。

生物鉴别：取带有2～3龄菜青虫（或小菜蛾幼虫、蚜虫）的蔬菜菜叶数片，分别将0.36％水剂稀释800倍、0.36％可溶性液剂稀释800倍、1％醇溶液稀释1000倍，分别喷洒于有虫菜叶上，待后观察菜青虫（或小菜蛾幼虫、蚜虫）是否死亡。若菜青虫（或小菜蛾幼虫、蚜虫）死亡，则药剂质量合格，反之不合格。

从有地下害虫的小麦地里捉地老虎、蛴螬、金针虫数条，也可从有韭蛆的韭菜地里捉韭菜蛆虫数条，将虫子放一小纸盒中，向纸盒中撒入1.1％粉剂，待后观察虫子是否死亡。若虫子死亡，则药剂质量合格，反之不合格。

防治对象 广泛使用于黄瓜、西瓜、甜瓜、节瓜、冬瓜、番茄、辣椒、茄子、菜豆、豇豆、十字花科蔬菜、韭菜、葱、蒜等多种植物。对蚜虫、菜青虫、黏虫、其他鳞翅目害虫及红蜘蛛等害虫均有较好的防治效果。

使用方法 主要用于喷雾，防治地下害虫时也可用于土壤处理或灌根。

(1) 喷雾

① 防治菜青虫，在成虫产卵高峰后 7d 左右，幼虫处于 2~3 龄时施药防治，每亩用 0.3％水剂 62~150mL，兑水 40~50kg，或 1％醇溶液 60~110mL，兑水 40~50kg 均匀喷雾，或用 3.2％乳油 1000~2000 倍液喷雾。对低龄幼虫效果好，对 4~5 龄幼虫敏感性差。持续期 7d 左右。

② 防治蚜虫，在蚜虫发生期施药，用 1％醇溶液 50~120mL，或 0.3％水剂 50~60mL，兑水 50~65kg 均匀喷雾，叶背、叶面均匀喷雾，着重喷叶背。

③ 防治瓜蚜，于瓜蚜点片发生时，用 1％苦参碱 2 号可溶性液剂 1200 倍液，或 0.3％苦参碱杀虫剂纳米技术改进型 2200 倍液喷雾。

④ 防治小菜蛾，用 0.5％水剂 600 倍液喷雾。

⑤ 防治蓟马，于发生期，每亩用 2.5％悬浮剂 33~50mL，兑水 30~50kg 喷雾，或用 2.5％悬浮剂 1000~1500 倍液均匀喷雾，重点喷在幼嫩组织如花、幼果、顶尖及嫩梢等部位。

⑥ 防治美洲斑潜蝇、南美斑潜蝇等，用 1％苦参碱 2 号可溶性液剂 1200 倍液喷雾。

⑦ 防治茄果类、叶菜类蚜虫、白粉虱、夜蛾类害虫，前期预防用 0.3％水剂 600~800 倍液喷雾；害虫初发期用 0.3％水剂 400~600 倍液喷雾，5~7d 喷洒 1 次。虫害发生盛期可适当增加药量，3~5d 喷 1 次，连续 2~3 次，喷药时应叶背、叶面均匀喷雾，尤其是叶背。

⑧ 防治温室白粉虱，可用 0.3％苦参碱杀虫剂纳米技术改进型 2200 倍液喷雾。

⑨ 茄子、甜（辣）椒上发生茶黄螨、茄子上发生截形叶螨时，用 1％苦参碱 2 号可溶性液剂 1200 倍液，或 1.2％烟碱·苦参碱乳油 1500 倍液喷雾。

⑩ 防治菜螟，在成虫盛发期和幼虫孵化期，用 1％醇溶液 500 倍液喷雾。

⑪ 防治黄曲条跳甲，用 1％醇溶液 500 倍液喷雾。

⑫ 防治黄瓜霜霉病，每亩用 0.3％乳油 120~160mL，兑水 60~70kg 喷雾。

(2) 拌种 防治蛴螬、金针虫、韭蛆等地下害虫，每亩用 1.1％粉剂 2~2.5kg 撒施、条施或拌种。拌种处理时，种子先用水湿润，每 1kg 蔬菜种子用 1.1％粉剂 40g 拌匀，堆放 2~4h 后播种。

(3) 灌根 防治韭蛆、根际线虫等根茎类蔬菜地下害虫，可用 0.3％水剂 400 倍液灌根或先开沟然后浇药覆土，或于韭蛆发生初盛期施药，每亩用 1.1％粉剂 2~2.5kg，兑水 300~400kg 灌根；在迟眼蕈蚊成虫或葱地种蝇成虫发生末期，而田间未见被害株时，每亩用 1.1％复方粉剂 4kg，适量兑水稀释后，在韭菜地畦口，随浇地水均匀滴入，防治韭蛆。

中毒急救 中毒症状：中毒早期症状为瞳孔放大，行动失调，肌肉颤抖等。使用中或使用后如果感觉不适，应立即停止工作，采取急救措施，并携带标签送医院就诊。皮肤接触：立即脱掉被污染的衣物，用大量清水冲洗至少 15min。眼睛接触：立即翻开眼睑，用大量清水冲洗至少 15min。吸入，立即将患者转移至空气流通处，呼吸困难者给输氧，并及时就医。不慎误食，立即引吐并给患者服用吐根糖浆或麻黄素，但勿给昏迷患者催吐或灌任何东西。抢救时避免给患者使用巴比妥、丙戊酸等。

注意事项

（1）严禁与强碱性或强酸性农药混用。

（2）本品速效性差，应搞好虫情预测预报，在害虫低龄期施药防治，对 4～5 龄幼虫敏感性差，用药时间应比常规化学农药提前 2～3d。

（3）使用时应全面、均匀地喷施植物全株。为保证药效，尽量不要在阴天施药，降雨前不宜施用，喷药后不久降雨需再喷 1 次，最佳用药时间在上午 10 点前或下午 4 点后。

（4）建议稀释用二次稀释法，使用前将液剂、水剂或乳油等剂型药剂用力摇匀，再兑水稀释，稀释后勿保存。不能用热水稀释，所配药液应一次用完。

（5）不能作蔬菜专性杀菌剂使用（标示为杀菌剂的苦参碱药剂）。

（6）如作物用过化学农药，5d 后才能施用此药，以防酸碱中和影响药效。

（7）对皮肤有轻度刺激，施药后应立即用肥皂水冲洗皮肤。

（8）本品应贮存在干燥、阴凉、通风、防雨处，远离火源或热源。置于儿童触及不到之处，并加锁。勿与食品、饮料、粮食、饲料等其他商品同贮同运。

（9）一般作物安全间隔期为 2d，一季最多使用 2 次。

苏云金杆菌（bacillus thuringiensis）

$C_{22}H_{32}N_5O_{16}P$, 653.6, 68038-71-1

其他名称 阿苏、菜蛙、喜娃、万喜、圣丹、虫击、挫败、联除、点杀、千胜、BT、B.t.、敌宝、杀虫菌 1 号、快来顺、果菜净、康多惠、包杀敌、菌杀敌、苏得利、苏力菌、强敌 313、青虫灵、虫卵克等。

主要剂型 B.t. 乳剂（100 亿个孢子/mL），菌粉（100 亿个孢子/g），100 亿活孢子/mL、6000IU/mg、8000IU/mg、16000IU/mg、32000IU/mg 可湿性粉剂，2000IU/μL、4000IU/μL、6000IU/μL、7300IU/mL、8000IU/μL、100 亿活孢子/mL 悬浮剂，8000IU/mg、4000IU/mg、16000IU/mg 粉剂，8000IU/μL 油悬浮剂，2000IU/mg 颗粒

剂，15000IU/mg、16000IU/mg、32000IU/mg、64000IU/mg 水分散粒剂，4000IU/mg 悬浮种衣剂，100 亿活芽孢/g、150 亿活芽孢/g 可湿性粉剂，100 亿活芽孢/g 悬浮剂。

理化性质 苏云金芽孢杆菌杀虫剂是利用苏云金杆菌杀虫菌经发酵培养生产的一种微生物制剂。黄褐色固体，不溶于水和有机溶剂，紫外光下分解，干粉在 40℃ 以下稳定，碱中分解。对高等动物毒性低，对鱼类、家禽类毒性低，对蜜蜂毒性低，但有一定风险。对家蚕毒性大，有高风险。

产品特点

（1）苏云金杆菌是一种微生物源低毒杀虫剂，以胃毒作用为主。该菌进入昆虫消化道后，可产生两大类毒素：内毒素（即伴孢晶体）和外毒素（α、β 和 γ 外毒素）。伴孢晶体是主要的毒素，它被昆虫碱性肠液破坏成较小单位的 δ-内毒素，使中肠停止蠕动、瘫痪，中肠上皮细胞解离，停食，芽孢则在中肠中萌发，经被破坏的肠壁进入血腔，大量繁殖，使虫得败血症而死。外毒素作用缓慢，而在蜕皮和变态时作用明显，这两个时期正是 RNA（核糖核酸）合成的高峰，外毒素能抑制依赖于 DNA（脱氧核糖核酸）的 RNA 聚合酶。

（2）苏云金杆菌制剂的速效性较差，害虫取食后 2d 左右才能见效，不像化学农药作用那么快，但染病后的害虫，上吐下泻，不吃不动，不再为害作物。持效期约 1d，因此使用时应比常规化学药剂提前 2～3d，且在害虫低龄期使用效果较好。

（3）苏云金杆菌是目前产量最大、使用最广的生物杀虫剂，它的主要活性成分是一种或数种杀虫晶体蛋白，又称 δ-内毒素，对鳞翅目、鞘翅目、双翅目、膜翅目、同翅目等昆虫，以及动植物线虫、蜱螨等节肢动物都有特异的毒杀活性，而对非目标生物安全。因此，苏云金杆菌杀虫剂具有专一、高效和对人畜安全等优点，对作物无药害，不伤害蜜蜂和其他昆虫。对蚕有毒。

（4）连续使用，会形成害虫的疫病流行区，达到自然控制虫口密度的目的。

（5）选择性强，不伤害天敌。苏云金杆菌的蛋白质毒素在人、家畜、家禽的胃肠中不起作用，只感染一定种类的昆虫，对天敌起到保护作用。

（6）商品苏云金杆菌制剂在生产防治中也显示出某些局限性，如速效性差、对高龄幼虫不敏感、田间持效期短以及重组工程菌株遗传性不稳定等，都已成为影响苏云金杆菌进一步成功推广使用的制约因素。

（7）有机蔬菜生产过程中可以使用生物防治技术对病虫草害进行防治。苏云金杆菌制剂能有效防治有机蔬菜病虫害。由于其体内含有杀虫的晶体毒素，而又对人、畜、植物和天敌无害，不污染环境，不易使害虫产生抗药性，也是有机生产中防治害虫的重要手段。

（8）鉴别要点：原药为黄褐色固体。32000IU/mg、16000IU/mg、8000IU/mg 可湿性粉剂为灰白至棕褐色疏松粉末，不应有团块。8000IU/mg、4000IU/mg、2000IU/mg 悬浮剂为棕黄色至棕色悬浮液体。

用户在选购苏云金杆菌制剂及复配产品时应注意：确认产品通用名称、含量及规格；查看农药"三证"，可湿性粉剂和悬浮剂应取得生产许可证（XK），苏云金杆菌制剂应取得农药生产批准证书（HNP）；查看标签上产品有效期和生产日期，确认产品在 2 年有效期内。

生物鉴别：于菜青虫（2～3龄）幼虫发生期，摘取带虫叶片若干个，将8000IU/mg悬浮剂稀释2000倍直接喷洒在有害虫的叶片上，待后观察。若菜青虫被击倒，则该药品为合格品，反之为不合格品。

（9）苏云金杆菌可与阿维菌素、杀虫单、甜菜夜蛾核型多角体病毒、棉铃虫核型多角体病毒、苜蓿银纹夜蛾核型多角体病毒、菜青虫颗粒体病毒、黏虫颗粒体病毒、松毛虫质型多角体病毒、茶尺蠖核型多角体病毒、虫酰肼、氟铃脲、吡虫啉、高效氯氰菊酯、甲氨基阿维菌素苯甲酸盐等杀虫剂成分混配，用于生产复配杀虫剂。

防治对象 主要用于防治十字花科蔬菜、瓜茄类蔬菜害虫，如斜纹夜蛾幼虫、甘蓝夜蛾幼虫、棉铃虫、甜菜夜蛾幼虫、灯蛾幼虫、小菜蛾幼虫、豇豆荚螟幼虫、黑纹粉蝶幼虫、粉斑夜蛾幼虫、菜螟幼虫、菜野螟幼虫、马铃薯甲虫、葱黄寡毛跳甲、烟青虫、菜青虫、小菜蛾幼虫、玉米螟、天蛾、造桥虫、孢囊线虫等。对某些地下害虫也有较好防效。

使用方法 可用于喷雾、喷粉、灌心、制成颗粒剂或毒饵等，也可与低剂量的化学杀虫剂混用以提高防治效果。也可将苏云金杆菌致死的发黑变烂的虫体收集起来，用纱布袋包好，在水中揉搓，每50g虫尸洗液加水50～100kg喷雾。

（1）防治十字花科蔬菜菜青虫，在幼虫3龄前，每亩用16000IU/mg苏云金杆菌和10000PIB/mg菜青虫颗粒体病毒复配的可湿性粉剂50～75g兑水均匀喷雾；或用3.2%可湿性粉剂1000～2000倍液喷雾；或用15000IU/mg水分散粒剂25～50g兑水均匀喷雾；或用45%的杀虫单和1%的苏云金杆菌复配的可湿性粉剂14～28g均匀喷雾。

（2）防治蔬菜小菜蛾，每亩用8000～16000IU/mg可湿性粉剂100～150g兑水均匀喷雾；或用4000IU/mg苏云金杆菌和0.5%甲氨基阿维菌素苯甲酸盐复配的悬浮剂30～40g兑水均匀喷雾；或用100亿活芽孢/g苏云金杆菌和0.1%阿维菌素复配的可湿性粉剂75～100兑水均匀喷雾；或用8000IU/μL悬浮剂5～10mL兑水均匀喷雾；或用3.2%可湿性粉剂1000～2000倍液喷雾；或用15000IU/mg水分散粒剂25～50g兑水均匀喷雾；或用45%的杀虫单和1%的苏云金杆菌复配的可湿性粉剂14～28g兑水均匀喷雾。HD-1制剂（苏云金杆菌的一个变种），该制剂含活孢子为每克129亿，1∶1000倍液，每亩喷75L，气温25℃，48h时防效90%。

（3）防治蔬菜斜纹夜蛾，每亩用15000IU/mg水分散粒剂25～50g兑水均匀喷雾。

（4）防治蔬菜甜菜夜蛾，每亩用16000IU/mg苏云金杆菌和10000PIB/mg甜菜夜蛾核型多角体病毒复配的可湿性粉剂75～100g兑水均匀喷雾；或用2000IU/μL苏云金杆菌悬浮剂和1×10⁷PIB/mL苜蓿银纹夜蛾核型多角体病毒复配的悬浮剂75～100mL兑水均匀喷雾；或用2.0%苏云金杆菌和1.6%虫酰肼复配的可湿性粉剂2.88～3.6g兑水均匀喷雾；或用50亿活孢子/g苏云金杆菌和1.5%氟铃脲复配的可湿性粉剂80～120g兑水均匀喷雾。

（5）防治棉铃虫，在2代棉铃虫卵高峰后3～4d及6～8d，连续2次用100亿活芽孢/g可湿性粉剂200～300倍液，或16000IU/mg水分散粒剂600～800倍液喷雾。

（6）防治菜螟，在成虫盛发期和幼虫孵化期，用8000IU/mg可湿性粉剂300～400倍液喷雾。

（7）防治马铃薯二十八星瓢虫，用苏云金杆菌"7216"菌剂原粉含孢子100亿/g，每亩用10kg，于马铃薯瓢虫大发生之前喷撒到茄果类、瓜类、豆类有露水植株上，防效 37.5%～100%。

（8）防治姜弄蝶，幼虫期，用苏云金杆菌 6 号悬浮剂 900 倍液喷雾。

（9）防治甘薯天蛾，发生严重地区，百叶有幼虫 2 头时，于 3 龄前，用苏云金杆菌 6 号悬浮剂 900 倍液喷雾。

（10）防治豆天蛾，于幼虫低龄期，用 8000IU/mg 可湿性粉剂 300～400 倍液喷雾。

（11）防治草地螟，对低龄幼虫，用 16000IU/mg 可湿性粉剂 500 倍液喷雾。

每亩兑水量均按 30～45kg。

中毒急救　吞服制剂可能引起胃肠炎。高岭土和果胶可使肠炎症状得到缓和。溅到皮肤或眼内，立即用清水冲洗 15min，就医。吸入，应将病人移到通风处，就医。误服，立即催吐，并送医院对症治疗。

注意事项

（1）在蔬菜收获前 1～2d 停用。药液应随配随用，不宜久放，从稀释到使用，一般不能超过 2h。

（2）苏云金杆菌制剂杀虫的速效性较差，使用时一般以害虫在 1 龄、2 龄时防治效果好，对取食量大的老熟幼虫往往比取食量较小的幼虫作用更好，甚至老熟幼虫化蛹前摄食菌剂后可使蛹畸形，或在化蛹后死亡。所以当田间虫口密度较小或害虫发育进度不一致，世代重叠或虫龄较小时，可推迟施菌日期以便减少施菌次数，节约投资。对生活习惯隐蔽又没有转株危害特点的害虫，必须在害虫蛀孔、卷叶隐蔽前施用菌剂。

（3）施用时要注意气候条件。因苏云金杆菌对紫外线敏感，故最好在阴天或晴天下午 4～5 时后喷施。需在气温 18℃ 以上使用，气温在 30℃ 左右时，防治效果最好，害虫死亡速度较快。18℃ 以下或 30℃ 以上使用都无效。在有雾的早上喷药或喷药 30min 前给蔬菜淋水则效果较好。

（4）加黏着剂和肥皂可加强效果。如果不下雨，喷施 1 次（下雨 15～20mm 则要及时补施），有效期为 5～7d，5～7d 后再喷施，连续几次即可。

（5）只能防治鳞翅目害虫，如有其他种类害虫发生需要与其他杀虫剂一起喷施。喷施苏云金杆菌后，再喷施菊酯类杀虫剂能增加杀虫效果。不能与内吸性有机磷杀虫剂或者杀细菌的药剂（如多菌灵、甲基硫菌灵等）一起喷施。不能与碱性农药混合使用。喷过杀菌剂的喷雾器也要冲洗干净，否则杀菌剂会把部分苏云金杆菌杀死，从而影响杀虫效果。

（6）购买苏云金杆菌制剂时，要看质量是否过关，可采用"嗅"的方法来检验，正常的苏云金杆菌产品中都有一定的含菌量，开盖时应没有臭味，有时还会有香味（培养料发出的），而过期或假的产品则常产生异味或没有气味。要特别注意产品的有效期，最好购买刚生产不久的新产品，否则影响效果。

（7）本品对家蚕剧毒，在养蚕地区使用时，必须注意勿与蚕接触。对蜜蜂有风险，施药期间应避免对周围蜂群的影响，蜜源作物花期、蚕室和桑园附近禁用。

本品对水生生物有毒，应远离水产养殖区施药，禁止在河塘等水体中清洗施药器具。

（8）应保存在低于 25℃ 的干燥阴凉仓库中，防止暴晒和潮湿，以免变质，有效期 2 年。由于苏云金杆菌的质量好坏以其毒力大小为依据，存放时间太长或方式不合适则会降低其毒力，因此，应对产品做必要的生物测定。

（9）建议将本品与其他作用机制不同的杀虫剂轮换使用，以延缓抗性产生。

（10）一般作物安全间隔期为 7d，一季最多使用 3 次。

鱼藤酮（rotenone）

$C_{23}H_{22}O_6$，394.4，83-79-4

其他名称　鱼藤、毒鱼藤、鱼藤精、施绿宝、敌虫螨、绿易、欧美德、地利斯等。

化学名称　$(2R,6aS,12aS)$-1,2,6a,12,12a-六氢-2 异丙烯基-8,9-二甲氧基苯并吡喃[3,4-b]呋喃并[2,3-h]吡喃-6-酮

主要剂型

（1）单剂　2.5％、4％、5％、7.5％乳油，3％、3.5％、4％高渗乳油，浅黄至棕黄色液体。

（2）混剂　18％藤酮·辛硫磷乳油，1.3％、7.5％氰戊·鱼藤酮乳油，0.2％苦参碱水剂＋1.8％鱼藤酮乳油（绿之宝，桶混剂），5％除虫菊素·鱼藤酮乳油，25％敌百·鱼藤酮乳油，2％吡虫啉·鱼藤酮乳油，1.8％阿维·鱼藤酮乳油。

理化性质　纯品为无色六角板状结晶。熔点 163℃（同质二晶型熔点 181℃），蒸气压＜1mPa（20℃）。水中溶解度 0.142mg/L（20℃）；微溶于乙醚、醇、石油、四氯化碳，易溶于丙酮、二硫化碳、乙酸乙酯、氯仿。遇碱消旋，易氧化，尤其在光或碱存在下氧化快而失去杀虫活性。外消旋体杀虫活性减弱，在干燥情况下，比较稳定。

产品特点

（1）三大植物性杀虫剂之一，主要是触杀和胃毒作用，无内吸性，见光易分解，在作物上残留时间短。

（2）鱼藤酮在毒理学上是一种专属性很强的物质，早期的研究表明鱼藤酮的作用机制是抑制昆虫的呼吸作用，抑制谷氨酸脱氢酶的活性，和 NADH 脱氢酶与辅酶 Q 之间的某一成分发生作用，使害虫细胞线粒体呼吸链中电子传递链受到抑制，从而降低生物体内的能量载体 ATP 水平，最终使害虫得不到能量供应，然后行动迟滞、麻痹而缓慢死亡。此外，还能破坏中肠和脂肪体细胞，造成昆虫局部变黑，影响中肠多功能氧化酶的活性，使药剂不易被分解而有效地到达靶标器官，从而使昆虫中毒致死。

（3）为广谱性、植物源、中等毒性杀虫剂，杀虫作用缓慢，但杀虫作用较持久，可维持 10d 左右。鱼藤酮可从鱼藤根的淬提液中结晶得到，是一种历史较悠久的植物性杀虫剂，具有选择杀虫作用。

（4）杀虫谱广，可防治 800 种以上害虫，具有触杀与胃毒作用，但无内吸性。

（5）见光易分解，在空气中易氧化失效，持效期短，对环境无污染，对天敌安全。

（6）施用后容易分解，无残留，在农产品中也无不良气味残留，最宜用于防治蔬菜害虫。

（7）可有效地防治蔬菜上发生的鳞翅目、半翅目、鞘翅目、双翅目、膜翅目、缨翅目、蜱螨亚目等多种害虫。

（8）鉴别方法

① 物理鉴别　鱼藤酮乳油制剂为浅黄色至棕黄色液体，相对密度 0.91，pH≤8.5，低温易析出结晶，高于 80℃易变质。加入水能形成很好的白色乳剂。

② 化学鉴别　将 2～3 滴试液放在试管内，加入浓硝酸 0.5mL，振荡 1min 后，再加入浓氨水 0.5mL，此时溶液呈蓝绿色。如有以上颜色变化则该药剂为鱼藤酮，没有以上颜色变化则不是鱼藤酮。

③ 生物鉴别　取带有蚜虫的蔬菜菜叶数片，分别将 2.5％鱼藤酮乳油稀释 500 倍、4％鱼藤酮高渗乳油稀释 1000 倍，分别喷洒于有虫菜叶上，待后观察蚜虫是否死亡。若蚜虫死亡，则药剂质量合格，反之不合格。

（9）常与苦参碱、阿维菌素、氰戊菊酯等杀虫剂成分混配，生产复配杀虫剂。

防治对象　主要用于防治蚜虫、猿叶虫、黄守瓜、二十八星瓢虫、黄曲条跳甲、菜青虫、螨类、介壳虫、胡萝卜微管蚜、柳二尾蚜、桐蓟马、黄蓟马、黄胸蓟马、色蓟马、印度裸蓟马。

使用方法

（1）防治瓜类、茄果及叶菜类蔬菜蚜虫、菜青虫、害螨、瓜实蝇、甘蓝夜蛾、斜纹夜蛾、蓟马、黄曲条跳甲、黄守瓜、二十八星瓢虫等害虫，对蚜虫有特效。应在发生为害初期，用 2.5％乳油 400～500 倍液，或 7.5％乳油 1500 倍液，均匀喷雾 1 次。再交替使用其他相同作用的杀虫剂，对该药持久高效有利。

（2）防治油菜上的黄条跳甲和斑潜蝇，每亩用 5％乳油 7.5～10g，兑水喷雾。

（3）防治小菜蛾，每亩用 4％乳油 80～160mL，兑水 30kg 喷雾。

（4）防治胡萝卜微管蚜、柳二尾蚜等，用 2.5％乳油 600～800 倍液喷雾。

（5）防治食用菌跳虫（烟灰虫）、木耳伪步行虫，可用 4％粉剂 500～800 倍液喷雾。

中毒急救　鱼藤酮经口急性中毒用 2％～4％碳酸氢钠液洗胃，忌用油类泻剂，同时禁用油、酒类食物。皮肤污染局部用肥皂水和清水冲洗，眼部污染用 2％碳酸氢钠和清水冲洗。

注意事项

（1）对人毒性中等，但进入血液则剧毒。对猪剧毒。

（2）对家畜、鱼类和家蚕高毒，施药时注意保护家畜，避免药液飘移到附近水域和桑树上。

（3）遇强光、高温、空气、水和碱性物质会加速降解，失去药效，故不可与碱性物质混用。

（4）避免高温与光照下贮存失效。

（5）要现用药现配，以免水溶液分解失效。

（6）应密闭存放在阴凉、干燥、通风处。

（7）在作物上残留时间短，对环境无污染，对天敌安全，但鱼类对本剂极为敏感，不宜在水生作物上使用，不要使鱼塘、河流遭到污染。

（8）一般作物安全间隔期为3d。

四聚乙醛（metaldehyde）

C₈H₁₆O₄, 176.2, 108-62-3

其他名称　密达、灭旱螺、梅塔、灭蜗灵、蜗牛散、蜗牛敌、多聚乙醛。

化学名称　2,4,6,8-四甲基-1,3,5,7-四氧杂环-辛烷

主要剂型　6％、10％颗粒剂，80％可湿性粉剂。

理化性质　纯品为结晶粉末。熔点246℃，沸点112～115℃（升华，部分解聚），蒸气压6.6Pa（25℃），相对密度1.27（20℃）。溶解度（mg/L，20℃）：水222；甲苯530，甲醇1730。稳定性：高于112℃升华，部分解聚。

产品特点

（1）四聚乙醛颗粒剂为蓝色或灰蓝色颗粒，是一种胃毒剂，兼有触杀作用。对蜗牛和蛞蝓有一定的引诱作用，主要令螺体内乙酰胆碱酯酶大量释放，破坏螺体内特殊的黏液，从而导致神经麻痹而死亡。植物体不吸收该药，因此不会在植物体内积累。

（2）对鱼等水生生物较安全，对蚕低毒。对鸟类中毒。

（3）适用于十字花科蔬菜、甘蓝等多种作物及大棚温室等场所。

防治对象　主要用于防治蜗牛、灰巴蜗牛、同型巴蜗牛、野蛞蝓、网纹蛞蝓、细钻螺、琥珀螺、椭圆萝卜螺、福寿螺等。

使用方法

（1）用6％四聚乙醛颗粒剂喷雾　每亩用6％颗粒剂250～500g，在蔬菜播种后或定植幼苗后，均匀把颗粒剂撒施于田间；也可采用条施或点施，药点（条）相距40～50cm为宜。

① 防治蜗牛、蛞蝓。播种后，种子发芽时施药，每亩用6％颗粒剂400～540g，混合沙土10～15kg，均匀撒施于裸地表面或作物根系周围。在害虫繁殖旺季，第一次用药两周后再追加施药1次。蜗牛多日伏暗出，于黄昏或雨后施药，效果最佳。如遇大雨，药粒易被冲散至土壤中，导致药效减弱，需重复施药；但小雨对药效影响不大。遇低温（<15℃）或高温（>35℃），害虫的活动能力减弱，药效会受影响。

② 防治水生蔬菜田中的福寿螺，每亩用6％颗粒剂1kg，与5kg泥沙拌匀，均匀撒入田中，田间要平整，并保持1～4cm的浅水层，药后1d不要灌水入田，如在施药后短期内遇降雨或涨潮，可酌情补充施药。

（2）用10％颗粒剂撒施　防治灰巴蜗牛、同型巴蜗牛、野蛞蝓、网纹蛞蝓、细钻螺（在晴天傍晚防治）等，每平方米用10％颗粒剂1.5g撒施。诱杀蜗牛，在发生轻年份每亩用颗粒剂850～1000g，在发生重年份用1200～1500g，撒于田间。

（3）用80％可湿性粉剂喷施

① 防治福寿螺，在气温高于20℃，在栽植前1～3d，每亩每次用80％可湿性粉剂

800g，兑水稀释后一次施用，保持 1～3cm 深的田水约 7d。

②防治琥珀螺、椭圆萝卜螺等，每亩用 80％可湿性粉剂 300～400g，兑水稀释为 2000 倍液喷雾。

③防治蜗牛，每亩用 80％可湿性粉剂 30～60g，兑水 30～50kg 后喷雾，在蜗牛盛发期均匀喷雾于作物植株上。注意植株中部下部、叶片背面均要喷到。在有露水、多雾的早晨和日落后到天黑前，蜗牛活动频繁，肉体外露，此时施药效果最佳。

中毒急救　如发生中毒，应立即灌洗清胃和导泻，用抗痉挛作用的镇静药。输葡萄糖液保护肝脏，帮助解毒和促进排泄。如伴随发生肾衰竭，应仔细检测液体平衡状态和电解质，以免发生液体超负荷。现无专用解毒剂。如误服，应立即喝 3～4 杯开水，但不要诱导呕吐。痉挛、昏迷、休克，应立即送医院诊治。

注意事项

（1）种苗地应在种子刚发芽时即撒施，移栽地应在移栽后即施药。施用本农药后，不要在田中践踏，以免影响药效。施药后如遇大雨，药粒可能被冲散或埋至土壤中，会降低药效，需补充施药；小雨对药效影响不大。

（2）在气温 25℃左右时施药防效好，低温（15℃以下）或高温（35℃以上），影响螺、蜗牛等取食与活动，防效不佳。使用时遇大雨、干旱会影响药效。

（3）对桑蚕有毒，勿在桑园附近使用。

（4）对瓜类敏感。

（5）不宜与化肥混施。

（6）使用本剂后应用肥皂水清洗双手及接触药物的皮肤。贮存和使用本剂过程中，应远离食物、饮料及饲料。不要让儿童及家禽接触或进入处理区。

（7）对水生动物虽然较安全，但仍应避免过量使用，污染水源，造成水生动物中毒。

（8）本品应存放于阴凉干燥处。在贮藏期间如保管不好，容易解聚。忌用有焊锡的铁器包装。

（9）在叶菜上安全间隔期为 7d，一季最多使用 2 次。

除虫菊素（pyrethrins）

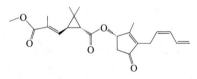

除虫菊素Ⅰ(pyrethrinⅠ): $C_{21}H_{28}O_3$, 328.4

瓜菊素Ⅰ(cinerinⅠ): $C_{20}H_{28}O_3$, 316.4

茉莉菊素Ⅰ(jasmolinⅠ): $C_{21}H_{30}O_3$, 330.5, 8003-34-7

其他名称　除虫菊、除虫菊酯、扑得。

化学名称　除虫菊素是由除虫菊花中分离萃取的具有杀虫效果的活性成分，它包括除虫菊素Ⅰ、除虫菊素Ⅱ、瓜菊素Ⅰ、瓜菊素Ⅱ、茉莉菊素Ⅰ、茉莉菊素Ⅱ。

主要剂型　0.5％、1.5％可湿性粉剂，0.5％粉剂，3％、5％、6％乳油，3％、5％

水乳剂，3%微胶囊悬浮剂。

理化性质　本剂是用多年生草本植物除虫菊的花，经加工制成的植物源杀虫剂。主要有效杀虫成分为除虫菊素Ⅰ和除虫菊素Ⅱ，除虫菊素Ⅰ的毒力比除虫菊素Ⅱ约高1倍。精制的提取物为浅黄色油状物，带有微弱的花香味；未精制提取物为棕绿色黏稠液体；粉末为棕褐色。不溶于水，易溶于大多数有机溶剂，如醇、碳氢化合物、芳香烃、酯等。避光，常温下保存>10年；在日光下不稳定，遇光快速氧化；遇碱和黏土迅速分解，并失去杀虫效力；在200℃以上加热导致异构体形成，活性降低。对光敏感，在光照下的稳定性是：瓜菊素>茉莉菊素>除虫菊素。除虫菊素在空气中会出现氧化，遇热能分解，在碱性溶液中能水解，均将失去活性，一些抗氧剂对它有稳定作用。

产品特点

（1）高效广谱　几乎对所有农业害虫如蚜虫、蓟马、飞虱、叶蝉和菜青虫、猿叶虫、蟓象等及苍蝇、蚊子、跳蚤、蟑螂等均有极强的触杀作用、迅速麻痹作用或击倒作用。

（2）作用机制　同时兼备驱避、击倒和毒杀三种不同作用，触杀活性强，可麻痹昆虫的神经，在数分钟内有效；昆虫中毒后，引起呕吐、下痢、身体前后蠕动，继而麻痹，可致死亡。一般昆虫经麻痹醉倒后，害虫有可能通过自身的代谢酶降解除虫菊素，可在24h内复苏，家蝇中毒后，在10min内全部麻痹，但死亡率仅60%～70%。

（3）相对低毒　由于除虫菊素的杀虫毒力大，其在哺乳动物和害虫间的选择毒性大，用量少，在加工后的粉剂中含量在1%左右，所以使用时非常安全。

（4）低残留　天然的除虫菊素在环境中见光后迅速氧化，室外使用一两天即失去杀虫活力，一般在居室、仓库等室内用于卫生害虫或储粮害虫的防治。

（5）抗性发展慢　由于除虫菊素为多组分的混合物，不易诱使昆虫产生抗性。至今还未看到除虫菊素对昆虫产生抗药性的报告。

（6）环境安全性　对蜜蜂、家蚕、鱼类、蛙类有毒，对鸟类安全。

（7）质量鉴别

①　物理鉴别　除虫菊粉为浅黄色粉末，不易被水湿润，具强烈刺激气味。除虫菊素乳油为浅黄色油状透明液体，可与水直接混合成乳白色液体，乳液稳定不分层。

②　化学鉴别　将1g粉状试样放在10mL酒精中，浸泡1h，然后进行过滤，在清的滤液中加入5%的氢氧化钠1mL，加热煮沸1～2min，冷却后再把1∶18的硫酸1mL倒入，加入氧化汞-硫酸溶液（氧化汞2.5g加水20mL，加入浓硫酸10mL，待完全溶解后再加水20mL）1mL，振荡，液体呈变色反应（黄→紫→蓝→绿）。如有以上颜色变化则该药粉为除虫菊素，没有以上颜色变化则不是除虫菊素。

③　生物鉴别　从有害虫的作物地里捉棉蚜、菜蚜、蓟马、飞虱、叶蝉、菜青虫、猿叶虫、叶蜂等害虫数条，将虫子放一小纸盒中，向纸盒中撒入除虫菊素0.5%或1.5%粉剂，待后观察虫子是否死亡。若虫子死亡，则药剂质量合格，反之不合格。

取带有2～3龄菜青虫（或小菜蛾幼虫、夜蛾、蚜虫）的蔬菜菜叶数片，将5%除虫菊素乳油稀释1000倍液，喷洒在有虫菜叶上，待后观察菜青虫（或小菜蛾幼虫、夜蛾、蚜虫）是否死亡。若菜青虫（或小菜蛾幼虫、夜蛾、蚜虫）死亡，则药剂质量合格，反之不合格。

防治对象　十字花科蔬菜害虫如蚜虫等。

使用方法

(1) 喷粉　防治棉蚜、菜蚜、蓟马、飞虱、叶蝉、菜青虫、猿叶虫等，每亩用0.5％除虫菊素粉剂2~4kg，在无风的晴天喷撒。

(2) 喷雾　可防治蚜虫、蓟马、猿叶虫、金花虫、蝽象、叶蝉等多种蔬菜害虫。

① 防治蚜虫、蓟马等，在发生初期用5％乳油2000~2500倍液，或3％乳油800~1200倍液，或3％微胶囊悬浮剂800~1500倍液，均匀喷雾。叶片正背面及茎秆均匀施药，以便药液能够充分接触到虫体。种群数量大时，可连续施药2次或以上，每次间隔5~7d。

② 防治小菜蛾，在低龄幼虫期，用5％乳油1000倍液喷雾。

③ 防治菜青虫、斜纹夜蛾、甜菜夜蛾、棉铃虫等鳞翅目幼虫，在低龄幼虫期，用5％乳油1500~2000倍液喷雾。根据害虫发生情况，隔5~7d后再喷1次。

④ 防治黄守瓜，在瓜苗移栽前后至5片真叶前及时喷洒5％天然除虫菊素云菊乳油1000倍液。

⑤ 防治豆秆黑潜蝇，大豆初花期，喷洒5％乳油800~1200倍液。

中毒急救　属神经毒剂，接触部位皮肤感到刺痛，尤其在口、鼻周围，但无红斑，很少引起全身性中毒。接触量大时会引起头痛、头昏、恶心、呕吐、双手颤抖，全身抽搐或惊厥、昏迷、休克。无特殊解毒剂，可对症治疗。大量吞服时可洗胃，不能催吐。

注意事项

(1) 因除虫菊素为羧酸酯类化合物，在碱性条件下容易分解，故不宜与石硫合剂、波尔多液等碱性药剂混用。

(2) 除虫菊素对害虫击倒力强，但常有复苏现象，特别是药剂浓度低时。故应防止浓度太低，降低药效。

(3) 对蝗虫、介壳虫、螨类、地下害虫的药效较差，生产上尽量不用本剂来防治这些害虫，而选择其他药剂。

(4) 低温时效果好，高温时效果差，夏季应避免在强光直射时施用，阴天或傍晚施用效果更好。

(5) 除虫菊素无内吸作用，因此喷药要周到细致，一定要接触虫体才有效，因而多用于防治表皮柔嫩的害虫。

(6) 除虫菊素对鱼、蛙、蛇等动物有毒麻作用，注意鱼池周围不能使用。

(7) 使用除虫菊素要注意使用浓度、次数以及农药的轮用，以防出现害虫的抗药性。

(8) 由于除虫菊制剂的有效成分光稳定性较差，田间使用后持续时间较短，因此更适宜于卫生害虫和贮粮害虫的防治。

(9) 应保存在阴凉、通风、干燥处。

(10) 安全间隔期为2d，每季最多使用3次。

苦皮藤素（celastrus angulatus）

其他名称　菜虫净。

理化性质　苦皮藤的根皮和茎皮均含有多种强力杀虫成分，目前已从根皮或种子中分离鉴定出数十个新化合物，这些苦皮藤素的杀虫活性成分均简称苦皮藤素。该药属植物源农药，其活性成分系倍半萜多醇酯类化合物。

主要剂型　90％可湿性粉剂，0.2％、1％、20％乳油，0.15％微乳剂。

理化性质　原药外观为深褐色均质液体。熔点214～216℃。溶解度：不溶于水，易溶于芳烃、乙酸乙酯等中等极性溶剂，能溶于甲醇等极性溶剂，在非极性溶剂中溶解度较小。稳定性：在中性或酸性介质中稳定，强碱性条件下易分解。制剂外观为棕黑色液体，相对密度1.20。

产品特点

（1）苦皮藤素是一种具有胃毒作用的植物源低毒杀虫剂，对害虫具有较强胃毒、拒食、驱避和触杀作用，无熏蒸作用，主要用于防治部分鳞翅目、直翅目及鞘翅目害虫。

（2）苦皮藤素原药是从卫矛科野生灌木苦皮藤根和种子中提取的，属倍半萜类化合物。其有效杀虫成分不是单个物质，而是一系列具有二氢沉香呋喃多元酯结构的化合物共同起作用，其中活性最高的是毒杀成分苦皮藤素Ⅳ和麻醉成分苦皮藤素Ⅴ。苦皮藤素Ⅴ主要作用于昆虫的消化系统，可能和中肠细胞质膜上的特异型受体相结合，从而破坏了膜的结构，造成肠穿孔，昆虫大量失水而死亡。苦皮藤素Ⅳ既作用于神经与肌肉接点也作用于肌细胞，对昆虫飞行肌和体壁肌有强烈毒性，明显破坏肌细胞的质膜和内膜系统（如线粒体膜、肌质网膜和核膜）以及肌原纤丝。质膜的断裂和消解影响动作电位的产生与传导；线粒体结构的破坏导致肌肉收缩缺乏能量供应；肌质网的破坏直接影响钙离子释放与回收；肌原纤维的破坏导致肌肉不能正常收缩。苦皮藤素Ⅳ损伤肌细胞结构并最终麻痹昆虫，主要表现为虫体软瘫麻痹，对外界刺激无反应。

（3）该药作用机理独特，不易产生抗药性，对高等动物安全，对鸟类、水生动物、蜜蜂及主要天敌安全。田间施用持效期长可达10～14d。对鳞翅目幼虫杀虫活性高，速效性好，有效成分用量仅为7.5～10.5g/公顷，对菜青虫用药后1d就可达到90％以上的防效，对蚜虫也具有较高活性。作用方式多样，具有较强的胃毒、拒食、驱避、触杀作用。

防治对象　主要用于防治甘蓝、花椰菜、白菜等蔬菜上的菜青虫；瓜类作物上的黄守瓜。

使用方法

（1）防治菜青虫、小菜蛾等鳞翅目幼虫，应在3龄前施药，将90％可湿性粉剂稀释150倍，或20％苦皮藤素提取物乳油稀释500～600倍，或每亩用1％乳油50～70mL，兑水60～75L稀释，均匀喷雾，防治效果可达80％以上。

（2）防治金龟子成虫，可于危害期用0.2％乳油2000倍喷雾。

（3）防治马铃薯叶甲和二十八星瓢虫，可用0.2％乳油500～1000倍液均匀喷雾，但1000倍液对叶甲幼虫防效较差，需用较低的稀释倍数如500倍液防治幼虫。

中毒急救　苦皮藤素为低毒农药，对人、畜安全。接触后，用肥皂水清洗手等接触部位，如发生误食，请持标签送医院对症治疗。

注意事项

（1）田间喷雾要均匀。

（2）苦皮藤素具有负温度效应，在温度较低时施药，防治效果会更理想。

（3）碱性条件下容易使有效成分水解，失去活性，应避免与碱性农药混用。

（4）苦皮藤素对大龄幼虫也具有很好防效，但为了保证防效，尽量在害虫发生初期，虫龄较小时用药。

（5）该药作用较慢，一般 24h 后生效，不要随意加大药量。

（6）贮存应在阴凉通风干燥处。

短稳杆菌（empedobacter brevis）

其他名称　禾喜、润宇、全扫。

主要剂型　100 亿孢子/mL 悬浮剂。

理化性质　细胞杆状，粗短，革兰阴性；菌落淡黄色，较小，光滑，边缘规整，凸起。

产品特点

（1）短稳杆菌是一种防治鳞翅目害虫的微生物细菌杀虫剂，是从斜纹夜蛾幼虫尸体中分离筛选出的菌株。微毒，对鱼、水藻、水蚤、蜜蜂、家蚕、鸟均为低毒。防治十字花科蔬菜小菜蛾、斜纹夜蛾等，有较好的效果，是生产绿色无公害蔬菜的环保型农药。

（2）高致病力。害虫一接触到药即停止取食危害（1～4d 死亡，持效期 15d），保叶率高，低温阴雨天打药同样有效。

（3）连用有累积效应，越用效果越好。

（4）产品为纯活菌生物杀虫剂，无抗药性，微毒，对鱼类极为安全，不含任何隐性化学成分。

防治对象　防治十字花科蔬菜小菜蛾、斜纹夜蛾等。

使用方法

（1）喷雾　防治十字花科蔬菜小菜蛾、菜青虫、斜纹夜蛾、菜螟，马蹄白螟等，用100 亿孢子/mL 悬浮剂 800～1000 倍液均匀喷雾。稀释时每亩加 10mL 农用有机硅有利于提高防效，这一点对防治叶面有蜡质层作物的害虫更为重要。

短稳杆菌农药对小菜蛾幼虫、斜纹夜蛾幼虫及其他鳞翅目害虫都具有较好的杀虫效果，且对蔬菜食用性无副作用，对害虫天敌安全性好，可广泛用于无公害蔬菜鳞翅目害虫的防治。

用药时期掌握在幼虫 2 龄中期用药为宜，也可以掌握在幼虫孵化高峰期用药。虫龄过大，幼虫抗药性有所增强。防治斜纹夜蛾时，与常规用量 1/3 的甲氨基阿维菌素苯甲酸盐或其他高效低毒农药混配喷施，能明显提高杀虫效果。

大田每亩用 100 亿孢子/mL 悬浮剂 100g 左右，兑水 45～50kg，搅拌均匀后，在蔬菜叶片正反面及菜心均匀喷细雾。将药液喷施到防治对象的栖息部位。用药时应当尽可能避开下雨，且最好在傍晚时喷施。

（2）滴灌　防治玉米螟，用 100 亿孢子/mL 悬浮剂 600 倍液，在玉米喇叭口期，把药液滴在玉米心叶里，每株玉米滴灌 10～15mL 药液。如果在药液中按 800～1000 倍液的比例加入适量的有机硅，可显著提高药液在植物表皮的附着力，有利于提高对害虫的防控效果。

中毒急救　对眼睛有轻微刺激。皮肤接触，立即脱掉被污染的衣物，用肥皂和大量清水彻底清洗。溅入眼睛，立即将眼睑翻开，用清水冲洗，若用大量清水冲洗眼睛后仍有刺激感，要至眼科进行治疗。发生吸入，立即将吸入者转移到空气新鲜处。误食，请勿引吐，立即送医院治疗。

注意事项

（1）可与任何杀虫剂、除草剂以及防治真菌性病害的农药现混现用，避免与防治细菌性病害的农药混用。不可与碱性或酸性物质混用。

（2）开瓶前先摇匀药液，药瓶用水冲洗几次后倒入稀释液中。

（3）喷药时间：春、秋季节在上午 10 时前、下午 4 时后，夏季上午 8 时前、下午 6 时后，阴天全天均可喷药，雨前和大风天不宜喷药。

（4）高温季节用药效果好：日均气温 25～30℃ 时的防治效果比 10～15℃ 时高 1～2 倍。

（5）对蜜蜂、家蚕有毒，施药期间应避免对周围蜂群的影响，蜜源作物花期、蚕室和桑园附近禁用。

白僵菌（beauveria）

$C_{44}H_{57}N_3O_8$, 756.0, 26048-05-5

其他名称　球孢白僵菌。

主要剂型　2 亿活孢子/cm² 球孢白僵菌、400 亿孢子/g、150 亿个孢子/g 球孢白僵菌可湿性粉剂，400 亿孢子/g 球孢白僵菌水分散粒剂，300 亿孢子/g 球孢白僵菌可分散油悬浮剂，2 亿孢子/cm² 挂条。

产品优点

（1）白僵菌的杀虫作用主要通过昆虫表皮接触感染，其次也可经消化道和呼吸道感染。侵染的途径因昆虫的种类、虫态、环境条件等的不同而异。萌发的分生孢子在虫体体壁几丁质较薄的节间膜处长出芽管，芽管顶端分泌出溶几丁质酶使几丁质溶解成一个小孔，萌发管进入虫体。萌发的芽管借酶的作用，不断溶解体壁几丁质向前伸长，直至体壁上皮细胞才生成的菌丝也进入体壁，然后侵入血淋巴组织，菌丝起初沿着细胞膜发育生长，再穿过细胞膜进入细胞内，于是原生质和细胞核失活，养料被耗尽，大量解体消失。

（2）低毒、无残留　白僵菌对高等动物毒性低。300 亿孢子/g 球孢白僵菌油悬浮剂对蜜蜂、家蚕毒性低。白僵菌防治害虫的过程是一种生命替代另一种生命的运动过程，它通过对害虫的寄生作用来达到杀死害虫的目的，生产过程也无三废问题，符合无公害环保要求。

（3）使用简单 白僵菌产品可制成粉剂、菌液等多种剂型，通过喷粉、喷液、放粉炮、放地炮、超低容量喷雾等多种方法进行菌粉施放，方法简单易行。

（4）防效持续 施用白僵菌后其孢子广泛存在，而且感染的寄主死亡后能在体外产孢并再次扩散，在适宜条件下形成流行病，具有一年施药多年有效的持续控制害虫的作用。

（5）不易产生抗药剂 害虫对化学农药的抗性使得其杀虫效果逐年减退。白僵菌杀虫一方面靠白僵菌的寄生，另一方面靠菌丝在生长时吸取虫体内养分和水分，使虫体内生理代谢混乱，其杀虫是以生物作用为主，因此不易使害虫产生抗药性，连年使用效果会越来越好。

（6）安全性高 白僵菌依靠自身分泌几丁酶溶解昆虫表皮的几丁质进入昆虫体内进行侵染，人体不含几丁质，因此不侵染人畜，对人畜无毒无害。

（7）经济 跟化学防治相比，使用白僵菌防治各类害虫的费用较低，连续使用后可减少杀虫剂的使用，降低防治成本。

（8）可有效控制刺吸类害虫和地下害虫 由于此类害虫的取食较为隐蔽，生产上控制这类害虫一般较困难，真菌杀虫剂能够直接从昆虫体壁入侵，具有触杀效果，只要病菌接触害虫就可以引起感染而杀死害虫。

（9）可流行治病 白僵菌含有活体真菌及孢子，施入田间后借助适宜的温度和湿度，便可以继续繁殖生长，增强杀虫效果，同时感染的昆虫还可作为病原感染其他的害虫。

（10）高选择性 不同于化学农药不分敌我地将益虫和害虫尽数毒杀，白僵菌能主动回避对瓢虫、草蛉和食蚜蝇等益虫的侵染攻击，从而整体田间防治效果更好。

（11）白僵菌是由昆虫病原真菌半知菌类、丛梗孢目、丛梗孢科、白僵菌属发酵、加工成的制剂，原药为乳白色粉末，制剂为乳黄色粉状物。

产品缺点

（1）防效受环境条件影响较大 白僵菌孢子萌发、生长和繁殖都要受到外界环境条件影响。温度影响孢子萌发、菌丝侵入和病情的发展。相对湿度影响分生孢子的萌发和菌丝生长，干旱时孢子不萌发。紫外线也能杀死真菌孢子。

（2）杀虫速度较慢 跟化学药剂相比，微生物杀虫剂的杀虫速度一般较慢，主要是由于微生物从感染到致病到杀死昆虫有一个时间周期，常需 4～6d 后害虫才死亡，因此在害虫种群密度高的情况下施用可能会贻误防治时机，造成较大损失。

（3）不易长时间贮存 白僵菌等真菌杀虫剂，配制菌液后不能长期存放，否则会使孢子萌发，降低侵染力。

（4）杀虫效果受菌粉质量影响 在白僵菌生产和应用过程中，菌种常发生变异，出现生长瘠薄、产孢量少、杀虫毒力较低等现象，因此使用高质量的菌粉是防虫效果好的基础。在最适宜条件下施用高质量菌粉可大大提高杀虫效果，能有效持续长久地控制害虫。

（5）不同厂家的产品质量不同 由于生产真菌杀虫剂的流程没有统一标准，不同厂家生产的产品质量也参差不齐，因此会影响田间的防效。

使用方法

（1）喷雾法　将菌粉制成浓度为 1 亿～3 亿孢子/mL 的菌液，加入 0.01%～0.05% 洗衣粉液作为黏附剂，用喷雾器将菌液均匀喷洒于虫体和枝叶上。也可把因白僵菌侵染至死的虫体收集，并研磨，兑水稀释成菌液（每毫升菌液含活孢子 1 亿个以上）喷雾，即 100 个死虫体，兑水 80～100kg 喷雾。

（2）喷粉法　将菌粉加入填充剂，稀释到 1g 含 1 亿～2 亿活孢子的浓度，用喷粉器喷菌粉，但喷粉效果常低于喷雾。

（3）土壤处理法　防治地下害虫，将"菌粉+细土"制成菌土，按每亩用菌粉 3.5kg，用细土 30kg，混拌均匀即制成菌土，含孢量在 1 亿/cm³ 左右。施用菌土分播种和中耕两个时期，在表土 10cm 内使用。

防治对象　白僵菌可寄生鳞翅目、同翅目、膜翅目、直翅目等 200 多种昆虫和螨类，如蔬菜害虫玉米螟、小菜蛾等，地下害虫如蛴螬等。

防治方法

（1）防治地下害虫，用布氏白僵菌或球孢白僵菌可防治大黑鳃金龟、暗黑鳃金龟、白星花金龟、铜绿金龟和四纹丽金龟等金龟子成虫和幼虫。可单用菌剂，也可和其他农药混用。单用菌剂时（含 17 亿～19 亿孢子/g）每亩用量 3kg。

（2）防治蛴螬，每亩用 150 亿孢子/g 球孢白僵菌可湿性粉剂 250～300g 拌毒土撒施。

（3）防治蔬菜小菜蛾，每亩用 400 亿孢子/g 球孢白僵菌水分散粒剂 26～35g 兑水 30～45kg 均匀喷雾。

（4）防治温室大棚黄秋葵、黄瓜、番茄等蔬菜作物上的温室白粉虱，每亩用 150 亿/g 可湿性粉剂 150g 兑水喷雾，防治效果明显优于每亩用 20% 吡虫啉可湿性粉剂 8g。

（5）防治大豆食心虫、豆荚螟、造桥虫等豆科植物害虫，可喷雾或喷粉。将菌粉掺入一定比例的白陶土，粉碎稀释成 20 亿孢子/g 的粉剂喷粉。或用 100 亿～150 亿孢子/g 的原菌粉，加水稀释至 0.5 亿～2 亿孢子/mL 的菌液，再加 0.01% 的洗衣粉，用喷雾器喷雾。在大豆食心虫脱荚入土化蛹前，向地面喷布球孢白僵菌药剂，每亩用 300 亿孢子/g 球孢白僵菌油悬浮剂 0.1～0.25kg，大豆食心虫脱荚在地面爬行、虫体黏附白僵菌孢子后，在土壤中感染而死亡，一般防效为 70%～80%。

（6）防治玉米螟，主要是采用颗粒剂施药法。颗粒剂的制法是将白僵菌孢子 100 亿个/g 的菌粉加 20 倍煤炭渣或其他草木灰等作填充剂，加适量水即制成 5 亿个孢子/g 的颗粒剂。根据虫情调查，在玉米螟孵化高峰期后，玉米植株出现排列状花叶之前第 1 次用药，在心叶末期，个别植株出现雄穗时第 2 次用药。用药时将白僵菌颗粒剂撒在玉米的喇叭口及其周围的叶腋中，每亩用药量不少于 0.5kg 纯菌粉，也可以用 300 亿孢子/g 球孢白僵菌油悬浮剂 1:100 倍药液浇灌玉米心，每亩用药液 60～80kg。使用球孢白僵菌水分散粒剂省时、省力。在配制白僵菌颗粒剂时，加进少量化学农药，能提高杀虫效果。

（7）防治豇豆荚螟，在老熟幼虫入土前，田间湿度高时，每亩用白僵菌粉剂 1.5kg 加细土 4.5kg 撒施。

中毒急救　无中毒报道。不慎溅入眼睛，用大量清水冲洗至少 15min。皮肤接触，立即脱掉污染的衣服，用肥皂水或者大量清水冲洗皮肤。误吸，将病人转移到空气清新处，如呼吸停止，应洗胃、导泻，立即送医院治疗。没有特效解毒药，绝不可乱服药物。

注意事项

（1）防治大豆食心虫应注意以下4点。

① 应用球孢白僵菌防治农林害虫应与虫情预报、气象预报紧密配合，掌握好施药时机，才能提高杀虫效果。

② 球孢白僵菌加水配成菌液，应随配随用，在阴天、雨后或早晚湿度大时，配好的菌液要在2h内用完，以免孢子过早萌发，失去侵染能力。

③ 球孢白僵菌与少量化学农药混合施用，有增效作用，掺和3％敌百虫有增效作用。

④ 家蚕饲养区忌本品。

（2）在害虫卵孵盛期施用白僵菌制剂时，可与化学农药混用，以提高防效，但不能与杀菌剂混用。不可与碱性或者强酸性物质混用。

（3）害虫感染白僵菌死亡的速度缓慢，一般经4～6d后才死亡，因此要注意在害虫密度较低的时候提前施药。

（4）为提高防治效果，菌液中可加入少量洗衣粉。用于喷雾作业时，制剂中加入20倍体积的0号柴油，采用超低容量喷雾，效果更好。药后应保持一定的湿度。

（5）施药时要注意气温。白僵菌孢子发芽侵入虫体后，在24～28℃范围内菌丝生长最好，药效也最好。低于15℃或高于28℃时菌丝生长缓慢，药效慢且低；在0～5℃低温下菌丝生长极为缓慢，甚至休眠不生长，基本不显示药效。

（6）本品速效性较差，持效期较长，应避免污染水源地。

（7）本品包装一旦打开，应尽快用完，以免影响孢子活力。操作时轻拿轻放，缓慢打开盖子，以防粉尘飞场。做好劳动保护，如穿戴工作服、手套、面罩等，避免人体直接接触药剂。工作后漱口、清洗裸露在外的身体部分并更换干净的衣服。施药期间不可吃东西、饮水等。孕妇和哺乳期妇女应避免接触本品。

（8）用过的容器应妥善处理，不可做他用，不可随意丢弃。菌剂应在阴凉、干燥、通风、防雨、远离火源处贮存，勿与食品、饲料、种子、日用品等同贮同运。禁止与化学杀菌剂一起堆放或混放。宜置于儿童够不着的地方并上锁，不得重压、损坏包装容器。过期菌粉不能使用。

绿僵菌（metarhizium anisopliae）

其他名称　杀蝗绿僵菌、金龟子绿僵菌、黑僵菌、神威。

主要剂型　23亿～28亿活孢子/g粉剂，10％颗粒剂，20％杀蝗绿僵菌油悬剂，100亿孢子/mL油悬浮剂，100亿孢子/g、25亿孢子/g可湿性粉剂，5亿孢子/g饵剂。

理化性质　外观为灰绿色微粉，疏水、油分散性。活孢率≥90.0％，有效成分（绿僵菌孢子）≥5×10^{10}孢子/g，含水量≤5.0％，孢子粒径≤60μm，感杂率≤0.01％。

产品特点

（1）绿僵菌属半知菌类、丛梗菌目、丛梗霉科、绿僵菌属，是一种广谱的昆虫病原菌，在国外应用其防治害虫的面积超过了白僵菌，防治效果可与白僵菌媲美。

（2）属低毒杀虫剂，对人畜和天敌昆虫安全，不污染环境，绿僵菌寄主范围广，可寄生 8 目 30 科 200 余种害虫。主要用于防治金龟子、象甲、金针虫、蛾蝶幼虫、蜻和蚜虫等害虫。绿僵菌有金龟绿僵菌和黄绿绿僵菌等变种，生产上主要用金龟绿僵菌变种的制剂来防治害虫。

（3）绿色环保，安全可靠。本品为真菌生物杀虫剂，绿僵菌对人、畜均无口服毒性问题，从此可断绝使用传统农药导致的田间中毒现象。从根本上解决了多年来化学农药，特别是有机磷农药带来的农药残留和食品安全问题。

（4）杀虫机理独特，不产生抗药性。绿僵菌是害虫的寄生性天敌，接触害虫后，分泌多种昆虫表皮降解酶，穿透害虫体壁进入体腔，在虫体内迅速繁殖；同时分泌大量绿僵菌毒素，破坏害虫的机体组织，最终使害虫因不能维持正常的生命活动而死亡。害虫对化学农药的抗性使得其杀虫效果逐年减退。绿僵菌通过在自然条件下与害虫的体壁接触感染致死，害虫不会对其产生任何抗性。连年使用，效果反而越来越好。

（5）反复侵染，长期持效，一次用药，整季无虫。适宜的土壤环境特别适合绿僵菌的生长与繁殖，绿僵菌可利用害虫体内的营养物质大量繁殖，产生大量孢子继续侵染其他害虫，具有很强的传染性。

（6）促进作物生长，增产增收。本品是将绿僵菌生产发酵过程中的培养基作为产品的载体加工而成，载体富含经发酵而产生的大量氨基酸、多肽酶、微量元素等作物生长所必需的营养成分，促进作物生长，能有效提高作物产量和品质。

（7）高选择性。绿僵菌能主动回避对瓢虫、草蛉和食蚜虻等益虫的侵染攻击，有效保护了害虫天敌，从而提高整体田间防治效果。

防治对象　主要用于防治大白菜甜菜夜蛾、小菜蛾、菜青虫、蛴螬等。

使用方法

（1）防治蛴螬，包括东北大黑鳃金龟、暗黑金龟子、铜绿金龟子等的多种幼虫。采用菌土法施药，每亩用 23 亿～28 亿活孢子/g 绿僵菌剂 2kg，拌细土 50kg，中耕时撒入土中。也可采取菌肥方式施用，用菌剂 2kg，与 100kg 有机肥混合后，结合施肥撒入田中。据调查，防效达 64%～66%，以中耕时施药效果最好。

（2）防治防治甜菜夜蛾，每亩用 100 亿孢子/g 油悬浮剂 20～33g 兑水均匀喷雾。

（3）防治小菜蛾和菜青虫，用绿僵菌菌粉兑水稀释成每毫升含孢子 0.05 亿～0.1 亿个的菌液喷雾。

中毒急救　皮肤接触，立即脱掉被污染的衣物，用肥皂和大量清水彻底清洗。溅入眼睛，立即将眼睑翻开，用清水冲洗，若用大量清水冲洗眼睛后仍有刺激感，要至眼科进行治疗。发生吸入，立即将吸入者转移到空气新鲜处。如误食，应及时携该产品标签就医。

注意事项

（1）部分化学杀虫剂对绿僵菌分生孢子萌发有抑制作用，药浓度越高，抑制作用越强；绿僵菌虽然对环境相对湿度有较高要求，但其油剂在空气相对湿度达 35% 时即可感染蝗虫致其死亡；田间应用时，应依据虫口密度适当调整施用量，在虫口密度大的地区可适当提高用量，如饵剂可提高到每亩 250～300g，以迅速提高其前期防效。

（2）不可与呈碱性的农药等物质混合使用。

（3）禁止与杀菌剂混用，使用杀菌剂前后不要使用本剂。

（4）绿僵菌剂加水配成菌液，应随配随用，不可超过 2h，以免孢子发芽，降低感染力。

（5）绿僵菌与少量化学农药混合施用，有增效作用，掺和 3％敌百虫有增效作用。

（6）在养蚕区禁止使用绿僵菌制剂。

（7）遇大风和降雨天气，请勿施药用本品。在阴天、雨后或早晚湿度大时，效果最好。害虫初发期和中耕翻田时施用效果好。

（8）避免本品污染水塘等水体，勿在水体中清洗施药器具。

棉铃虫核型多角体病毒（heliothis armigera nuclepolyhedro virus）

其他名称　安成、金刚狼、亮剑、勇冠、农无忧、管到底、敌害、一月无虫。

主要剂型　20 亿 PIB（病毒粒子单位）/mL 悬浮剂，10 亿 PIB/g 可湿性粉剂，600 亿 PIB/g 水分散粒剂。

理化性质　外观为黄色粉末，无团块，密度 1.1g/cm³。50℃、15d，NPV 活性保留 88.5％。

产品特点

（1）棉铃虫核型多角体病毒，属微生物源、核型多角体病毒、低毒杀虫剂。

（2）棉铃虫核型多角体病毒经口或伤口感染虫体。当棉铃虫核型多角体病毒被幼虫取食后，病毒感染细胞，直到棉铃虫死亡。病虫粪便和死亡虫再传染其他棉铃虫幼虫，使病毒在害虫种群中流行，从而控制害虫。病毒也可通过卵传给昆虫后代。

（3）对人畜安全，不伤害天敌，长期使用，棉铃虫不会产生抗性，第二年也有杀虫效果，可减少用药次数，降低成本。

（4）可与高效氯氰菊酯、辛硫磷、苏云金杆菌等复配，如棉核·苏云菌悬浮剂、棉核·辛硫磷可湿性粉剂、棉核·高氯可湿性粉剂等。

防治对象　棉铃虫核型多角体病毒是防治棉铃虫的特效药，还可防治菜青虫、玉米螟、小菜蛾、玉米粘虫、甜菜夜蛾、斜纹夜蛾、二化螟、三化螟、玉米螟、菜青虫、烟青虫等。

使用方法

（1）防治棉铃虫、烟青虫，从发生初期或卵孵盛期开始喷雾，5～7d 后再喷施 1 次，每次每亩用 10 亿 PIB/g 可湿性粉剂 100～150g，或 20 亿 PIB/mL 悬浮剂 80～100mL，或 600 亿 PIB/g 水分散粒剂 2～2.5g，兑水 30～45L 喷雾。

也可选用以下四种混剂，每亩用量为：1 亿 PIB/g 棉铃虫核型多角体病毒·18％辛可湿性粉剂 75～100g，或 10 亿 PIB/g 棉核·16％辛可湿性粉剂 80～100g，或 1 亿 PIB/g 棉核·2％高氯可湿性粉剂 75～100g，或 1000 万 PIB/g 棉核·2000IU/μL 苏悬浮剂 200～400mL，兑水喷雾。

（2）防治小菜蛾，用 20 亿 PIB/mL 棉铃虫核型多角体病毒按使用说明喷雾，喷药后 3d，能有效杀灭萝卜小菜蛾，对菊酯类、苏云金杆菌等农药抗性强的小菜蛾防治率高，是目前防治抗性小菜蛾较佳的药物之一。

中毒急救　如皮肤接触，用清水及肥皂水洗干净。如溅入眼睛中，立即用清水冲洗至少 15min，仍有不适，立即就医。误服，立即带该产品标签就医，对症治疗。无特效解毒剂。

注意事项

（1）棉铃虫核型多角体病毒可湿性粉剂不能与酸性物质混放、混合，棉铃虫核型多角体病毒可湿性粉剂可与常用化学农药混用、交换交替使用，但需先进行试验。与苏云金杆菌混用，有明显的增效作用。

（2）由于棉铃虫幼虫从感染病毒到死亡的时间，因虫龄、病毒感染剂量和环境温度的不同而有差异。初孵幼虫感染后 1～2d 就可死亡，3 龄幼虫感染后需 7～10d 才死亡。因此，施药时间要比化学农药提前 2～3d，即在卵期施药。由于药效作用慢，施药后头 3 天在菜田找不到死虫。施药后要认真进行虫情调查，当存活幼虫数超过防治指标时，要选用高效化学农药进行防治，或病毒制剂与化学农药混合喷雾，及时控制棉铃虫的危害。

（3）该药杀虫作用缓慢，从喷药到死虫一般需要数天时间，喷药时注意环境条件，尽量选择阴天或晴天的早、晚时间进行，不能在高温、强光条件下喷药，喷药当天如遇降雨，应补喷，喷雾液滴需完全覆盖叶片。

（4）感染的害虫死亡后，体内的病毒可向四周传播，引起其他虫体感病死亡，因此在施药后的第二年对害虫仍然有效，因此根据虫情可适当减少打药次数以降低防治成本。

（5）当虫口密度大、世代重叠严重时，宜酌情加大本品用药量及用药次数。

（6）在瓜类、甜菜、高粱等作物上慎用。

（7）使用本品时，建议尽量使用机动弥雾机均匀喷洒。作物的新生部分及叶片背面等害虫喜欢咬食的部位应重点喷洒。

（8）本剂为活体生物菌剂，须在保质期内用完，不宜用过期失效的陈药，应现配现用，配制好的药液要在当天用完，药液不宜久置。

（9）施药期间应避免对周围蜂群的影响，蜜源作物花期、蚕室和桑园附近禁用。远离水产养殖区施药，禁止在河塘等水体中清洗器具。

（10）应在阴凉干燥处保存，不得暴晒或雨淋，较长期贮存需要在 0～5℃ 的环境中存放，正常贮存条件下保质期一般为 2 年。

斜纹夜蛾核型多角体病毒（spodoptera litura nucleopolyhedro virus）

其他名称　虫瘟一号。

主要剂型　1000 万 PIB/mL 悬浮剂、10 亿 PIB/g 可湿性粉剂、200 亿 PIB/g 水分散粒剂，氟啶脲 1.5%·斜纹夜蛾核型多角体病毒 6.0×10^8 PIB/mL 悬浮剂，高效氯氰菊酯 3%·斜纹夜蛾核型多角体病毒 1×10^7 PIB/mL 悬浮剂。

理化性质　病毒为杆状，伸长部分包围在透明的蛋白孢子体内。原药为黄褐色到棕色粉末，不溶于水。

产品特点

（1）斜纹夜蛾核型多角体病毒，属微生物源、核型多角体病毒、低毒杀虫剂，为防治斜纹夜蛾的特效药，是纯天然微生物农药。

（2）喷施到蔬菜上被斜纹夜蛾取食后，病毒在虫体内大量复制增殖，迅速扩散到害虫全身各个部位，急剧吞噬消耗虫体组织，导致害虫染病后全身化水而亡。病毒通过死虫的体液、粪便像瘟疫一样继续传染至下一代害虫，病毒病的大面积流行使田间的斜纹夜蛾能够得到长期持续的控制。

（3）一种病毒只能寄生一种昆虫或其邻近种群，只能在活的寄主细胞内增殖，在无阳光直射的自然条件下可保存数年不失活。

（4）斜纹夜蛾核型多角体病毒在土壤中可维持感染力 5 年左右。未见害虫产生抗药性。对人畜、家禽、鱼鸟等均非常安全。不耐高温，易被紫外线杀灭，阳光照射会失活。能被消毒剂杀死。

（5）可与高效氯氰菊酯复配，如高氯·斜纹核悬浮剂。

防治对象　主要用于防治十字花科蔬菜斜纹夜蛾，并可兼治甜菜夜蛾、小菜蛾及其他某些鳞翅目害虫。

使用方法　防治大白菜、花椰菜、甘蓝、芋、豇豆、花生、莲藕等 7 种作物上的斜纹夜蛾，在幼虫 1～3 龄期，每亩用 10 亿 PIB/mL 可湿性粉剂 40～50g，或用 200 亿 PIB/g 水分散粒剂 3～4g，或用 10 亿 PIB/mL 悬浮剂 50～70mL，兑水 50kg 喷雾。或 1000 万 PIB/mL 斜纹夜蛾核型多角体病毒·高氯水悬浮剂 75～100mL，兑水喷雾。视虫害发生情况，每 7d 左右施药 1 次，可连续用药 2～3 次。

中毒急救　不慎接触皮肤或溅入眼睛，应用大量清水冲洗至少 15min。大量吸入时，远离本品至通风处。如发生中毒或误服，立即携带该产品标签送医院就医，对症治疗，无特效解毒剂。

注意事项

（1）配药时须二次稀释，应先加少量水将药剂调成糊状，然后对足水量混匀后喷洒。加水量视喷雾方式及作物种类而异，一般以能均匀湿润作物为原则。如用一般喷雾法每亩加水 100～150kg，若用超低用量喷雾每亩加水 10kg，喷雾液滴完全覆盖叶片。

（2）喷药时注意环境条件，尽量不要在高温环境下喷药，最适喷药时间为傍晚或阴天，遇雨补喷。大风天或预计 1h 内降雨，请勿施用本品。

（3）作物新生部分、叶片背部等害虫喜欢咬食的部位应重点喷洒，便于害虫大量摄取病毒粒子。

（4）首次施药 7d 后再施 1 次，使田间始终保持高浓度的昆虫病毒。

（5）当虫口密度大、世代重叠严重时，宜酌情加大用药量及用药次数。

（6）可与多数杀虫、杀菌剂混用，但切忌与碱性物质混用，混用前须先进行试验，要即配即用，药液不宜久置。

（7）当斜纹夜蛾世代重叠、发育不齐、与其他害虫同时发生、害虫种群密度较大，可用病毒制剂和低浓度的杀虫剂混用。病毒使用总量是每亩 600 亿个包涵体，化学农药用量为常规使用量的一半以下，混合使用可适当提高药效，还可兼治其他害虫。

（8）建议与其他作用机制不同的杀虫剂轮换使用，以延缓产生抗药性。

（9）施药期以卵高峰期最佳，不得迟于幼虫 3 龄前，虫龄大时防效差，喷药时叶片正、反面均要喷到。

（10）贮存于阴凉干燥处，保质期 2 年。

甜菜夜蛾核型多角体病毒（spodopter exiguanuclear polyhedrosis virus）

其他名称　创奇、蛾恨、菜虫无踪、绿洲3号、武大绿洲菜园、武大绿洲来瘟死。

主要剂型　20亿PIB/mL悬浮剂，300亿PIB/g水分散粒剂，苏云金杆菌16000IU/mg·甜菜夜蛾核型多角体病毒$1×10^4$PIB/mg可湿性粉剂。

理化性质　外观为灰白色，熔点160～180℃（碳化），沸点100℃，稳定性：25℃以下贮藏2年生物活性稳定。

产品特点

（1）甜菜夜蛾核型多角体病毒，属微生物源、核型多角体病毒、低毒专性杀虫剂，纯天然微生物农药，该病毒对人畜、家禽、鱼鸟等均非常安全，对哺乳动物无毒无刺激，无致病性。

（2）作用方式为胃毒。以该病毒为主要成分的制剂喷施到农作物上被甜菜夜蛾取食后，病毒在虫体内大量增殖，急剧消耗虫体营养，导致害虫染病而死。感染幼虫通常在5～10d后死亡。病毒通过死虫的体液、粪便继续传染至下一代害虫，病毒的大面积流行使田间的甜菜夜蛾能够得到长期持续的控制，还能通过纵向传染杀灭蛹和卵，从而有效控制甜菜夜蛾的为害。如果长期使用，病毒可长期在种群中流行，杀虫效果更佳。

（3）可与苏云金杆菌复配，如甜核·苏云菌可湿性粉剂。

防治对象　主要用于防治十字花科蔬菜的甜菜夜蛾、斜纹夜蛾、小菜蛾、菜青虫等。

使用方法

（1）防治甜菜夜蛾、菜青虫等，于产卵盛期每亩用300亿/g甜菜夜蛾核型多角体病毒水分散粒剂2g，先用少量水将药剂稀释，然后再加水至20～30kg（10000～15000倍液），均匀喷雾。或1000万PIB/mL甜菜夜蛾核型多角体病毒·高氯悬浮剂，亩用100～125mL，或16000IU/mg苏·10000PIB/mg甜核可湿性粉剂，亩用75～100g，兑水50～60kg喷雾。

（2）防治斜纹夜蛾、甜菜夜蛾等，于产卵盛期或幼虫2～3龄（以低龄幼虫为主）发生高峰期，用1亿/g甜菜夜蛾核型多角体病毒可湿性粉剂与16000PIB/mg苏云金杆菌可湿性粉剂1∶1混合后，每亩用药60～80g，兑水50～60kg，均匀喷洒。施药4h后，害虫出现中毒症状，3d后防效达90％左右。

中毒急救　使用中或使用后，若感觉不适，立即停止工作，携该产品标签去医院对症治疗。误服，立即携该产品标签送医院对症治疗；误入眼睛，立即用清水冲洗至少15min；不慎吸入时，远离本品至通风处。

注意事项

（1）配制时，应先用所需剂量的药剂兑水制成母液，再配制成相应的浓度。

（2）首次施药7d后再施1次，使田间始终保持高浓度的昆虫病毒，当虫口密度大、世代重叠严重时，宜酌情加大用药量及用药次数。

（3）阴天全天或晴天傍晚后施药，尽量避免在晴天9～18时之间施药。

（4）建议尽量使用机动弥雾机均匀喷洒，作物的新生部分及叶片背面等害虫喜欢咬食的部位应重点喷洒。

（5）不能与防治同一种目标害虫的化学杀虫剂和含铜的杀菌剂混用，也不能与病毒钝化剂混用。

（6）该药杀虫作用缓慢，从喷药到死虫一般需要数天时间。

（7）配制药液时应使用中性水。

（8）建议与其他不同作用机理的杀虫剂轮用，以延缓产生抗药性。

（9）不要在河塘等水域清洗施药器具，避免本品污染水源。

（10）制剂应贮藏于干燥阴凉通风处。

苜蓿银纹夜蛾核型多角体病毒（autographa californica nuclear polyhedrosis virus）

其他名称　奥绿一号、新锐、围歼。

主要剂型　10亿PIB/mL悬浮剂、1000万PIB/mL悬浮剂，苜蓿银纹夜蛾核型多角体病毒$1×10^7$PIB/mL·苏云金杆菌2000IU/μL悬浮剂。

理化性质　制剂外观为橘黄色可流动悬浮液体，pH6.0～7.0。

产品特点

（1）苜蓿银纹夜蛾核型多角体病毒，是核型多角体病毒的一个代表种，属微生物源、广谱、低毒杀虫剂，是昆虫病毒类农药，具有强烈的病毒致病能力及触杀作用，以经口、经卵的传播方式作用于害虫群体，形成"虫瘟"。

（2）杀虫谱广，对危害农作物的34种虫害有效，其中对甜菜夜蛾、斜纹夜蛾、银纹夜蛾、烟青虫、小菜蛾、棉铃虫等鳞翅目害虫最为敏感。

（3）药效持久，使用安全，不易使害虫产生抗性，低毒、低残留，不伤害害虫天敌，对人、畜无毒，是生产无公害蔬菜的生物类农药之一。

（4）病毒直接作用于昆虫幼虫的脂肪体和中肠细胞核，并迅速复制导致幼虫染病死亡，同时可以通过横向传染在种群中引发流行病，通过纵向传染杀灭蛹和卵，从而有效控制害虫种群及其危害。

（5）可与苏云金杆菌复配，如苜核·苏云菌悬浮剂。

防治对象　主要用于十字花科蔬菜甜菜夜蛾。

使用方法　甜菜夜蛾、斜纹夜蛾等夜蛾科害虫低龄幼虫喜欢群集为害，3龄后分散为害，且耐药力显著增强，对昆虫病毒的敏感性也下降，防治适期为害虫卵孵化盛期或低龄幼虫分散为害前，并在低龄幼虫尚未扩散危害前人工摘除虫卵叶，用10亿PIB/mL悬浮剂800～1000倍液。使用时，先将药剂摇匀，再以少量水配成母液，然后按所需浓度加足水量配成喷雾药液。

（1）防治十字花科蔬菜上的甜菜夜蛾，每亩用10亿PIB/mL苜蓿银纹夜蛾核型多角体病毒悬浮剂100～150mL，或1000万PIB/mL苜银夜核·2000IU/μL苏悬浮剂75～100mL，兑水喷雾。

（2）防治甜菜夜蛾、斜纹夜蛾、小菜蛾，每亩用1000万PIB/g苜银夜蛾·0.6%苏·1000万PIB/g斜夜核水剂300～600mL，兑水喷雾。

（3）防治豆荚螟时，要及时清除田间落花、落荚，并摘除被害的卷叶和豆荚，以减少虫源，在开花期预防白粉病时，结合防治豆荚螟，防虫防病混合喷洒，可用10亿PIB/mL悬浮剂1000倍液喷雾防治。

中毒急救 皮肤接触，脱掉被污染的衣物，用软布去除沾染农药，用大量清水和肥皂清洗。溅入眼睛，立即将眼睑翻开，用清水冲洗 15～20min，再请医生诊治。如果吸入，立即离开操作现场，转移到空气清新处。如果误服，用清水充分漱口后，立即携带该产品标签到医院就诊。

注意事项

（1）夜蛾类害虫昼伏夜出，选在晴天上午 9 时前或下午 4 时后喷雾效果更好，卵孵高峰期使用最佳，不得迟于幼虫 3 龄前，虫龄大时防效差。

（2）当虫口密度大、世代重叠严重或作物茂密时，应酌情增加用药量及喷液量，喷雾时叶片正反两面均要喷到，覆盖全株。

（3）不得与碱性化学农药混用，与非碱性杀虫剂、杀菌剂、叶面肥混用，要现配现用。

（4）建议与其他作用机制不同的杀虫剂轮换使用，以延缓产生抗药性。

（5）使用前将药剂摇匀，先以少量清水配成母液，然后加水稀释至用药浓度均匀喷雾。大风天或预计 1h 内降雨，请勿施药。

（6）该药杀虫作用缓慢，从喷药到死虫一般需要几天时间。

（7）制剂应在阴凉干燥处保存，不能暴晒和淋雨。

（8）安全间隔期 7～10d。

菜青虫颗粒体病毒（pierisrapae granulosis vieus）

主要剂型 10000PIB/mg 可湿性粉剂，浓缩粉剂。

理化性质 颗粒体呈椭圆形，表面和边沿不甚整齐，中部稍凹陷，略弯曲，其大小为（330～500）nm×（200～290）nm。颗粒体包含着一个病毒粒子，大小为（200～290）nm×（45～55）nm。

产品特点

（1）菜青虫颗粒体病毒，属微生物源、颗粒体病毒、低毒专性杀虫剂，主要作用为胃毒作用。主要应用于防治菜青虫。该病毒专化性强，只对靶标害虫有效，不影响蜜蜂和害虫的天敌，不污染环境，持效期长。

（2）本剂为活体病毒杀虫剂，是由感染菜青虫颗粒体病毒死亡的虫体经加工制成。其杀虫机理是：害虫幼虫感染病毒后，直接作用于其脂肪体和中肠细胞核，数小时后害虫即滞食和停食，最后爬至叶缘、叶面，多以腹足或尾足附着倒悬或呈"∧"形而死。死虫躯体脆软易破，流出内含菜青虫颗粒体病毒的淡黄白色脓液。病毒可通过病虫粪便或死虫感染其他健康菜青虫，导致幼虫大量死亡。

（3）可与苏云金杆菌复配，如菜颗·苏云菌可湿性粉剂、菜颗·苏云菌悬浮剂。

防治对象 主要用于甘蓝菜青虫。还可用于防治小菜蛾、银纹夜蛾、甜菜夜蛾、斜纹夜蛾、菜螟、棉铃虫等害虫。

使用方法

（1）防治菜青虫、小菜蛾、银纹夜蛾、甜菜夜蛾、斜纹夜蛾、菜螟、棉铃虫等害虫，在卵孵高峰期、幼虫 3 龄前用药。每亩用浓缩粉剂 40～60g 稀释 750 倍，于阴天或晴天下午 4 时后喷雾，持效期 10～15d。虫尸可收集起来捣烂，过滤后将滤液兑水喷于田间仍可杀死害虫，每亩用 5 龄死虫 20～30 头即可。

（2）防治甘蓝菜青虫，每亩用菜颗•苏云菌可湿性粉剂 50～75g 喷雾。使用本产品应在下午 4 时后或者阴天全天施药，有利于药效的发挥，施药后 4h 内遇雨应重新施药，3 龄前或者卵孵盛期施药效果更佳。死亡的虫尸，可收集起来捣烂，过滤后将滤液兑水喷于田间仍可杀死害虫，每亩用 5 龄死虫 20～30 头即可。

（3）防治十字花科蔬菜菜青虫，每亩用菜颗•苏云菌悬浮剂 200～240mL 喷雾。使用本产品应在下午 4 时后或者阴天全天施药，有利于药效的发挥，施药后 4h 内遇雨应重新施药，3 龄前或者卵孵盛期施药效果更佳。死亡的虫尸，可收集起来捣烂，过滤后将滤液兑水喷于田间仍可杀死害虫，每亩用 5 龄死虫 20～30 头即可。

中毒急救　皮肤接触，立即脱掉被污染的衣物，用肥皂和大量清水彻底清洗。溅入眼睛，立即将眼睑翻开，用清水冲洗，若用大量清水冲洗衣眼睛后仍有刺激感，要至眼科进行治疗。发生吸入，立即将吸入者转移到空气新鲜处。若误服可催吐。

注意事项

（1）本品只有胃毒作用，因此喷雾时要均匀、仔细、周到，使雾滴覆盖整个植株。

（2）对家蚕有毒，桑园和蚕室附近禁用。

（3）不能与碱性物质或杀菌剂混用，严禁与病毒钝化剂混用。

（4）施药期以卵高峰期最佳，不得迟于幼虫 3 龄前，虫龄大时防效差，喷药时叶片正、反面均要喷到。

（5）喷施菜青虫颗粒体病毒后，可收集田间感染的虫尸，捣烂，过滤将滤液兑水喷于田间仍可杀死害虫。每亩用 5 龄死虫 20～30 条即可。

（6）制剂应存放于阴凉干燥处，避免暴晒或雨淋，保质期一般 2 年。

（7）在十字花科蔬菜上的安全间隔期为 5d，每季作物最多使用 3 次。

小菜蛾颗粒体病毒（plutella xylostella granlosis virus）

其他名称　环业二号、菜虫清、菜乐、利威。

主要剂型　40 亿 PIB/g 可湿性粉剂、300 亿 PIB/mL 悬浮剂。

理化性质　外观为均匀疏松的粉末，制剂密度为 2.6～2.7g/cm³，pH6～10，54℃ 保存 14d 活性降低率不小于 80％。

产品特点

（1）小菜蛾颗粒体病毒（PxGV）是一种对小菜蛾起杀伤作用的微生物，喷施到作物上被害虫取食后，病毒粒子在害虫体内大量复制、增殖，迅速扩散到害虫全身各个部位，急剧吞噬消耗虫体组织，害虫"得病"期间不食不动，出现亚致死效应，最终全身化水而亡；喷施到虫卵上，即将孵化的幼虫咬食卵壳后也会因取食病毒死亡。此外，病毒粒子可通过死虫的体液、粪便像瘟疫一样继续传染至下一代或其他害虫，从而使田间害虫能够得到长期有效的控制。

（2）小菜蛾颗粒体病毒，属微生物源、颗粒体病毒杀虫剂，可防治小菜蛾、菜青虫、银纹夜蛾等。其主要特点有如下几点。

① 选择性强，不伤天敌，对小菜蛾特效，属低毒农药，对人畜及其他生物安全。

② 对抗药性、顽固性害虫作用突出，使用后不会产生抗药性。对化学农药、苏云

金杆菌等已产生抗性的小菜蛾具有明显的防治效果。

③ 后效作用显著。病毒能够在数代害虫之间传播流行，药效持续时间长。

④ 有效成分含量高，剂型先进，使用方便。

使用方法 防治十字花科蔬菜小菜蛾，每亩可用40亿PIB/g可湿性粉剂150～200g，加水稀释成250～300倍液喷雾，遇雨补喷。或每亩用300亿PIB/mL悬浮剂25～30mL喷雾，根据作物大小可以适当增加用量。也可使用1亿PIB/g小颗·1.9%苏可湿性粉剂，亩用制剂50～75g，兑水喷雾。

注意事项

(1) 施药时选择阴天或者傍晚太阳落山后进行，避免强太阳光直射。药后遇雨注意补喷。

(2) 为了保证使用效果，在使用时最好进行二次稀释。

(3) 除杀菌剂农药外可与苏云金杆菌混合使用，具有增效作用。

(4) 本品应于小菜蛾产卵高峰期施药。注意喷雾均匀。

(5) 作物新生部分，叶片背部等害虫喜欢咬食的部位应重点喷洒，便于害虫大量摄取病毒粒子。

(6) 不可与强碱性物质混用。

(7) 贮存在低于25℃的阴凉、干燥处，防止暴晒和潮湿。

厚孢轮枝菌（verticillium chlamydosporium）

其他名称 线虫必克。

主要剂型 2.5亿孢子/g微粒剂。

产品特点

(1) 厚孢轮枝菌为低毒杀线虫剂。其杀菌机理是，大量孢子在作物根系周围土壤中萌发，产生菌丝作用于根结线虫雌虫，导致线虫死亡。通过孢子萌发产生菌丝寄生根结线虫的卵，使得虫卵不能孵化、繁殖。

(2) 该产品是纯生物制剂，使用后对作物不会产生药害，使用方法简便；该产品通过食线虫菌物的大量萌发、繁殖，达到杀死线虫及虫卵的目的，持效期长，一季作物只需使用一次即可达到理想的防治效果，并对地老虎、蛴螬、蝼蛄等地下害虫有较强的趋避作用；有效成分为天然菌物经筛选培育而得，施用后在环境、作物中无残留，一季作物只需使用一次，减少了人工和用药量。

使用方法 防治蔬菜及其他作物根结线虫、孢囊线虫。移栽期，每亩用2.5亿孢子/g微粒剂1～1.5kg与农家肥混匀施入穴中；定植期或追肥期，每亩用2.5亿孢子/g微粒剂1.5～2kg与少量腐熟农家肥混匀施于作物根部，也可拌土单独施于作物根部。

注意事项

(1) 与营养土或农家肥混合后，施用效果更好。

(2) 不能与杀菌剂混用。

(3) 贮存于阴凉、干燥、通风处。

第二章　杀菌剂

菌核净（dimethachlon）

C$_{10}$H$_7$Cl$_2$NO$_2$, 251.1, 24096-53-5

其他名称　纹枯利、环丙胺。

化学名称　N-3,5-二氯苯基丁二酰亚胺

主要剂型

（1）单剂　20％、40％、50％可湿性粉剂，10％烟剂，25％悬浮剂。

（2）混剂　55％甲硫·菌核净可湿性粉剂，40％菌核·多菌灵可湿性粉剂。

理化性质　纯品为白色结晶粉末，熔点 136.5～138℃，易溶于丙酮、环己酮，稍溶于二甲苯，难溶于水。

产品特点

（1）作用机制为抑制病菌产孢和病斑扩大，当菌丝体接触药剂后，溢出细胞的内含物，而不能正常发育，导致病菌死亡。

（2）菌核净属有机杂环类（亚胺类）杀菌剂，具有直接杀菌、内渗治疗作用，不怕雨淋流失，持效期较长，对核盘菌和灰葡萄孢有高度活性，对由交链孢属病原菌引起的作物病害有很好防效，对菌核病有较好的防治效果。

（3）鉴别要点：纯品为白色鳞片状结晶，原药为淡棕色固体。几乎不溶于水，易溶于丙酮，难溶于正己烷。可湿性粉剂为淡棕色粉末。菌核净产品应取得农药生产批准证书，选购时应注意识别该产品的农药登记证号、农药生产批准证书号、执行标准号。

防治对象　主要用于防治油菜菌核病、黄瓜灰霉病、甘蓝菌核病、茄子菌核病、番茄灰霉病、番茄菌核病等。

使用方法

（1）防治油菜菌核病，每亩用 40％可湿性粉剂 100～150g 兑水 45～60kg 喷雾，于油菜盛花期施药，隔 7～10d 后再施 1 次，重点喷洒植株中下部位。

（2）防治番茄、甘蓝等的菌核病，莴苣和莴笋的菌核病、（小核盘菌）软腐病，用40％可湿性粉剂500倍液喷雾。

（3）防治黄瓜褐斑病，菜豆菌核病，用40％可湿性粉剂800倍液喷雾。

（4）防治番茄、黄瓜等的灰霉病，用40％可湿性粉剂800～1500倍液喷雾。

（5）防治黄瓜、芹菜等的菌核病，用40％可湿性粉剂1000倍液喷雾。

（6）防治茄子菌核病，用50％可湿性粉剂1200～1500倍液喷雾。

注意事项

（1）不能与碱性农药混用。

（2）对茄子、番茄、辣椒、黄瓜以及菜豆等豆类作物易发生药害。在蔬菜上使用菌核净防治病害最大的问题是易发生药害，常在喷药以后出现叶片变色、甚至干枯的现象，有的蔬菜叶片变灰白，有的则变黑褐色。茄子、番茄、辣椒、黄瓜以及菜豆等豆类蔬菜，用药后不但枝叶变色，其产量和品质也会受到严重影响。该药说明中的使用浓度要求较低，在较低浓度下，其药效就会大打折扣，防效下降。所以菜农感觉"用的少了不管用，用的多了要了命"。解决的办法是改喷雾为熏蒸，在棚室中都可应用，而且不会造成药害。方法是每亩地用40％可湿性粉剂200g，待晚上关棚后，先点燃木柴或玉米芯，等冒过烟后，把余火移进棚内，上面撒上菌核净可湿性粉剂，即可发烟熏棚治病。熏棚时须从远处开始，慢慢退出棚外。据观察，用菌核净熏棚对蔬菜灰霉病和菌核病的防治效果比用其他烟雾剂商品更好，也比喷一般杀菌剂效果好，最重要的是此法不会造成药害。但熏烟的时间不能太长，通常蔬菜可熏一夜，而茄子和豆科蔬菜只能熏半个晚上，宜从半夜熏起，6～8h即可。如果因其他种种原因喷用菌核净导致蔬菜产生了药害，可喷用1.8％复硝酚钠6000倍液混加核苷酸400倍液2～3次，4d喷1次，缓解药害，促进恢复。

（3）保护地种植的芹菜、菜豆等对40％可湿性粉剂比较敏感，常规喷雾后对其生长有明显的抑制作用。一般情况下可延迟芹菜收获期20d左右，个别的更长一些；对菜豆的开花、结荚也有明显影响。对此，建议慎用40％可湿性粉剂进行常规喷雾。如需用该药剂进行喷雾时，要科学配比使用浓度，最好避开芹菜苗期和菜豆伸蔓期施药。

（4）应密封，贮存在通风干燥、避光阴凉处。

氢氧化铜（copper hydroxide）

$$\begin{array}{c} Cu-OH \\ HO \end{array}$$

Cu（OH）$_2$，97.56，20427-59-2

其他名称　可杀得、可杀得2000、菌标、杀菌得、绿澳铜、蓝润、细高、细星、泉程、禾腾、冠菌铜、冠菌清、丰护安、库珀宝、蓝盾铜、可杀得叁仟、可杀得壹零壹。

化学名称　氢氧化铜

主要剂型　53.8％、77％可湿性粉剂，38.5％、53.8％、61.4％干悬浮剂，57.6％干粒剂，38.5％、46.1％、53.8％、57.6％水分散粒剂，53.8％可分散粒剂，7.1％、25％、37.5％悬浮剂。

理化性质　纯品为蓝色粉末或蓝色凝胶，相对密度3.717（20℃）。溶解度：水中 $5.06×10^{-4}$ g/L（pH6.5，20℃）；正庚烷7100（μg/L，下同），对二甲苯15.7，1,2-二氯乙烷61.0，异丙醇1640，丙酮5000，乙酸乙酯2570。在冷水中不可溶，热水中可溶，易溶于氨水溶液，不溶于有机溶剂。性质稳定，耐雨水冲刷。50℃以上脱水，140℃分解。属矿物源类无机铜素广谱保护性低毒杀菌剂。对蜜蜂无毒。

产品特点

（1）氢氧化铜为多孔针形晶体，杀菌作用主要通过释放铜离子与真菌体内蛋白质中的—SH、—NH $_2$、—COOH、—OH等基团起作用，形成铜的络合物，使蛋白质变性，进而阻碍和抑制病菌代谢，最终导致病菌死亡。但此作用仅限于阻止真菌孢子萌发，所以仅有保护作用。对植物生长有刺激增产作用。尤其是杀细菌效果更好，病菌不易产生抗药性。在细菌病害与真菌病害混合发生时，施用本剂可以兼治，节省农药和劳力。主要用于防治蔬菜的霜霉病、疫病、炭疽病、叶斑病和细菌性病害等多种病害。

（2）对病害具有保护杀菌作用，药剂能均匀地黏附在植物表面，不易被水冲走，持效期长，使用方便，推荐剂量下无药害，是替代波尔多液的铜制剂之一。

（3）杀菌作用强，宜在发病前或发病初期使用。

（4）该药杀菌防病范围广，渗透性好，但没有内吸作用，且使用不当容易发生药害。喷施在植物表面后没有明显药斑残留。

（5）氢氧化铜可与多菌灵、霜脲氰、代森锰锌混配，用于生产复配杀菌剂。

防治对象　适于十字花科蔬菜、菜豆、西瓜、香瓜、黄瓜、番茄、茄子、芹菜、葱类、辣椒、胡萝卜、生姜、马铃薯。既可用于防治多种真菌性病害，又可用于防治细菌性病害。可防治十字花科蔬菜黑斑病、十字花科蔬菜黑腐病、大蒜叶枯病和病毒病、芹菜细菌性斑点病、芹菜早疫病、芹菜斑枯病、胡萝卜叶斑病、黄瓜细菌性角斑病、辣椒细菌性斑点病、茄子早疫病、茄子炭疽病、茄子褐腐病、菜豆细菌性疫病、葱类紫斑病、葱类霜霉病等。

使用方法

（1）喷雾

①防治西瓜、甜瓜的炭疽病、细菌性果腐病、枯萎病。防治炭疽病、细菌性果腐病时，从病害发生初期开始喷药，7～10d喷1次，连喷3～4次，每亩使用77%可湿性粉剂100～120g，或53.8%可湿性粉剂（水分散粒剂、干悬浮剂）70～100g，兑水45～60kg均匀喷雾。

②防治西瓜蔓枯病，发病初期，用53.8%干悬浮剂1000倍液喷雾，用药时间宜在下午3点以后，气候条件不适宜时，应少量多次使用，间隔7～10d喷1次。

③防治番茄早疫病、晚疫病、溃疡病，从病害发生初期开始喷药，每亩用77%可湿性粉剂100～150g，或53.8%可湿性粉剂（水分散粒剂、干悬浮剂）70～100g，兑水60～75kg均匀喷雾，10d左右喷1次，连喷4～6次。

④防治番茄灰斑病、青枯病等，可用77%可湿性粉剂400～500倍液喷雾。

⑤防治黄瓜霜霉病、细菌性叶斑病，从病害发生初期开始喷药，每亩用77%可湿性粉剂100～150g，或53.8%可湿性粉剂（水分散粒剂、干悬浮剂）70～100g，兑水60～75kg均匀喷雾，7～10d喷1次，与不同类型药剂交替使用，连续喷施，重点喷洒叶片背面。

⑥ 防治黄瓜细菌性角斑病，发病前或发病初期开始喷药，每亩用77％可湿性粉剂150～200g，或53.8％水分散粒剂68～83g，兑水喷雾，每隔7～10d喷1次，可连续使用2～3次。

⑦ 防治辣椒疫病、疮痂病、炭疽病，从病害发生初期开始喷药，每亩用77％可湿性粉剂100～120g，或53.8％可湿性粉剂（水分散粒剂、干悬浮剂）70～100g，兑水45～60kg均匀喷雾，7～10d喷1次，连喷3～4次。

⑧ 防治莴苣、结球莴苣尾孢叶斑病，从初见病斑时开始喷洒77％可湿性粉剂600倍液，隔10～15d喷1次，连续防治2～3次。

⑨ 防治白菜软腐病，从莲座期开始喷药，每亩用77％可湿性粉剂50～75kg，或53.8％可湿性粉剂（水分散粒剂、干悬浮剂）40～50g，兑水30～45kg均匀喷雾，7～10d喷1次，连喷2～3次，重点喷洒植株的茎基部。

⑩ 防治芹菜叶斑病，从病害发生初期开始喷药，每亩用77％可湿性粉剂50～75kg，或53.8％可湿性粉剂（水分散粒剂、干悬浮剂）40～50g，兑水30～45kg均匀喷雾，7～10d喷1次，连喷2～4次。

⑪ 防治蚕豆叶烧病、茎疫病，菜豆细菌性晕疫病，豆薯细菌性叶斑病，用77％可湿性粉剂500～600倍液喷雾。

⑫ 防治菜豆斑点病，蕹菜炭疽病，姜眼斑病，用77％可湿性粉剂600倍液喷雾。

⑬ 防治大蒜病毒病和链格孢叶斑病、匍柄霉叶枯病，发病前，用25％悬浮剂300～500倍液喷雾。

⑭ 防治大葱、洋葱枝孢叶枯病，发病初期，用77％可湿性粉剂700倍液喷雾，隔10d左右喷1次，防治1～3次。

⑮ 防治食用百合疫病，用77％可湿性粉剂600倍液喷洒植株，隔10d喷1次，防治2～3次。

⑯ 防治香椿白点病，用77％可湿性粉剂600倍液喷雾。

⑰ 防治食用菊花青枯病，发病初期，用53.8％水分散粒剂400～600倍液喷雾，隔7～10d喷1次，连续防治2～3次。

（2）灌根

① 防治冬瓜和节瓜疫病，用77％可湿性粉剂400倍液灌根。

② 防治番茄和茄子的青枯病，芦笋的立枯病、根腐病，在初发病时，用77％可湿性粉剂400～500倍液灌根，每株灌0.3～0.5L药液，每隔10d灌1次，连灌2～3次。

③ 防治甜瓜猝倒病，用77％可湿性粉剂500倍液灌根，每平方米苗床面积浇3L药液。

④ 防治西瓜枯萎病，从坐瓜后开始灌根，用77％可湿性粉剂500～600倍液，或53.8％可湿性粉剂（水分散粒剂、干悬浮剂）400～500倍液灌根，每株灌药液250～300mL，10～15d后再灌1次。

（3）浇灌

① 防治姜瘟病时，采用随水浇灌的方法进行用药。从病害发生初期或发生前开始，一般每亩每次随水浇灌77％可湿性粉剂1～1.5kg，或53.8％可湿性粉剂1.5～2kg药剂，10～15d灌1次，连续浇灌2次。用药一定要均匀、周到。

② 防治草莓青枯病，发病初期开始，喷洒或灌57.6％水分散粒剂500倍液，隔7～

10d用药1次，连续防治2～3次。

（4）**浸种** 防治马铃薯青枯病，用77％可湿性粉剂500～600倍液浸种。

中毒急救 对眼黏膜有一定的刺激作用，施药时应注意对眼睛的防护；如果药液不小心溅入眼睛，应立即用清水冲洗干净并携带此标签去医院就医。如果误服，立即服用大量牛奶、蛋白液或清水，并立即送医院对症治疗。

注意事项

（1）在作物病害发生前或发病初期施药，每隔7～10d喷药1次，并坚持连喷2～3次，以发挥其保护剂的特点。在发病重时应5～7d喷药1次，喷雾要求均匀周到，正反叶片均应喷到。

（2）不能与强酸或强碱性农药混用。不能与遇铜易分解的农药混用。禁止与乙膦铝类农药混用。须单独使用，避免与其他农药混合使用。若与其他药剂混用时应先小量试验，宜先将本剂溶于水，搅匀后，再加入其他药剂。

（3）阴雨天或有露水时不能喷药，高温高湿气候条件慎用。在对铜敏感的白菜、大豆等作物上，应先试后用。蔬菜幼苗期用安全浓度喷药防病，应慎用或不用。

（4）与春雷霉素的混剂对大豆和藕等作物的嫩叶敏感，因此一定要注意浓度，宜在下午4点后喷药。

（5）对鱼类及水生生物有毒，避免药液污染水源。施药后各种工具要认真清洗，污水和剩余药液要妥善处理保存，不得任意倾倒。

（6）用77％可湿性粉剂防治番茄早疫病时，安全间隔期为3d，一季最多使用3次。

氧化亚铜（cuprous oxide）

$$Cu_2O$$

Cu_2O，143.1，1317-39-1

其他名称 靠山、氧化低铜、铜大师、神铜、大帮助。

化学名称 氧化亚铜

主要剂型 56％水分散粒剂，86.2％可湿性粉剂或干悬浮剂。

理化性质 本品为黄色至红色无定形粉末。相对密度为6.0，熔点1235℃，沸点约1800℃（失氧），不溶于水和有机溶剂，溶于稀无机酸、氨水和氨盐水溶液中，化学性质稳定。在干燥条件下稳定，在高湿及潮气中易被氧化生成氧化铜。对铝有腐蚀作用。

产品特点

（1）主要通过解离出的铜离子，与病菌体内蛋白质中的—SH、—NH$_2$、—COOH、—OH等基团起作用，使蛋白质变性，从而导致病菌死亡。可有效地预防作物的真菌及细菌性病害。

（2）氧化亚铜属矿物源、广谱性、无机铜类、保护性、低毒、杀真菌剂。水分散粒剂外观为红褐色微型颗粒，对人、畜、鱼类低毒，对眼和皮肤有轻微刺激作用，对蜜蜂、鸟类无明显不良作用。

（3）该药高度浓缩、颗粒细微、悬浮性好、覆盖率高、黏着性强，形成保护药膜后，极耐雨水冲刷，杀菌活性强。

（4）由于制剂中单价铜离子含量高，故使用量比其他铜制剂都少，但药剂持效期较短。

防治对象 用于防治辣椒细菌性叶斑病、番茄早疫病、茄子细菌性褐斑病、番茄果腐病、茄子果腐病、番茄早疫病、番茄果实牛眼腐病、番茄斑点病、甜（辣）椒疫病、马铃薯晚疫病、西瓜蔓枯病、西瓜炭疽病、黄瓜细菌性角斑病、黄瓜霜霉病、芹菜斑枯病。也可用于拌种、杀灭蛞蝓和蜗牛。由于不同作物对铜离子的敏感性不同，所以氧化亚铜在不同作物上的用药量差异较大。在病害发生前或发生初期喷药效果好，且喷药应均匀周到。

使用方法

（1）防治番茄晚疫病、早疫病，从发病初期或初见病斑时开始喷药，每亩用86.2％水分散粒剂（可湿性粉剂）80～100g，或56％水分散粒剂120～150g，兑水60～75kg均匀喷雾，7～10d喷1次，连喷3～5次。

（2）防治黄瓜霜霉病、细菌性叶斑病，从初见病斑时开始喷药，每亩用86.2％水分散粒剂（可湿性粉剂）80～100g，或56％水分散粒剂120～150g，兑水60～75kg均匀喷雾，7～10d喷1次，与其他不同类型药剂交替使用，连续喷施，重点喷洒叶片背面。

（3）防治辣椒炭疽病、疮痂病，从病害发生初期开始喷药，每亩用86.2％水分散粒剂（可湿性粉剂）80～100g，或56％水分散粒剂120～150g，兑水60～75kg均匀喷雾，7～10d喷1次，连喷3～4次。

（4）防治辣椒疫病，发病初期开始施药，每亩用86.2％可湿性粉剂139～186g兑水喷雾，每隔7～10d左右喷1次，连续喷2～3次。

（5）防治西瓜炭疽病、细菌性果腐病，从病害发生初期开始喷药，每亩用86.2％水分散粒剂（可湿性粉剂）60～80g，或56％水分散粒剂100～120g，兑水45～60kg均匀喷雾，7～10d喷1次，连喷3～4次。

（6）防治马铃薯晚疫病，从初见病斑时开始喷药，每亩用86.2％水分散粒剂（可湿性粉剂）60～80g，或56％水分散粒剂100～120g，兑水45～60kg均匀喷雾，10d左右喷1次，与不同类型药剂交替使用，连喷4～6次。

（7）防治芹菜斑枯病，发病前至发病初期，用86.2％水分散粒剂1000倍液喷雾，间隔10d喷1次，连续喷2～3次。

（8）防治黄秋葵细菌角斑病，发病初期，用86.2％可湿性粉剂900倍液喷雾。

（9）防治慈姑褐斑病、斑纹病，苗期病害始发后开始喷洒86.2％可湿性粉剂1000倍液，可加入0.2％洗衣粉以增加展着性。隔7～10d喷1次，连续喷2～3次。

（10）防治魔芋软腐病，发现中心病株立即挖除，并用86.2％可湿性粉剂800倍液，灌淋病穴及周围植株2次，每株每次0.5L。

中毒急救 严格按照农药安全规定使用此药，避免药液或药粉直接接触身体，如果药液不小心溅入眼睛，应立即用清水冲洗干净并携带此药标签去医院就医。如果误服中毒，立即催吐、洗胃，并送医院对症治疗，解毒剂为1％亚铁氧化钾溶液，症状严重时可用二巯基丙醇(BAL)。

注意事项

（1）氧化亚铜属保护性杀真菌剂，喷雾要均匀周到，保证覆盖植物和果实表面，以起到杀菌作用。

（2）该药剂的防治效果关键在于适时用药和喷雾要均匀，提早防治，定期防治，喷药前要求将药液搅拌均匀，喷洒时要使植物表面附着均匀。

（3）不宜在早上有露水、阴雨天气或刚下过雨后施药，低温潮湿气候条件下慎用。

（4）不得与强碱强酸类农用化学品混用，不得与含有锰、锌、铝、矾和砷等矿物源成分的农药混用。

（5）对铜离子敏感作物，如荸荠等，未全面掌握应用技术前不得使用本品。

（6）该药安全性较低，必须严格按照使用说明用药，以免产生药害。

（7）高温季节在保护地蔬菜上最好在早、晚喷施，在黄瓜、菜豆等作物上使用时不能直接喷洒在生长点及幼茎上，以免产生药害。

（8）在黄瓜、辣椒、番茄上的安全间隔期为 3d，每季最多使用 4 次。

碱式硫酸铜 ［copper sulfate（tribasic）］

$$Cu_4(OH)_6SO_4$$

$H_6Cu_4O_{10}S$，452.3，1344-73-6

其他名称 绿得保、保果灵、杀菌特、绿信、运达、天波、三碱基硫酸铜、高铜、铜高尚。

化学名称 碱式硫酸铜

主要剂型 27.12%、30%、35%悬浮剂，50%、80%可湿性粉剂，70%水分散粒剂。

理化性质 外观为淡蓝色粉末，熔点＞360℃，相对密度3.89（20℃）。水中溶解度1.06mg/L（20℃），在药液中会形成极小蓝色悬浮颗粒，可溶于稀酸类。在常温条件下能稳定地贮存3年，可以任意比例与水混合形成相对稳定的悬浊液。

产品特点

（1）属矿物源、广谱性、无机铜类、保护性、低毒杀菌剂，对真菌和细菌性病害有效。为传统波尔多液的理想换代产品。

（2）悬浮剂有黏着性，喷施后能牢固地黏附在植物表面形成一层保护药膜。其有效成分在水和空气的作用下，逐渐释放出游离的铜离子，铜离子与病菌体内蛋白质中的多种基因结合使蛋白质变性，抑制病菌孢子萌发和菌丝发育，从而导致病菌死亡。

（3）分散性好，耐雨水冲刷。

（4）与自己配制的波尔多液相比，碱式硫酸铜药液颗粒微细、使用方便、安全性好、喷施后植物表面没有明显药斑污染，但持效期较短。

（5）低毒，对蚕有毒。

防治对象 碱式硫酸铜防病范围很广，在蔬菜生产上主要用于防治马铃薯晚疫病、番茄灰霉病、番茄早疫病、番茄晚疫病、芹菜斑点病、芹菜斑枯病、草莓灰霉病、草莓叶斑病、草莓黄萎病、草莓芽枯病、草莓白粉病、葱类霜霉病、葱类紫斑病、葱类白尖病、菜豆炭疽病、菜豆细菌性疫病、黄瓜细菌性角斑病、黄瓜蔓枯病、黄瓜霜霉病、黄瓜炭疽病、白菜软腐病、莴苣霜霉病等。

使用方法 将30%碱式硫酸铜悬浮剂兑水稀释后喷雾、灌根、涂抹。

（1）喷雾。

① 用 300 倍液喷雾，防治南瓜黑斑病、西葫芦软腐病、丝瓜轮纹斑病、落葵叶斑病、姜眼斑病、芋细菌性斑点病。

② 用 300～400 倍液喷雾，防治冬瓜和节瓜的绵疫病、软腐病，甜瓜软腐病，茄子果实疫病，菜豆白粉病，莴苣腐败病，甜菜霜霉病。

③ 用 350 倍液喷雾，防治青花菜和紫甘蓝的黑腐病。

④ 用 350～400 倍液喷雾，防治胡萝卜细菌性疫病。

⑤ 用 400 倍液喷雾，防治黄瓜软腐病，南瓜角斑病，苦瓜的细菌性角斑病、褐斑病，瓠瓜果斑病，番茄的斑点病、果腐病，茄子的软腐病、细菌性褐斑病，甜（辣）椒果实黑斑病，菜豆细菌性叶斑病，豇豆的角斑病、细菌性疫病，蚕豆的炭疽病、叶烧病，扁豆斑点病，菜用大豆的紫斑病、细菌性斑疹病，洋葱的球茎软腐病，芹菜的叶斑病、细菌性叶斑病、叶枯病，莴苣的白粉病、细菌性叶缘坏死病、软腐病，蕹菜叶斑病、落葵紫斑病，球茎茴香软腐病，薄荷斑枯病，芹菜软腐病，芫荽细菌性疫病，白菜类细菌性褐斑病、黑斑病，青花菜和紫甘蓝的软腐病，牛蒡的黑斑病、细菌性叶斑病，姜细菌性软腐病，魔芋的炭疽病、细菌性叶枯病，豆薯细菌性叶斑病，芦笋的叶枯病、紫斑病，草莓的根腐病、蛇眼病、青枯病，枸杞的白粉病、灰斑病，百合的灰霉病、细菌性软腐病，香椿白粉病，菊花的斑枯病、枯萎病、青枯病。

⑥ 用 400～500 倍液喷雾，防治黄瓜疫病，西瓜细菌性果斑病，番茄根霉果腐病，茄子黑根霉果腐病，豌豆细菌性叶斑病，扁豆轮纹病，大葱疫病，菠菜叶斑病，西洋参黑斑病，山药斑纹病，芋炭疽病，菊芋斑枯病，莲藕叶点霉烂叶病，慈姑黑粉病，芦笋的立枯病、根腐病，香椿锈病。

⑦ 用 500 倍液喷雾，防治西瓜褐色腐败病，蚕豆轮纹病，落葵炭疽病，乌塌菜软腐病，莲藕的褐纹病、小菌核叶腐病，草莓细菌性叶斑病。

（2）灌根　用 400 倍液灌根，防治姜腐烂病，菊花枯萎病；用 400～500 倍液灌根，防治黄瓜灰色疫病，甜瓜猝倒病，芦笋的立枯病、根腐病。

（3）涂抹　防治食用百合叶尖干枯病，剪去发病叶后，用 300 倍液涂抹伤口处或剪口。

中毒急救　严格按照农药安全规定使用此药，避免药液或药粉直接接触身体，如果药液不小心溅入眼睛，应立即用清水冲洗干净并携带此标签去医院就医；如果误服要立即送医院治疗。经口中毒，立即催吐洗胃。解毒剂为依地酸二钠钙，并配合对症治疗。

注意事项

（1）此药为保护性杀菌剂，宜在发病前和发病初期使用，防治病原菌的侵入或蔓延。

（2）该药剂的防治效果关键在于适时用药和喷雾要均匀，提早防治，定期防治，喷药前要求将药品液搅拌均匀，喷洒时要使植物表面附着均匀，使用时间宜在 6～8 月，可代替波尔多液。

（3）不能在阴雨天及早晚有露水时喷药，连阴天用药时应适当提高喷施倍数。

（4）在高温条件下使用要适当降低浓度，作物花期使用此药易产生药害，不宜使用。

（5）在对铜敏感的作物上慎用本剂，避免药害。

（6）不能与石硫合剂混用。

（7）悬浮剂较长时间存放可能会有沉淀，属正常现象，摇匀后使用不影响药效。长期贮存会出现分层现象，但不影响药效。

（8）蚕、桑树对该药剂敏感，蚕室和桑园附近禁用。

（9）要注意避免本剂对配药容器和施药器械的腐蚀，认真搞好清洗工作。

喹啉铜（oxine-copper）

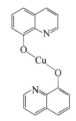

$C_{18}H_{12}CuN_2O_2$, 351.9, 10380-28-6

其他名称 必绿、净果精、千金。

化学名称 8-羟基喹啉铜

主要剂型 33.5％悬浮剂、50％可湿性粉剂。

理化性质 原药外观为黄绿色均匀疏松粉末。熔点：370℃时分解，蒸气压 4.6×10^{-5} mPa（20℃）（EEC A4），相对密度 1.687（20℃）。溶解度：水中为 1.04mg/L（20℃）；正己烷 0.17(mg/L，20℃，下同)，甲苯 45.9，二氯甲烷 410，丙酮 27.6，乙醇 150，乙酸乙酯 28.6。具有化学惰性，在 pH5～9 范围内稳定，在紫外光下不分解。

产品特点

（1）喹啉铜是一种喹啉类保护性、低毒杀菌剂，属有机铜螯合物。具有治疗和保护作用，对作物亲和力较强，较耐雨水冲刷，缓释控制，药效较稳定持久。喷于作物表面形成一层严密的保护膜，直接作用于膜内病原菌，防止再侵染发病。

（2）一般直接使用对植物安全，但对铜敏感的作物慎用。

（3）可与多抗霉素复配，如 50％多抗•喹啉铜可湿性粉剂。

防治对象 主要用于防治黄瓜霜霉病。

使用方法

（1）防治黄瓜霜霉病，发病前或发病初期，每亩用 33.5％悬浮剂 60～80g，兑水 50kg 喷雾，每隔 5～7d 喷 1 次，共喷 3 次。

（2）防治番茄晚疫病，发病前或发病初期开始施药，每亩用 33.5％悬浮剂 30～37mL 兑水喷雾，每隔 7d 左右施药 1 次，视病情发展情况可连续施药 3 次。

（3）防治番茄棒孢靶斑病，发病初期喷洒 33.5％悬浮剂 1000 倍液。

（4）防治番茄细菌性斑点病，定植时先把 33.5％悬浮剂 800 倍液配好，取 15kg 放在长方形大容器中，然后把穴盘整个浸入药液中蘸湿即可。或发病初期喷洒 33.5％喹啉铜悬浮剂 800 倍液混加 72％农用高效链霉素 3000 倍液，隔 10d 左右喷 1 次，防治 1～2 次。

（5）防治番茄溃疡病，第1穗果膨大初期进入发病高峰期马上浇灌33.5％喹啉铜悬浮剂800倍液混加72％农用高效链霉素3000倍液，或整枝打杈前、后各喷1次33.5％喹啉铜悬浮剂800倍液。

（6）防治番茄细菌性髓部坏死病，打完杈后浇灌33.5％喹啉铜悬浮剂800倍液混2％春雷霉素可湿性粉剂400～500倍液。或采用上述配方向茎内注射，10d后再注射1次。

（7）防治茄子果腐病，在果腐病突出的地区或田块应在发病初期喷洒33.5％悬浮剂800倍液。

（8）防治茄子软腐病、细菌性褐斑病，雨前雨后及时喷洒33.5％悬浮剂800倍液，隔10d喷1次，防治2～3次。

（9）防治芹菜细菌叶斑病、细菌叶枯病，发病初期，用33.5％悬浮剂600倍液喷雾，隔7～10d喷1次，连续防治2～3次。

（10）防治蕹菜茄匍柄霉叶斑病，发病初期，用33.5％悬浮剂800倍液喷雾，隔7～10d喷1次，连续防治3～4次。

（11）防治落葵匍柄霉蛇眼病，用60％唑醚•代森联水分散粒剂1500倍液＋33.5％喹啉铜悬浮剂750倍液，或43％戊唑醇悬浮剂3000倍液＋33.5％喹啉铜悬浮剂750倍液喷雾，隔7d喷1次，连续防治3～4次。

（12）防治黄瓜软腐病，用33.5％悬浮剂800倍液喷雾。

（13）防治菜豆细菌性疫病，发病初期，用33.5％悬浮剂800倍液喷雾，隔7～10d喷1次，连续防治2～3次。

（14）防治黄花菜匍柄霉叶枯病，发病初期，用43％戊唑醇悬浮剂3000倍液混加33.5％喹啉铜悬浮剂750倍液喷雾，隔7～10d喷1次，连续防治3～4次。

（15）防治芦笋匍柄霉叶枯病、紫斑病，结合防治茎枯病，在发病初期，用43％戊唑醇悬浮剂3000倍液混加33.5％喹啉铜悬浮剂750倍液，或60％唑醚代森联水分散粒剂1500倍液混加33.5％喹啉铜悬浮剂750倍液喷雾。

（16）防治草莓青枯病，发病初期开始，喷洒或灌33.5％悬浮剂800倍液，隔7～10d用药1次，连续防治2～3次。

（17）防治黄秋葵细菌性角斑病，发病初期，用12.5％可湿性粉剂750倍液喷雾。

中毒急救　中毒后反应迟钝，食欲差。如不慎入眼，请用大量水冲洗眼睛至少15min。如误服，即大量饮水，及时携该产品标签将病人送医院就医。

注意事项

（1）不能与碱性物质混用。

（2）病害轻度发生或预处理时使用本品用低剂量，病害发生较重或发病后使用本品用高剂量。

（3）连续阴雨或湿度较大的环境中，或者当病情较重的情况下，建议使用较高剂量。避免在极端温度和湿度下，或作物长势较弱的情况下使用本品。

（4）对鱼类有毒，不要在水产养殖区施药，禁止在河塘等水体中清洗施药器具。药液及废液不得污染各类水域、土壤等环境。

（5）赤眼蜂等害虫天敌放飞区域禁用本品。

（6）建议与其他作用机制不同的杀菌剂轮换使用，以延缓抗性产生。

（7）在黄瓜上使用的安全间隔期为 3d，每季作物最多使用 3 次。

恶唑菌酮（famoxadone）

$C_{22}H_{18}N_2O_4$，374.4，131807-57-3

其他名称 噁唑菌酮、唑菌酮、易保。

化学名称 3-苯氨基-5-甲基-5-(4-苯氧基苯基)-1,3-唑啉-2,4-二酮

主要剂型 52.5%噁酮·霜脲氰水分散粒剂，206.7g/L噁酮·氟硅唑乳油。

理化性质 噁唑菌酮纯品为无色结晶状固体，熔点 141.3～142.3℃，蒸气压 6.4×10^{-4}mPa（20℃），相对密度 1.31（22℃）。溶解度：水中为 52（pH7.8～8.9），243（pH5），111（pH7），38（pH9）（均为 μg/L，20℃）；丙酮 274，甲苯 13.3，二氯甲烷 239，己烷 0.048，甲醇 10，乙酸乙酯 125.0，正辛醇 1.78，乙腈 125（均为 g/L，25℃）。固体原药在 25℃或 54℃避光条件下 14d 稳定。低毒，属于内吸性杀菌剂，具有保护和治疗作用。

产品特点 噁唑菌酮为线粒体电子传递抑制剂，对复合体Ⅲ中细胞色素 C 氧化还原酶有抑制作用。同甲氧基丙烯酸酯类杀菌剂有交互抗性，与苯基酰胺类杀菌剂无交互抗性。

防治对象 适用于马铃薯、番茄、瓜类、辣椒。推荐剂量下对作物和环境安全。可有效防治子囊菌亚门、担子菌亚门、卵菌纲中的重要病害，如白粉病、锈病、霜霉病、晚疫病等。

使用方法 防治马铃薯、番茄晚疫病，发病初期，每亩用有效成分 6.7～13.3g，兑水喷雾。

噁唑菌酮是新型高效、广谱杀菌剂，主要用于防治蔬菜白粉病、锈病、霜霉病、晚疫病等。具有保护、治疗、铲除、渗透、内吸活性。喷施在作物叶片上后，易黏附，不被雨水冲刷。噁唑菌酮常和其他药剂混配形成新的制剂，更能达到有效防病的目的。

丙森锌（propineb）

$(C_5H_8N_2S_4Zn)_x$，289.8(理论上的单体)，12071-83-9

其他名称 丙森锌、安泰生、泰生、甲基代森锌、法纳拉、惠盛、连冠、赛通、施蓝得、爽星、替若增、益林、战疫、真好。

化学名称 1,2-亚丙基（双二硫代氨基甲酸）锌聚合物

主要剂型 60%、70%、75%、80%可湿性粉剂，70%、80%水分散粒剂。

理化性质 白色或微黄色粉末。在150℃以上分解，在300℃左右仅有少量残渣留下。蒸气压<$1.6×10^{-7}$mPa（20℃），相对密度1.813g/mL（23℃）。溶解度（20℃）：水<0.01g/L，甲苯、己烷、二氯甲烷<0.1g/L。在冷、干燥条件下贮存时稳定，在潮湿、强酸、强碱介质中分解。水解（22℃）半衰期（估算值）：1d（pH4），约1d（pH7），大于2d（pH9）。属二硫代氨基甲酸盐类、广谱、低毒、保护性杀菌剂。对人、畜低毒，对蜜蜂无毒，对鱼为中等毒性。对病害具有保护性杀菌作用，速效、持效期长，在推荐剂量下对作物安全。

产品特点

（1）作用机理主要是作用于真菌细胞壁和蛋白质的合成，并抑制病原菌体内丙酮酸的氧化，从而抑制病菌孢子的侵染和萌发，同时能抑制菌丝体的生长，导致其变形、死亡。

（2）二硫代氨基甲酸盐类杀菌剂，对多种真菌病害有良好的防效，广泛用于防治蔬菜的霜霉病、早疫病、晚疫病、白粉病、斑点病等常见真菌性病害。

（3）防治蔬菜病害不易产生抗性，可减少施药次数，降低生产成本，减少环境污染，是目前代森类杀菌剂的优秀换代产品。

（4）高效补锌。锌在作物中能够促进光合作用，促进愈伤组织形成，促进花芽分化、花粉管伸长、授粉受精和增加单果重，锌还能够提高作物抗旱、抗病与抗寒能力，增强作物抗病毒病的能力。丙森锌含锌量为15.8%，比代森锰锌类杀菌剂的含锌量高8倍，而且丙森锌提供的有机锌极易被作物通过叶面吸收和利用，锌元素渗入植株的效率比无机锌（如硫酸锌）高10倍，可快速消除缺锌症状（在土壤偏碱性、磷肥充足的情况下，作物会出现缺锌症状，造成叶片黄化），防病和治疗效果兼备。

（5）安全性好。我国果蔬出口常遇代森锰锌含量超标，主要原因是其中的锰离子含量超标。锰离子在人体中不易分解，含量过高会发生累积中毒；而且锰离子对作物的安全性也不太好，在花期使用可能容易产生药害。而丙森锌不含锰，对许多作物更安全，因此，针对富含锰离子的农药以及相关的复配药剂，可选用丙森锌替换代森锰锌防治炭疽病等。此外，丙森锌毒性低，无不良异味，对使用者安全；对蜜蜂也无害，可在花期用药；田间观察表明，多次使用可抑制螨类、介壳虫的发生危害。按推荐浓度使用对作物无残留污染。

（6）剂型优异。独特的白色粉末所具备的超微磨细度、特殊助剂及加工工艺，湿润迅速、悬浮率高、黏着性强、耐雨水冲刷、持效期长、药效稳定。

（7）可与苯醚甲环唑、戊唑醇、多抗霉素、嘧菌酯、缬霉威、霜脲氰、烯酰吗啉、咪鲜胺锰盐、醚菌酯、己唑醇、腈菌唑、甲霜灵、多菌灵、三乙膦酸铝等进行混配。

防治对象 适用于番茄、白菜、黄瓜、马铃薯等。对霜霉病以及马铃薯和番茄的早、晚疫病均有良好作用，对白粉病、葡萄孢属的病害和锈病有一定的抑制作用，如白菜霜霉病、黄瓜霜霉病等。

使用方法 丙森锌是保护性杀菌剂，须在发病前或初期用药，且不能与碱性药剂和铜制剂混合使用，若喷了碱性药剂或铜制剂，应1周后再使用丙森锌。主要用作茎叶处理。

（1）防治辣椒、芋疫病，发病初期用70%可湿性粉剂400～600倍液喷雾预防。

（2）防治番茄早疫病，结果初期用70％可湿性粉剂400～600倍液喷雾，间隔5～7d喷药1次，连续2～3次。

（3）防治番茄晚疫病，发现中心病株时，先摘除病株，然后立即用药，用70％可湿性粉剂500～700倍液喷雾，间隔5～7d施药1次，连续2～3次。

（4）防治番茄斑枯病，发病初期喷洒70％可湿性粉剂600倍液。

（5）防治大白菜等十字花科蔬菜霜霉病、黑斑病，发病初期或发现中心病株时喷药保护，特别在北方大白菜霜霉病流行阶段的两个高峰前，即9月中旬和10月上旬必须喷药防治，每亩用70％可湿性粉剂130～214g，兑水45～60kg喷雾，间隔5～7d喷药1次，连续3次。

（6）防治结球甘蓝、紫甘蓝枝孢叶斑病，发病初期，用70％可湿性粉剂500倍液喷雾，隔10～15d喷1次，连续防治2～3次。

（7）防治黄瓜霜霉病，在黄瓜定植后，平均气温升到15℃，相对湿度达80％以上，早晚大量结雾时准备用药，特别是在雨后要喷药一次，用70％可湿性粉剂500～700倍液，发现病叶后摘除病叶并喷药，以后间隔5～7d再喷药，连续2～3次，高峰期和黄瓜采收期建议使用68.75％氟菌·霜霉威悬浮剂50～75mL/亩均匀喷雾。田间应用表明，对辣椒、番茄、圆葱等霜霉病，发病初期用70％丙森锌可湿性粉剂500～700倍液效果更佳。

（8）防治西瓜蔓枯病，保护叶片和蔓部的喷药在西瓜分叉后就应开始，用70％丙森锌可湿性粉剂600倍液喷雾，对已发病的瓜棚，可加入43％戊唑醇悬浮剂7500倍液或10％苯醚甲环唑水分散粒剂3000倍液或40％氟硅唑乳油16000倍液（注：戊唑醇、苯醚甲环唑、氟硅唑均为三唑类药剂，在西瓜苗期应比正常用药稀一倍的浓度使用，以免造成西瓜缩头）。

（9）防治西瓜疫病，发病前或发病初期用药，每次每亩用70％可湿性粉剂150～200g兑水喷雾，每隔7～10d喷1次，连喷2～3次。

（10）防治马铃薯环腐病，种薯收藏时用72％硫酸链霉素可溶性粉剂800倍液＋70％可湿性粉剂500倍液喷湿表皮晒干后放入消毒窖中贮藏。

（11）防治马铃薯早疫病、晚疫病、褐腐病，从初见病斑时开始喷药，可用70％可湿性粉剂600～800倍液喷雾。

（12）防治大葱紫斑病，用70％可湿性粉剂600倍液喷雾或灌根，隔7d喷1次，连续3～4次。

（13）防治大葱、洋葱霜霉病，发病初期，用70％可湿性粉剂600倍液喷雾，隔7～10d喷1次，连续防治2～3次。

（14）防治菜豆炭疽病，用70％可湿性粉剂500倍液喷雾。

（15）防治豇豆尾孢叶斑病，发病初期，用70％可湿性粉剂600倍液喷雾，隔7～10d喷1次，连续防治2～3次。

（16）防治扁豆角斑病，发病初期，用70％可湿性粉剂500倍液喷雾。

（17）防治菠菜叶点病，发病初期，用70％可湿性粉剂600倍液喷雾。

（18）防治芹菜尾孢叶斑病、叶点霉叶斑病，发病初期，用70％可湿性粉剂500倍液喷雾。

（19）防治莴苣、结球莴苣尾孢叶斑病，从初见病斑时开始喷洒70％可湿性粉剂

500 倍液，隔 10～15d 喷 1 次，连续防治 2～3 次。

（20）防治蕹菜轮斑病，发病初期，用 70％可湿性粉剂 550 倍液喷雾，隔 7～10d 喷 1 次，连续防治 2～3 次。

（21）防治冬寒菜炭疽病，发病初期，用 70％可湿性粉剂 600 倍液喷雾，隔 7～10d 喷 1 次，连续防治 2～3 次。

（22）防治落葵炭疽病，发病初期，用 70％可湿性粉剂 500 倍液喷雾，隔 10d 左右 喷 1 次，连续防治 2～3 次。

（23）防治芦笋茎腐病，发病初期结合防治茎枯病，用 70％可湿性粉剂 600 倍液喷 洒或浇灌。

（24）防治黄秋葵轮纹病，发病初期，用 70％可湿性粉剂 600 倍液喷雾，隔 10d 左 右喷 1 次，连续防治 2～3 次。

（25）防治香椿炭疽病，发病初期，用 70％可湿性粉剂 600 倍液喷雾。防治香椿疫 病，发病初期，用 75％丙森锌·霜脲氰水分散粒剂 700 倍液喷雾。

（26）防治莲藕链格孢叶斑病，发病初期，用 70％可湿性粉剂 600 倍液喷雾，10d 左右喷 1 次，防治 2～3 次。

中毒急救 在施药过程中，注意个人安全防护，若使用不当引起不适，要立即离开 施药现场，脱去被污染的衣服，用药皂和清水洗手、脸和暴露的皮肤，并根据症状就医 治疗。如果不慎接触皮肤或眼睛，应用大量清水冲洗；不慎误服，应立即送医院诊治。

注意事项

（1）丙森锌主要起预防保护作用，必须在病害发生前或始发期喷施，且喷药应均匀 周到，使叶片正面、背面、果实表面都要着药。

（2）不能和含铜制剂或碱性农药混用。若先喷了这两类农药，须过 7d 后，才能喷 施丙森锌。如与其他杀菌剂混用，必须先进行少量混用试验，以避免药害和混合后药物 发生分解作用。

（3）注意与其他杀菌剂交替使用。

（4）应在通风干燥、安全处贮存。

（5）在番茄上安全间隔期为 3d，每季最多使用 3 次；在黄瓜上安全间隔期为 3d， 每季最多使用 3 次；在大白菜上安全间隔期为 21d，每季最多使用 3 次；在马铃薯上安 全间隔期限为 7d，每季最多使用 3 次；在西瓜上安全间隔期为 7d，每季最多使用 3 次。

代森联（metiram）

$(C_{16}H_{33}N_{11}S_{16}Zn_3)x$, $(1088.7)x$, 9006-42-2

其他名称 品润、代森连。

化学名称 亚乙基双二硫代氨基甲酸锌，聚（亚乙基秋兰姆二硫化物）

主要剂型 70％可湿性粉剂，60％、70％水分散粒剂，70％干悬浮剂。

理化性质 原药为黄色的粉末，156℃下分解，蒸气压＜0.10mPa（20℃），相对密度1.860（20℃）。溶解性：不溶于水和大多数有机溶剂（例如乙醇、丙酮、苯），溶于吡啶中并分解。在30℃以下稳定。广谱保护性低毒杀菌剂。

产品特点 作用机理为预防真菌孢子萌发，干扰芽管的发育伸长。产品具有以下特点。

（1）杀菌谱广，是一种多效络合的触杀性杀菌剂，可以有效地防治多种病害；种子处理可以防治猝倒病、根部腐烂等种子和根部病害。

（2）有营养作用，含18％的锌，有利于叶绿素的合成，增加光合作用，可改善果蔬的色泽，使水果蔬菜色泽更鲜亮，叶菜更嫩绿。

（3）提高作物产量，改善品质；与各类代森锰锌相比，对瓜类霜霉病的防效突出，并可减少对有益捕食性螨的杀灭作用。

（4）不易产生抗性，该药为多酶抑制剂，干扰病菌细胞的多个酶作用点，因而不易产生抗性。由于其对高等真菌性病害的防控效果明显优于其他同类产品，所以是目前发展较快的主要保护性杀菌剂之一。

（5）安全性好，适用范围广，适用于大部分作物的各个时期，许多作物花期也可使用。

（6）剂型先进，干悬剂型在水中颗粒更细微、悬浮率更高、溶液更稳定，从而表现出更好的安全性和效果，利用率也更高。

（7）对作物的主要病害如霜霉病、早疫病、晚疫病、疮痂病、炭疽病、锈病、叶斑病等具有预防作用。

（8）代森联常与吡唑醚菌酯、霜脲氰、醚菌酯、戊唑醇、苯醚甲环唑、烯酰吗啉、噁唑菌酮、肟菌酯、嘧菌酯、啶氧菌酯等杀菌药剂进行复配，用于生产复配杀菌剂。

防治对象 代森联使用范围非常广泛，在蔬菜上，可用于番茄、茄子、辣椒等茄果类蔬菜，黄瓜、甜瓜、西瓜、苦瓜等瓜类，十字花科蔬菜，芹菜、洋葱、大葱、蒜、芦笋、马铃薯、大豆等。对早疫病、晚疫病、疫病、霜霉病、黑胫病、叶霉病、紫斑病、斑枯病、褐斑病、黑斑病、黑星病、疮痂病、炭疽病、轮纹病、斑点落叶病、锈病等多种真菌性病害均具有很好的预防效果。

使用方法

（1）防治黄瓜、香瓜霜霉病，每亩用70％干悬浮剂133～167g，或70％代森联干悬浮剂100g＋69％烯酰·锰锌可湿性粉剂20g，喷液量每亩50～80L，每季使用3～4次，间隔期7～10d。最好是在发病前施药保护，在发病高峰期，特别是大棚黄瓜后期使用时，代森联应与烯酰·锰锌混用，代森联在与其他药剂混用时应现混现用，另外，应喷雾均匀，药剂应覆盖全部叶片的正反面。

（2）防治马铃薯早疫病、晚疫病，用70％干悬浮剂600～800倍液，早夏初显症时开始用药，间隔7～14d，快速增长期加大用药浓度及用水量以覆盖整个叶片，雨后不久，叶面干燥后即喷药。

（3）防治马铃薯炭疽病，发病初期，用70％水分散粒剂600倍液喷雾。

（4）防治番茄、辣椒、叶菜等多种蔬菜的霜霉病、炭疽病、黑星病、叶斑病等，用70％干悬浮剂600～800倍液，喷透全部叶片。如果病菌侵染是在24h以内，代森联还有一定的治疗作用。

（5）防治菠菜叶点病，发病初期，用70％水分散粒剂600倍液喷雾。

（6）防治莴苣炭疽病，发病初期喷洒70％水分散粒剂3000倍液。

（7）防治芹菜叶斑病、斑枯病、锈病，用70％干悬浮剂600～800倍液，病害出现时用药，每7～14d重复一次。

（8）防治芹菜猝倒病、叶点霉叶斑病，发病初期，用70％水分散粒剂500～600倍液喷雾。

（9）防治苋菜、彩苋炭疽病，发病初期，用70％水分散粒剂600倍液喷雾，隔7～10d喷1次，连续防治2～3次。

（10）防治茼蒿叶斑病，发病初期，用70％可湿性粉剂600倍液喷雾，隔7～10d喷1次，连续防治2～3次。

（11）防治落葵炭疽病，发病初期，用70％水分散粒剂600倍液喷雾，隔10d左右喷1次，连续防治2～3次。

（12）防治瓜类霜霉病、炭疽病、褐斑病，用80％可湿性粉剂400～500倍液喷雾，连喷3～5次。

（13）防治蔬菜苗期立枯病、猝倒病，用80％可湿性粉剂，按种子质量的0.1％～0.5％拌种。

（14）防治白菜、甘蓝霜霉病，用80％可湿性粉剂500～600倍液喷雾。

（15）防治草莓叶斑病、炭疽病、叶枯病，用70％干悬浮剂600～800倍液喷雾，病害出现时用药，每隔10～14d重复用药一次，病害严重时用70％干悬浮剂400～500倍液喷雾。

（16）防治菜豆炭腐病，必要时用70％水分散粒剂600倍液喷雾。

（17）防治芋炭疽病，在发病前，用70％水分散粒剂550倍液喷雾，隔7～10d喷1次，防治2～3次。

（18）防治菊芋尾孢叶斑病，发病初期，用70％水分散粒剂550倍液喷雾。

注意事项

（1）代森联遇碱性物质或铜制剂时易分解放出二硫化碳而减效，在与其他农药混配使用过程中，不能与碱性农药、肥料及含铜的药剂混用。与其他作用机制不同的杀菌剂轮换使用。

（2）于作物发病前预防处理，施药最晚不可超过作物病状初现期。

（3）施药全面周到是保证药效的关键，每亩兑水量为50～80kg。随作物生长状况增加用药量及喷液量，确保药剂覆盖整个作物表面。

（4）防治霜霉病、疫病时，建议与烯酰·锰锌混用。

（5）本剂对光、热、潮湿不稳定，贮藏时应注意预防高温，并保持干燥。

（6）对鱼类有毒，剩余药液及洗涤药械的废液严禁污染水源。

（7）用药时做好安全防护，避免药液接触皮肤和眼睛，用药后用清水及肥皂彻底清洗脸部及其他裸露部位。

（8）在黄瓜上安全间隔期为3d，一季最多使用4次。

甲霜灵（metalaxyl）

C₁₅H₂₁NO₄, 279.3, 57837-19-1

$C_{15}H_{21}NO_4$, 279.3, 57837-19-1

其他名称 雷多米尔、阿普隆、瑞毒霉、甲霜安、灭达乐、瑞霉霜、氨丙灵等。

化学名称 N-(2-甲氧乙酰基)-N-(2,6-二甲苯基)外消旋氨基丙酸甲酯

主要剂型 35％种子处理干粉剂，5％颗粒剂，25％、50％可湿性粉剂，30％粉剂等。

理化性质 纯品为无色结晶。熔点 71.8～72.3℃，沸点 295.9℃（101kPa），蒸气压 0.75mPa（25℃），相对密度 1.20（20℃）。溶解度：水中为 8.4g/L（22℃）；乙醇 400（g/L，25℃，下同），丙酮 450，甲苯 340，正己烷 11，正辛醇 68。300℃以下稳定。

产品特点

（1）本品为内吸性杀菌剂，适用于由空气和土壤带菌病害的预防和治疗，特别适合于防治各种条件下由霜霉目真菌引起的病害，如马铃薯晚疫病、莴苣霜霉病等。

（2）甲霜灵最初的作用方式是抑制 rRNA 生物合成。若甲霜灵作用靶标的 rRNA 聚合酶发生突变，靶标病原菌将对甲霜灵产生高水平的耐药性。不同的苯基酰胺类杀菌剂及具有抗菌活性的氯乙酰替苯胺类除草剂之间存在正交互耐药性。甲霜灵单独使用极易导致靶标病原菌产生耐药性，生产上除了单独处理土壤外，一般与其他杀虫剂和杀菌剂混用，或制成复配制剂。

（3）甲霜灵属苯基酰胺类内吸性特效杀菌剂，具有保护和治疗作用，对霜霉、疫霉、腐霉等病原真菌引起的蔬菜病害有良好的治疗和预防作用。

（4）喷洒后能被植株的根、茎、叶各部分吸收，在植株体内具有向顶性和向基性双向传导作用。

（5）在发病前和发病初期用药都能收到防病和治疗效果。

（6）持效期 10～14d，土壤处理持效期可超过 2 个月。

（7）可用于叶面喷洒、种子处理和苗床土壤处理。

（8）与代森锰锌、三乙膦酸铝、琥胶肥酸铜、福美双、醚菌酯、恶霉灵、代森锌、百菌清、霜霉威、福美锌、波尔多液、王铜、霜脲氰、咪鲜胺、咪鲜胺锰盐、多菌灵、丙森锌、烯酰吗啉等有混配制剂。

防治对象 适用于黄瓜、甜瓜、西葫芦、番茄、辣椒、茄子、马铃薯、大豆等，可用于防治白菜白锈病、绵腐病、霜霉病、黑斑病，蔬菜苗期猝倒病、立枯病，番茄晚疫病，马铃薯晚疫病等。

使用方法

（1）喷雾

① 防治白菜类的白锈病，小（大）白菜和菜心的绵腐病，可用 25％可湿性粉剂 800 倍液喷雾。

② 防治油菜的霜霉病、黑斑病，青花菜和紫甘蓝的霜霉病，可用 25％可湿性粉剂 800～1000 倍液喷雾，或用 25％可湿性粉剂 800 倍液浸种 60min，捞出用清水洗净催芽播种。也可用 25％可湿性粉剂 1000 倍液灌根。

③ 防治冬瓜疫病，黄瓜的霜霉病和细菌性角斑病，菜心黑斑病，青花菜和紫甘蓝的霜霉病，用 25％甲霜灵可湿性粉剂 800 倍液与 50％琥胶肥酸铜可湿性粉剂 500 倍液混配后，喷洒植株，7d 喷 1 次，连喷 2～3 次。

④ 防治黄瓜疫病，可在播种前用 25％可湿性粉剂 800 倍液，浸种 30min 后，捞出用清水洗净催芽播种；或每平方米苗床上用 25％可湿性粉剂 8g，与适量细土拌匀，制成药土，将药土均匀撒于苗床上；也可用 25％可湿性粉剂 750 倍液，在定植前喷淋保护地内地面。

⑤ 防治马铃薯晚疫病，用 25％可湿性粉剂 600～800 倍液喷雾，隔 15～20d 喷 1 次，连喷 2～3 次。

⑥ 防治茴香霜霉病，西洋参疫病，用 25％可湿性粉剂 600 倍液喷雾。

⑦ 防治芋疫病，用 25％可湿性粉剂 600～700 倍液喷雾。

（2）拌种

① 防治萝卜黑腐病，可用 35％种子处理剂拌种，用药量为种子质量的 0.2％。

② 防治菜用大豆、蚕豆、大葱、洋葱等的霜霉病，菠菜白锈病，蕹菜白锈病，用 35％种子处理剂拌种，用药量为种子重量的 0.3％。

③ 防治白菜类、甘蓝类、芥菜类、萝卜等的霜霉病，蕹菜的霜霉病、白锈病，用 25％可湿性粉剂拌种，用药量为种子重量的 0.3％。

（3）浸种　防治黄瓜疫病，用 25％可湿性粉剂 800 倍液，浸种 30min 后，捞出洗净催芽播种。

防治辣椒疫病、菠菜霜霉病，用 25％可湿性粉剂 800 倍液，浸种 60min。

（4）土壤处理

① 防治马铃薯晚疫病，用 25％可湿性粉剂 6kg，与 150kg 干煤渣拌匀，制成颗粒剂，在马铃薯第二次培土时施入根部。

② 防治南瓜疫病，用 25％可湿性粉剂 1kg 与 500kg 细土混匀，制成药土，每株用 110g 药土，撒于根际。

③ 防治蔬菜苗期猝倒病，用 25％可湿性粉剂 50～60 倍液，拌适量细沙，制成药沙，在发病重时或因天气不好不能喷药时，将药沙在苗床内均匀撒一层；或用 25％甲霜灵可湿性粉剂 20 份，与 40％福美·拌种灵可湿性粉剂 6 份拌匀，制成混合药剂，每平方米苗床上用混合药剂 5～6g，拌入床土中，然后播种；或用 25％可湿性粉剂 300 倍液，喷洒病苗及根际土壤。

④ 防治黄瓜、冬瓜、节瓜等的疫病，每平方米苗床上用 25％可湿性粉剂 8g，与适量细土拌匀，制成药土，将药土均匀撒于苗床上；也可用 25％可湿性粉剂 750 倍液，在定植前喷淋保护地内地面。

⑤ 防治蔬菜苗期的立枯病，用 25％甲霜灵可湿性粉剂 20 份，与 40％拌种双可湿性粉剂 6 份拌匀，制成混合药剂，每平方米苗床上用混合药剂 5～6g，拌入床土中，然

后播种。

⑥ 防治黄瓜猝倒病，豌豆黑根病，每平方米苗床施用 25％甲霜灵可湿性粉剂 9g 加 70％代森锰锌可湿性粉剂 1g 对细土 4～5kg 拌匀，施药前先把苗床底水打好，且一次浇透，一般 17～20cm 深，水渗下后，取 1/3 充分拌匀的药土撒在畦面上，播种后再把其余 2/3 药土覆盖在种子上面，即上覆下垫。如覆土厚度不够可被撒堰土使其达到适宜厚度，这样种子夹在药土中间，防效明显，残效月余。

（5）灌根

① 防治蔬菜苗期猝倒病，用 25％可湿性粉剂 300 倍液，喷淋病苗及附近。

② 防治黄瓜疫病，可用 25％甲霜灵可湿性粉剂 800 倍液与 40％福美双可湿性粉剂 800 倍液混配后灌根，每隔 7～10d 灌 1 次（病重时 5d 灌 1 次），连灌 3～4 次。或在发病初期用 25％可湿性粉剂 800 倍液灌根。

③ 防治甜（辣）椒、韭菜等的疫病，用 25％可湿性粉剂 1000 倍液灌根。

④ 防治黄瓜疫病、茄子果实疫病，用 25％甲霜灵可湿性粉剂 800 倍液与 40％福美双可湿性粉剂 800 倍液混配后灌根。

（6）水培液灭菌

① 防治水培番茄根部病害，每隔 21d，每升营养液中加入 10mg 甲霜灵，连续 3 次。

② 防治水培草莓（疫霉菌）红心病，每隔 14d，每升营养液中加入 1.6mg 甲霜灵。

中毒急救　严格按照农药安全规定使用此药，避免药液或药粉直接接触身体，如果药液不小心溅入眼睛，应立即用清水冲洗干净并携此药标签去医院就医。如果误服要立即送医院治疗。

注意事项

（1）可与保护性杀菌剂代森类、铜制剂混合使用。

（2）该药常规施药量不会产生药害，也不会影响果蔬等的风味品质。

（3）单一长期使用该药，病菌易产生抗性，应与其他杀菌剂混合使用。

（4）对皮肤有刺激，使用时注意防护。

（5）用药次数每季不得超过 3 次。

烯酰吗啉（dimethomorph）

$C_{21}H_{22}ClNO_4$, 387.9, 110488-70-5

其他名称　烯酰吗啉、安克、专克、雄克、安玛、绿捷、破菌、瓜隆、上品、灵品、世耘、良霜、霜爽、异瓜香。

化学名称 (E,Z)-4-[3-(4-氯苯基)-3-(3,4-二甲氧基苯基)丙烯酰基]吗啉(Z 与 E 的比一般为 4∶1)

主要剂型 25％、30％、50％可湿性粉剂，25％微乳剂，10％、20％、40％、50％悬浮剂，40％、50％、80％水分散粒剂，50％泡腾片剂，10％、15％水乳剂。

理化性质 白色粉末或晶体。熔点 $125.2\sim149.2℃$，(E)-异构体 $136.8\sim138.3℃$；(Z)-异构体 $166.3\sim168.5℃$。蒸气压：(E)-异构体 $9.7\times10^{-4}\,mPa$；(Z)-异构体 $1.0\times10^{-3}\,mPa$。密度 $1318kg/m^3$($20℃$)。溶解度：水中 81.1(pH4)，49.2(pH7)，41.8(pH9)(mg/L,20℃)；正己烷 0.076(E)(g/L,下同)，0.036(Z)；甲苯 39.0(E)，10.5(Z)；二氯甲烷 296(E)，165(Z)；乙酸乙酯 39.9(E)，8.4(Z)；丙酮 84.1(E)，16.3(Z)；甲醇 31.5(E)，7.5(Z)。稳定性：在一般条件下水解稳定，黑暗条件下稳定性＞5 年。

产品特点

(1) 烯酰吗啉是德国巴斯夫公司研制的专杀卵菌纲真菌的杀菌剂，主要是从以下三方面对病菌起作用：一是预防作用，能阻止病菌孢子的萌发和侵入；二是治疗作用，能渗入植物组织中，杀灭真菌菌丝；三是抗孢子作用，阻止病菌孢子的形成，减少侵染源。这种多作用阶段的特点，使烯酰吗啉对霜霉病和疫病有极好的防治效果。

(2) 作用机制独特，有效作用于卵菌纲真菌的各个生育阶段，对各种霜霉病和疫病有特效；既有预防作用又有治疗治用，还有抗产孢作用；持效期长，减少用药次数，烯酰吗啉的施药间隔期通常为 $7\sim10d$ 左右，比其他药剂长 $3\sim4d$，减少了用药次数，节省工时及成本；超水溶性及分散性，渗透作用强，可快速渗透叶片并局部扩散，耐雨水冲刷，喷后 1h 遇雨药效几乎不受影响；与甲霜灵、霜脲氰等其他杀菌剂无交互抗性，混用性强，可迅速杀死对其他杀菌剂产生抗性的病菌，保证药效稳定发挥；增强植物的光合作用，使果蔬色泽更加鲜艳亮泽，全面提高作物产量和品质；安全性好，即使在花期及果实膨大期使用，同样十分安全。超高含量，用量更少，使用成本更低。

(3) 可与唑嘧菌胺、嘧菌酯、霜脲氰、代森锰锌、丙森锌、醚菌酯、福美双、百菌清、三乙膦酸铝、吡唑醚菌酯、氨基寡糖素、咪鲜胺、甲霜灵、中生菌素、异菌脲等复配。

防治对象 烯酰吗啉属专一防治卵菌纲真菌性病害药剂，对霜霉病、霜疫霉病、晚疫病、疫（霉）病、疫腐病、腐霉病、黑胫病等低等真菌性病害均具有很好的防治效果。在蔬菜上可防治黄瓜霜霉病、甜瓜霜霉病、芋头疫病、辣椒疫病、十字花科蔬菜霜霉病等。

使用方法

(1) 防治黄瓜、甜瓜、苦瓜等瓜类蔬菜霜霉病，发病前或发病初期开始施药，每亩用50％水分散粒剂或50％可湿性粉剂 $30\sim40g$，或80％水分散粒剂 $20\sim25g$，或40％水分散粒剂 $40\sim50g$，或25％可湿性粉剂 $60\sim80g$，或10％水乳剂 $150\sim200mL$，兑水 $45\sim75kg$ 喷雾，间隔 $7\sim10d$ 施药 1 次，与不同类型药剂交替使用，重点喷洒叶片背面，连续施用 3 次。

(2) 防治辣椒疫病，发病前或发病初期开始施药，每亩用 50％可湿性粉剂 $30\sim40g$，兑水 $50\sim75$ 喷雾，视病情发展情况，间隔 $5\sim7d$ 施药 1 次，连续用药 3 次。

(3) 防治番茄晚疫病，发病初期，每亩用 50％可湿性粉剂 $40\sim60g$，兑水 $40\sim50kg$

喷雾。

（4）防治番茄疫霉根腐病，发病初期，浇灌 50％可湿性粉剂 2000 倍液，或 50％啶酰菌胺水分散粒剂 1000 倍液混加 50％烯酰吗啉水分散粒剂 750 倍液。

（5）防治马铃薯晚疫病，从病害发生初期开始喷药，用 50％可湿性粉剂 1000 倍液喷雾，7～10d 喷 1 次，与不同类型药剂交替使用。

（6）防治莴笋霜霉病，从病害发生初期开始喷药，用 50％可湿性粉剂 1000 倍液喷雾，7～10d 喷 1 次，连喷 2 次左右，重点喷洒叶片背面。

（7）防治十字花科蔬菜霜霉病，每亩用 80％水分散粒剂 20～25g，或 50％可湿性粉剂或 50％水分散粒剂 30～40g，或 40％水分散粒剂 30～40g，或 25％可湿性粉剂 40～60g，或 10％水乳剂 100～150mL，兑水 30～45kg 均匀喷雾。

（8）防治瓜果蔬菜的苗疫病、猝倒病、茎基部疫病，从初见病株时开始用药液浇灌（或喷淋）苗床或植株茎基部，10d 左右 1 次，连续用药 2 次。一般使用 80％水分散粒剂 2000～3000 倍液，或 50％可湿性粉剂或 50％水分散粒剂 1500～2000 倍液，或 40％水分散粒剂 1000～1500 倍液，或 10％水乳剂 300～400 倍液。

（9）防治瓜类、茄果类、叶菜类作物的病害时，一般每亩使用 35～50g 有效成分的药剂，兑水 30～60kg 喷雾。在病害发生前或初见病斑时用药效果好。

（10）防治大葱、洋葱霜霉病，发病初期，用 50％可湿性粉剂 600 倍液喷雾，隔 7～10d 喷 1 次，连续防治 2～3 次。

（11）防治草莓腐霉根腐病，生长期喷淋 50％可湿性粉剂 2000 倍液。

（12）防治草莓红中柱疫霉根腐病，浇灌 50％烯酰吗啉可湿性粉剂 2000 倍液，或 69％烯酰•锰锌可湿性粉剂 600～800 倍液。

（13）防治马铃薯晚疫病，用 50％可湿性粉剂 1500 倍液喷雾。

中毒急救　如吸入本品，应迅速将患者转移到空气清新流通处。如呼吸停止，给人工呼吸。如呼吸困难，给氧。如有症状及时就医。皮肤接触后，立即用水和肥皂清洗，并彻底冲洗干净。眼睛接触后，把眼睑打开用流水冲洗几分钟，如有持续症状，及时就医。误食，立即用大量清水漱口，洗胃，洗胃时注意保护气管和食管。

注意事项

（1）该药剂不可与呈碱性的农药等物质混合使用。

（2）当黄瓜、辣椒、十字花科蔬菜等幼小时，喷液量和药量用低量。喷药要使药液均匀覆盖叶片。

（3）病害轻度发生或做为预防处理时，使用低剂量，病害发生较重或发病后使用高剂量。

（4）使用本品，连续阴雨或湿度较大的环境中，或者当病情较重的情况下，建议使用较高剂量。避免在极端温度和湿度下，或作物长势较弱的情况下使用本品。

（5）避免在阴湿天气或露水未干前施药，以免产生药害，喷药 24h 内遇大雨补喷。

（6）单用抗性风险高，常与代森锰锌等保护性杀菌剂复配使用，延缓抗性的产生。

（7）在施药期间应避免对周围蜂群的影响，蜜源作物花期、蚕室和桑园附近禁用。远离水产养殖区施药，禁止在河塘等水体中清洗施药器具。

（8）在黄瓜上安全间隔期为 3d，每季最多使用 3 次；在辣椒上安全间隔期为 7d，每季最多使用 3 次。

氟吗啉（flumorph）

C₂₁H₂₂FNO₄, 371.4, 211867-47-9

其他名称　灭克、氟吗锰锌。

化学名称　(Z,E)4-[3-(4-氟苯基)-3-(3,4-二甲氧基苯基)丙烯酰]吗啉

主要剂型　20％、50％、60％可湿性粉剂。

理化性质　(Z)和(E)-氟吗啉异构体的混合物（50∶50），无色晶体。熔点105～110℃。易溶于丙酮和乙酸乙酯。一般情况下，水解、光解、热稳定（20～40℃）。

产品特点

（1）氟吗啉为新型高效杀菌剂，具有高效、低毒、低残留、残效期长、保护及治疗作用兼备、对作物安全等特点。

（2）作用机制是抑制病菌细胞壁的生物合成。通常顺反异构体组成的化合物如烯酰吗啉仅有一个异构体有活性，而氟吗啉结构中顺反两个异构体均有活性，不仅对孢子囊萌发的抑制作用显著，且治疗活性突出。

（3）药效结果表明：氟吗啉治疗活性高，其治疗作用明显优于烯酰吗啉；抗性风险低。

（4）持效期长，比通常杀菌剂长6～9d，推荐用药间隔比通常杀菌剂长3～6d；在同样生长季内用药次数少，不仅减少劳动量，而且降低农用成本。测产试验表明在降低农用成本的同时，增产增收效果显著。

（5）适用于葡萄、板蓝根、烟草、甜菜、花生、大豆、马铃薯、番茄、黄瓜、白菜、南瓜、甘蓝、大蒜、大葱、辣椒及其他蔬菜，推荐剂量下对作物安全，无药害。对地下水、环境安全。

（6）可与唑菌酯、代森锰锌、三乙膦酸铝复配，如25％氟吗·唑菌酯悬浮剂、60％锰锌·氟吗啉可湿性粉剂、60％氟吗·乙铝可湿性粉剂等。

防治对象　在蔬菜上主要用于防治卵菌纲病害引起的病害如霜霉病、晚疫病、霜疫病等。如黄瓜霜霉病、白菜霜霉病、番茄晚疫病、马铃薯晚疫病、辣椒疫病、大豆疫霉根腐病等。

使用方法　主要用于茎叶喷雾。在发病初期或根据农时经验在中心病株发生前7～10d进行施药，可有效地预防上述病害的发生，病害大发生后期使用氟吗啉进行防治也可迅速控制病害的再度发生和蔓延。在作为保护剂使用时一般稀释1000～2000倍，在作为治疗剂使用时稀释800倍左右，施药间隔期依照病害发生的程度及田间的实际情况而定，一般为9～13d。对于辣椒疫病等也可采用灌根、喷淋、苗床处理等方法。

（1）防治辣椒疫病、番茄晚疫病、黄瓜霜霉病、白菜霜霉病、马铃薯晚疫病、大豆疫霉根腐病等，在发病初期，每亩用50％可湿性粉剂30～40g，兑水40～50kg喷雾。

（2）防治黄瓜霜霉病，发病初期开始施药，每次每亩用20％可湿性粉剂25～50g，兑水50kg喷雾，间隔10～13d1次，连续施药3次。或用60％可湿性粉剂500～1000倍液喷雾，间隔7d，连续用药2次。

（3）防治白菜霜霉病，病害发生初期，每亩用20％可湿性粉剂25～50g，兑水50kg喷雾，每隔7～10d施药1次，共计2～3次。

（4）防治大白菜制种田霜霉病，用60％可湿性粉剂500倍液，在霜霉病发病初期开始喷药，间隔7d喷1次，连续喷3次。

（5）防治番茄疫病，病害发生初期，每亩用20％可湿性粉剂25～50g，兑水50kg喷雾，每隔7～10d施药1次，共计2～3次。

（6）防治番茄疫霉根腐病，发病初期，浇灌20％可湿性粉剂1000倍液。

（7）防治辣椒疫病，每亩用20％可湿性粉剂25～50g，兑水50kg喷雾，每隔7～10d施药1次，共计2～3次。或用60％可湿性粉剂750～1000倍液，在辣椒移栽时开始第一次喷药，间隔7～10d喷1次，连续喷2～3次。

（8）防治马铃薯晚疫病，可用如下组合：嘧菌酯32mL/亩、氟吗·锰锌100g/亩、甲霜·锰锌150g/亩，按序分3次喷施；氟吗·锰锌120g/亩和甲霜·锰锌150g/亩，两者交替使用；60％氟吗·锰锌可湿性粉剂120g/亩；霜脲·锰锌133g/亩和甲霜·锰锌150g/亩两者交替使用。施药方法：在马铃薯发病初期叶面喷洒，7～10d喷1次，早熟品种连喷3次，施药期间根据降雨量、降雨天数而定，雨日多、湿度大可缩短到每5天喷1次。

（9）防治蔬菜的霜霉病、晚疫病，在发病初期用60％可湿性粉剂25g，兑水14kg进行叶面喷雾，每隔5～7d喷1次，可预防病害的发生。

（10）防治日光温室番茄灰霉病，用10％氟吗啉粉剂或5％百菌清粉剂或10％杀霉灵粉尘剂，每亩每次用药1kg，9～11d喷1次，连续用药2～3次。

（11）防治草莓红中柱疫霉根腐病、疫霉果腐病，浇灌20％氟吗啉可湿性粉剂1000倍液，或60％锰锌·氟吗啉可湿性粉剂700倍液，隔10d左右灌1次，防治2～3次。

中毒急救　中毒症状为头晕、头痛、恶心、呕吐。如吸入本品，应迅速将患者转移到空气清新流通处。如呼吸停止，给人工呼吸。如呼吸困难，给氧。如有症状及时就医。皮肤接触后，立即用水和肥皂清洗，并彻底冲洗干净。眼睛接触后，把眼睑打开用流水冲洗几分钟，如有持续症状，及时就医。误食，立即用大量清水漱口，催吐、洗胃，及时送医院对症治疗。如患者昏迷，禁食，就医。

注意事项

（1）不能与强酸性、碱性物质及铜制剂混用。

（2）为延缓抗性发生，每季作物氟吗啉及其制剂的使用次数不应超过4次，使用时最好和其他类型的杀菌剂轮换使用。氟吗啉与甲霜灵没有交互抗药性，可以在甲霜灵发生抗性地区使用。

（3）药液及其废液不得污染各类水域、土壤等环境。

（4）在黄瓜上安全间隔期为3d，每季最多使用3次。

双炔酰菌胺（mandipropamid）

C$_{23}$H$_{22}$ClNO$_4$, 411.9, 374726-62-2

其他名称　瑞凡。

化学名称　2-(4-氯苯基)-N-[2-(3-甲氧基-4-丙-2-炔基氧基-苯基)-乙基]-2-丙-2-炔氧基-乙酰胺

主要剂型　25%、23.4%悬浮剂。

理化性质　纯品外观为浅褐色无味粉末。熔点96.4~97.3℃，蒸气压<9.4×10^{-7}Pa（25℃）。水中溶解度4.2mg/L（25℃），在有机溶剂中溶解度（25℃，g/L）：乙酸乙酯120，甲醇66，二氯甲烷400，丙酮300，正己烷0.042，辛醇4.8，甲苯29。

产品特点

（1）作用机理与缬霉威、苯噻菌胺及烯酰吗啉的作用机制类似，通过干扰致病真菌的磷脂和细胞壁沉积物生物合成，达到抑制孢子的萌发和菌丝体的生长，对处于潜伏期的植物病害有较强的治疗作用。

（2）双炔酰菌胺为新型卵菌纲病害杀菌剂，是一种高效的防治各种作物上霜霉病和晚疫病的杀菌剂，对病菌具有预防、治疗和降低病菌繁殖数量三大作用。其中最突出的是它具有稳定、持久的预防保护作用，比以前的杀菌剂有效期长5~7d，可大大减少喷药次数，减轻劳动强度。

（3）对霜霉属和疫霉属等卵菌纲致病真菌均有较好的活性，对西瓜疫病、辣椒疫病、马铃薯晚疫病等有特效。

（4）杀菌活性高，抗性风险小，在防治马铃薯晚疫病中，明显优于氰霜唑、氟啶胺、代森锰锌等药剂，马铃薯晚疫病菌中未发现稳定的抗性分离菌株。

（5）具有预防、治疗及抗产孢活性，极好的预防活性，极低浓度下仍能表现很好的活性。

（6）双炔酰菌胺喷施到作物表面以后，可以在一个半小时后迅速渗透到叶片表面的蜡质层和叶肉细胞内，并可以进行跨层传导，渗透到叶片背面，大大提高了药剂的保护效果。由于很多药剂已渗透到蜡质层，所以抗雨水冲刷能力极好。因此，田间持效时间长。

使用方法

（1）防治辣椒疫病和西瓜疫病，作物谢花后或雨天来临前开始施药，每次每亩用23.4%悬浮剂32~43mL兑水喷雾，间隔7~10d喷1次，根据病害发展和天气情况连续使用2~4次。

（2）防治辣椒疫病，可先用62.5%氟菌·霜霉威悬浮剂15mL兑水15kg喷雾，控制病害的流行，3~5d后使用25%嘧菌酯悬浮剂5mL+25%双炔酰菌胺悬浮剂10mL兑水15kg喷施，控制疫病的蔓延和减缓疫病的流行速度。

（3）防治辣椒霜霉病，发病初期开始，每亩用 250g/L 悬浮剂 30～40mL，兑水 30～40kg 喷雾。

（4）防治番茄晚疫病，发病初期或作物谢花后或雨天来临前开始施药，每次每亩用 23.4% 悬浮剂 32～43mL 兑水喷雾，根据病害发展和天气情况连续使用 2～3 次，间隔 7～10d 喷 1 次。

（5）防治番茄疫霉根腐病，每亩用 250g/L 悬浮剂 30～50mL，兑水 45～75L，加 0.004% 芸薹素内酯水剂 1500 倍液，均匀喷雾。

（6）防治西瓜疫病，发病初期可喷洒 25% 悬浮剂 2500 倍液，隔 7～10d 喷 1 次，连续防治 3～4 次，必要时还可灌根，每株灌对好的药液 0.25～0.4L，如能喷洒与灌根同时进行，防效明显提高。

（7）防治马铃薯晚疫病，发病初期开始施药，每次每亩用 23.4% 悬浮剂 21～43mL 兑水喷雾，或每亩用 25% 悬浮剂 20～40mL，兑水 45～60kg 喷雾，间隔 7～14d 喷 1 次，根据病害发展和天气情况连续使用 2～4 次。

（8）防治甜瓜霜霉病，用 25% 悬浮剂 2500 倍喷雾。

（9）防治芋疫病，及早喷药预防，可用 250g/L 悬浮剂每亩 30～50mL，兑水 45～75kg 灌根，隔 10～15 天再灌 1 次。

此外，还可防治甜瓜疫病、瓠瓜疫病等。

中毒急救　该药无解毒剂，若误服请勿引吐，立即将病人送医院诊治，医生可对症治疗。

注意事项

（1）为防止病菌对药剂产生抗性，一个生长季内双炔酰菌胺的使用次数最好不超过 3 次，建议与百菌清、代森锰锌等其他种类的杀菌剂轮换使用。

（2）该药剂耐雨水冲刷，药后 2h 内遇雨药效不受影响。

（3）贮藏温度应避免低于 −10℃ 或高于 35℃。

（4）应贮藏在避光、干燥、通风处。运输时应注意避光、防高温、雨淋。

（5）避免药液接触皮肤、眼睛和污染衣物，避免吸入雾滴。

（6）在番茄上安全间隔期为 7d，一季最多使用 4 次；在辣椒上安全间隔期为 3d，一季最多使用 3 次；在西瓜上安全间隔期为 5d，一季最多使用 3 次；在马铃薯上安全间隔期为 3d，一季最多使用 3 次。

氰霜唑（cyazofamid）

$C_{13}H_{13}ClN_4O_2S$, 324.8, 120116-88-3

其他名称　氰霜唑、科佳、氰唑磺菌胺。

化学名称　4-氯-2-氰基-5-对甲基苯基-咪唑-1-*N*,*N*-二甲基磺酰胺

主要剂型 10％悬浮剂，40％颗粒剂。

理化性质 白色无味粉末。熔点152.7℃，蒸气压＜$1.3×10^{-2}$ mPa（35℃），相对密度1.446（20℃）。溶解度：水中为0.121（pH5），0.107（pH7），0.109（pH9）（均为mg/L，20℃）；丙酮41.9，甲苯5.3，二氯甲烷101.8，己烷0.03，乙醇1.54，乙酸乙酯15.63，乙腈29.4，异丙醇0.39（均为g/L，20℃）。

产品特点

（1）氰霜唑是氰基咪唑类保护性杀菌剂，对卵菌纲病原菌如疫霉菌、霜霉菌、假霜霉菌、腐霉菌等具有很高的活性，能阻碍病原菌在各个生育阶段的发育，属超级保护型杀菌剂。

（2）其作用机理是通过有效成分与植物病原菌细胞线粒体内膜的结合，阻碍膜内电子传递，干扰能量供应，从而起到杀灭病原菌的作用。

（3）针对性强，效果好。对黄瓜、甜瓜、菠菜等的霜霉病，番茄、马铃薯、辣椒、甘蓝的晚疫病，白菜、甘蓝等十字花科的根肿病有特效。

（4）用量低，持效期长，安全。持效期长达10～14d，可减少用药次数。喷施氰霜唑后未发现对蔬菜的嫩叶和幼果有任何副作用。对其他有益微生物、植物和高等动物无影响，对作物和环境高度安全。蔬菜上农药残留量低，符合无公害蔬菜生产的要求，值得在生产上大力推广应用。

（5）耐雨水冲刷，收益高。施药后1h降雨，不影响药效。使用后，果菜表面不留药斑，提高果菜品质，增加收益。

（6）超级保护性杀菌剂。在病原孢子的各个生育阶段，都能阻碍其萌发和形成，有效抑制病原菌基数，预防和控制病害的发生和蔓延。

（7）全新作用机理，无交互抗性。作用位点与其他杀菌剂不同，能有效防治对常用杀菌剂霜脲·锰锌、噁霜灵、甲霜灵等已产生抗性的病原菌，可与其他杀虫、杀菌剂等混用。

使用方法

（1）防治辣椒疫病，发病初期用10％悬浮剂2000～2500倍液喷雾；防治辣椒炭疽病，发病初期用10％悬浮剂2000倍液喷雾；防治辣椒晚疫病，在每年发病季节的雨后应立即喷药保护，每亩用10％悬浮剂40～50mL兑水60～75kg均匀喷雾。最好与氟啶胺等轮换用药，或与具有治疗作用的烯酰吗啉轮换，药液要喷到果实上，最好在摘除病果后再打药，7～10d喷1次，连防2～3次，病害大流行时5～7d喷1次。

（2）防治番茄晚疫病，发病初期用10％悬浮剂2000～2500倍液喷雾，最适宜用于夏秋番茄（露地）及日照不足的大棚番茄（气温20℃以下）。

（3）防治黄瓜疫病，定植缓苗后用10％悬浮剂2000～2500倍液喷雾，7～14d喷1次，连用2次，发病高峰期，用10％悬浮剂1000～1500倍液喷雾；防治黄瓜霜霉病，发病初期，连续喷10％悬浮剂2000～2500倍液2～3次，建议与烯酰·锰锌、霜脲·锰锌等药剂轮换使用，以延缓霜霉病菌抗药性产生。

（4）防治西瓜疫病，未发生或发病初期，每亩用10％悬浮剂53.3mL，兑水50kg（阴雨天多时药剂兑水量可适当减少为25～35kg）喷雾，7～10d喷1次，连喷3～4次。

（5）防治马铃薯晚疫病，拔除、烧毁或深埋病株，并用10％悬浮液3000倍液喷雾。

（6）防治白菜等十字花科蔬菜根肿病，种子消毒，可在播种前用55℃的温水浸种15min，再用10％悬浮剂2000～3000倍液浸种10min。育苗床土壤消毒处理，可用10％悬浮剂1500～2000倍液充分淋土（淋土深度15cm以上）。大田浇土灌根，可用经氰霜唑处理过的菜苗移栽定植，再用10％悬浮剂1500～2000倍液在移栽苗周围（直径15～20cm内）浇土（淋水深度达到15cm），每株250mL。

（7）防治莴苣、红菜薹等叶类蔬菜霜霉病，花椰菜霜霉病，甜瓜霜霉病，发病前或发病初期，用10％悬浮剂2000倍液喷雾。

（8）防治大豆根腐病，用10％悬浮剂1000～2000倍液喷雾。

（9）防治食用百合疫病，用10％悬浮剂2000倍液喷洒植株，隔10d喷1次，防治2～3次。

注意事项

（1）必须在发病前或发病初期使用，施药间隔期7～10d。

（2）悬浮剂在使用前必须充分摇匀，并采用2次稀释法。

（3）本剂有一定的内吸性，但不能传导到新叶，施药时应均匀喷雾到植株全部叶片的正反面，喷药量应根据对象作物的生长情况、栽培密度等进行调整。

（4）对卵菌纲病菌以外的病害没有防效，如其他病害同时发生，要与其他药剂混合使用。

（5）为防止抗药性产生，建议与其他杀菌剂轮用。

（6）在黄瓜、番茄上的安全间隔期为3d，每季作物最多使用3～4次。

吡唑醚菌酯（pyraclostrobin）

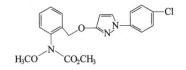

$C_{19}H_{18}ClN_3O_4$, 387.8, 175012-18-0

其他名称 凯润、唑菌胺酯、吡亚菌平、百克敏。

化学名称 N-2-{[1-(4-氯苯基)吡唑-3-基]氧甲基}苯基-N-甲氧基氨基甲酸甲酯

主要剂型 25％、250g/L乳油，20％、25％水分散粒剂，20％浓乳剂。

理化性质 纯品外观为白色至浅米色无味结晶体。熔点63.7～65.2℃，密度1.055g/cm³，蒸气压（20～25℃）$2.6×10^{-8}$Pa。溶解度（20℃，g/100mL）：水（蒸馏水）0.00019，正庚烷0.37，甲醇10，乙腈≥50，甲苯、二氯甲烷≥57，丙酮、乙酸乙酯≥65，正辛醇2.4。水中稳定，直接光照光解快。

产品特点

（1）吡唑醚菌酯在施药后几分钟后即可穿透到叶片中，有效成分在叶片组织内扩散，直接破坏线粒体呼吸链（真菌生存的关键），有效控制病菌扩展危害，同时在上表皮蜡质层形成沉降药膜，有非常好的阻止病菌入侵的作用。

（2）吡唑醚菌酯属甲氧基丙烯酸酯类杀菌剂，为新型、高效、广谱杀菌剂，具有保护、治疗、叶片渗透传导作用。比其他同类杀菌剂活性更高，可有效防治瓜果蔬菜的白粉病、霜霉病、叶斑病等。

（3）作用快速、药效持久。用药后几分钟就起作用，渗入叶内，并在上表皮蜡质层形成沉降药膜，预防作用非常好。吡唑醚菌酯在叶片上形成的沉降药膜与蜡质层黏连紧密，可显著减少有效成分因水分蒸发和雨水冲刷而造成的流失，用药一次有效期达12～15d。持效期是常规杀菌剂的2倍，并具有免疫功能。

（4）强效可靠、杀菌谱广。能阻止病菌侵入，防止病菌扩散和清除体内病菌，具有治疗和预防效果，能有效控制子囊菌、担子菌、半知菌和卵菌中的多种真菌病害。杀菌范围广，在60多种作物上体现出广谱特性，适合蔬菜、瓜果等多种作物上多种真菌病害的防治，并对病毒病和细菌性病害有预防和抵制作用。

（5）改善作物生理机能、增强抗逆性。使作物生理活性提高，延缓衰老，可通过改善氮的作用增加产量，在瓜类施用后可多结一茬瓜，延长采收期10～15d，增产15%左右，增收10%～20%。在干旱条件下，可以抵制乙烯的产生，防止作物早熟，确保最佳成熟度。

（6）吡唑醚菌酯可与代森联、烯酰吗啉、氟唑菌酰胺等杀菌剂复配。

防治对象 吡唑醚菌酯适用作物很广，对许多种真菌性病害均具有很好的防治效果，在蔬菜生产上主要用于防治黄瓜白粉病、霜霉病、炭疽病，西瓜、甜瓜的炭疽病，十字花科蔬菜炭疽病等。

使用方法

（1）吡唑醚菌酯可预防和治疗多种重要的黄瓜病害，对黄瓜安全，尤其是在病害密度很高，或病害混合发生高峰时，施用推荐剂量可获得非常明显的效果，预防效果突出。防治黄瓜蔓枯病、白粉病、霜霉病，发病初期用25%乳油2000～3000倍液等喷雾。防治黄瓜枯萎病，发病初期用25%乳油3000倍液灌根，每株灌0.25kg药液，每隔5～7d灌1次，连灌2～3次。

（2）防治西瓜蔓枯病、炭疽病，发病初期用25%乳油1800～2000倍液喷雾，每隔3～4d喷1次，连喷2～3次。

（3）防治甜瓜叶枯病、霜霉病，发现病株后用25%乳油3000倍液喷雾。

（4）防治辣椒疫病，可用25%乳油4000倍液灌根，每株灌0.1kg药水，缓苗后灌第二次，以后每隔7～10d灌1次，或视病情发展而定，连灌2～3次。防治辣椒炭疽病，发病初期，用250g/L乳油1000～1500倍液喷雾，7～10d喷1次，连喷2～3次。防治辣椒白粉病，发病初期，用250g/L乳油1000倍液喷雾。

（5）防治番茄猝倒病，苗床一旦发现病苗，及时拔除，然后用25%乳油3000倍液喷雾或浇灌，每平方米用药液2～3L，视病情隔7～10d用药1次，连续防治2～3次。用药剂喷雾或灌根以后，撒些草木灰和细干土，降湿保温。防治番茄早疫病，进入雨季时，发病之前喷雾50%乳油1500倍液。防治番茄白粉病，发病初期叶片上出现白粉时，用25%乳油2000倍液喷雾。

（6）防治茄子黄褐针孢叶霉病，发病初期用250g/L乳油1000倍液喷雾。

（7）防治十字花科蔬菜炭疽病，从病害发生初期开始喷药，每次每亩使用25%乳油30～50mL，兑水30～45kg均匀喷雾，7～10d喷1次，连喷2次左右。

（8）防治大白菜、白菜白粉病，发病初期，用250g/L乳油1000～1500倍液喷雾，隔 7～10d 喷 1 次，防治 1～2 次。

（9）防治菠菜炭疽病，发病初期，用 250g/L 乳油 1500 倍液喷雾，隔 7～10d 喷 1 次，连续防治 3～4 次。

（10）防治莴苣、结球莴苣霜霉病、尾孢叶斑病、灰霉病，初见病斑时喷洒 250g/L 乳油 1500 倍液。

（11）防治大葱、洋葱霜霉病，发病初期，用 25％乳油 1000 倍液喷雾，隔 7～10d 喷 1 次，连续防治 2～3 次。

（12）防治芦笋茎枯病，可用 25％乳油 3000 倍液喷雾保护，遇雨适当增加次数，雨后及时补喷。重病区尤其要抓住幼嫩期及时防治，培土前或采收结束扒土后 2～3d 晒根盘时喷药保护，收获前 15d 停止用药。

（13）防治草莓蛇眼病，发病初期用 25％乳油 3000 倍液喷雾，对病害能进行治疗和铲除，一般使用 2 次，每 15kg 药液加 2g 芸薹素内酯，可快速促进植株生长和恢复病害对植株影响。草莓白粉病、灰霉病、炭疽病均极易产生抗药性，生产中应交替用药，可用 25％乳油 3000 倍液喷雾，每一季使用次数不超过 3 次，25％乳油为"预防＋治疗＋铲除＋保健"的全能药剂，只在关键时刻或病害混发才使用。

（14）防治胡萝卜黑斑病，发病初期用 25％乳油 3000 倍液喷雾防治。如与"天达 2116"混配使用，隔 7～10d 喷 1 次，连续防治 2～3 次，效果更佳。

（15）防治菜豆锈病，用 25％乳油 2000 倍液喷雾，防效好且安全。防治菜豆白粉病、菜豆炭疽病，用 250g/L 乳油 1000～1500 倍液喷雾。

（16）防治马铃薯晚疫病，发现中心病株，用 25％乳油 3000 倍液喷雾防治。与"天达 2116"混配使用效果更好。

（17）防治黄秋葵尾孢叶斑病，发病初期，用 25％乳油 1500 倍液喷雾。

（18）防治莲藕叶疫病，发病初期，用 25％乳油 1000 倍液喷雾。

注意事项

（1）必须掌握在发病初期使用，否则效果差，每季作物从病害症状开始出现到采收，最多使用 4 次。

（2）对黄瓜安全，未见药害发生。

（3）发病轻或作为预防处理时使用低剂量；发病重或作为治疗处理时使用高剂量。

（4）生长季节需要多次用药时，应与其他种类杀菌剂轮换使用。

（5）喷雾时雾滴要细，水量要足，最好早晚用药，夏天高温不要在中午用药，喷雾要仔细、周到，作物的叶片、果实、主杆都要喷到，防止漏喷。

（6）对有些未注明的作物喷药时，尤其在真叶期，要先小范围试验，待取得效果后再大面积推广应用。

（7）吡唑醚菌酯有促进作物生长的作用，不需要加叶面肥。

（8）该制剂属中等毒性，对鱼剧毒；对鸟、蜜蜂、蚯蚓低毒。药械不得在池塘等水源和水体中洗涤，施药残液不得倒入水源和水体中。

（9）在白菜上安全间隔期为 14d，每季最多使用 3 次；在黄瓜上安全间隔期为 3d，每季作物最多使用 4 次；在西瓜上安全间隔期为 5d，每季最多使用 3 次。

醚菌酯（kresoxim-methyl）

$$C_{18}H_{19}NO_4,\ 313.4,\ 143390-89-0$$

其他名称 翠贝、苯氧菌酯、苯氧菊酯、品劲、白粉速净、白粉克星、白大夫、隔日清、粉病康、护翠、豆粉锈、止白、百润、百美、粉翠。

化学名称 (E)-2-甲氧亚氨基-[2-(邻甲基苯氧基甲基)苯基]乙酸甲酯

主要剂型 50%干悬浮剂，10%微乳剂，10%、250g/L、30%、40%、50%悬浮剂，30%、50%、60%、80%水分散粒剂，30%、50%可湿性粉剂。

理化性质 白色晶体，有芳香气味。熔点 101.6～102.5℃，蒸气压 2.3×10^{-3} mPa（20℃）。溶解度：水中 2mg/L（20℃）；正庚烷 1.72（g/L，20℃，下同），甲醇 14.9，丙酮 217，乙酸乙酯 123，二氯甲烷 939。

产品特点

(1) 醚菌酯属甲氧基丙烯酯类杀菌剂，其杀菌机理是通过抑制细胞色素 b 向 C_1 间电子转移而抑制线粒体的呼吸，破坏病菌的能量 ATP 的形成，最终导致病菌死亡。该药可作用于病害发生的各个过程，通过抑制孢子萌发、菌丝生长及孢子产生而发挥防病作用。对其他三唑类、苯甲酰胺类和苯并咪唑类产生抗性的病菌有效。具有保护、治疗、铲除、渗透、内吸活性。

(2) 醚菌酯原药为白色粉末结晶体，干悬浮剂为暗棕色颗粒，具轻微的硫黄气味。醚菌酯是一种由自然界提取的新型仿生杀菌剂，杀菌谱广，活性高，用量极低，持效时间长，作用机制独特，毒性低，对环境安全，可与其他杀菌剂混用或轮用。同时，该药在一定程度上还可诱导寄主植物产生免疫特性，防止病菌侵染。

(3) 对真菌有很高的活性，杀菌谱广。对白粉病有特效，具治疗和铲除功能。同时对炭疽病、灰霉病、黑星病、叶斑病、霜霉病、疫病等病害高效。它与常规杀菌剂有着完全不同的杀菌机理，与常规杀菌剂无交互抗性。

(4) 预防和治疗兼备。醚菌酯喷在作物体上，其有效成分醚菌酯以气态形式扩散，既可阻止叶片、果实表面的病菌孢子萌发、芽管伸长和侵入，起到预防保护作用，又能穿透蜡质层和表皮或通过气孔进入体内，抑制已入侵病菌生长，使菌丝萎缩，抑制产孢，使已产生的孢子不能萌发，达到治疗铲除作用，有效控制病害的发生为害。

(5) 耐冲刷，持效期较长，使用方便。醚菌酯干悬浮剂型，在喷药后微小颗粒沉积于作物上，其有效成分可被叶片、果实脂质外表皮吸附，不易被雨水冲刷。有效成分以扩散的形式缓慢释放，持效期长达 10～14d，可按需要灵活掌握用药时机。药剂有层移性及叶面穿透功能，如果仅仅叶片的一面有药，有效成分可穿透叶片，几小时后没处理的叶片表面同样有效。

(6) 毒性低，残留量少。醚菌酯对真菌活性很高，但对动物、植物毒性极低，对鸟、蜜蜂及有益生物（天敌）无毒。但水生生物鱼和绿藻对其比较敏感，有一定毒性。

（7）安全性好。在作物幼苗期、开花期、幼果期都能使用，在安全间隔期后，残留很低，使用安全。

（8）延缓衰老。醚菌酯能对作物产生积极的生理调节作用，它能抑制乙烯的产生，帮助作物有更长的时间储备生物能量确保成熟度。施用醚菌酯后的作物比对照蛋白质减少65%，叶绿素分解减少71%，可延长采收期7～15d。施用醚菌酯2～3d后的作物比对照叶色明显浓绿，光合作用能力增强。醚菌酯能显著提高作物的硝化还原酶的活性，当作物受到病毒袭击时，它能加速抵抗病毒中蛋白的形成。

（9）作用位点非常单一，抗性起得比较快，一个生长季最多使用3次，不宜长期使用单剂作为治疗手段，最好混配其他杀菌剂使用或者使用复配剂。

（10）醚菌酯常与苯醚甲环唑、乙嘧酚、百菌清、甲霜灵、氟硅唑、咪鲜胺、烯酰吗啉、己唑醇、戊唑醇、多菌灵、甲基硫菌灵、氟环唑、氟菌唑、丙森锌、啶酰菌胺、腈菌唑、丙环唑等杀菌成分复配。如与乙嘧酚复配而成的高活性、内吸性药剂，对多种作物的白粉病、黑星病、霜霉病、炭疽病、锈病、疫病、叶斑病等效果显著。

防治对象　在蔬菜生产中主要用于防治西瓜及甜瓜的炭疽病、白粉病，黄瓜的霜霉病、白粉病、黑星病、蔓枯病，丝瓜的霜霉病、白粉病、炭疽病，冬瓜的霜霉病、疫病、炭疽病，番茄的晚疫病、早疫病、叶霉病，辣椒的炭疽病、疫病、白粉病，十字花科蔬菜霜霉病、黑斑病，花椰菜霜霉病，菜豆、豌豆、豇豆等豆类蔬菜的白粉病、锈病，菜用大豆的锈病、霜霉病，马铃薯的晚疫病、早疫病、黑痣病，菜用花生的叶斑病、锈病等。

使用方法

（1）防治西瓜及甜瓜的炭疽病、白粉病、黑星病，从病害发生初期或初见病斑时开始喷药，用250g/L悬浮剂1000～1500倍液，或50%水分散粒剂2000～3000倍液均匀喷雾，10d左右喷1次，与不同类型药剂交替使用，连喷3～4次。

（2）防治草莓白粉病、灰霉病，从病害发生初期开始喷药，用50%水分散粒剂3000～4000倍液，或30%可湿性粉剂2000～2500倍液喷雾，10～15d喷1次，连喷2～3次。

（3）防治黄瓜霜霉病、白粉病、黑星病、蔓枯病，以防治霜霉病为主，兼防白粉病、黑星病、蔓枯病。从定植后3～5d或初见病斑时开始喷药，每亩次使用250g/L悬浮剂60～90mL，或50%水分散粒剂30～45g，兑水60～90kg均匀喷雾。植株小时用药量适当降低，7～10d喷1次，与不同类型药剂交替使用，连续喷药。

（4）防治黄瓜白粉病，用50%可湿性粉剂16.5g/亩，兑水于黄瓜白粉病发病前或初开始喷药，间隔7d喷药2次以上，喷药时应注意叶片正背面均匀喷洒。

（5）防治丝瓜霜霉病、白粉病、炭疽病，从病害发生初期开始用50%水分散粒剂30～45g，兑水60～90kg均匀喷雾，10d左右喷1次，与不同类型药剂交替使用，连喷2～4次。植株小时用药量适当降低。

（6）防治冬瓜霜霉病、疫病、炭疽病，从病害发生初期开始喷药，用250g/L悬浮剂60～90mL，兑水60～90kg均匀喷雾，7～10d喷1次，与不同类型药剂交替使用，连喷3～4次。

（7）防治番茄晚疫病、早疫病、叶霉病，前期以防治晚疫病为主，兼防早疫病，从初见病斑时开始喷药，用 250g/L 悬浮剂 60～90mL，兑水 60～90kg 均匀喷雾，7～10d 喷 1 次，与不同类型药剂交替使用，连喷 3～5 次；后期以防治叶霉病为主，兼防晚疫病、早疫病，从初见病斑时开始喷药，用 50％水分散粒剂 30～45g，兑水 60～90kg 喷雾，10d 左右喷 1 次，连喷 2～3 次，重点喷洒叶片背面。

（8）防治番茄白粉病，发病初期叶片上出现白粉时，用 50％水分散粒剂 2000 倍液（已产生抗药性的用 600 倍液）喷雾。

（9）防治辣椒炭疽病、疫病、白粉病，从病害发生初期或初见病斑时开始喷药，用 250g/L 悬浮剂 50～70mL，或 50％水分散粒剂 25～35g，兑水 60～75kg 均匀喷雾，10d 左右喷 1 次，与不同类型药剂交替使用，连喷 3～4 次。

（10）防治十字花科蔬菜霜霉病、黑斑病，从病害发生初期开始喷药，用 250g/L 悬浮剂 40～60mL，或 50％水分散粒剂 20～30g，兑水 45～60kg 均匀喷雾，10d 左右喷 1 次，连喷 1～2 次。

（11）防治大白菜、白菜白粉病，发病初期，用 50％水分散粒剂 1500 倍液喷雾，隔 7～10d 喷 1 次，防治 1～2 次。

（12）防治结球甘蓝、紫甘蓝炭疽病，发病初期，用 50％水分散粒剂 1500 倍液喷雾。

（13）防治花椰菜霜霉病，从初见病斑时开始喷药，用 250g/L 悬浮剂 40～60mL，或 50％水分散粒剂 20～30g，兑水 45～60kg 均匀喷雾，7～10d 喷 1 次，连喷 2 次左右。

（14）防治菜豆、豌豆、豇豆等豆类蔬菜的白粉病、锈病，从病害发生初期开始喷药，用 250g/L 悬浮剂 1000～1200 倍液，或 50％水分散粒剂 2000～2500 倍液均匀喷雾，10d 左右喷 1 次，与不同类型药剂交替使用，连喷 2～4 次。

（15）防治菜豆炭腐病，喷洒 50％水分散粒剂 1000 倍液。

（16）防治菜用大豆锈病、霜霉病，从病害发生初期开始喷药，用 250g/L 悬浮剂 40～60mL，或 50％水分散粒剂 20～30g，兑水 45～60kg 均匀喷雾，10d 左右喷 1 次，连喷 1～2 次。

（17）防治马铃薯晚疫病、早疫病、黑痣病。防治晚疫病、早疫病时，从初见病斑时开始喷药，用 250g/L 悬浮剂 60～80mL，或 50％水分散粒剂 30～40g，兑水 60～75kg 均匀喷雾，10d 左右喷 1 次，与不同类型药剂交替使用，连喷 4～7 次。防治黑痣病时，在播种时于播种沟内喷药，用 250g/L 悬浮剂 40～60mL，或 50％水分散粒剂 20～30g，兑水 30～45kg 喷雾。

（18）防治芹菜猝倒病，发病初期，用 30％可湿性粉剂 1200～1500 倍液喷雾。

（19）防治莴苣炭疽病，发病初期，用 50％水分散粒剂 1500 倍液喷洒。

（20）防治莴苣、结球莴苣白粉病，发病初期，用 30％水剂 1500 倍液喷洒，隔 10～20d 喷 1 次，防治 1～2 次。

（21）防治蕹菜链格孢叶斑病，发病前，用 50％水分散粒剂 1200 倍液喷雾。

（22）防治苋菜、彩苋炭疽病，发病初期，用 50％水分散粒剂 1200 倍液喷雾，隔 7～10d 喷 1 次，连续防治 2～3 次。

（23）防治落葵链格孢叶斑病，发病初期，用 30％可湿性粉剂 1500 倍液喷雾，隔 7～15d 喷 1 次，防治 2～3 次。

（24）防治紫背天葵炭疽病，发病初期，用 30％可湿性粉剂 1200 倍液喷雾，隔 7～

10d 喷 1 次，连续防治 2～3 次。

（25）防治马铃薯早疫病、南瓜疫病，每亩用 50％水分散粒剂 13.3～53.3g，兑水 30～45kg 喷雾。

（26）防治菜用花生叶斑病、锈病，从病害发生初期开始喷药，每次每亩用 250g/L 悬浮剂 40～60mL，或 50％水分散粒剂 20～30g，兑水 30～45kg 均匀喷雾，10d 左右喷 1 次，连喷 2 次左右。

（27）防治香椿白粉病，春季子囊孢子飞散时，用 50％水分散粒剂 1000 倍液喷雾。

（28）防治食用菊花白粉病，发病初期，用 50％水分散粒剂 1000 倍液喷雾。

注意事项

（1）主要应用于喷雾，在病害发生前或发生初期开始用药，能充分发挥药效、保证防治效果，且喷药应及时、均匀、周到。

（2）药剂应现混现用，配好的药液要立即使用。并按照当地的有关规定处理所有的废弃物。

（3）可在湿的叶片上使用，提倡与其他杀菌剂轮用和混用，不要连续使用，每季作物在连续使用 2 次后，应更换其他不同类型的杀菌剂。

（4）可与其他杀虫剂、杀菌剂、杀螨剂、植物生长调节剂和叶面肥混合使用，避免与乳油混用。不能与碱性药剂混用。

（5）防治白粉病效果非常好，由于白粉病菌容易产生抗药性，用醚菌酯防治白粉病时，需与甲基硫菌灵或硫黄混用，也可与三唑类药剂轮换使用。

（6）果实成熟采收前的用药尽量选择干悬剂（或水分散粒剂），不要选择可湿性粉剂，以免污染果实，影响外观。

（7）苗期注意减少用量，以免对新叶产生危害。

（8）在草莓上安全间隔期为 5d，每季最多使用 3 次；在黄瓜上安全间隔期为 5d，每季最多使用 3 次；在番茄上安全间隔期为 3d，每季最多使用 3 次。

嘧菌酯（azoxystrobin）

$C_{22}H_{17}N_3O_5$，403.4，131860-33-8

其他名称 阿米西达、阿米瑞特、艾嘧西达、龙灯垄优、多米尼西、西普达、阿米佳、优必佳、好为农、金嘧、卓旺、安灭达、绘绿。

化学名称 (E)-{2-[6-(2-氰基苯氧基)嘧啶-4-基氧]苯基}-3-甲氧基丙烯酸甲酯

主要剂型 25％、250g/L、30％、35％悬浮剂，25％乳油，20％、25％、50％、60％、80％水分散粒剂，25％胶悬剂。

理化性质 纯品嘧菌酯为白色结晶状固体，熔点 116℃（原药 114～116℃），蒸气压 $1.1×10^{-7}$mPa（20℃），相对密度 1.34（20℃）。溶解度：水中 6mg/L（20℃），正

己烷 0.057（g/L，20℃，下同），正辛醇 1.4，甲醇 20，甲苯 86，乙酸乙酯 130，乙腈 340，二氯甲烷 400。稳定性：水溶液中光解半衰期为 2 周，pH5～7，室温下水解稳定。属甲氧基丙烯酸酯类内吸性广谱低毒杀菌剂。对蜜蜂、鸟类毒性低，对蚯蚓以及多种节肢动物安全，对害虫天敌步甲和寄生蜂安全。

产品特点

（1）嘧菌酯是以源于蘑菇的天然抗菌素为模板，通过人工仿生合成的一种全新的 β 甲氧基丙烯酸酯类杀菌剂，具有保护、治疗和铲除三重功效，但治疗效果中等。嘧菌酯具有新的作用机制，药剂进入病菌细胞内，与线粒体上细胞色素 b 的 Q_0 位点相结合，阻断细胞色素 b 和细胞色素 c_1 之间的电子传递，从而抑制线粒体的呼吸作用，破坏病菌的能量合成。由于缺乏能量供应，病菌孢子萌发、菌丝生长和孢子的形成都受到抑制。

（2）杀菌谱广。嘧菌酯是一个防治真菌病害的药剂，高效、广谱，能防治几乎所有的作物真菌病害，是目前防治病害种类最多的内吸性杀菌剂种类。

（3）持效期长。持效 15d，可减少用药次数。

（4）作用位点非常单一，病菌对其耐药性产生得比较快，一个生长季最多使用 3 次。不宜长期使用单剂，最好配合着其他杀菌剂或使用复配剂。嘧菌酯不能与杀虫剂乳油，尤其是有机磷类乳油混用，也不能与有机硅类增效剂混用。

（5）作用独特。嘧菌酯在发病全过程均有良好的杀菌作用，病害发生前阻止病菌的侵入，病菌侵入后可清除体内的病菌，发病后期可减少新孢子的产生，对作物提供全程的防护作用。不污染环境，特别适用于绿色无公害产品的生产。

（6）改善品质。能够显著地改善番茄、辣（甜）椒、黄瓜、西瓜、冬瓜、丝瓜等果实品质，使用嘧菌酯后，能够促进植物叶片叶绿素的含量增加，作物叶面更绿、叶面更大、绿叶的保持时间更长，刺激作物对逆境的反应，延缓作物衰老，能够提高植物的抗寒和抗旱能力。

（7）嘧菌酯除了用于茎叶喷雾、种子处理，也可进行土壤处理。

（8）嘧菌酯可与百菌清、苯醚甲环唑、丙环唑、戊唑醇、烯酰吗啉、精甲霜灵、咪鲜胺、甲霜灵、甲基硫菌灵、霜脲氰、己唑醇、噻唑锌、噻霉酮、霜霉威盐酸盐、丙森锌、多菌灵、乙嘧酚、宁南霉素、四氟醚唑、几丁聚糖、氟环唑、噻呋酰胺、粉唑醇、氰霜唑、咯菌腈、氨基寡糖素、腐霉利、氟酰胺、吡唑萘菌胺等杀菌剂成分复配，用于生产复配杀菌剂。

防治对象　适用作物非常广泛，可用于黄瓜、西瓜、马铃薯、番茄、辣椒、冬瓜、丝瓜等蔬菜。

对几乎所有的真菌界的子囊菌亚门、担子菌亚门、鞭毛菌亚门和半知菌亚门病菌孢子的萌发及产生有抑制作用，也可控制菌丝体的生长。并且还可抑制病原孢子侵入，具有良好的保护活性，全面有效控制蔬菜、果树、花卉等植物的各种真菌病害，如白粉病、霜霉病、黑星病、炭疽病、锈病、疫病等。对草莓白粉病、甜瓜白粉病、黄瓜白粉病有特效，但对病毒病和细菌性病害没有效果。可用于茎叶喷雾、种子处理，也可进行土壤处理。

在蔬菜上对各种霜霉病、晚疫病、早疫病、炭疽病、白粉病、叶霉病、立枯病、猝倒病、根腐病、锈病、灰霉病、菌核病、褐纹病、褐斑病等都有很好的效果。

使用方法

（1）防治番茄早疫病、晚疫病、灰霉病、叶霉病、基腐病等。前期以防治晚疫病为主，兼防早疫病，从初见病斑时开始喷药，10d 左右喷 1 次，与不同类型药剂交替使用，连喷 3～5 次；后期以防治叶霉病为主，兼防其他病害，从初见病斑时开始喷药，10d 左右喷 1 次，连喷 2～3 次。一般每亩使用 250g/L 悬浮剂 60～90mL，或 50％水分散粒剂 30～45g，兑水 60～90kg 喷雾。

（2）防治辣椒炭疽病、灰霉病、疫病、白粉病等。发病初期每亩用 25％悬浮剂 32～48mL，兑水 45～60kg 叶面喷雾，3～7d 喷 1 次，连喷 3 次。

（3）防治茄子疫病、白粉病、炭疽病、褐斑病、黄萎病等。发病初期每亩用 25％悬浮剂 32～48mL 叶面喷雾，3～7d 喷 1 次，连喷 3 次。

（4）防治黄瓜霜霉病、疫病、白粉病、炭疽病、灰霉病、黑星病等。从初见病斑时开始喷药，每亩用 25％悬浮剂或 250g/L 悬浮剂 40～70mL，或 50％水分散粒剂 20～35g，兑水 45～60kg 叶面喷雾，3～7d 喷 1 次，连喷 3 次。

（5）防治西瓜（甜）炭疽病、疫病、猝倒病、叶斑病、枯萎病等。发病初期用 25％悬浮剂 800～1600 倍液叶面喷雾，3～7d 喷 1 次，连喷 3 次。

（6）防治冬瓜霜霉病、炭疽病，丝瓜霜霉病。发病初期开始施药，每亩用 25％悬浮剂 48～90mL 兑水喷雾，每隔 7～10d 施用 1 次。

（7）防治菜豆锈病，每亩用 25％悬浮剂 40～60mL 兑水喷雾。

（8）防治豇豆炭疽病，发病初期，用 25％悬浮剂 1000 倍液喷雾，隔 10d 左右喷 1 次，防治 2～3 次。

（9）防治蚕豆轮纹病，发病初期，用 250g/L 悬浮剂 1000 倍液喷雾，隔 10d 左右喷 1 次，防治 1～2 次。

（10）防治扁豆绵疫病，发病初期，用 250g/L 悬浮剂 1000 倍液喷雾。

（11）防治花椰菜霜霉病，每亩用 25％悬浮剂 40～72mL 兑水喷雾。

（12）防治大白菜、白菜芸薹链格孢和芸薹生链格孢叶斑病，发现病株，及时用 250g/L 悬浮剂 1200 倍液，或 560g/L 嘧菌酯•百菌清悬浮剂 700 倍液喷雾，隔 7d 左右喷 1 次，连续防治 3～4 次。

（13）防治结球甘蓝、紫甘蓝炭疽病、白粉病，发病初期，用 250g/L 水分散粒剂 1000～1200 倍液喷雾。

（14）防治萝卜白锈病、炭疽病，发病初期开始，用 250g/L 悬浮剂 1000 倍液喷雾。

（15）防治马铃薯黑痣病，于播种时在播种沟内喷药，下种后向种薯两侧沟面喷药，最好覆土一半后再喷施一次然后再覆土，每亩用 250g/L 悬浮剂 36～60mL，或 50％水分散粒剂 20～30g，兑水 45～60kg 喷雾。

（16）防治马铃薯晚疫病，从初见病斑时开始喷药，每次每亩用 250g/L 悬浮剂 40～50mL，或 50％水分散粒剂 20～25g，兑水 45～60kg 喷雾。10d 左右喷 1 次，连喷 2～3 次，与不同类型药剂交替使用。

（17）防治马铃薯早疫病，发病初期开始施药，每次每亩用 250m/L 悬浮剂 40～80mL 兑水喷雾，每隔 7～10d 施用 1 次，连续使用 2～3 次。

（18）防治马铃薯炭疽病，发病初期，用 250g/L 悬浮剂 1000 倍液喷雾。

（19）防治芹菜斑枯病，茄子黄萎病等，用 25％悬浮剂 2500 倍液喷雾，一个生长季最多使用 3 次。

（20）防治菠菜霜霉病、炭疽病，发病初期，用 250g/L 悬浮剂 1500 倍液喷雾，隔7～10d 左右喷 1 次，连续防治 2～3 次。

（21）防治蕹菜茄匍柄霉叶斑病、贝克假小尾孢叶斑病、炭疽病、白锈病，发病初期，用 250g/L 悬浮剂 1000 倍液，或 32.5％苯甲•嘧菌酯悬浮剂 1500 倍液喷雾，隔 7～10d 喷 1 次，连续防治 3～4 次。

（22）防治苋菜、彩苋炭疽病，发病初期，用 250g/L 悬浮剂 1000 倍液，或 32.5％苯甲•嘧菌酯悬浮剂 1500 倍液喷雾，隔 7～10d 喷 1 次，连续防治 2～3 次。

（23）防治茼蒿炭疽病，发病初期，用 250g/L 悬浮剂 1000 倍液，或 32.5％苯甲•嘧菌酯悬浮剂 1500 倍液喷雾，隔 7～10d 喷 1 次，连续防治 2～3 次。

（24）防治冬寒菜炭疽病，发病初期，用 250g/L 悬浮剂 1000 倍液喷雾，隔 7～10d 喷 1 次，连续防治 2～3 次。

（25）防治落葵叶点霉紫斑病，发病初期，用 250g/L 悬浮剂 1000 倍液喷雾。

（26）防治黄花菜炭疽病，发病初期，用 32.5％苯甲•嘧菌酯悬浮剂 1500 倍液或 250g/L 嘧菌酯悬浮剂 1000 倍液喷雾，隔 7～10d 喷 1 次，连续防治 3～4 次。

（27）防治黄花菜叶斑病，发病初期，用 250g/L 悬浮剂 1000 倍液喷雾，隔 7～10d 喷 1 次，连喷 2～3 次。

（28）防治芦笋炭疽病，发病初期，用 32.5％苯甲•嘧菌酯悬浮剂 1500 倍液，或 250g/L 嘧菌酯悬浮剂 1000 倍液喷雾，隔 10d 喷 1 次，连续防治 2～3 次。

（29）防治草莓蛇眼病，发病初期，喷淋 25％悬浮剂 900 倍液，隔 7～10d 灌 1 次，共喷 3 次。

（30）防治水生蔬菜褐斑病，荸荠秆枯病，用 25％乳油 1500 倍液喷雾。

（31）防治莲藕炭疽病，发病初期，用 32.5％苯甲•嘧菌酯悬浮剂 1500 倍液或 250g/L 嘧菌酯悬浮剂 1000 倍液喷雾，隔 7～10d 喷 1 次，连续防治 2～3 次。

（32）防治莲藕叶疫病，发病初期，用 250g/L 悬浮剂 1000 倍液喷雾。

（33）防治姜炭疽病，发病初期，用 250g/L 悬浮剂 1000 倍液喷雾，10～15d 喷 1 次，防治 2～3 次，注意喷匀喷足。

（34）防治芋炭疽病，在发病前，用 32.5％悬浮剂 1500 倍液喷雾，隔 7～10d 喷 1 次，防治 2～3 次。

中毒急救 如吸入本品，应迅速将患者转移到空气清新流通处。如呼吸停止，给人工呼吸。如呼吸困难，给氧。如有症状及时就医。皮肤接触后，立即用水和肥皂清洗，并彻底冲洗干净。眼睛接触后，把眼睑打开用流水冲洗几分钟，如有持续症状，及时就医。误食，立即用大量清水漱口，催吐、洗胃，及时送医院对症治疗。

注意事项

（1）一定要在发病前或发病初期使用。嘧菌酯是一个具有预防兼治疗作用的杀菌剂，但它最强的优势是预防保护作用，而不是它的治疗作用。它的预防保护效果是普通保护性杀菌剂的十几倍到 100 多倍，而它的治疗作用和普通的内吸治疗性杀菌剂几乎没有多大差别。

（2）要有足够的喷水量。一个 50～60m 长的温室在成株期（番茄、黄瓜、茄子、甜椒）至少要喷 4 喷雾器水（60kg）、80m 长的棚要喷 6～7 喷雾器水。使用浓度 1500倍液（每喷雾器水加 1 包阿米西达），每次喷药的间隔期 10～15d，连喷 2～3 次。如果叶片被露水打湿而重新湿润，吸收将会增强，药后 2h 降雨并不影响药效。

（3）不推荐与其他药剂混合使用。嘧菌酯化学性质是比较稳定的，在正常情况下与一般的农药现混现用都不会有问题，但不推荐嘧菌酯与其他药剂混合使用，特别是不要与一些低质量的药剂混用，以免降低药效或发生其他反应。需要混合时要提前做好试验，在确信不会发生反应后再正式混合使用。

（4）最好与其他药剂轮换使用。本药剂使用次数不可过多，不可连续用药，为防止病菌产生抗药性，要根据病害种类与其他药剂交替使用（如百菌清、苯醚甲环唑、精甲霜•锰锌、嘧霉胺、氢氧化铜等）。如气候特别有利于病害发生时，使用过嘧菌酯的蔬菜也会轻度发病，可选用其他杀菌剂进行针对性的预防和治疗。

（5）要掌握好使用时期，不同的使用时期对作物的增产效果和防病效果差异很大。有试验表明：对于果菜类蔬菜（黄瓜、番茄、辣椒、茄子、甜瓜、西瓜、草莓、菜豆等），嘧菌酯的最佳使用时期是在开花结果初期。在叶根菜类蔬菜上，最佳的使用时期是在蔬菜快速生长期。例如芹菜、韭菜是在封行之前，白菜、花椰菜、莴笋、萝卜等是在团棵期。因此，嘧菌酯的使用时期不能像其他杀菌剂一样在病害发生以后，而是按着蔬菜的生长期来确定的。这也是充分发挥嘧菌酯既能增产又能防病作用的关键技术。

（6）在番茄上用药时，在阴天禁止用药，应在晴天上午用药。

（7）为了提高药效和延缓病菌对嘧菌酯的抗药性产生，常将嘧菌酯与其他种类药剂混配形成新的制剂。如：

① 32.5％阿米妙收悬浮剂　苯醚甲环唑与嘧菌酯的复合制剂。属高效、低毒、低残留的环境友好型杀菌剂。阿米妙收具有杀菌、保护双重功效，特别适用于不良气候条件下、病害发生期使用。其杀菌范围极广，对作物的真菌病害几乎都有预防和治疗效果，尤其是对作物的霜霉病、炭疽病、蔓枯病、白粉病、叶霉病、疫病、叶斑病防效更为优异。阿米妙收活性强大，可以迅速渗透叶、茎组织，阻止病菌细胞的呼吸而致病菌死亡。主要用于喷雾，施药浓度为 750～1500 倍液，一般在花蕾期、结果期、盛果期各喷施一次，整个生长期真菌性病害可以基本不发病或发病极轻微。该药剂特别适合在甜瓜和西瓜上使用，一次喷药可以同时防治蔓枯病、炭疽病和白粉病三种重要病害。

② 56％阿米多彩悬浮剂　嘧菌酯与百菌清的复合制剂。阿米多彩是广谱的保护性杀菌剂，在作物苗期和生长中后期未发病或发病轻微时使用，可有效防治瓜类的霜霉病、叶枯病、白粉病、炭疽病、褐斑病等，以及茄果类蔬菜的早疫、晚疫、叶霉、白粉、灰霉病等，使用浓度为 700～1000 倍液。

（8）在冬瓜、丝瓜上使用的安全间隔期为 7d，一季最多使用 2 次；在番茄、辣椒上安全间隔期为 5d，一季最多使用 3 次；在花椰菜上安全间隔期为 14d，一季最多使用 2 次；在黄瓜上安全间隔期为 1d，一季最多使用 3 次；在西瓜上安全间隔期为 14d，一季最多使用 3 次；在马铃薯上安全间隔期为 0d，一季最多使用 3 次。

肟菌酯（trifloxystrobin）

$C_{20}H_{19}F_3N_2O_4$, 408.4, 141517-21-7

其他名称　肟草酯，三氟敏。

化学名称　(E)-甲氧基亚氨基-[(E)-α-{[1-3-(三氟甲基苯基)亚乙基氨基]氧甲基}苯基]乙酸甲酯

主要剂型

（1）单剂　25％悬浮剂，7.5％、12.5％乳油，45％干悬浮剂，45％、50％可湿性粉剂，50％水分散粒剂。

（2）复配剂　75％肟菌酯·戊唑醇水分散粒剂。

理化性质　外观为白色至灰色结晶粉末，无味。熔点 217℃；沸点 312℃（在 285℃ 时开始分解）。蒸气压 3.4×10^{-6} Pa（25℃），相对密度 1.36（21℃）。在水中溶解度 0.61mg/L（25℃）；易溶于丙酮、二氯甲烷、乙酸乙酯。常温下贮存 2 年以上稳定。

低毒，对鱼类和水生生物高毒。

产品特点

（1）肟菌酯属于甲氧基丙烯酸酯类杀菌剂，它是一种呼吸抑制剂，通过锁住细胞色素 b 与 c_1 之间的电子传递而阻止细胞 ATP 合成，从而抑制其线粒体呼吸而发挥抑菌作用。它是具有化学动力学特性的杀菌剂，它能被植物蜡质层强烈吸附，对植物表面提供优异的保护活性。

（2）肟菌酯对几乎所有真菌纲（子囊菌纲、担子菌纲、卵菌纲和半知菌类）病害如白粉病、锈病、颖枯病、网斑病、霜霉病、叶斑病、立枯病等有良好的活性。

（3）其具有高效、广谱、保护、治疗、铲除、渗透、内吸活性外，还具有耐冲刷、持效期长等特性，因此被认为是第 2 代甲氧基丙烯酸酯类杀菌剂。

（4）肟菌酯主要用于茎叶处理，保护性能优异，具有一定的治疗活性，且活性不受环境影响，应用最佳期为孢子萌发和发病初期阶段，对黑星病各个时期均有活性。

（5）由于该类杀菌剂对靶标病原菌作用位点单一，易产生抗药性，不宜单独使用，因而与化学结构、作用机理完全不同的三唑类杀菌剂戊唑醇配成混合制剂作用。

防治对象　肟菌酯具有广谱的杀菌活性。除对白粉病、叶斑病有特效外，对锈病、霜霉病、立枯病、苹果黑腥病亦有很好的活性。

使用方法　肟菌酯主要用于茎叶处理，根据不同作物、不同的病害类型，使用剂量也不尽相同，通常使用量为 3.3～9.3g（a.i.）/亩，即可有效防治果树、蔬菜各类病害，还可与多种杀菌剂混用，如与霜脲氰以 12.5g＋12g（a.i.）/100L 剂量混配，可有效地防治霜霉病。

（1）防治黄瓜霜霉病，发病初期，每亩用 25％肟菌酯悬浮剂 30～50mL，兑水 40～50kg 喷雾。

（2）防治黄瓜白粉病、炭疽病，病害发生前或发生初期进行叶面喷雾处理，每亩用 75％肟菌酯·戊唑醇水分散粒剂 10～15g 兑水喷雾，每隔 7～10d 喷 1 次。

（3）防治黄瓜蔓枯病，发病初期，用 75％肟菌酯·戊唑醇水分散粒剂 3000 倍液喷雾，或用 50～100 倍液涂抹病部。

（4）防治大白菜炭疽病，病害发生初期进行叶面喷雾处理，每亩用 75％肟菌酯·戊唑醇水分散粒剂 10～15g 兑水喷雾。

（5）防治番茄早疫病、白粉病，病害发生前或发生初期开始施药，每亩用 75％肟菌酯·戊唑醇水分散粒剂 10～15g 兑水喷雾，每隔 7～10d 喷 1 次。或 75％肟菌酯·戊唑醇水分散粒剂 3000 倍液混加 70％丙森锌可湿性粉剂 600 倍液。

（6）防治番茄灰叶斑病，一旦发病，喷洒 75％肟菌酯·戊唑醇水分散粒剂 3000 倍液加 50％异菌脲 800 倍液混 27.12％碱式硫酸铜 500 倍液。

（7）防治茄子煤斑病，发现病株或点片发生时，喷洒 75％肟菌酯·戊唑醇水分散粒剂 3000 倍液，隔 10d 喷 1 次，防治 2 次。

（8）防治辣椒匍柄霉叶斑病，发病初期，喷洒 75％肟菌酯·戊唑醇水分散粒剂 2500 倍液混 27.12％碱式硫酸铜 600 倍液，隔 10～15d 喷 1 次，连喷 2～3 次。

（9）防治辣椒炭疽病、白粉病，发病初期，喷洒 75％肟菌酯·戊唑醇水分散粒剂 3000 倍液混加 70％丙森锌 600 倍液，7～10d 喷 1 次，连喷 2～3 次。

（10）防治莴苣、结球莴苣匍柄霉叶斑病、炭疽病、菌核病，发病初期喷洒 75％肟菌酯·戊唑醇水分散粒剂 3000 倍液，隔 10d 左右喷 1 次，连续喷 2～3 次。

（11）防治蕹菜茄匍柄霉叶斑病，发病初期，用 75％肟菌酯·戊唑醇水分散粒剂 3000 倍液喷雾，隔 7～10d 喷 1 次，连续防治 3～4 次。

（12）防治落葵匍柄霉蛇眼病，用 75％肟菌酯·戊唑醇水分散粒剂 3000 倍液喷雾，隔 7d 喷 1 次，连续防治 3～4 次。

（13）防治茭白纹枯病，发病初期，用 75％肟菌酯·戊唑醇水分散粒剂 3000 倍液，兑水均匀喷雾，注意喷匀喷足，隔 10～15d 喷 1 次，共喷 2～3 次。

（14）防治菱角纹枯病，病害始发期，用 75％肟菌酯·戊唑醇水分散粒剂 3000 倍液喷雾，隔 7～10d 喷 1 次，连续防治 2～3 次。

（15）防治扁豆尾孢叶斑病，发病初期，用 75％肟菌酯·戊唑醇水分散粒剂 3000 倍液喷雾，隔 7～10d 喷 1 次，连续防治 2～3 次。

（16）防治黄花菜匍柄霉叶枯病，发病初期，用 75％肟菌酯·戊唑醇水分散粒剂 3000 倍液喷雾，隔 7～10d 喷 1 次，连续防治 3～4 次。

（17）防治芦笋匍柄霉叶枯病，结合防治茎枯病，在发病初期，用 75％肟菌酯·戊唑醇水分散粒剂 3000 倍液喷雾。

（18）防治香椿炭疽病，发病初期，用 75％肟菌酯·戊唑醇水分散粒剂 3000 倍液喷雾。

（19）防治魔芋炭疽病，发病初期，用 75％肟菌酯·戊唑醇水分散粒剂 3000 倍液喷雾。

注意事项

（1）对鸟类、蜜蜂、家蚕、蚯蚓均为低毒。

（2）该药剂对鱼类等水生生物有毒，严禁在养鱼等养殖水产品的稻田使用。

（3）在大白菜上安全间隔期为 14d，一季最多使用 3 次；在黄瓜上安全间隔期为 3d，一季最多使用 3 次；在番茄上安全间隔期为 5d，一季最多使用 3 次。

烯肟菌酯（enestrobur）

$C_{22}H_{22}ClNO_4$, 399.9, 238410-11-2

其他名称　佳斯奇。

化学名称　3-甲氧基-2-[2-({[1-甲基-3-(4-氯苯基)-2-丙烯基亚基]氨基氧基}甲基)苯基]丙烯酸甲酯

主要剂型　25%乳油。

理化性质　白色晶体，原药浅黄色油状物，易溶于丙酮、三氯甲烷、乙酸乙酯、乙醚，微溶于石油醚，不溶于水。对光、热比较稳定。

产品特点

（1）该品种具有杀菌谱广、活性高、毒性低、与环境相容性好等特点，是以天然抗生素为先导化合物开发的新型农药，属甲氧基丙烯酸酯类杀菌剂。

（2）此类药剂的作用原理是抑制真菌线粒体的呼吸，通过细胞色素 bc_1 复合体的 Q_0 部位的结合，抑制线粒体的电位传递，从而破坏病菌能量合成，起到杀菌作用。

（3）对由鞭毛菌、结合菌、子囊菌、担子菌及半知菌引起的病害均有很好的防治作用。能有效地控制黄瓜霜霉病、番茄晚疫病、马铃薯晚疫病等，与苯基酰胺类杀菌剂无交互抗性。

（4）可与多菌灵、氟环唑、霜脲氰、霜霉净等进行复配，生产复配杀菌剂。

使用对象　烯肟菌酯是一种广谱性杀菌剂，目前生产上主要应用于瓜果蔬菜类作物，如黄瓜、甜瓜、苦瓜、西葫芦、西瓜、番茄、辣椒、马铃薯及十字花科蔬菜等，主要用于防治霜霉病、疫病、晚疫病等低等真菌性病害。

使用方法

（1）防治黄瓜霜霉病，发病初期开始施药，每次每亩用 25%乳油 28～56mL 兑水喷雾，视病害发生情况，连续用药 2～3 次，每次间隔 7～10d。

（2）防治黄瓜白粉病，发病初期，用 25%乳油 1500～2000 倍液喷雾，防治效果 85%～90%，药效持续 7～14d。

（3）防治白菜霜霉病，发病初期开始施药，每亩用 25%乳油 27～53mL，兑水喷雾，施药 2～3 次，防效稳定在 90%以上。

（4）防治豇豆白粉病，发病初期，每亩用 5％乳油 60～100mL，兑水 45～75kg 均匀喷雾。

（5）防治草莓腐霉根腐病，生长期喷淋 25％乳油 1000 倍液。

注意事项

（1）不能与碱性药剂混合使用。喷药要均匀、周到，叶片正反两面均要着药。

（2）该制剂对鱼高毒，使用时应远离鱼塘、河流、湖泊等地方。

（3）该制剂虽属低毒杀菌剂，但仍须按照农药安全规定使用，工作时禁止吸烟和进食，作业后要用水洗脸、手等裸露部位。

（4）在黄瓜上安全间隔期为 2d，每季最多使用 3 次。

啶氧菌酯（picoxystrobin）

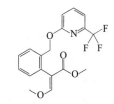

$C_{18}H_{16}F_3NO_4$, 367.32, 117428-22-5

其他名称　阿砣，Acanto。

化学名称　甲基（E）-3-甲氧基-2-{2-[6-（三氟甲基）-2-吡啶氧甲基]苯基}丙烯酸甲酯

主要剂型　22.5％、25％悬浮剂。

理化性质　外观为乳白色固体，无特殊气味，熔点为 71.9～74.3℃，无爆炸性，不会自燃，无氧化性，无腐蚀性和旋光性。

产品特点　啶氧菌酯为线粒体呼吸抑制剂，其作用机理是同线粒体的细胞色素 b 结合，阻碍细胞色素 b 和 c 之间的电子传递来抑制真菌细胞的呼吸作用；作用方式是通过药剂在叶面蜡质层扩散后的渗透作用及传导作用迅速被植物吸收，阻断植物病原菌细胞的呼吸作用，抑制病菌孢子萌发和菌丝生长。

防治对象　啶氧菌酯对卵菌、子囊菌和担子菌引起的作物病害均有良好的防治作用，如黄瓜霜霉病、辣椒炭疽病、西瓜蔓枯病、西瓜炭疽病等。

使用方法

（1）防治西瓜炭疽病和蔓枯病，发病前或发病初期开始施药，每亩用 22.5％悬浮剂 40～50mL 兑水喷雾，间隔 7～10d 喷 1 次，连续喷施 2～3 次。

（2）防治黄瓜霜霉病，发病前或发病初期使用，茎叶均匀喷雾覆盖全株，每亩用 22.5％悬浮剂 20～40mL 兑水喷雾。用药间隔 7～10d，施用 2～3 次。

（3）防治辣椒炭疽病，发病前或发病初期使用，茎叶均匀喷雾覆盖全株，每亩用 22.5％悬浮剂 20～30mL 兑水喷雾，用药间隔 7～10d，施用 2～3 次。

中毒急救　严格按照农药安全规定使用此药，避免药品直接接触身体，如果药液不小心溅入眼睛，应立即用清水冲洗干净并携带此药标签去医院就医。如果误服，要立即送医院治疗。

注意事项

（1）避免与强酸、强碱性农药混用。

（2）注意与不同类型的药剂轮换使用。

（3）不推荐与有机硅等表面活性剂及其他产品桶混使用。

（4）该制剂对水生生物有毒，喷施的药液应避免飘移至水生生物栖息地。

（5）在西瓜上安全间隔期为 7d，每季最多使用 3 次。

咪鲜胺（prochloraz）

$C_{15}H_{16}Cl_3N_3O_2$, 376.6, 67747-09-5

其他名称　施保克、扑霉灵、扑菌唑、使百克、菌百克、百使特、果鲜灵、果鲜宝、保禾利、天立、金雨、采杰、扑霉唑、胜炭、丙灭菌、咪鲜安。

化学名称　N-丙基-N-[2-(2,4,6-三氯苯氧基)乙基]-1H-咪唑-1-甲酰胺

主要剂型　25%、41.5%、45%、250g/L 乳油，10%、24%、45%、450g/L 水乳剂，15%、20%、45% 微乳剂，0.50% 悬浮种衣剂，45% 水剂，50% 可湿性粉剂。

理化性质　咪鲜胺为白色结晶固体，熔点 46.3～50.3℃（＞99%），沸点 208～210℃（0.2mmHg 分解），蒸气压 20℃时 0.09mPa，30℃时 0.436μPa，相对密度 1.42（20℃）。溶解度（25℃）：丙酮 3500g/L，氯仿 2500g/L，甲苯 2500g/L，乙醚 2500g/L，二甲苯 2500g/L，水 34.4mg/L。在 20℃，pH 值为 7 的水中稳定，对浓酸、碱和阳光不稳定。属咪唑类广谱低毒杀菌剂。

产品特点

（1）作用机理为通过抑制麦角甾醇的生物合成，从而使菌体细胞膜功能受破坏而起作用，在植物体内有一定的内吸传导作用。

（2）咪鲜胺对病害具有内吸性传导、预防、治疗、铲除等杀菌作用。内吸性强，速效性好，持效期长。对蔬菜上多种病害具有治疗和铲除作用。常用于防治瓜果蔬菜炭疽病、叶斑病。

（3）咪鲜胺在土壤中主要降解为易挥发的代谢产物，易被土壤颗粒吸附，不易被雨水冲刷，对土壤生物低毒，但对某些土壤真菌有抑制作用。对人、畜、鸟类低毒，对鱼类中等毒性。

（4）可以与大多数杀菌剂、杀虫剂、除草剂混用，均有较好的防治效果。咪鲜胺常与甲霜灵、异菌脲、三唑酮、三环唑、丙环唑、腈菌唑、苯醚甲环唑、抑霉唑、戊唑醇、稻瘟灵、嘧菌酯、恶霉灵、福美双、丙森锌、百菌清、溴菌腈、烯酰吗啉、己唑醇、甲基硫菌灵、几丁聚糖、井冈霉素、噻呋酰胺、杀螟丹、吡虫啉、腈菌唑、氟硅唑、多菌灵等复配。

咪鲜胺与氟喹唑按照一定科学比例混用，如 20％的硅唑·咪鲜胺用于防治多种果树、蔬菜等作物的黑星病、白粉病、叶斑病、锈病、炭疽病、黑斑病、黑痘病、蔓枯病、斑枯病、赤星病等多种病害。

（5）质量鉴别：制剂为黄棕色，有芳香味，可与水直接混合成乳白色液体，乳液稳定。

生物鉴别：摘取轻度感染炭疽病的柑橘、芒果病果，用 800mg/L 浓度的咪鲜胺溶液浸果 1min，捞起晾干，放置 1d 与没有浸药的病果对照，如有明显抑制炭疽病的效果则表明该药剂质量合格，否则质量不合格。也可利用咪鲜胺制剂防治甜菜褐斑病来判断质量优劣。

防治对象 咪鲜胺适用作物非常广泛，对许多真菌性病害具有很好的防治效果，如白粉病、灰霉病、叶斑病、炭疽病、枯萎病、叶枯病、菌核病、褐斑病等。

使用方法

（1）防治辣椒、西瓜、甜瓜、菜豆等蔬菜炭疽病，从病害发生初期开始喷药，每亩用 45％乳油或 450g/L 水乳剂 40～50mL，或 25％乳油或 250g/L 乳油 60～80mL，兑水 45～60kg 叶面喷雾，使植物充分着药又不滴液为宜，间隔 10～15d 喷 1 次，连喷 3 次可获最佳防效。

（2）防治辣椒白粉病，发病初期，每亩用 25％乳油 50～70mL，兑水 40～50kg 喷雾。

（3）防治茄子黑枯病，发病初期，用 25％乳油 1500 倍液喷雾。

（4）防治黄瓜褐斑病，发病初期，用 25％乳油 750 倍液喷雾。

（5）防治黄瓜炭疽病，兼治白粉病，发病初期，每亩用 20％硅唑·咪鲜胺水乳剂 55～65mL，兑水 50kg，在露地黄瓜株高 1.5m 时喷雾。

（6）防治黄瓜镰孢枯萎病，发病初期，用 25％乳油 1000 倍液灌根。

（7）防治西瓜枯萎病，在瓜苗定植期、缓苗后和坐果初期或发病初期开始用药，用 25％乳油 750～1000 倍液兑水喷雾，每隔 7～14d 喷 1 次，连续使用 2～3 次。

（8）防治菜豆枯萎病，发病初期，喷淋 25％乳油 1000 倍液。

（9）防治豇豆炭疽病，发病初期，用 25％乳油 500～1000 倍液喷雾，隔 10d 左右喷 1 次，防治 2～3 次。

（10）防治蚕豆赤斑病，发病初期，用 25％乳油 1000 倍液喷雾，隔 10d 左右喷 1 次，连续防治 2～3 次。

（11）防治蚕豆根腐病、茎基腐病、炭疽病，在发病初期，喷雾 450g/L 水乳剂 1500 倍液，隔 7～10d 喷 1 次，连续防治 2～3 次。

（12）防治豌豆根腐病，必要时喷淋 25％乳油 1000 倍液，隔 15d 喷淋 1 次，连续防治 2～3 次。

（13）防治莴苣菌核病，保护地莴笋的菌核病、灰霉病，发病初期，用 25％乳油 800～1000 倍液喷雾。

（14）防治蕹菜炭疽病，苗床期，成株发病始期，用 25％乳油 500～1000 倍液喷雾，隔 10d 喷 1 次，连喷 2～3 次。

（15）防治茼蒿炭疽病，发病初期，用 25％可湿性粉剂 1000 倍液喷雾，隔 7～10d 喷 1 次，连续防治 2～3 次。

（16）防治甜菜褐斑病，发病初期，每亩用25%乳油80mL，兑水25L喷雾，隔10d再喷1次，共喷2～3次。

（17）防治油菜菌核病，发病初期，每亩用45%乳油或450g/L水乳剂30～35mL，或25%乳油或250g/L乳油50～60mL，兑水30～45kg喷雾，10d左右喷1次，连喷2次左右。

（18）防治大蒜链格孢叶斑病、匍柄霉叶枯病，在蒜头迅速膨大期喷药1次即可，每亩用45%乳油或450g/L水乳剂30～35mL，或25%乳油或250g/L乳油50～60mL，兑水30～45kg喷雾。

（19）防治结球甘蓝、紫甘蓝炭疽病，发病初期，用25%乳油1000倍液喷雾。

（20）防治萝卜炭疽病，发病初期，用25%乳油1000倍液喷雾。

（21）防治菠菜炭疽病，发病初期，用25%乳油1000倍液喷雾，隔7～10d喷1次，连续防治3～4次。

（22）防治落葵炭疽病，发病初期，用25%乳油1000倍液喷雾，隔10d左右喷1次，连续防治2～3次。

（23）防治紫背天葵炭疽病，发病初期，用25%乳油500～1000倍液喷雾，或20%硅唑·咪鲜胺水分散粒剂70g/亩，兑水喷雾，隔7～10d喷1次，连续防治2～3次。

（24）防治葱、洋葱紫斑病、小粒菌核病，从病害发生初期开始喷药，每亩用45%乳油或450g/L水乳剂30～35mL，或25%乳油或250g/L乳油50～60mL，兑水30～45kg喷雾，10～15d喷1次，连喷1～2次。

（25）防治韭菜灰霉病，春季韭菜第二茬的二、三刀，割后6～8d发病初期，用25%乳油1000倍液喷雾，隔10d左右喷1次，防治2～3次。

（26）防治芦笋炭疽病，发病初期，用450g/L水乳剂2500倍液喷雾，隔10d喷1次，连续防治2～3次。

（27）防治蘑菇褐腐病、白腐病，用50%可湿性粉剂0.4～0.6g/m² 拌于覆盖土或喷淋菇床。

（28）防治草莓褐色轮斑病，发病初期，用25%咪鲜胺乳油1000倍液或20%松脂酸铜·咪鲜胺乳油750～1000倍液喷雾，隔10d左右喷1次，连续防治2～3次。

（29）防治食用百合炭疽病，发病初期，用450g/L水乳剂1000～1500倍液喷雾。

（30）防治香椿炭疽病，发病初期，用25%乳油1500倍液喷雾。

（31）防治食用菊花菌核病，发病初期，用25%乳油1000倍液喷雾，隔7～10d喷1次，连续防治2～3次。

（32）防治莲藕炭疽病，发病初期，用450g/L可湿性粉剂2000倍液喷雾，隔7～10d喷1次，连续防治2～3次。

（33）防治荸荠球茎灰霉病，贮藏期球茎用25%乳油1500倍液喷淋，结合冷藏防病效果好。

（34）防治马铃薯枯萎病，发病初期，用25%乳油1000倍液浇灌。防治马铃薯炭疽病，发病初期，用25%可湿性粉剂1000倍液喷雾。

（35）防治姜炭疽病，发病初期，用250g/L乳油1000倍液喷雾，10～15d喷1次，防治2～3次，注意喷匀喷足。

（36）防治魔芋炭疽病，发病初期，用25%乳油1000倍液喷雾。

中毒急救　如吸入本品，应迅速将患者转移到空气清新流通处。如呼吸停止，给人工呼吸。如呼吸困难，给氧。如有症状及时就医。皮肤接触后，立即用水和肥皂清洗，并彻底冲洗干净。眼睛接触后，把眼睑打开用流水冲洗几分钟，如有持续症状，及时就医。误食，立即用大量清水漱口，洗胃，不要催吐。及时送医院对症治疗。

注意事项

（1）可与多种农药混用，但不宜与强酸、强碱性农药混用。建议将本品与其他作用机制不同的杀菌剂轮换使用，以延缓抗性产生。

（2）瓜类苗期减半用药，若喷施咪鲜胺产生了药害，解救的措施是：叶片喷施芸薹素内酯 10mL，兑水 15kg，最好加上细胞分裂素 25g。也可以用 3mL 复硝酚钠＋甲壳素 20g，兑水 15kg 喷雾。

（3）本品对鱼类及其他水生生物有毒，远离水产养殖区施药。施药过程中，要注意安全防护，施药时不可污染鱼塘、河道、水沟。禁止在河塘等水体中清洗施药器具。

（4）50％可湿性粉剂在辣椒上安全间隔期为 12d，一季最多使用 2 次。25％乳油在大蒜上的安全间隔期为 25d，每季最多使用 3 次。

咪鲜胺锰盐（prochloraz-manganese chloride complex）

$[C_{15}H_{16}Cl_3N_3O_2]_4MnCl_2$, 1632.5, 75747-77-2

其他名称　咪鲜胺锰络合物、施保功、保利多、使百功、扑霉灵、丙灭菌等。

化学名称　N-丙基-N-[2-(2,4,6-三氯苯氧基)乙基]-咪唑-1-甲酰胺-氯化锰复合物

主要剂型　50％、60％可湿性粉剂。

理化性质　纯品为白色至灰白色粉末，气味微芳香，熔点 147～148℃。溶解度：水中 40mg/L，丙酮中为 7g/L。蒸气压为 $1.5×10^{-4}$ Pa（25℃），密度 $0.525g/m^3$。在水溶液中或悬浮液中，此复合物很快地分离，在 25℃下其分离度于 4h 内达 55％。

产品特点

（1）咪鲜胺锰盐是由咪鲜胺与氯化锰复合而成，是咪唑类杀菌剂，其防病性能与咪鲜胺极为相似。具有内吸、传导、预防、保护、治疗等多重作用，对子囊菌引起的多种作物病害有特效。主要是通过抑制甾醇的生物合成而起作用的。可有效地防治子囊菌及半知菌引起的作物病害，如黄瓜炭疽病、蘑菇褐腐病和白腐病等。

（2）咪鲜胺锰盐不易使病害产生耐药性，单位面积用量少，见效快。

（3）咪鲜胺锰盐不易产生药害，主要用于使用咪鲜胺乳油易引起药害的作物上。

（4）咪鲜胺锰盐产品具有良好的润湿分散能力，药液能迅速扩展，对病菌进行杀灭，药效持久。

（5）在土壤中主要降解为易挥发的代谢产物，易被土壤颗粒吸附，不易被雨水冲刷。对土壤中的生物低毒，但对土壤中的有些真菌有抑制作用。

（6）可与苯醚甲环唑、戊唑醇、双胍三辛烷基苯磺酸盐、甲霜灵、多菌灵、代森联、丙森锌、三环唑、己唑醇、甲基硫菌灵等复配。

防治对象　主要适用于蘑菇、黄瓜、菜豆、茄子、甜椒、大蒜、西瓜等作物。可有效防治褐斑病、白腐病、青绿霉病、蒂腐病、炭疽病、灰霉病、枯萎病、早疫病、叶枯病、叶斑病、茎枯病、紫斑病等病害。

使用方法

（1）防治蘑菇褐腐病，每平方米用50%可湿性粉剂0.8～1.2g，拌于覆盖土或喷淋菇床。方法一：第一次施药在覆土前，每平方米覆盖土用50%可湿性粉剂0.8～1.2g兑水1kg，均匀拌土；第二次施药在第二批菇转潮后，每平方米菇床用50%可湿性粉剂0.8～1.2g兑水1kg，均匀喷施于菇床上。方法二：第一次施药在覆土后5～9d，每平方米菇床用50%可湿性粉剂0.8～1.2g兑水1kg，均匀喷在菇床上；第二次施药在第二批菇转潮后，每平方米菇床用50%可湿性粉剂0.8～1.2g兑水1kg，均匀喷施于菇床上。

（2）防治蘑菇白腐病，每平方米用50%可湿性粉剂0.8～1.2g，拌于覆盖土或喷淋菇床。方法一：第一次施药在覆土前，每平方米覆盖土用50%可湿性粉剂0.8～1.2g兑水1kg，均匀拌土；第二次施药在第二批菇转潮后，每平方米菇床用50%可湿性粉剂0.8～1.2g兑水1kg，均匀喷施于菇床上。方法二：第一次施药在覆土后5～9d，每平方米菇床用50%可湿性粉剂0.8～1.2g兑水1kg，均匀喷在菇床上；第二次施药在第二批菇转潮后，每平方米菇床用50%可湿性粉剂0.8～1.2g兑水1kg，均匀喷施于菇床上。

（3）防治黄瓜霜霉病、炭疽病、蔓枯病、灰霉病、黑星病等，病害初期或发病前，每亩用50%可湿性粉剂38～75g，兑水45～60kg叶面喷雾，以后间隔7～10d施药1次，苗小时用药量酌减。

（4）防治冬瓜炭疽病，发病初期，用50%可湿性粉剂1500倍液喷雾。

（5）防治西瓜炭疽病，发病初期，用50%可湿性粉剂1200倍液喷雾。

（6）防治苦瓜炭疽病，发病初期，用50%可湿性粉剂2000～2500倍液喷雾。

（7）防治节瓜炭疽病，发病初期，用50%可湿性粉剂1000～1500倍液喷雾。

（8）防治草莓炭疽病，发病初期，用50%可湿性粉剂1500倍液喷雾。

（9）防治莲藕炭疽病，可结合防治莲藕烂叶病、紫斑病等叶部病害一起进行，通常无需单独防治，也可选用50%可湿性粉剂1000倍液喷雾。

（10）防治细香葱、大葱、大蒜、洋葱等的紫斑病，发病初期，喷施50%可湿性粉剂1200倍液，隔7～10d喷1次，共喷2～3次。

（11）防治菜豆、豇豆等豆类蔬菜叶斑病害，发病初期，用50%可湿性粉剂1000倍液喷雾。

（12）防治大蒜叶枯病，病害初期或发病前，每亩用50%可湿性粉剂50～60g，兑水45～60kg叶面喷雾，以后间隔7～10d施药1次，连续2～3次。

（13）防治冬寒菜炭疽病，发病初期，用50％可湿性粉剂800～1500倍液喷雾，隔7～10d喷1次，连续防治2～3次。

（14）防治辣椒灰霉病，病害初期或发病前，每亩用50％可湿性粉剂30～40g，兑水45～60kg叶面喷雾，以后间隔7～10d施药1次。

（15）防治辣椒炭疽病，发病前或发病初期开始施药，每次每亩用50％可湿性粉剂38～74g，或用25％可湿性粉剂80～120g/亩，兑水40～50kg喷雾，间隔7d左右喷1次，连续使用2～3次。

（16）防治番茄晚疫病、早疫病、白粉病、猝倒病等，每亩用50％可湿性粉剂40～75g，兑水喷雾。

（17）防治大白菜菌核病、黑斑病、霜霉病等，每亩用60％可湿性粉剂1000倍液，每隔7d喷1次，视病情喷2～3次。

（18）防治西瓜、丝瓜、苦瓜、黄瓜等瓜类枯萎病，在瓜苗定植期、缓苗后和坐果初期或发病初期开始用药，用50％可湿性粉剂700～1000倍液喷雾，以后间隔7～14d施药1次，连续使用2～3次。或用50％可湿性粉剂拌种，用药量为种子重量的0.3％。或在移栽后，用50％可湿性粉剂800～1000倍液灌根，每株100mL，间隔7～10d灌1次，连灌3～4次。

中毒急救 中毒症状表现为头痛、头昏、乏力、口腔黏膜呈蓝色、口内有金属味、昏迷等。溅到眼睛里，应立即用大量清水冲洗至少15min。因误吸入，应将患者移至空气新鲜的地方。若病情持续，须把患者送医院治疗。溅到皮肤上，应立即用肥皂和清水洗净。如误服，应送医院对症治疗，立即催吐、洗胃。中毒时可用解毒剂依地酸二钠钙，并配合对症治疗。

注意事项

（1）在西瓜苗期易出现药害，炎热天气使用应加大稀释倍数。

（2）不能与强酸、强碱性农药混用。

（3）对蜜蜂、鱼类等水生生物、家蚕有毒，施药时应避免对周围蜂群的影响，蜜源作物花期、蚕室和桑园附近慎用。

（4）本品为咪唑类杀菌剂，建议与其他作用机制不同的杀菌剂轮换使用，以延缓抗性产生。

（5）远离水产养殖区施用本品，禁止在河塘等水体中清洗施药器具。

（6）在黄瓜上使用的安全间隔期为5d，每季作物最多使用2次；在蘑菇上安全间隔期为14d，每季作物最多使用2次；在大蒜上安全间隔期为45d，每季作物最多使用3次；在辣椒上安全间隔期为7d，每季作物最多使用3次；在西瓜上安全间隔期为14d，每季作物最多使用3次。

苯醚甲环唑（difenoconazole）

$C_{19}H_{17}Cl_2N_3O_3$, 406.3, 119446-68-3

其他名称 世高、世鬼、世浩、世冠、世佳、世亮、世泽、世典、世标、世爵、世鹰、势克、蓝仓、双苯环唑、噁醚唑、敌萎丹、高翠、瀚生更胜、禾欣、厚泽、华丹。

化学名称 顺,反-3-氯-4-[4-甲基-2-(1*H*-1,2,4-三唑-1-基甲基)-1,3-二噁戊烷-2-基]苯基-4-氯苯基醚(顺、反比约45∶55)

主要剂型 10%、15%、20%、30%、37%、60%水分散粒剂,10%、20%、25%、30%微乳剂,5%、10%、20%、25%水乳剂,3%、30g/L悬浮种衣剂,25%、250g/L、30%乳油,3%、10%、25%、30%、40%悬浮剂,10%、12%、30%可湿性粉剂,10%热雾剂。

理化性质 苯醚甲环唑为顺反异构体混合物,顺反异构体比例在0.7~1.5之间,纯品白色至米色结晶固体,熔点82.0~83.0℃,沸点100.8℃/3.7mPa,蒸气压3.3×10^{-5}mPa(25℃),相对密度1.40(20℃)。溶解度(25℃,g/kg):水0.015,丙酮610,乙醇330,甲苯490,正辛醇95。稳定性:温度达到150℃稳定,不易水解。属有机杂环类内吸治疗性广谱低毒杀菌剂。制剂对鱼毒性中等,对鸟类毒性低,对蜜蜂、蚯蚓无害。

产品特点

(1) 苯醚甲环唑对植物病原菌的孢子形成具有强烈抑制作用,并能抑制分生孢子成熟,从而控制病情进一步发展。苯醚甲环唑的作用方式是通过干扰病原菌细胞的C14脱甲基化作用,抑制麦角甾醇的生物合成,从而使甾醇滞留于细胞膜内,损坏了膜的生理作用,导致真菌死亡。

(2) 内吸传导,杀菌谱广。苯醚甲环唑属三唑类杀菌剂,是一种高效、安全、低毒、广谱性杀菌剂,可被植物内吸,渗透作用强,施药后2h内,即被作物吸收,并有向上传导的特性,可使新生的幼叶、花、果免受病菌为害。能一药多治,对子囊菌纲、担子菌纲和包括链格孢属、壳二孢属、尾孢霉属、刺盘孢属、球座菌属、茎点霉属、柱隔孢属、壳针孢属、黑星菌属在内的半知菌、白粉菌科、锈菌目及某些种传病原菌有持久的保护和治疗作用,对葡萄炭疽病、白粉病效果也很好。广泛用用于果树、蔬菜等作物,可有效防治黑星病、黑痘病、斑点落叶病、褐斑病、锈病、条锈病、赤霉病、叶斑病、白粉病,兼具预防和治疗作用。

(3) 耐雨冲刷、药效持久。黏着在叶面的药剂耐雨水冲刷,从叶片挥发极少,即使在高温条件下也表现较持久的杀菌活性,比一般杀菌剂持效期长3~4d。

(4) 剂型先进,作物安全。水分散粒剂由有效成分、分散剂、湿润剂、崩解剂、消泡剂、黏合剂、防结块剂等助剂,通过微细化、喷雾干燥等工艺造粒。投入水中可迅速崩解分散,形成高悬浮分散体系,无粉尘影响,对使用者及环境安全。不含有机溶剂,对推荐作物安全。

(5) 在土壤中移动性小,缓慢降解,持效期长。

(6) 苯醚甲环唑叶面处理或种子处理可提高作物的产量,保证品质。

(7) 苯醚甲环唑可与丙环唑、嘧菌酯、多菌灵、甲基硫菌灵、咯菌腈、醚菌酯、咪鲜胺、氟环唑、精甲霜灵、己唑醇、代森锰锌、抑霉唑、霜霉威盐酸盐、丙森锌、吡唑醚菌酯、多抗霉素、中生菌素、井冈霉素、噻霉酮、噻呋酰胺、戊唑醇、嘧啶核苷类抗生素、福美双、吡虫啉、溴菌腈、噻虫嗪等复配。

防治对象 适用作物为黄瓜、番茄、大蒜、芹菜、大白菜、辣椒、西瓜、洋葱、芦笋等蔬菜。主要用于防治蔬菜病害如番茄早疫病、西瓜蔓枯病、辣椒炭疽病、草莓白粉病。

使用方法

（1）防治马铃薯早疫病，每亩用10％水分散粒剂50～80g，兑水60～75kg喷雾，持效期7～14d。

（2）防治菜豆、豇豆等豆类蔬菜叶斑病、锈病、炭疽病、白粉病，每亩用10％水分散粒剂50～80g，兑水60～75kg喷雾，持效7～14d，防治炭疽病最好和代森锰锌或百菌清混用。

（3）防治辣椒炭疽病，番茄叶霉病、叶斑病、白粉病、早疫病，从初见病斑时开始喷药，用10％水分散粒剂60～80g，或37％水分散粒剂18～22g，或250g/L乳油或25％乳油25～30mL，兑水60～75kg喷雾，10d左右喷1次，连喷2～4次。

（4）防治茄子褐纹病、叶斑病、白粉病，从初见病斑时开始喷药，用10％水分散粒剂60～80g，或37％水分散粒剂18～22g，或250g/L乳油或25％乳油25～30mL，兑水60～75kg喷雾，10d左右喷1次，连喷2～3次。

（5）防治茄子绵疫病，用10％水分散粒剂600倍液，从茄子坐果后或进入雨季开始喷药，隔10d左右喷1次，连防2～3次。

（6）防治茄子黄褐钉孢叶霉病，发病初期，用25％乳油1000倍液喷雾。

（7）防治番茄早疫病，发病初期，用10％水分散粒剂800～1200倍液或每100L水加制剂83～125g（有效浓度83～125mg/L），或每亩用制剂40～60g（有效成分4～6g）喷雾。

（8）防治番茄斑枯病，发病初期，用10％水分散粒剂600倍液喷雾。

（9）防治番茄白粉病，发病初期叶片上出现白粉时，用10％水分散粒剂600倍液喷雾。

（10）防治黄瓜等瓜类蔬菜白粉病、炭疽病、蔓割病，用10％水分散粒剂1000～1500倍液，发病前或初期叶面喷雾，持效期7～14d。

（11）防治黄瓜棒孢叶斑病，发病之前浇水前2d或浇水后3d，用10％苯醚甲环唑水分散粒剂600倍液预防，发病后用32.5％苯甲·嘧菌酯悬浮剂1500倍液混加27.12％碱式硫酸铜悬浮剂500倍液，或32.5％苯甲·嘧菌酯悬浮剂1500倍液混加27.12％碱式硫酸铜500倍液混68％精甲霜·锰锌500倍液喷雾。

（12）防治西瓜蔓枯病，每亩用10％水分散粒剂50～80g，兑水60～75kg喷雾。

（13）防治西瓜炭疽病，每亩用30％悬浮剂16.7～20g，兑水喷雾，间隔7～10d，共施药3次，或者用10％水分散粒剂50～83g，兑水喷雾，间隔7～10d，连施2～3次。

（14）防治芹菜叶斑病，病害发生初期，用10％水分散粒剂67～83.3g，或37％水分散粒剂10～13g，或250g/L乳油或25％乳油15～20mL，兑水60～75kg喷雾，7～10d喷1次，连喷2～4次。

（15）防治莴苣、结球莴苣匍柄霉叶斑病，发病初期喷洒10％水分散粒剂900倍液，或32.5％苯甲·嘧菌酯悬浮剂1500倍液，隔10d左右喷1次，连续喷2～3次。

（16）防治蕹菜茄匍柄霉叶斑病、贝克假小尾孢叶斑病，发病初期，用10％水分散粒剂900倍液，或32.5％苯甲·嘧菌酯悬浮剂1500倍液喷雾，隔7～10d喷1次，连续防治 3～4 次。

（17）防治大葱、洋葱枝孢叶枯病，发病初期，用 10％微乳剂 1500 倍液喷雾，隔 10d 左右喷 1 次，防治 1～3 次。

（18）防治茼蒿尾孢叶斑病，发病初期，用 18％微乳剂 1500 倍液喷雾，隔 7～10d 喷 1 次，防治 1～2 次。

（19）防治蚕豆轮纹病，发病初期，用 10％微乳剂 1000 倍液，或 30％苯甲·丙环唑乳油 2000 倍液喷雾，隔 10d 左右喷 1 次，防治 1～2 次。

（20）防治豌豆黑根病，发病初期，用 10％水分散粒剂 900 倍液，或 30％苯甲·丙环唑乳油喷雾。

（21）防治豌豆褐纹病，发病初期，用 10％水分散粒剂 600 倍液喷雾，隔 7～10d 喷 1 次，连续防治 2～3 次。

（22）防治扁豆轮纹斑病，发病初期，用 10％水分散粒剂 600 倍液喷雾，隔 7～10d 喷 1 次，连续防治 2～3 次。

（23）防治大白菜等十字花科蔬菜黑斑病，病害发生初期，用 10％水分散粒剂 35～50g，或 37％水分散粒剂 10～13g，或 250g/L 乳油或 25％乳油 15～20mL，兑水 60～75kg 喷雾，10d 左右喷 1 次，连喷 2 次左右。

（24）防治结球甘蓝、紫甘蓝白粉病，发病初期，用 10％水分散粒剂 900 倍液喷雾。

（25）防治大蒜、洋葱早疫病、锈病、紫斑病、黑斑病，每亩用 10％水分散粒剂 80g，兑水 60～75kg 喷雾，持效期 7～14d。

（26）防治大蒜链格孢叶斑病、匍柄霉叶枯病，发病初期，用 10％水分散粒剂 40～50g，或 37％水分散粒剂 10～13g，或 250g/L 乳油或 25％乳油 15～20mL，兑水 60～75kg 喷雾。

（27）防治葱、洋葱的紫斑病，发病初期，用 10％水分散粒剂 40～50g，或 37％水分散粒剂 10～13g，或 250g/L 乳油或 25％乳油 15～20mL，兑水 60～75kg 喷雾，10～15d 喷 1 次，连喷 2 次左右。

（28）防治菠菜褐点病，发病初期，用 10％水分散粒剂 900 倍液喷雾。

（29）防治茭白锈病，发病初期，及时用 10％微乳剂 1000 倍液，或 30％苯甲·丙环唑乳油 2000 倍液喷雾。

（30）防治茭白黑粉病，发病初期，用 10％水分散粒剂 900 倍液喷雾。

（31）防治草莓白粉病、轮纹病、叶斑病和黑斑病，兼治其他病害时，用 10％水分散粒剂 2000～2500 倍液喷雾；防治草莓炭疽病、褐斑病，兼治其他病害时，用 10％水分散粒剂 1500～2000 倍液喷雾；以防治草莓灰霉病为主，兼治其他病害时，用 10％水分散粒剂 1000～1500 倍液喷雾。药液用量，根据草莓植株大小而异，一般每亩用药液 40～66L。用药适期和间隔天数：育苗期于 6～9 月，喷药 2 次，间隔 10～14d；大田期在覆膜前，喷药 1 次，间隔期 10d；花果期在大棚内喷药 1～2 次，间隔期 10～14d。

（32）防治草莓青枯病，发病初期开始，喷洒或灌 10％水分散粒剂 1000 倍液，隔 7～10d 用药 1 次，连续防治 2～3 次。

（33）防治芦笋茎枯病，发病初期，用 37％水分散粒剂 4000～5000 倍液，或 250g/L 乳油或 25％乳油 2500～3000 倍液，或 10％水分散粒剂 1000～1500 倍液喷雾，10d 左右喷 1 次，连喷 2～4 次，重点喷洒植株基部。

（34）防治玉米大、小叶斑病，每亩用 10％水分散粒剂 80g，兑水 60～75kg 喷雾，持效期 14d。

（35）防治黄花菜茎枯病（黄叶病），发病初期，用 10％微乳剂 900 倍液喷洒或涂抹。

（36）防治食用百合茎溃疡病，发病初期，用 30％苯甲·丙环唑乳油 2000 倍液喷淋，隔 10d 左右喷淋 1 次。防治食用百合叶尖干枯病，发病初期，用 10％微乳剂 1000 倍液喷雾，隔 10d 左右喷 1 次，连续防治 2～3 次。

（37）防治芋软腐病，发现病株开始腐烂或水中出现发酵情况时，要及时排水晒田，然后喷洒 10％微乳剂 1000 倍液，隔 10d 左右喷 1 次，连续防治 2～3 次。

（38）防治香椿假尾孢叶斑病、尾孢叶斑病，发病初期，用 10％微乳剂 1000 倍液喷雾。

中毒急救　无典型中毒症状。一旦发生中毒，请对症治疗。用药时如果感觉不适，立即停止工作，采取急救措施，并送医就诊。皮肤接触，立即脱掉被污染的衣物，用大量清水彻底清洗受污染的皮肤，如皮肤刺激感持续，请医生诊治。眼睛溅药，立即将眼睑翻开，用清水冲洗至少 15min，请医生诊治。发生吸入，立即将吸入者转移到空气新鲜处，如果吸入者停止呼吸，需进行人工呼吸。注意保暖和休息，请医生诊治。如误服，请勿引吐，送医就诊。紧急医疗措施：使用医用活性炭洗胃，注意防止胃容物进入呼吸道。注意：对昏迷病人，切勿经口喂入任何东西或引吐。无专用解毒剂，对症治疗。

注意事项

（1）对刚刚侵染的病菌防治效果特别好。因此，在降雨后及时喷施苯醚甲环唑，能够铲除初发菌源，最大限度地发挥苯醚甲环唑的杀菌特点。这对生长后期病害的发展将起到很好的控制作用。

（2）不能与含铜药剂混用，因为铜制剂能降低它的杀菌能力。如果确需混用，则苯醚甲环唑使用量要增加 10％。可以和大多数杀虫剂、杀菌剂等混合施用，但必须在施用前做混配试验，以免出现负面反应或发生药害。与"天达 2116"混用，可提高药效，减少药害发生。

（3）苯醚甲环唑虽有保护和治疗双重效果，但为了尽量减轻病害造成的损失，仍应在发病初期进行施药。

（4）西瓜、草莓、辣椒喷液量为每亩人工 50kg。施药应选早晚气温低、无风时进行。晴天空气相对湿度低于 65％、气温高于 28℃、风速大于 5m/s 时应停止施药。预计 1h 内降雨，请勿施药。

（5）为防止病菌对苯醚甲环唑产生抗药性，建议每个生长季节喷施苯醚甲环唑的次数不应超过 4 次。应与其他农药交替使用。

（6）发病初期，用低剂量，间隔期长；病重时，用高剂量，间隔期短；植株生长茂盛，温度适宜、湿度高、雨水多的流行期，可用高剂量，间隔期短，增加用药次数，保证防病增产效果。对蔬菜没有抑制生长作用。

（7）农户拌种：用塑料袋或桶盛好要处理的种子，将 3％悬浮种衣剂用水稀释（一般稀释 1～1.6L/100kg 种子），充分混匀后倒在种子上，快速搅拌或摇晃，直至药液均匀分布每粒种子上（根据颜色判断）。机械拌种：根据所采用的包衣机性能及作物种子使用剂量，按不同加水比例将3％苯醚甲环唑悬浮种衣剂稀释成浆状，即可开机。

（8）对水生生物有危害，剩余药液及洗涤废水不能污染鱼塘、水池及水源。禁止在河塘等水体中清洗施药工具。

（9）避免在低于10℃或高于30℃贮存。

（10）在西瓜上安全间隔期为14d，每季最多使用次数3次；在番茄上安全间隔期为7d，一季最多使用2次；在辣椒上安全间隔期为3d，一季最多使用3次；在菜豆上安全间隔期为7d，一季最多使用3次；在大白菜上安全间隔期为28d，一季最多使用3次；在黄瓜上安全间隔期为3d，一季最多使用3次；在芹菜上安全间隔期为14d，一季最多使用3次；在洋葱上安全间隔期为10d，一季最多使用3次；在芦笋上安全间隔期为10d，一季最多使用2次。

戊唑醇（tebuconazole）

$C_{16}H_{22}ClN_3O$, 307.8, 107534-96-3

其他名称　好力克、立克秀、欧利思、菌力克、富力库、秀丰、益秀、奥宁、普果、得惠、科胜、翠好、戊康。

化学名称　(RS)-1-对-氯苯基-4,4-二甲基-3-(1H-1,2,4-三唑-1-基甲基)戊-3-醇

主要剂型　12.5％、25％、30％、43％、430g/L悬浮剂，12.5％、25％、250g/L水乳剂，25％、250g/L乳油，12.5％、25％、80％可湿性粉剂，0.2％、2％、6％、60g/L悬浮种衣剂，2％干拌种剂，2％湿拌种剂，80％水分散粒剂，6％胶悬剂等。

理化性质　外消旋化合物，无色晶体。熔点105℃，蒸气压 1.7×10^{-3} mPa（20℃），密度1.25g/cm³（26℃）。溶解度：水36mg/L（pH5～9，20℃）；二氯甲烷＞200g/L，正己烷＜0.1g/L，乙丙醇、甲苯50～100g/L（20℃）。稳定性：高温下稳定，在无菌条件下，纯水中易光解和水解。

产品特点

（1）可迅速通过植物的叶片和根系吸收，并在体内传导和进行均匀分布，主要通过抑制病原真菌体内麦角甾醇的脱甲基化，导致生物膜的形成受阻而发挥杀菌活性。

（2）戊唑醇是新型高效、广谱型、内吸性三唑类杀菌剂，是甾醇脱甲基化抑制剂。快速渗透、吸收和传导，不留药渍。

（3）兼具保护、治疗和铲除作用，杀菌谱广，活性高，用量低，持效期长，耐雨水冲刷。

（4）不仅具有杀菌活性，还可调节作物生长，使之根系发达、叶色浓绿、植株健壮、有效分蘖增加，从而提高产量。

（5）用于叶面喷雾、种子处理。适用于防治多种真菌病害，对黑斑病、黑星病、轮

纹病、白粉病、褐斑病、早疫病、多种叶斑病、炭疽病、菌核病、锈病等均有较好防效，能达到一次用药兼治多种病害的效果。

（6）戊唑醇常与福美双、抑霉唑、烯肟菌胺、甲基硫菌灵、腈菌唑等杀菌剂成分混配，用于生产复配杀菌剂。也可以与一些杀虫剂如辛硫磷等混用，制成包衣剂拌种，用以同时防治地上、地下害虫和土传、种传病害。

防治对象　可以防治白粉菌属、丙锈菌属、喙孢属、核腔菌属和壳针孢属菌引起的病害，如白粉病、锈病、叶斑病、菌核病、灰霉病、黑星病等。

使用方法　戊唑醇主要通过喷雾防治植物病害，有时也可用作种子包衣或拌种。喷雾防治病害时，单一连续多次使用易诱发病菌产生抗药性，应与不同类型药剂交替使用。

（1）防治番茄叶霉病、叶斑病，发病初期，用43%悬浮剂3000～4000倍液喷雾，间隔10d左右喷1次，连喷2次左右。

（2）防治黄瓜枯萎病，发病初期，用43%悬浮剂3000倍液灌根，每株灌0.25kg药液，每隔5～7d灌一次，连灌2～3次，必须掌握在发病初期，否则效果差。

（3）防治黄瓜白粉病，发病初期，每亩用43%悬浮剂15～18mL，兑水45～60kg喷雾。

（4）防治冬瓜蔓枯病、白粉病、炭疽病，发病初期，用43%悬浮剂3000倍液喷雾。

（5）防治苦瓜白粉病，发病初期，用12.5%微乳剂40～60mL/亩，兑水40～50kg喷雾。

（6）防治南瓜白粉病，发病初期，用43%悬浮剂4000倍液喷雾。

（7）防治西瓜蔓枯病，发病初期，用43%悬浮剂5000倍液＋芸薹素内酯1500倍液喷雾。

（8）防治豇豆锈病，发病初期，用43%悬浮剂4000～6000倍液喷雾。

（9）防治豇豆白粉病，发病初期，用430g/L悬浮剂2500倍液喷雾。

（10）防治菜豆锈病，发病初期，用43%悬浮剂3000～4000倍喷雾，隔15d左右喷1次，防治1～2次。

（11）防治菜豆白粉病，发病初期，用25%乳油2000倍液喷雾。

（12）防治大豆锈病，发病初期，每次每亩用43%悬浮剂16～20mL兑水喷雾，每隔7～10d施用1次，连续喷施2～3次。

（13）防治蚕豆轮纹病，发病初期，用430g/L悬浮剂3500倍液喷雾，隔10d左右喷1次，防治1～2次。

（14）防治大荚豌豆白粉病、锈病，发病初期，用43%悬浮剂4000～5000倍液喷雾。

（15）防治豌豆褐纹病、锈病、黑斑病，发病初期，用430g/L悬浮剂3500倍液喷雾，隔7～10d喷1次，连续防治2～3次。

（16）防治扁豆角斑病、轮纹斑病，发病初期，用430g/L悬浮剂3500倍液喷雾。

（17）防治萝卜黑腐病，发病初期，用43%的悬浮剂5000倍液喷雾。

（18）防治白菜黑星病，发病初期，每亩用25%水乳剂35～50mL，兑水40～50kg喷雾。

（19）防治大白菜黑斑病，发病初期，每亩用25%悬浮剂20～25mL，兑水40～50kg喷雾。

（20）防治十字花科蔬菜黑斑病、白斑病，发病初期，用43%悬浮剂3000～4000倍液，或25%乳油或25%水乳剂或25%可湿性粉剂2000～2500倍液均匀喷雾。可以和不同类型的杀菌剂交替使用，每隔10d喷1次，连喷3～4次。

（21）防治莴苣菌核病、生菜菌核病，发病初期，用43%悬浮剂2000倍液喷雾。

（22）防治茼蒿尾孢叶斑病，发病初期，用18%微乳剂1500倍液喷雾，隔7～10d喷1次，防治1～2次。

（23）防治生姜叶枯病，发病初期，用43%悬浮剂3000倍液喷雾，与"天达2116"混配交替使用，隔7～10d喷1次，连续防治2～3次，效果更佳。

（24）防治韭菜白绢病，发病初期，用430g/L乳油3500倍液喷雾。

（25）防治大葱紫斑病，发病初期，用43%悬浮剂3000～4000倍液喷雾或灌根。

（26）防治大葱、洋葱枝孢叶枯病，发病初期，用25%水乳剂3000倍液喷雾，隔10d左右喷1次，防治1～3次。

（27）防治茭白黑粉病，发病初期，用18%微乳剂1000倍液喷雾。

（28）防治菱角白绢病，发病初期，用430g/L悬浮剂3500倍液喷雾。

（29）防治草莓白粉病，发病初期，用43%悬浮剂4000～5000倍液喷雾。草莓不同生育期对药剂的敏感度也有差异，一般在生长前期，特别在扣棚初期最为敏感，应低限浓度施药，随着时间的推迟，其敏感度逐渐降低，可采用高浓度施药。

（30）防治草莓灰霉病，发病初期，用25%水乳剂25～30mL/亩兑水40～50kg喷雾。

（31）防治黄花菜匍柄霉叶枯病，发病初期，用75%肟菌酯·戊唑醇水分散粒剂3000倍液，或43%戊唑醇悬浮剂3000倍液混加33.5%喹啉酮750倍液喷雾，隔7～10d喷1次，连续防治3～4次。

（32）防治芦笋茎枯病、锈病，发病初期，用43%悬浮剂2500～3000倍液，或25%可湿性粉剂1500～2000倍液均匀喷雾，7～10d喷1次，连喷2～3次，重点喷洒植株中下部。

（33）防治芦笋匍柄霉叶枯病，结合防治茎枯病，在发病初期，用75%肟菌酯·戊唑醇水分散粒剂3000倍液，或43%戊唑醇悬浮剂3000倍液混加33.5%喹啉铜750倍液喷雾。

（34）防治魔芋白绢病，发病初期，用430g/L悬浮剂3500倍液喷雾。

中毒急救　应避免药剂接触皮肤和眼睛，若药液溅入眼睛或皮肤上时，立即用清水冲洗；如误服，不可引吐或服用麻黄碱等药物，应立即送医院对症治疗，本剂无特殊解毒药剂。不要直接接触被药剂污染的衣物。

注意事项

（1）该药剂处理过的种子严禁再用于人食或动物饲料，而且不能与饲料混合。处理过的种子必须与粮食分开存放，以免污染或误食。

（2）拌种处理过的种子播种深度以2～5cm为宜。

（3）戊唑醇可以与其他一些杀菌剂如抑霉唑、福美双等制成杀菌剂混剂使用，也可以与一些杀虫剂混用，制成包衣剂拌种用于防治地上、地下害虫和土传、种传病害。

（4）施药方法是在病害发生初期使用，每隔10～15d施药1次。使用43％戊唑醇悬浮剂时应避开作物的花期及幼果期等敏感期，以免造成药害。

（5）高剂量下对植物有明显的抑制生长作用，在果实膨大期谨慎使用。

（6）该药剂对鱼类等水生生物有毒，应远离水产养殖区施药，禁止在河塘等水体中清洗施药器具。

（7）建议与其他作用机制不同的杀菌剂轮换使用。

（8）在大白菜上安全间隔期为14d，每季作物最多使用2次；在大豆上安全间隔期为21d，每季最多使用4次；在黄瓜上安全间隔期为3d，每季最多使用3次。

烯唑醇（diniconazole）

$C_{15}H_{17}Cl_2N_3O$, 326.2, 83657-24-3

其他名称　速保利、特普唑、达克利、禾果利、黑白清、灭黑灵、特灭唑、病除净、壮麦灵。

化学名称　(E)-(RS)-1-(2,4-二氯苯基)-4,4-二甲基-2-(1H-1,2,4-三唑-1-基)戊-1-烯-3-醇

主要剂型　2％、2.5％、5％、12.5％可湿性粉剂，5％、10％、12.5％、25％乳油，5％微乳剂，5％干粉种衣剂，12.5％超微可湿性粉剂。

理化性质　原药为无色结晶固体，熔点134～156℃，蒸气压2.93mPa（20℃），4.9mPa（25℃），相对密度1.32（20℃）。溶解度：水中4mg/L（25℃），丙酮、甲醇95（g/kg，25℃，下同），二甲苯14，己烷0.7。稳定性：在通常贮存条件下稳定，对光、热和潮湿稳定。

产品特点

（1）作用机制是抑制菌体麦角甾醇生物合成，特别强烈地抑制24-亚甲基二氢羊毛甾醇碳14位的脱甲基作用，导致病菌死亡。

（2）烯唑醇属三唑类杀菌剂，是甾醇脱甲基化抑制物，具有广谱和内吸活性，有预防和治疗作用。除碱性物质外，可与大多数农药混用。对人、畜为中等毒性，对眼睛有轻度刺激作用，对鸟安全，对鱼类、蜜蜂有毒。对病害具有保护、治疗、铲除等杀菌作用，并有内吸向上传导作用。

（3）可与多种农药混用，以延缓病菌产生耐药性。

（4）烯唑醇常与福美双、代森锰锌、多菌灵、三环唑等杀菌剂成分混配，用于生产复配杀菌剂。

（5）鉴别要点：原药为无色结晶固体，水中溶解度很小，溶于大多数有机溶剂。可湿性粉剂外观为浅黄色细粉。烯唑醇单剂及复配制剂产品应取得农药生产批准证书

（HNP），选购时应注意识别该产品的农药登记证号、农药生产批准证书号、执行标准号。

防治对象 烯唑醇抗菌谱广，特别对子囊菌和担子菌高效，如锈病、白粉病、黑星病等；另外对尾孢霉、球腔菌、核盘菌、禾生喙孢菌、青霉菌、菌核菌、丝核菌、串孢盘菌、黑腐菌、驼孢锈菌、柱锈菌属等病原菌引起的病害也有较好的防治作用。主要通过喷雾防治植物病害，有时也常用于拌种。

使用方法

（1）防治菜豆、豇豆、豌豆、扁豆等豆类蔬菜的白粉病、锈病，发病初期，用12.5%可湿性粉剂2000～2500倍液喷雾。

（2）防治黄瓜白粉病、黑星病、炭疽病，发病初期，用25%可湿性粉剂2500～3000倍液喷雾。

（3）防治冬瓜、西瓜、甜瓜、南瓜等的白粉病、锈病，发病初期，用25%可湿性粉剂2500倍液喷雾。

（4）防治莴苣、莴笋等的锈病，发病初期，用25%可湿性粉剂2000～3000倍液喷雾。

（5）防治韭菜锈病，发病初期，用12.5%可湿性粉剂2000倍液喷雾，隔10d左右喷1次，防治1～2次。

（6）防治大葱、洋葱锈病，发病初期，用12.5%可湿性粉剂2000倍液喷雾，隔10d喷1次，连续防治2～3次。

（7）防治茭白黑粉病，发病初期，用12.5%可湿性粉剂2000～2500倍液喷雾。

（8）防治慈姑黑粉病，发病初期，用12.5%可湿性粉剂2000～2500倍液喷雾，隔10d喷1次，连续防治2～3次。

（9）防治芦笋茎枯病，发病初期，用25%可湿性粉剂1500倍液，或每次每亩用12.5%可湿性粉剂30～37g兑水喷雾，间隔7d左右施药1次，一般喷施2～3次。

（10）防治草莓白粉病，发病初期，用12.5%可湿性粉剂或12.5%乳油1000～1500倍液喷雾，7～10d一次，连喷2～3次。

（11）防治黄花菜锈病，发病初期，即中心病株期开始，用12.5%可湿性粉剂2000倍液喷雾，隔7～10d喷1次，视病情连续防治2～4次。

（12）防治芦笋锈病、茎枯病，发病初期，用12.5%可湿性粉剂2000倍液喷雾，隔7～10d喷1次，视病情连续防治2～3次。

注意事项

（1）不能与石硫合剂、波尔多液等碱性农药混用。

（2）喷药时期应在发病前，最迟也应发病初期使用。

（3）三唑类杀菌剂易产生抗药性，不宜长期单一使用，应与其他类型杀菌剂轮换使用。

（4）要严格掌握使用浓度，当单位面积上用药量偏大时，易对黄瓜、西葫芦生长产生抑制作用。

（5）对番茄有强烈的抑制生长作用，禁止使用。

（6）拌种处理后的种子不得用作饲料或食用。

（7）用药时注意安全保护，不慎误服，立即送医院对症治疗。

（8）应在通风干燥、阴凉处贮存。

氟硅唑（flusilazole）

$C_{16}H_{15}F_2N_3Si$, 315.4, 85509-19-9

其他名称 福星、农星、新星、杜邦新星、世飞、克菌星、护矽得、帅星、稳歼菌。

化学名称 双（4-氟苯基）甲基（$1H$-1,2,4-三唑-l-基亚甲基）硅烷

主要剂型 40%、400g/L乳油，5%、8%、10%、20%、25%、30%微乳剂，10%、15%、16%、25%水乳剂，2.5%、10%水分散粒剂，20%可湿性粉剂，2.5%、8%热雾剂。

理化性质 白色无味晶体。熔点53~55℃，蒸气压3.9×10^{-2}mPa（25℃）（饱和气体），相对密度1.30（20℃）。溶解度（mg/L，20℃）：水45（pH7.8），54（pH7.2），900（pH1.10）；易溶于（>2kg/L）有机溶剂。稳定性：在一般条件下稳定性超过2年，对光和高温（温度达310℃）稳定。

产品特点

（1）氟硅唑乳油为棕色液体。主要作用是破坏和阻止病原菌的细胞膜重要成分麦角甾醇的生物合成，导致细胞膜不能形成，使菌丝不能生长，从而达到杀菌作用。药剂喷到植物上后，能迅速被吸收，并进行双向传导，把已侵入的病原菌和孢子杀死，是具预防兼治疗作用的新型、高效、低毒、广谱内吸性杀菌剂。

（2）速效、药效期长。氟硅唑在病害的初发期使用效果非常突出，喷药后数小时就渗入植物体，且药剂的再分布性强，氟硅唑的迅速渗透性能避免雨水冲涮且达到全面保护杀菌效果。氟硅唑具有保护、治疗、熏蒸、铲除等多种作用，可以追杀7d前侵染的病原菌，并可持续保护植株达10~15d。

（3）低毒、广谱。氟硅唑是一种高效、低毒、广谱、内吸性三唑类杀菌剂，对作物、人畜毒性低，对有益动物和昆虫较安全，对各种作物的疮痂病、炭疽病、立枯病、黑星病、白粉病、锈病、蔓枯病、叶斑病、根腐病、褐斑病、轮纹病等有优异防效，对作物的枯黄萎病也有强烈的抑菌效果。

（4）超低用量。氟硅唑在很低的有效浓度下就可以对病原微生物有很强的抑制作用，应用倍数为6000~10000倍，是一般药剂的10~20倍。

（5）氟硅唑内吸双向传导，均匀分布，渗透力超强，杀菌快，耐雨水冲刷，对作物安全。

（6）增产提质。氟硅唑含有机硅，用该药处理的叶片浓绿，果实着色好，糖分提高，减少生理落果。具有生长调节作用，增加产量，提高作物品质。

（7）氟硅唑一般采用喷雾的方法就可以达到最佳效果。

（8）氟硅唑有时与噁唑菌酮、多菌灵、代森锰锌、咪鲜胺等杀菌剂成分混配，用于

生产复配杀菌剂。

（9）质量鉴别

① 物理鉴别　40％乳油由有效成分、溶剂和乳化剂组成，外观为棕色液体，乳液稳定性符合要求，冷、热贮存稳定性良好，室温贮存稳定性为 4 年 10 个月，水分含量<0.1％，pH6.37（5％的水溶液）。

② 生物鉴别　选择一棵感染黑星病的梨树，将 40％氟硅唑乳油稀释 8000 倍进行喷雾，隔 10d 喷 1 次药。期间观察黑星的变化，对已发病的病斑，在喷乳油稀释液后，其病斑上的霉层消失（分生孢子干死），只留下小干斑，且结出的果实果面光洁，表明该药剂质量可靠，否则药剂质量有问题。也可利用感染黑星病的黄瓜及感染白粉病的葡萄进行药效试验，将 40％氟硅唑乳油稀释 8000 倍进行喷雾，观察药效和判别质量。

防治对象　防治子囊菌纲、担子菌纲和半知菌类真菌引起的多种病害，如白粉病等。主要用于防治白粉病、锈病、斑枯病、早疫病、黄瓜黑星病、番茄叶霉病、草莓蛇眼病、茭白胡麻叶斑病等。

使用方法

（1）防治番茄晚疫病，发病初期，用 40％乳油 8000 倍液喷雾。

（2）防治番茄早疫病，发病初期，用 40％乳油 8000～10000 倍液喷雾，间隔 7d 左右施药 1 次。

（3）防治番茄斑枯病，发病初期，用 40％乳油 5000 倍液喷雾。

（4）防治番茄叶霉病、灰斑病，发病前或发病初期施药，每亩用 10％水乳剂 40～50mL 兑水喷雾，或 40％乳油 7000～8000 倍液喷雾，每隔 7～10d 喷 1 次，连续施药 2～3 次。

（5）防治辣椒炭疽病、白粉病，从病害发生初期或初见病斑时开始喷药，用 40％乳油 8000～10000 倍液喷雾，隔 7～10d 喷 1 次，连喷 3～4 次。

（6）防治茄子褐纹病、白粉病、叶斑病，从病害发生初期开始喷药，用 40％乳油或 400g/L 乳油 6000～7000 倍液均匀喷雾，10d 左右喷 1 次，与不同类型的药剂交替使用，连喷 2～3 次。

（7）防治黄瓜菌核病，用 40％氟硅唑乳油 8000 倍液与 50％腐霉利可湿性粉剂 800 倍液混合喷雾有较好防治效果，预防时 7～8d 喷 1 次，发病时 4～5d 喷 1 次，连喷 3～4 次。

（8）防治黄瓜黑星病，从病害发生初期开始喷药，用 40％乳油 8000～10000 倍液，或每亩用 10％水乳剂 40～50mL 兑水喷雾，隔 7～10d 再喷 1 次。

（9）防治黄瓜白粉病、炭疽病，从病害发生初期开始喷药，用 40％乳油或 400g/L 乳油 6000～8000 倍液均匀喷雾，10d 左右喷 1 次。生产中要与不同类型的药剂交替使用，连喷 3～4 次。

（10）防治西葫芦白粉病，发病初期，用 40％乳油 8000～10000 倍液喷雾。

（11）防治甜瓜、西瓜、南瓜等瓜类蔬菜白粉病，从病害发生初期开始喷药，用 40％乳油 6000～8000 倍液喷雾，10d 左右喷 1 次，连喷 2～4 次，综合防效达 90％以上。

（12）防治甜瓜炭疽病，发病初期，每亩用 40％乳油 4.67～6.25mL，兑水 40～50kg 喷雾，间隔 7d 施药 1 次，连续 3 次，防治效果明显。

（13）防治菜豆、豇豆等豆类蔬菜白粉病、锈病、炭疽病、角斑病，从病害发生初期开始喷药，用40%乳油或400g/L乳油6000～8000倍液喷雾，对豆类生长发育、结果均无副作用，10d左右喷1次，连喷2～4次。

（14）防治豌豆锈病，发病初期，用20%微乳剂3000～5000倍液喷雾。

（15）防治扁豆尾孢叶斑病，发病初期，用30%微乳剂3000～4000倍液喷雾，隔7～10d喷1次，连续防治2～3次。

（16）防治草莓白粉病，在移栽前和扣棚时用药预防能减轻药剂对草莓花果的伤害，可用40%乳油6000倍液喷雾；在白粉病发病初期，用40%乳油6000倍液喷雾，隔5～7d连续喷2～3次。

（17）防治草莓蛇眼病，发病初期，喷淋30%微乳剂4000倍液，隔7～10d灌1次，共灌3次。

（18）防治薄荷、蒲公英的白粉病，发病初期，用40%乳油9000～10000倍液喷雾，隔7～10d喷1次，连喷3～4次。

（19）防治葱、洋葱及蒜的紫斑病、叶枯病，从病害发生初期开始喷药，每亩每次用40%乳油或400g/L乳油8～10mL，兑水45～60kg均匀喷雾，10d左右喷1次，连喷2次左右。在药液中混加有机硅等农药助剂，可显著提高药液黏附能力。

（20）防治芹菜斑枯病，从初见病斑时开始喷药，一般每亩每次使用40%乳油或400g/L乳油8～10mL，兑水45～60kg喷雾，7～10d喷1次，连喷2～4次，重点喷洒植株中下部。

（21）防治菠菜褐点病，发病初期，用40%乳油5000倍液喷雾。

（22）防治莴苣、结球莴苣白粉病、锈病，发病初期喷洒40%乳油4000倍液，隔10～20d喷1次，防治1～2次。

（23）防治慈姑黑粉病，发病初期，用30%微乳剂乳油4000倍液，或40%乳油6000倍液喷雾，隔10d喷1次，连续防治2～3次。

（24）防治菜用山药炭疽病，从病害发生初期开始喷药，用40%乳油或400g/L乳油6000～7000倍液喷雾，10d左右喷1次，连喷3～5次。

（25）防治玉米黄斑病，用40%乳油7000倍液喷雾，防效达70%以上。

（26）防治黄花菜锈病，发病初期，即中心病株期开始，用40%乳油5000倍液喷雾，隔7～10d喷1次，视病情连续防治2～4次。

（27）防治香椿白粉病，春季子囊孢子飞散时，用40%乳油5000倍液喷雾。

（28）防治食用菊花白粉病，发病初期，用40%乳油5000倍液喷雾。

本药使用浓度较低，用药时可在药液中加入一些展着剂，如消抗液或解抗灵等，以增效。

中毒急救 误服者不能引吐或服麻黄碱等药物。药液溅入眼睛，立即用大量清水冲洗至少15min，再请医生诊治。

注意事项

（1）氟硅唑使用浓度过高，对作物生长有明显的抑制作用，应严格按要求使用。

（2）在同一个生长季节内使用次数不要超过4次，以免产生抗药性，造成药效下降。为避免病原菌产生抗性，应与其他保护性杀菌剂交替使用，如在瓜类和草莓等作物白粉病常发病区，应做到氟硅唑与其他杀菌剂，如乙嘧酚、氰菌唑等交替轮换使用。

（3）在病原菌（如白粉病）对三唑酮、烯唑醇、多菌灵等杀菌剂已产生抗药性的地区，可换用本剂。在施药过程，要注意安全防护。

（4）该药混用性能好，可与大多数杀菌剂、杀虫剂混用，但不能与强酸和强碱性药剂混用。

（5）对霜霉病、疫病等病害无效，可与相应的杀菌剂混用。

（6）喷药时水量要足，尽可能叶片正反面都喷到，喷雾时加入优质的展着剂，防效更佳。

（7）应在通风干燥、阴凉、远离火源处安全贮存。

（8）在黄瓜上安全间隔期为3d，每季最多使用2次；在菜豆上安全间隔期5d，每季最多使用3次；在番茄上安全间隔期为3d，每季最多使用3次；在芦笋上安全间隔期为7d，每季最多使用3次。

丙环唑（propiconazol）

$C_{15}H_{17}Cl_2N_3O_2$, S342.2, 60207-90-1

其他名称　敌力脱、敌速净、必扑尔、龙普清、金士力、金力敌、百生、百灵树、即可福、标斑、博源、纯美、大秀、福鼎、捷托、战旗、正胜。

化学名称　1-[2-(2,4-二氯苯基)-4-丙基-1,3-二氧戊环-2-甲基]-1-H-1,2,4-三唑

主要剂型　25%、250g/L、50%、70%乳油，25%可湿性粉剂，20%、40%、45%、50%、55%微乳剂，25%、40%水乳剂，30%悬浮剂。

理化性质　淡黄色黏稠液体，有臭味。沸点：99.9℃（0.32Pa），120℃（1.9Pa），＞250℃（101KPa），蒸气压：2.7×10^{-2} mPa（25℃），相对密度1.29（20℃）。溶解度：水100mg/L（20℃），正庚烷47g/L（25℃，下同），完全溶于丙酮、甲苯、正辛醇和乙醇。对光、热、酸、碱稳定，对金属无腐蚀性。属三唑类广谱内吸性低毒杀菌剂。制剂对鱼毒性中等，对鸟类毒性低，对蜜蜂无毒。

产品特点

（1）杀菌机理是影响甾醇的生物合成，麦角甾醇在真菌细胞膜的构成中起重要作用，丙环唑通过干扰C14-去甲基化而妨碍真菌体内麦角甾醇的生物合成，从而破坏真菌的生长繁殖，使病原菌的细胞膜功能受到破坏，最终导致细胞死亡，从而起到杀菌、防病和治病的功效。

（2）杀菌活性高，对多种作物上由高等真菌引发的病害疗效好，可以防治蔬菜白粉病、炭疽病、锈病、根腐病等，对西瓜蔓枯病、草莓白粉病有特效。但对霜霉病、疫病无效。

（3）既可以对地上植物部分进行喷雾使用，也可以作为种子处理剂防治种传病害、土传病害。

（4）内吸性强，具有双向传导性能，施药 2h 后即可将入侵的病原体杀死，1～2d 控制病情扩展，阻止病害的流行发生，渗透力及附着力极强，特别适合在雨季使用。

（5）具有极高的杀菌活性，持效期长达 15～35d，比常规药剂节省 2～3 次用药。

（6）独有的"汽相活性"，即使喷药不均匀，药液也会在作物的叶片组织中均匀分布，起到理想的防治效果。

（7）耐药性风险较低，耐药性群体形成和发展速度慢；同时，耐药性菌株通常繁殖率下降，适应度降低。

（8）具有渗透性和内吸收，对环境友好，对作物安全。

（9）采收后，保鲜作用明显，卖相靓，果品货价期长。

（10）鉴别要点：原药为淡黄色黏稠液体，易溶于有机溶剂。丙环唑乳油产品应取得农药生产批准证书（HNP），选购时应注意识别该产品的农药登记证号、农药生产批准证书号、执行标准号。

（11）可与苯醚甲环唑、三环唑、苯锈啶、福美双、咪鲜胺、嘧菌酯、戊唑醇、多菌灵、井冈霉素等复配。

防治对象 可用于防治子囊菌、担子菌和半知菌所引起的病害，如茄子茎基腐病、番茄早疫病、番茄白粉病、甜（辣）椒白粉病、辣椒褐斑病、辣椒叶枯病等。但对卵菌病害无效。

使用方法

（1）防治草莓、番茄、洋葱、莴笋、芫荽、苦瓜、芫荽白粉病，大葱、洋葱、韭菜、大蒜、黄花菜、扁豆、蚕豆、豇豆、茭白等的锈病，大蒜紫斑病，发病初期，用 25％乳油 3000 倍液喷雾，连防 2～3 次。

（2）防治番茄炭疽病、辣椒叶斑病，发病初期，用 25％乳油 2500 倍液喷雾。

（3）防治番茄早疫病，发病初期，用 25％乳油 2000～3000 倍液喷雾。

（4）防治辣椒褐斑病、叶枯病，田间初见病斑时应立即施药，每亩用 25％乳油 40mL，兑水 45～60kg 喷雾，15～20d 后再喷 1 次。

（5）防治茄子茎基腐病，用 25％乳油 2500 倍液灌根，每株次灌 250mL 药液，连灌 2～3 次。

（6）防治南瓜枯萎病，发病初期，用 25％乳油 1500 倍液喷雾。

（7）防治黄瓜炭疽病、白粉病、辣椒白粉病，发病初期，用 25％乳油 4000 倍液喷雾。

（8）防治苦瓜、甜瓜炭疽病，发病初期，用 25％乳油 1000 倍液喷雾。

（9）防治西瓜蔓枯病，在西瓜膨大期，用 25％乳油 5000 倍喷雾，或用 25％乳油 2500 倍液灌根，每株灌 250mL 药液，连灌 2～3 次。

（10）防治菜豆白粉病，发病初期，用 20％微乳剂 1500 倍液喷雾。

（11）防治芹菜叶斑病，用 25％乳油 800 倍液，在发病初期喷雾。

（12）防治韭菜锈病、白绢病，发病初期，用 25％乳油 2200 倍液，或 30％苯甲·丙环唑乳油 2000 倍液喷雾，隔 10d 左右喷 1 次，防治 1～2 次。

（13）防治瓜类白粉病，发现病斑立即施药，用 20％乳油 2500 倍液，喷 1～2 次，间隔 20d 左右。

（14）防治玉米褐斑病，发病初期，用 25％乳油 1500 倍液喷雾。

（15）防治草莓白粉病、褐斑病，发病初期，用 25％乳油 4000 倍液喷雾，间隔 14d，连续喷药 2～3 次。

（16）防治莲藕（假尾孢）褐斑病，用 25％乳油 1 份，与 1000 份土拌匀，制成药土，用手捏紧药土，塞到莲藕处，从发病初期开始，每隔 7d 塞 1 次，连塞 3 次。

（17）防治莲藕腐败病，及时拔除病株后喷洒 25％乳油 1500～2000 倍液，也可采用针剂注射法，针剂注射药量尽可能与喷雾一致，可用 25％乳油，正常使用商品量为每亩 24mL，施药时按 1∶80 的兑水量配成 2kg 注射药液，如按每根叶柄注射 4mL，共注 570 根叶柄即可达标。要求在子莲始花期发病前开始，注射器用医用的，针头用兽用的，注 3～4 次。

（18）防治荸荠秆枯病，发病初期，用 25％乳油 2000 倍液喷雾，隔 10d 左右喷 1 次，重点保护新生荠秆免遭病菌侵染，雨后及时补喷。

（19）防治茭白锈病，发病初期，及时用 25％乳油 2000 倍液，或 30％苯甲·丙环唑乳油 2000 倍液喷雾。

（20）防治食用菊花白粉病，发病初期，用 25％乳油 2000 倍液喷雾。

中毒急救　一般只对皮肤和眼有刺激作用，经口毒性低，误服，可引起恶心、呕吐等。一旦接触到皮肤，应立即脱去污染的衣物，用大量肥皂水或流动清水彻底冲洗接触区。眼睛接触，立即打开眼睑，用流动清水或生理盐水彻底冲洗至少 15min，就医。吸入，应迅速脱离现场至空气新鲜处。如呼吸困难，给予输氧治疗。如呼吸停止，立即进行人工呼吸，就医。

注意事项

（1）由于丙环唑具有很明显的抑制生长作用，因此，在使用中必须严格注意。丙环唑易在农作物的花期、苗期、幼果期、嫩梢期产生药害，使用时应注意不能随意加大使用浓度，并在植保技术人员的指导下使用。丙环唑叶面喷雾常见的药害症状是幼嫩组织硬化、发脆、易折，叶片变厚，叶色变深，植株生长滞缓（一般不会造成生长停止）、矮化、组织坏死、褪绿、穿孔等，心叶、嫩叶出现坏死斑。种子处理会延缓种子萌发。在苗期使用易使幼苗僵化，抑制生长，花期和幼果期受影响最大，易灼伤幼果，尽量在蔬菜生长中后期使用。要注意选择喷药时期，不要在果实膨大期喷施。

（2）在农作物的花期、苗期、幼果期、嫩梢期，稀释倍数要求达到 3000～4000 倍，并在植保技术人员的指导下使用。

（3）丙环唑残效期在 1 个月左右，注意不要连续施用。丙环唑高温下不稳定，使用温度最好不要超过 28℃。

（4）大风或预计 1h 内降雨，请勿施药。连续喷药时，注意与不同类型药剂交替使用。有些作物可能对该药敏感，高浓度下抑制植株生长，用药时应严格控制好用药量。

（5）能与多种杀菌剂、杀虫剂、杀螨剂混用，可在病害不同时期使用。

（6）本品对鱼及水生生物有毒，清洗喷雾器的废水须妥善处理，切勿污染河水、井水或水源。使用后的空包装必须妥善处理，切勿污染环境。

（7）贮存温度不得超过 35℃。

（8）本品在蔬菜上使用的安全间隔期为 10d，每季作物最多施药 3～4 次。

三唑酮（triadimefon）

$C_{14}H_{16}ClN_3O_2$, 293.8, 43121-43-3

其他名称 粉锈宁、粉锈清、粉锈通、粉菌特、优特克、唑菌酮、农家旺、剑福、立菌克、代世高、去锈、菌灭清、菌克灵、丰收乐。

化学名称 1-(4-氯苯氧基)-1-(1H-1,2,4-三唑-1-基)-3,3-二甲基丁-2-酮

主要剂型 5％、10％、15％、25％可湿性粉剂，10％、15％、20％、25％、250g/L乳油、8％、10％、12％高渗乳油、8％高渗可湿性粉剂、12％增效乳油、20％糊剂、25％胶悬剂、0.5％、1％、10％粉剂、15％烟雾剂。

理化性质 纯品三唑酮为无色结晶固体，具有轻微臭味，熔点82.3℃，蒸气压0.02mPa（20℃），0.06mPa（25℃），相对密度1.283（21.5℃）。溶解度（20℃，g/kg）：水0.064，二氯甲烷、甲苯＞200，异丙醇99，己烷6.3。属三唑类内吸治疗性低毒杀菌剂。对鱼类毒性低，对蜜蜂、鸟类、蜘蛛无毒害，对害虫天敌无影响。

产品特点

（1）三唑酮的杀菌机理极为复杂，主要是抑制菌体麦角甾醇的生物合成，因而抑制或干扰菌体附着孢及吸器的发育，菌丝的生长和孢子的形成。

（2）三唑酮属三唑类内吸治疗性杀菌剂，对人、畜低毒，对病害具有内吸、预防、铲除、治疗、熏蒸等杀菌作用。被植物的各部分吸收后，能在植物体内传导，可双向传导。对锈病和白粉病有较好防效。在低剂量下就能达到明显的药效，且持效期较长。可用作喷雾、拌种和土壤处理。

（3）在病菌体内还原成"三唑醇"而增加了毒力。对卵菌纲的疫霉（不产生麦角甾醇）无效。

（4）鉴别要点：纯品为无色结晶体，原药为白色至淡黄色固体。难溶于水，易溶于大多数有机溶剂。一般应送样品至法定质检机构进行鉴别，采用红外、质谱、气相色谱等均可以。有效成分含量采用气相色谱法测定。三唑酮可湿性粉剂为白色至浅黄色粉末；乳油为黄棕色油状液体。

（5）三唑酮可以与许多杀菌剂、杀虫剂、除草剂等现混现用。常与硫黄、多菌灵、吡虫啉、代森锰锌、噻嗪酮、腈菌唑、辛硫磷、三环唑、氰戊菊酯、咪鲜胺、福美双、烯唑醇、乐果、戊唑醇、百菌清、乙蒜素、井冈霉素等杀菌成分混配，生产复配杀菌剂，也常与一些内吸性杀虫剂混配，生产复合拌种剂。

防治对象 可防治子囊菌纲、担子菌纲、半知菌类等的病原菌，卵菌除外。在蔬菜上主要用于防治白菜类白粉病、茄子白粉病、马铃薯癌肿病、番茄白粉病、甜椒炭疽病。

使用方法

（1）药剂拌种

① 防治胡萝卜斑枯病，用15％可湿性粉剂拌种，用药量为种子质量的0.3％。

② 防治大蒜白腐病，用15％可湿性粉剂拌种，用药量为种蒜重量的0.2％。

③ 防治豌豆根腐病，蚕豆根腐病，用20％乳油拌种，用药量为种子重量的0.25％。

（2）灌根或撒施

① 防治黄瓜、南瓜、扁豆等的白绢病，用15％可湿性粉剂1份，与细土100～200份混匀，制成药土，将药土撒于病株根茎部。

② 防治番茄白绢病，用25％可湿性粉剂2000倍液浇灌根部，每隔10～15d灌1次，连灌2次。防治草莓白粉病，用25％可湿性粉剂或250g/L乳油1800～2000倍液喷雾，在花蕾期、盛花期、末花期、幼果期各喷药1次。

③ 防治温室、大棚等保护地内蔬菜白粉病，每平方米耕作层土壤用15％可湿性粉剂12g拌和，作栽培土，持效期可达2个月左右。

④ 防治黄花菜白绢病，发病初期，用25％乳油2000倍液浇灌。

（3）喷雾

① 防治胡萝卜白绢病，用15％可湿性粉剂1000倍液喷雾。

② 防治甜椒炭疽病，在盛花期用32％唑酮·乙蒜素乳油700倍液，每亩每次喷药液80kg。

③ 防治茄子绒菌斑病，菜豆等的锈病，用25％可湿性粉剂2000倍液喷雾。

④ 防治黄瓜菌核病，用25％可湿性粉剂3000倍液喷雾。

⑤ 防治菜豆炭疽病、豌豆白粉病、蚕豆锈病，用15％可湿性粉剂1000倍液，或25％可湿性粉剂2000～3000倍液喷雾，每隔15～20d喷1次，连喷2～3次。

⑥ 防治西葫芦、冬瓜、甜（辣）椒、茄子、菜豆等的白粉病，用20％乳油2000倍液喷雾。

⑦ 防治黄瓜白粉病、炭疽病，茄子白粉病，菜豆的锈病，用15％可湿性粉剂1000～1500倍液喷雾。

⑧ 防治莴苣和莴笋的白粉病，用15％可湿性粉剂800～1000倍液喷雾。

⑨ 防治黄瓜、南瓜、番茄、洋葱等的白粉病，马铃薯癌肿病，用15％可湿性粉剂1500倍液喷雾。

⑩ 防治白菜类白粉病，用15％可湿性粉剂2000～2500倍液喷雾。

⑪ 防治黄瓜霜霉病和白粉病，用15％三唑酮可湿性粉剂2000倍液与40％三乙膦酸铝可湿性粉剂200倍液混配后喷雾。

⑫ 防治大葱和洋葱锈病，发病初期，用25％可湿性粉剂2000～2500倍液喷雾。

⑬ 防治食用百合白绢病，发病初期，用20％乳油2000倍液喷雾。

⑭ 防治魔芋白绢病，发病初期，用25％乳油2000倍液喷雾。

⑮ 防治莲藕腐败病，及时拔除病株后，用20％三唑酮乳油与25％多菌灵可湿性粉剂按1∶1混合喷雾，种藕再闷24h后晾干栽种，2～3d后再用上述混合剂600倍液喷雾。

⑯ 防治慈姑黑粉病，发病初期，用20％乳油1200倍液喷雾，隔10d喷1次，连续防治2～3次。

⑰ 防治荸荠秆腐病，生长期及时检查，发现病株，用25％乳油2000倍液喷雾，每隔7～15d喷1次，连喷2～3次，雨后补喷，才能有效地控制该病。

⑱ 防治荸荠秆枯病，发病初期，用 25％乳油 1500 倍液喷雾，隔 10d 左右喷 1 次，重点保护新生荸荠秆免遭病菌侵染，雨后及时补喷。

中毒急救 中毒症状为恶心、昏晕、呕吐等。如吸入本品，应迅速将患者转移到空气清新流通处。如呼吸停止，给人工呼吸。如呼吸困难，给氧。如有症状及时就医。皮肤接触后，立即用水和肥皂清洗，并彻底冲洗干净。眼睛接触后，把眼睑打开用流水冲洗几分钟，如有持续症状，及时就医。误食，立即用大量清水漱口，洗胃，不要催吐。洗胃时注意保护气管和食管，及时送医院对症治疗。

注意事项

（1）可与许多非碱性的杀菌剂、杀虫剂、除草剂混用。

（2）对作物有抑制或促进作用。要按规定用药量使用，否则作物易受药害。使用不当会抑制茎、叶、芽的生长。用于拌种时，应严格掌握用量和充分拌匀，以防药害。持效期长，叶菜类应在收获前 10～15d 停止使用。

（3）不宜长期单一使用本剂，应注意与不同类型杀菌剂混合或交替使用，以避免产生抗药性。若用于种子处理，有时会延迟出苗 1～2d，但不影响出苗率及后期生长。

（4）该药已使用多年，一些地区抗药性较重，用药时不要随意加大药量，以避免药害。出现药害后常表现植株生长缓慢、叶片变小、颜色深绿或生长停滞等，遇到药害要停止用药，并加强肥水管理。

（5）连续阴雨或湿度较大的环境中，或者当病情较重的情况下，建议使用较高剂量。避免在极端温度和湿度下，或作物长势较弱的情况下使用本品。

（6）不要在水产养殖区施用本品，禁止在河塘等水体中清洗施药器具。药液及废液不得污染各类水域、土壤等环境。本品对家蚕有风险，蚕室及桑园附近禁止使用。

（7）15％可湿性粉剂用于黄瓜安全间隔期为 5d，一季最多使用 2 次；在甜瓜上安全间隔期不少于 5d，一季最多使用 2 次。

木霉菌（trichoderma SP）

其他名称 哈茨木霉菌、灭菌灵、特立克、生菌散、快杀菌、木霉素、康吉等。

主要剂型 1.5 亿活孢子/g、2 亿活孢子/g 可湿性粉剂，1 亿活孢子/g、2 亿活孢子/g、3 亿活孢子/g 水分散粒剂。

理化性质 为半知菌亚门、丛梗孢目、丛梗孢科木霉菌属真菌，真菌活孢子不少于 1.5 亿/g，淡黄色至黄褐色粉末，pH 值 6～7。对高等动物毒性低，对蜜蜂、鸟类、家蚕等毒性低。

产品特点

（1）作用机理为绿色木霉菌通过重复寄生、营养竞争和裂解酶的作用杀灭病原真菌。木霉菌可迅速消耗侵染位点附近的营养物质，立即使致病菌停止生长和侵染，再通过几丁质酶和葡聚糖酶消融病原菌的细胞壁，从而使菌丝体消失，植株恢复绿色。木霉菌与病原菌有协同作用，即越有利于病菌发病的环境条件，木霉菌作用效果越强。

（2）木霉菌制剂是真菌门半知菌亚门丝孢纲丝孢目丛梗孢科木霉属的真菌孢子，几乎具有抗生素的所有机制，如杀菌作用、重寄生作用、溶菌作用、毒性蛋白及竞争等。由于复杂的杀菌机制，使有害病菌难以形成抗性。

（3）木霉菌广泛存在于不同环境条件下的土壤中。木霉菌通过营养竞争、微寄生、细胞壁分解酵素，以及诱导植物产生抗性等机制，对于多种植物病原菌具有拮抗作用，具有保护和治疗双重功效，可有效防治土传性真菌病害。在苗床使用木霉菌剂，可提高育苗与移植的成活率，保持秧苗健壮生长，也可用于防治灰霉病。具有持效期长、作用位点多、不产生抗药性、突破常规杀菌剂受限条件、不怕高湿且湿度越大防治效果越好、杀菌谱广、无残留毒性、对作物没有任何不良影响等特点。

（4）木霉菌在植物根围生长并形成"保护罩"，以防止根部病原真菌的侵染；能分泌酶及抗生素类物质，分解病原真菌的细胞壁；能够刺激植物根的生长，从而使植物的根系更加健康；用药后安全收获间隔期为0d，可作有机生产资料；可以与肥料、杀虫剂、杀螨剂、除草剂、消毒剂、生长调节剂及大部分杀菌剂兼容；适宜生长条件：pH 4~8，土壤温度8.9~36.1℃，与植物根系共生后可以改变土壤的微结构，使其更适宜于根系的生长。

防治对象 木霉菌对霜霉菌、疫霉菌、丝核菌、小核菌、轮枝孢菌等真菌有拮抗作用，对白粉菌、炭疽菌也表现活性。可直接杀死作物根部和土壤中的根结线虫和地下害虫，能消灭耕层病菌及害虫，并改良土壤，破除板结，提高土壤通透性及根系供氧量，可抑制多种植物真菌病，如根腐病、立枯病、猝倒病、枯萎病等土传病害、灰霉病、腐霉病、丝核菌、炭疽菌、镰刀菌、菌核病。

防治效果接近化学农药三乙膦酸铝、甲霜灵，且显著优于多菌灵，低毒，对作物安全，不污染环境，可作为防治霜霉病的替代农药。

木霉菌的防治范围很广，主要是用于植物土传真菌病害的防治，还可用于防治植物地上病害，如灰霉病、霜霉病、苗枯病、白粉病等叶部病害及蔬菜、果实在贮藏期的腐烂，以及果树的银叶病、轮纹病等。木霉菌的不同种、同种的不同菌株、甚至同一菌株的不同后代个体都存在拮抗性的差异及拮抗对象种类上的差别。

在蔬菜上可用于防治瓜类、十字花科蔬菜霜霉，瓜类、番茄、马铃薯、菜豆、豇豆等多种蔬菜白绢病，茄科、豆科蔬菜立枯病，茄子黄萎病，瓜苗猝倒病，瓜类炭疽病等。

使用方法 使用方法有拌种、灌根和喷雾。

（1）喷雾

① 防治黄瓜、大白菜等蔬菜的霜霉病，发病初期，每亩用1.5亿活孢子/g可湿性粉剂200~300g，兑水50~60kg，均匀喷雾，每隔5~7d喷1次，连续防治2~3次。

② 防治瓜类白粉病、炭疽病，发病初期，用1.5亿活孢子/g可湿性粉剂300倍液喷雾，每隔5~7d喷1次，连续防治3~4次。

③ 防治黄瓜、番茄灰霉病、霜霉病等，发病初期，用1亿活孢子/g水分散粒剂600~800倍液喷雾，或用1.5亿活孢子/g可湿性粉剂500~600倍液喷雾，每隔7~10d喷1次，连喷2~3次，加入一定量的麸皮可作稀释营养剂。

④ 防治扁豆白绢病，发病初期，每亩用1.5亿活孢子/g可湿性粉剂200~300g，兑水喷雾。

⑤ 防治韭菜白绢病，发病初期，每亩用1.5亿活孢子/g可湿性粉剂200~300g，兑水喷雾。

（2）拌土　拌土主要用于防治蔬菜苗期病害。土壤处理操作简单，且能促进木霉菌迅速定殖，是目前普遍使用的田间施药方法，适用于预防及早期发病的防治处理。用2亿活孢子/g可湿性粉剂100g拌苗床土200kg，可防治多种土传病害。

（3）拌种　防治番茄幼苗猝倒病，1.5亿活孢子/g可湿性粉剂用种子重量5%～10%的药量，先将种子喷少量水搅拌均匀，使种子充分湿润，然后倒入药粉，再搅拌，使种子外都着上药粉，然后播种。

（4）蘸根　在辣椒定植前，用1亿活孢子/g水分散粒剂200倍液进行蘸根处理，然后定植，可以防治辣椒疫病的发生。

（5）穴施　定植时穴施可以防治土传病害。在移栽时每穴施2亿活孢子/g可湿性粉剂2g，木霉菌制剂上覆一层细土后将幼苗移入穴内，覆土浇水，可以控制由腐霉菌、疫霉菌和镰刀菌引起的枯萎病、根腐病的发生。

（6）撒施　防治黄瓜、苦瓜、南瓜、扁豆等蔬菜的白绢病，发病初期，每亩用1.5亿活孢子/g可湿性粉剂400～450g，和细土50kg拌匀，制成菌土，撒在病株茎基部，每隔5～7d撒1次，连续2～3次。

（7）灌根　使用木霉素灌根，可防治根腐病、白绢病等茎基部病害，一般用1亿活孢子/g水分散粒剂1500～2000倍液，每株灌250mL药液，灌后及时覆土。

① 在辣椒枯萎病初发病时，用1.5亿活孢子/g可湿性粉剂600倍液灌根，每株灌250mL药液，灌后及时覆土。

② 在番茄白绢病发病初期，用人工培养好的哈茨木霉菌0.4～0.5kg，加细土50kg混匀后把菌土撒施在病株茎基部，每亩施1kg，效果好。

③ 防治菜豆根腐病、白绢病，发病初期用2亿活孢子/g可湿性粉剂1500～2000倍液灌根，药液量为250mL/株，为防止阳光直射造成菌体活力降低，使药液与根部接触、吸附土壤，可先在病株周围挖穴，药液渗入后及时覆土。

（8）制作生物肥　将1kg木霉菌剂加入1000kg有机肥中，作为生物肥料使用。1亩地施用1kg生物肥。

中毒急救　中毒症状表现为恶心、呕吐等。不慎接触皮肤或溅入眼睛，用大量清水冲洗至少15min，仍不适时，就医。误服，立即携该产品标签将病人送医院诊治。洗胃时，应注意保护气管和食管，对症治疗。无特效解毒剂。

注意事项

（1）木霉菌为真菌制剂，不能与酸性、碱性农药混用，也不能与杀菌农药混用，否则会降低菌体活力，影响药效正常发挥。在发病严重地区应与其他类型杀菌剂交替使用，以延缓抗性产生。

（2）不可用于食用菌病害的防治。赤眼蜂等害虫天敌放飞区域禁用本品。

（3）一定要于发病初期开始喷药，喷雾时需均匀、周到，不可漏喷，如喷后8h内遇雨，需及时补喷。

（4）使用本品，连续阴雨或湿度较大的环境中，或者当病情较重的情况下，建议使用较高剂量。避免在极端温度和湿度下，或作物长势较弱的情况下使用本品。

（5）木霉菌类药剂可以与多数生物杀虫剂和化学杀虫剂同时混用。

（6）露天使用时，最好于阴天或下午4时作业。

（7）药剂要保存在阴凉、干燥处，防止受潮和光线照射。

氟吡菌胺（fluopicolide）

$$CO_2CH_2CO_2CH_2CH_3$$

F_3C —〇— NO_2

Cl

$C_{14}H_8Cl_3F_3N_2O$, 383.6, 239110-15-7

化学名称 2,6-二氯-N-[(3-氯-5-三氟甲基)-2-吡啶甲基]苯甲酰胺

理化性质 氟吡菌胺为苯甲酰类化合物。纯品为米色粉末状细微晶体，制剂为深米黄色、无味、不透明液体。相对密度 1.65（30℃），在常温下沸点不可测，熔点 150℃，分解温度 320℃，蒸气压（20℃）3.03×10⁻⁷ Pa。溶解度：水中 4mg/L，有机溶剂（20℃，mg/L）：乙醇 19.2、正己烷 0.20、甲苯 20.5、二氯甲烷 126、丙酮 74.7、乙酸乙酯 37.7、二甲基亚砜 183。在水中稳定，受光照影响较小。常温贮存 3 年稳定。

主要剂型 687.5g/L 氟菌·霜霉威悬浮剂。

产品特点

（1）氟吡菌胺为酰胺类广谱杀菌剂，对卵菌纲真菌病菌有很高的生物活性，具有保护和治疗作用。氟吡菌胺有较强的渗透性，能从叶片上表面向下面渗透，从叶基向叶尖方向传导。对幼芽处理后能够保护叶片不受病菌侵染。还能从根部沿植株木质部向整株作物分布，但不能沿韧皮部传导。

（2）在生产上，氟吡菌胺主要与霜霉威、吡唑醚菌酯、嘧霉胺等复配，生产复配杀菌剂。

（3）氟菌·霜霉威是由最新研制的治疗性杀菌剂氟吡菌胺和强内吸传导性杀菌剂霜霉威盐酸盐复配而成的新型混剂，两种有效成分增效作用显著。氟吡菌胺的杀菌机理与目前所有已知的卵菌纲杀菌剂完全不同，主要作用于病菌细胞膜和细胞间的特异性蛋白而表现杀菌活性，具有多个杀菌作用位点，病菌很难产生抗药性。霜霉威盐酸盐主要影响病菌细胞膜磷脂和脂肪酸的生物合成，进而抑制孢子囊和游动孢子的形成与萌发、抑制菌丝生长及扩散等。

（4）氟菌·霜霉威是德国拜耳公司研发的卵菌纲氟吡菌胺类杀菌剂，特别对辣椒疫病、番茄晚疫病、马铃薯晚疫病、黄瓜霜霉病有良好防效。杀菌见效快，预防、治疗效果好，耐雨水冲刷，持效期长，且连续施用 3 次可以延长，作物生育期，增加作物产量，提高作物品质。

（5）低毒安全。适合无公害和绿色蔬菜的生产，能在作物的任何生长时期使用，并且对作物还兼有刺激生长、增强作物活力、促进生根和开花的作用。

（6）杀菌作用独特。对病害控制快，耐雨水冲刷。氟菌·霜霉威一方面通过抑制病菌孢囊孢子和游动孢子的形成，抑制病菌菌丝生长和增殖扩散，影响到病菌细胞膜磷脂和脂肪酸的合成，另一方面它作用于细胞膜和细胞间的特异性蛋白而表现杀菌活性，属

于多作用位点的杀菌剂。

（7）内吸性强。独特的薄层穿透性可加强药剂的横向传导性及纵向输送力。对病原菌的各主要形态均有很好的抑制活性，治疗潜能突出。用药后其有效成分可以通过植株的叶片吸收，也可以被根系吸收，在植株体内能够上下传导，还可以从植物体叶片的上表面向下表面、从叶基向叶尖方向传导，因而氟菌·霜霉威具有很明显的治疗（铲除）和保护作用，对于已经发病的植株，使用氟菌·霜霉威防治也能很有效地控制病害的发展。

对卵菌纲真菌引起的各类作物霜霉病、晚疫病表现出超级优异的防治效果，并对猝倒病、疫霉和腐霉引起的土壤根部病害等亦有极好的防效。

（8）持效期长，一般持效期达 15～20d。

使用方法

（1）防治辣椒疫病，辣椒苗用 687.5g/L 氟菌·霜霉威悬浮剂 800 倍液泼浇，每平方米药液量 2L。发病前或少数病株出现时，用 687.5g/L 氟菌·霜霉威悬浮剂 800 倍液大田植株喷雾，每亩用药液量 60L，以后每隔 7d 喷 1 次，连喷 3 次。

（2）防治番茄晚疫病，发病初期，用 687.5g/L 氟菌·霜霉威悬浮剂 600～1000 倍液茎叶喷雾，以后每隔 10d 喷 1 次，连喷 3 次，每亩用药液量 50L。

（3）防治黄瓜霜霉病，发病初期用 687.5g/L 氟菌·霜霉威悬浮剂 600～1000 倍液茎叶喷雾，以后每隔 10d 喷 1 次，连喷 3 次，每亩用药液量 50L。

（4）防治十字花科蔬菜霜霉病，从初见病斑时开始喷药，7～10d 喷 1 次，连喷 2 次左右，重点喷洒叶片背面，一般每亩用 687.5g/L 氟菌·霜霉威悬浮剂 50～60mL，兑水 30～45kg 喷雾。

（5）防治瓜果蔬菜的茎基部疫病，从田间初见病株时开始用药，7～10d 后再用 1 次。用 687.5g/L 氟菌·霜霉威悬浮剂 500～600 倍液喷洒植株茎基部及其周围土壤，且喷洒药液量大些效果较好。

（6）防治瓜果蔬菜苗床的苗疫病、猝倒病，播种后出苗前或苗床初见病株时开始用药，用 687.5g/L 氟菌·霜霉威悬浮剂 500～600 倍液喷淋苗床。10d 左右喷 1 次，连用 2 次。

（7）防治马铃薯晚疫病，从田间初见病斑时开始喷药，每亩用 687.5g/L 氟菌·霜霉威悬浮剂 60～80mL 兑水 45～60kg 均匀喷雾。10d 左右喷 1 次，与不同类型药剂交替使用，连喷 5～7 次；割秧前喷施一次本剂对于预防薯块受害效果好。

田间应用表明，氟菌·霜霉威还对莴苣、辣椒、花椰菜等作物的霜霉病，茄科蔬菜及冬瓜的绵疫病和猝倒病，其他葫芦科蔬菜霜霉病和猝倒病，番茄腐霉根腐病等均具有较好的治疗和保护作用。

注意事项

（1）该药剂最好在发病初期使用。

（2）不要与液体化肥或植物生长调节剂混用，也不能与碱性药剂混用。

（3）为了防止病菌对氟菌·霜霉威产生抗药性，一般一个生长季节用药最多不超过3次，最好与霜霉威、丙森锌、吡唑醚菌酯·代森联、烯酰吗啉四种药剂轮换使用。

（4）一般作物安全间隔期为3d，每季作物最多使用3次。

氟吡菌酰胺（fluopyram）

$C_{16}H_{11}ClF_6N_2O$, 396.7, 658066-35-4

其他名称　路富达、百白克。

化学名称　N-{2-[3-氯-5-(三氟甲基)-2-吡啶基]乙基}-α,α,α-三氟-O-甲苯酰胺

主要剂型　41.7%悬浮剂。

理化性质　纯品为白色无味粉末。熔点117.5℃，沸点318～321℃，密度1.53g/cm³（20℃），蒸气压3.1×10^{-6} Pa（25℃）。溶解度（20℃）：庚烷0.66mg/L，甲苯62.2mg/L，二氯甲烷、甲醇、丙酮、乙酸乙酯和二甲基亚砜250＞mg/L，微溶于水。

产品特点

（1）氟吡菌酰胺是一种具有内吸传导活性的新型杀菌剂，通过抑制病菌线粒体内琥珀酸脱氢酶的活性，从而阻断电子传递，影响病菌的呼吸作用，对病菌孢子萌发、芽管伸长、菌丝生长均有活性。

（2）对家兔皮肤、眼睛无刺激；对豚鼠皮肤属弱致敏物。

（3）可与肟菌酯、戊唑醇、氟吗啉、醚菌酯等复配，形成复配杀菌剂。

防治对象　氟吡菌酰胺杀菌谱广，对果树、蔬菜、大田作物上的多种病害，如灰霉病、白粉病、菌核病、褐腐病等有效。

使用方法

（1）防治黄瓜白粉病，发病初期开始施药，每次每亩用41.7%悬浮剂6～12g兑水喷雾，间隔10d喷1次，连续喷施3次。

（2）防治番茄、黄瓜的根结线虫，41.7%悬浮剂0.024～0.03mL/株（根据每亩株数换算每亩用量），番茄在移栽当天用药，黄瓜在移栽后用药。按推荐剂量加水进行灌根，每株用药液量400mL；除灌根外，也适于多种其他用药方法（番茄：滴灌、冲施、土壤混施等；黄瓜：滴灌、冲施等）。

中毒急救　该药无解毒剂，若误服立刻喝下大量牛奶、蛋白或清水，催吐，并携带产品标签送医院诊治。

注意事项

（1）该药剂虽属低毒杀菌剂，但仍须按照农药安全规定使用，工作时禁止吸烟和进

食，作业后要用水洗脸、手等裸露部位。

（2）在黄瓜上安全间隔期为 3d，每季最多使用 3 次。

啶酰菌胺（boscalid）

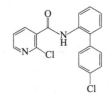

$C_{18}H_{12}Cl_2N_2O$, 343.2, 188425-85-6

其他名称　凯泽，cantus。

化学名称　2-氯-N-(4'-氯联苯-2-基)烟酰胺

主要剂型　50％水分散粒剂。

理化性质　啶酰菌胺纯品为白色结晶状固体。熔点 142.8～143.8℃，蒸气压 7.2×10^{-4}mPa（20℃）。20℃水中溶解度 4.64mg/L；正庚烷中＜10（g/L，20℃，下同），甲醇 40～50，丙酮 160～200。稳定性：在 pH4、pH5、pH7 和 pH9 水中稳定。

产品特点

（1）啶酰菌胺是新型烟酰胺类杀菌剂，属于线粒体呼吸链中琥珀酸辅酶 Q 还原酶抑制剂。通过叶面渗透在植物中转移，抑制线粒体琥珀酸酯脱氢酶，阻碍三羧酸循环，使氨基酸、糖缺乏，导致能量减少，干扰细胞的分裂和生长，对病害有神经活性，具有保护和治疗作用。抑制孢子萌发、细菌管延伸、菌丝生长和孢子母细胞形成真菌生长和繁殖的主要阶段，杀菌作用由母体活性物质直接引起，没有相应代谢活性。对孢子的萌发有很强的抑制能力，杀菌谱较广，几乎对所有类型的真菌病害都有活性，可以有效防治对甾醇抑制剂、双酰亚胺类、苯并咪唑类、苯胺嘧啶类、苯基酰胺类和甲氧基丙烯酸酯类杀菌剂产生抗性的病害。

（2）该产品可以通过木质部向顶传输至植株的叶尖和叶缘；还具有垂直渗透作用，可以通过叶部组织，传递到叶子的背面；不过，该产品在蒸汽下再分配作用很小。

（3）对防治白粉病、灰霉病、菌核病和各种腐烂病等非常有效，并且对其他药剂的抗性菌亦有效，主要用于包括油菜、葡萄等果树、蔬菜和大田作物等病害。与多菌灵、速克灵等无交互抗性。

（4）可与醚菌酯复配，如 300g/L 醚菌·啶酰菌悬浮剂。

防治对象　对疫霉病、腐菌核病、黑斑病、黑星病和其他的病原体病害有良好的防治效果，在蔬菜上可防治的具体病害如黄瓜灰霉病、腐烂病、霜霉病、炭疽病、白粉病、茎部腐烂病，番茄晚疫病等。

使用方法

（1）喷雾

① 防治草莓灰霉病，每次每亩用 50％水分散粒剂 30～45g，兑水 45～75kg 喷雾。做预防处理，发病前或发病初期用药，连续施药 3 次，间隔 7～10d。

② 防治辣椒灰霉病，发现病苗，及时喷洒 50％啶酰菌胺水分散粒剂 1000～1500 倍液，或 50％啶酰菌胺水分散粒剂 1000 倍液＋50％腐霉利可湿性粉剂 1000 倍液。

③ 防治辣椒菌核病，发病后或土面上长出子囊盘时，喷洒 50％水分散粒剂 1000～1500 倍液。

④ 防治番茄灰霉病，每亩用 50％水分散粒剂 30～50g，兑水 45～7kg 喷雾。做预防处理，发病前或发病初期用药，连续施药 3 次。或用 50％啶酰菌胺水分散粒剂 1000 倍液混加 50％异菌脲 1000 倍液，或用 50％啶酰菌胺水分散粒剂 1000 倍液混加 50％腐霉利 1000 倍液，或 50％啶酰菌胺水分散粒剂 1000 倍液混加 50％烯酰吗啉水分散粒剂 750 倍液。

⑤ 防治番茄早疫病，每亩用 50％水分散粒剂 20～30g，兑水 45～75kg 喷雾。做预防处理，发病前或发病初期用药，连续施药 3 次。

⑥ 防治番茄晚疫病，发现中心病株后，喷洒 50％啶酰菌胺水分散粒剂 1000 倍液混加 77％氢氧化铜可湿性粉剂 700 倍液。

⑦ 防治番茄菌核病，于发病初期或大棚地面上长出子囊盘及时喷洒 50％水分散粒剂 1800 倍液。

⑧ 防治番茄白绢病，发病初期用 50％水分散粒剂 1500～2000 倍液喷雾。

⑨ 防治茄子绵疫病，发病初期喷洒 50％啶酰菌胺水分散粒剂 1000 倍液混加 50％烯酰吗啉 750 倍液。

⑩ 防治茄子灰霉病，初见病变时或连阴 2d 后，用 50％水分散粒剂 800～1000 倍液喷雾。

⑪ 防治黄瓜灰霉病，发病初期，用 50％水分散粒剂 1200～1500 倍液喷雾。或 50％啶酰菌胺水分散粒剂 1200 倍液混 60％唑醚·代森联水分散粒剂 1500 倍液，或 50％啶酰菌胺水分散粒剂混 50％异菌脲 1000 倍液喷雾。

⑫ 防治西瓜灰霉病，初见病变或连阴 2d 后，用 50％啶酰菌胺水分散粒剂 1000～1500 倍液或 50％啶酰菌胺 1000 倍液混 50％异菌脲 1000 倍液喷雾，10d 左右喷 1 次，连续防治 2～3 次。

⑬ 防治菜豆灰霉病，喷洒 50％水分散粒剂 1800 倍液，重点喷淋花器和老叶，隔 10～15d 喷 1 次，连续防治 3～4 次。

⑭ 防治豌豆灰霉病，发现病株即开始喷洒 50％水分散粒剂 1500～2000 倍液。

⑮ 防治扁豆白绢病，发病初期，用 50％水分散粒剂 1500～2000 倍液喷雾，隔 10d 左右喷 1 次，防治 1～2 次。

⑯ 防治菜用大豆菌核病，发病初期，用 50％水分散粒剂 1500～2000 倍液喷雾，隔 7～10d 喷 1 次，连续防治 2～3 次。

⑰ 防治大白菜、白菜菌核病，发病初期，用 50％水分散粒剂 1500 倍液喷雾。

⑱ 防治芹菜菌核病，发病初期，浇水前 1d 喷洒 50％水分散粒剂 1500 倍液。

⑲ 防治芹菜灰霉病，发病初期，用 50％水分散粒剂 1500～2000 倍液喷雾，隔 7～10d 喷 1 次，连续防治 3～4 次。

⑳ 防治莴苣、结球莴苣灰霉病、菌核病，露地于发病初期喷洒 50％水分散粒剂 1500～2000 倍液，隔 7～10d 喷 1 次，连续防治 3～4 次。

㉑ 防治韭菜灰霉病，春季韭菜第二茬的二、三刀，割后 6～8d 发病初期，用 50％

水分散粒剂1100倍液喷雾，隔10d左右喷1次，防治2～3次。

㉒ 防治大葱、洋葱灰霉病，发病初期，用50%水分散粒剂1500倍液喷雾。

㉓ 防治马铃薯早疫病，每亩用50%水分散粒剂20～30g，兑水45～75kg喷雾。发病前做预防处理时使用低剂量；发病后做治疗处理时使用高剂量。必要时，啶酰菌胺可与其他不同作用机制的杀菌剂轮换使用。

㉔ 防治油菜菌核病，每亩用50%水分散粒剂30～50g，兑水45～75kg喷雾。发病前做预防处理时使用低剂量；发病后做治疗处理时使用高剂量。

㉕ 防治食用菊花灰霉病，发病初期，用50%水分散粒剂1800倍液喷雾，保护花和芽，防止侵染蔓延。

㉖ 防治慈姑叶柄基腐病，发病初期，用50%水分散粒剂1800倍液喷雾，隔10d左右喷1次，连续防治2～3次。

（2）灌根

① 防治辣椒疫病，用50%啶酰菌胺水分散粒剂1000倍液混50%烯酰吗啉750倍液灌根，10～15d灌1次，防治2次。

② 防治辣椒黄萎病，发病初期浇灌50%啶酰菌胺水分散粒剂1000倍液混50%异菌脲1000倍液。

③ 防治辣椒白绢病，田间发现病株，用50%水分散粒剂1000～1500倍液在茎基部淋施，每穴淋药液250mL，隔7～10d淋1次，连续防治2～3次。

④ 防治豇豆灰霉病，发病初期，用50%啶酰菌胺水分散粒剂1000倍液混加50%异菌脲可湿性粉剂1000倍液灌根。

⑤ 防治豇豆菌核病，必要时用50%水分散粒剂1800倍液喷雾，隔10d左右喷1次，防治2～3次。

⑥ 防治食用百合灰霉病，喷灌50%水分散粒剂1500倍液。

（3）蘸盘　防治豇豆灰霉病，采用穴盘育苗的在定植时进行药剂蘸根：先把50%水分散粒剂1500倍液配好于长方形大容器中15kg，再将穴盘整个浸入药液中把根部蘸湿即可。

必要时，啶酰菌胺可与其他不同作用机制的杀菌剂轮换使用。

中毒急救　如吸入本品，应迅速将患者转移到空气清新流通处；如呼吸停止，应进行人工呼吸，如呼吸困难，则给氧；如有症状，及时就医。皮肤接触后，立即用水和肥皂清洗，并彻底冲洗干净。眼睛接触后，把眼睑打开用流水冲洗几分钟，如有持续症状，及时就医。误食，立即用大量清水漱口、洗胃，不可催吐，并及时送医院对症治疗。

注意事项

（1）啶酰菌胺在黄瓜上施药，应注意高温、干燥条件下易发生烧叶、烧果现象。

（2）建议与其他作用机制不同的杀菌剂轮换使用，以延缓产生抗药性。

（3）使用本品时，避免吸入有害气体、雾液或粉尘。

（4）桑园及家蚕养殖区禁用本品。

（5）在黄瓜上使用的安全间隔期为2d，每季作物最多使用3次；在草莓上使用的安全间隔期为3d，每季作物最多使用3次；在油菜上安全间隔期为14d，每季最多使用2次。

嘧霉胺（pyrimethanil）

$$C_{12}H_{13}N_3, 199.3, 53112-28-0$$

其他名称 施佳乐、灰佳宁、灰雄、灰捷、灰克、灰落、灰卡、灰落、灰劲特、灰标、嘧施立、标正灰典、沪联灰飞、京博施美特、菌萨、蓝潮。

化学名称 *N*-(4,6-二甲基嘧啶-2-基)苯胺

主要剂型 20％、30％、37％、40％、400g/L悬浮剂，20％、25％、40％可湿性粉剂，12.5％乳油，40％、70％、80％水分散粒剂。

理化性质 纯品嘧霉胺为无色结晶状固体，熔点96.3℃，蒸气压2.2mPa（25℃），相对密度1.15（20℃）。溶解度（20℃，g/L）：水0.121，丙酮389，正己烷23.7，甲醇176，乙酸乙酯617，二氯甲烷1000，甲苯412。稳定性：适当的pH范围内在水中稳定，54℃可以保存14d。属苯胺基嘧啶类新型灰霉病低毒杀菌剂。

产品特点

（1）嘧霉胺杀菌作用机理独特，通过抑制病菌侵染酶的分泌从而阻止病菌侵染，并杀死病菌。主要抑制灰葡萄孢霉的芽管伸长和菌丝生长，在一定的用药时间内对灰葡萄孢霉的孢子萌芽也有一定抑制作用。

（2）本品属苯氨基嘧啶类杀菌剂，对灰霉病有特效。

（3）越冬莴笋、油麦菜需慎用此药，喷施此药后叶缘普遍出现浅黄色晕圈，常被误认为春季低温营养不良的缺肥症。

（4）嘧霉胺悬浮剂为灰棕色液体。嘧霉胺同三唑类、二硫代氨基甲酸酯类、苯并咪唑类及乙霉威等无交互抗性，可有效防治已产生抗药性的灰霉病菌。

（5）能迅速被植物吸收，内吸性好，兼外用熏蒸。嘧霉胺对温度不敏感，在相对较低的温度下施用不影响药效。施药后能迅速达到植株的花、幼果等不易喷到的部位，杀死已侵染的病菌，药效更快、更稳定，具有铲除、治疗及保护三重作用。

（6）嘧霉胺可用于叶面喷雾。

（7）嘧霉胺专门用于防治各种蔬菜、草莓等的灰霉病，也可用于防治菌核病、褐腐病、黑星病、叶斑病等多种病害，有时与多菌灵、福美双等药剂混用，安全性好、黏着性好、持效期长、低毒、低残留、药效快，对温度不敏感，低温时用药效果也好。

（8）嘧霉胺常与多菌灵、福美双、百菌清、异菌脲、乙霉威、中生菌素、氨基寡糖素等杀菌剂成分混配，用于生产复配杀菌剂。

防治对象 对灰霉病有特效，可防治番茄灰霉病、番茄早疫病、黄瓜灰霉病、豌豆灰霉病、韭菜灰霉病、番茄叶霉病、黄瓜黑星病等。

使用方法 棚室消毒灭菌，苗棚或生产棚在种植前，施用40％悬浮剂1000～1500倍稀释液全方位喷洒。

（1）防治番茄灰霉病，用40％悬浮剂1000～1500倍液，在发病前或发病初期叶面

喷雾，每隔7～10d用药1次，用药次数以每季不超过2～3次为宜。

（2）防治大棚番茄灰霉病，可用30%烟剂，每亩大棚每次用量为4～6枚，每隔7～10d防治1次，如果病害严重可酌情增量。

（3）防治黄瓜灰霉病，在发病前或发病初期喷雾，用40%悬浮剂800～1200倍液，首次每亩用药25～37.5mL，兑水30kg；第二次亩用药37～50mL，兑水45kg；第三次亩用药50～70mL，兑水60kg。如果套种苦瓜慎用。黄瓜蘸花时加0.3%悬浮剂，预防灰霉病效果好。

（4）防治黄瓜菌核病，可用40%悬浮剂800倍液喷雾，7～10d喷1次，连续3～4次。

（5）防治黄瓜褐斑病，用40%悬浮剂500倍液喷雾。

（6）防治黄瓜棒孢叶斑病，发病前用40%悬浮剂1000倍液预防。

（7）防治茄子灰霉病，病害发生高峰期，可用40%嘧霉胺悬浮剂1000～1500倍液（或50%乙烯菌核利1000～1500倍液），加68.72%噁酮•锰锌1500倍液，连续喷雾2～3次，可较好地控制病情。

（8）防治辣椒灰霉病和菌核病，发病初期，用40%悬浮剂1200倍液喷雾，每隔7～10d喷1次，连喷1～2次。

（9）防治洋葱灰霜病，用40%嘧霉胺悬浮剂800倍液加43%戊唑醇悬浮剂3000倍液喷雾，间隔7d再叶面喷1次。

（10）防治西葫芦灰霉病，发病初期，用40%悬浮剂1000倍液喷雾，每隔7～10d喷1次，连喷2～3次。

（11）防治大白菜、白菜芸薹链格孢和芸薹生链格孢叶斑病，发现病株，及时用40%悬浮剂1000倍液喷雾，隔7d左右喷1次，连续防治3～4次。

（12）防治韭菜灰霉病、菌核病，春季韭菜第二茬的二、三刀，割后6～8d发病初期，用40%悬浮剂1000倍液喷雾，隔10d左右喷1次，防治2～3次。

（13）防治大葱灰霉病，发病初期，喷淋40%悬浮剂1000倍液。

（14）防治大葱、洋葱小粒菌核病，发病初期，用40%悬浮剂1000倍液喷雾，隔7～10d喷1次，连续防治2～3次。

（15）防治菜豆菌核病，发病初期，用40%悬浮剂800倍液喷雾，每隔5～7d喷1次，连续用2～3次。

（16）防治蚕豆赤斑病，发病初期，用400g/L悬浮剂1000倍液喷雾，隔10d左右喷1次，连续防治2～3次。

（17）防治豌豆灰霉病，发现病株即开始喷洒40%悬浮剂1000倍液。

（18）防治甜瓜灰霉病，发病初期，用40%悬浮剂1000倍液喷雾，每隔7～10d喷1次，连续用2～3次。

（19）防治莴苣菌核病，用30%悬浮剂1000～1500倍液喷雾，每隔5～7d喷1次，连续喷3～4次。

（20）防治荸荠灰霉病，9月中下旬荸荠从营养生长转生殖生长时期，是灰霉病主发期，可用40%悬浮剂1000倍液喷雾，每隔7～10d喷1次，连防2～3次。

（21）防治草莓灰霉病，初花期、盛花期、末花期各喷药一次即可，每亩用40%悬浮剂或400g/L悬浮剂40～60mL，或20%可湿性粉剂80～120g，或70%水分散粒剂25～

35g，兑水 30～45kg 均匀喷雾。

（22）防治食用百合灰霉病，喷灌 40％悬浮剂 1000 倍液。

中毒急救 如发生意外中毒，应立即携带产品标签送医院治疗。

注意事项

（1）不能与强酸性药剂或碱性药剂及肥料混用。连续喷药时，注意与不同类型药剂交替使用，避免病菌产生耐药性。

（2）嘧霉胺在推荐量下对黄瓜、辣椒、番茄等作物各生育期都很安全。露地黄瓜、番茄等蔬菜，施药一般应选早晚风小、气温低时进行，晴天上午 8 时至下午 5 时、空气相对湿度低于 65％、气温高于 28℃时停止施药。

（3）在保护地内施药后，应通风，而且药量不能过高，否则，部分作物叶片上会出现褐色斑块。若嘧霉胺使用不当，在茄子上易出现药害，叶片上会出现很多的黑褐色斑点，形状不规则或者是叶片发黄脱落。当出现药害斑点时，很多菜农还以为茄子发生"斑点落叶病"，结果再次用药而加重药害，因此，一定要分清嘧霉胺药害斑点和侵染性病害斑点的危害症状。

嘧霉胺在豆类上的药害（菜豆、豇豆等）主要是造成叶片变黄、干枯、生成褐斑，甚至叶片脱落，造成花果脱落。豆类和茄子对嘧霉胺敏感，尽量不要用嘧霉胺或者严格控制使用浓度。例如 40％的嘧霉胺·异菌脲悬浮剂（其中含嘧霉胺 15％），在豆类和茄子上每亩地最多只能用 40g。如果出现嘧霉胺药害，可喷施 2～3g 0.136％赤·吲乙·芸薹可湿性粉剂＋叶面锌肥兑水 15kg，赤霉素可有效补充受药害作物体内的赤霉素含量，锌可促进生长素的合成，有助于进行光合作用，两者可有效缓解药害，同时还可以增强植物的抗逆性。

（4）在植株矮小时，用低药量和低水量；当植株高大时，用高药量和高水量。一个生长季节防治灰霉病需施药 4 次以上时，应与其他杀菌剂轮换使用，避免产生抗性。

（5）嘧霉胺对鱼类等水生生物有毒，严禁在水产养殖区施药，并禁止残余液及洗涤药械的废液污染河流、池塘、湖泊等水域。

（6）注意安全贮存、使用和放置本药剂，贮存时不得与食物、种子、饲料、饮料等混放。

（7）40％悬浮剂在防治番茄、黄瓜灰霉病时，安全间隔期为 3d，一季最多使用 2 次。在草莓上安全间隔期为 3d。

嘧菌环胺（cyprodinil）

$C_{14}H_{15}N_3$, 225.3, 121552-61-2

其他名称 和瑞、灰雷、瑞镇、环丙嘧菌胺。
化学名称 4-环丙基-6-甲基-N-苯基嘧啶-2-胺

主要剂型　37％、50％水分散粒剂，50％可湿性粉剂。

理化性质　纯品为粉状固体，有轻微气味。熔点75.9℃，蒸气压（25℃）：5.1×10^{-1}mPa（结晶体A），4.7×10^{-1}mPa（结晶体B），相对密度1.21（20℃）。溶解度（g/L，25℃）：水中0.02（pH5），0.013（pH7），0.015（pH9）；乙醇160，丙酮610，甲苯440，正己烷26，正辛醇140。

产品特点

（1）嘧菌环胺属嘧啶胺类、内吸性杀菌剂。主要作用于病原真菌的侵入期和菌丝生长期，通过抑制病原菌细胞中蛋氨酸的生物合成和水解酶活性，干扰真菌生命周期，抑制病原菌穿透，破坏植物体中菌丝体的生长。与三唑类、咪唑类、吗啉类、二羧酸亚胺类、苯基吡咯类杀菌剂均无交互抗性，对半知菌和子囊菌引起的灰霉病和斑点落叶病等有极佳的防治效果，非常适用于病害综合治理。

（2）具杀菌作用，兼具保护和治疗活性，具内吸传导性。可迅速被叶片吸收，可通过木质部进行传导，同时也有跨层传导，具有保护作用的活性成分分布于叶片中，高温下代谢速度加快，低温下叶片中的活性成分非常稳定，代谢物无生物学活性。耐雨水冲涮，药后2h下雨不影响效果。

（3）低温高湿条件下，高湿提高吸收比例，低温阻止有效成分分解，保证叶表有效成分的持续吸收，植物代谢活动缓慢，速效性差但持效性佳。反之，高温低湿气候药效发挥快但持效期短。

（4）先进的剂型——水分散粒剂，对使用者和环境更安全，具有干燥、坚硬、耐压、无腐蚀性、高浓缩、无刺激性异味、不含溶剂、不可燃等特点。

防治对象　对多种作物的灰霉病、黑性病等真菌性病害具有预防和治疗作用。主要防治蔬菜的灰霉病、白粉病、黑星病、网斑病、颖枯病，另外还有辣椒灰霉病、草莓灰霉病、韭菜灰霉病等。

使用方法

（1）防治草莓灰霉病，抓好早期预防，从初现幼果开始，视天气情况用50％水分散粒剂1000倍液喷雾，每隔7～10d喷1次，连续使用2～3次。

（2）防治辣椒灰霉病，抓好早期预防，苗后真叶期至开花前病害侵染初期开始第一次用药，视天气情况和病害发展，用50％水分散粒剂1000倍液喷雾，每隔7～10d喷1次，连续2～3次。

（3）防治韭菜灰霉病、菌核病，发病前或发病初期开始施药，每次每亩用50％水分散粒剂60～90g兑水喷雾，间隔7～10d施药1次。

（4）防治樱桃番茄灰霉病，在发病初期，用50％可湿性粉剂1000倍液喷雾，间隔7d喷1次，连喷2次。

（5）防治番茄菌核病，于发病初期或大棚地面上长出子囊盘及时喷洒50％水分散粒剂800～1000倍液。

（6）防治油菜菌核病，用50％水分散粒剂800倍液喷施植株中下部。由于带菌（有病）的花瓣是引起叶片、茎秆发病的主要原因，因此，应掌握在油菜主茎盛花期至第一分枝盛花期（最佳防治适期）用药，每隔7～10d喷1次，连喷2～3次。

（7）防治菜豆灰霉病，定植后发现零星病叶即喷洒50％水分散粒剂800倍液。

（8）防治豇豆菌核病，必要时用50％水分散粒剂900倍液喷雾，隔10d左右喷1

次，防治 2～3 次。

(9) 防治菠菜灰霉病，发病初期，用 50％水分散粒剂 800 倍液喷雾。

(10) 防治芹菜菌核病，发病初期，浇水前 1d 喷洒 50％水分散粒剂 1000 倍液。

(11) 防治芹菜灰霉病，发病初期，用 50％水分散粒剂 700～1000 倍液喷雾，隔 7～10d 喷 1 次，连续防治 3～4 次。

(12) 防治莴苣、结球莴苣灰霉病、菌核病、小核盘菌菌核病，露地于发病初期喷洒 50％水分散粒剂 800～1000 倍液，隔 7～10d 喷 1 次，连续防治 3～4 次。

(13) 防治大葱、洋葱灰霉病，发病初期，用 50％水分散粒剂 800 倍液喷雾。

(14) 防治菜用大豆菌核病，发病初期，用 50％水分散粒剂 800～1000 倍液喷雾，隔 7～10d 喷 1 次，连续防治 2～3 次。

(15) 当辣椒、茄子盛果期灰霉病严重时，茎杈部烂秆、纵裂，将 50％水分散粒剂用水调成糊状涂抹病患处，也可以用药土和成泥巴糊在病患处，都有很好的防效。

(16) 防治莲藕小菌核叶腐病，发病初期，用 50％水分散粒剂 900 倍液喷雾，隔 10d 左右喷 1 次，连续防治 2～3 次。

(17) 防治荸荠球茎灰霉病，田间发病初期，用 50％水分散粒剂 800 倍液喷雾，隔 7～10d 喷 1 次，连续防治 2～3 次。

中毒急救　嘧菌环胺虽属低毒杀菌剂，但仍须按照农药安全使用规定使用，避免药液接触皮肤、眼睛和污染衣物，避免吸入雾滴。该药剂无典型中毒症状，无专用解毒剂，使用中如不慎接触皮肤、吸入等感觉不适，应立即携带标签送医疗诊治。

注意事项

(1) 嘧菌环胺可与绝大多数杀菌剂和杀虫剂混用，为保证作物安全，建议在混用前进行相容性试验。但尽量不要和乳油类杀虫剂混用。

(2) 一季使用 2 次时，含有嘧啶胺类的其他产品只能使用一次；当一种作物在一季内施药处理灰霉病超过 6 次时，嘧啶胺类的产品最多使用 2 次；一种作物在一季内施药处理灰霉病 7 次或超过 7 次时，嘧啶胺类的产品最多使用 3 次。

(3) 对黄瓜不安全，容易产生药害。在温度高的情况下，对大棚番茄也有药害，应慎用。

氟啶胺（fluazinam）

$C_{13}H_4Cl_2F_6N_4O_4$，465.1，79622-59-6

其他名称　福帅得、福将得。

化学名称　N-(3-氯-5-三氟甲基-2-吡啶基)-3-氯-4-三氟甲基-2,6-二硝基苯胺

主要剂型　50％、500g/L 悬浮剂，0.5％可湿性粉剂。

理化性质　纯品氟啶胺为黄色结晶粉末，熔点 115～117℃；溶解度（20℃，g/L）：水 0.0017，丙酮 470，甲苯 410，二氯甲烷 330，乙醚 320，乙醇 150。属新型取代吡啶

类广谱保护性低毒杀菌剂。

产品特点

（1）作用机理是在较低的浓度下，通过阻断病菌能量（ATP）的形成，从而使病菌死亡，作用于植物病原菌从孢子萌发到孢子形成的各个生长阶段，阻止孢子萌发及侵入器官的形成。

（2）氟啶胺是广谱性杀菌剂，其效果优于常规保护性杀菌剂，同苯并咪唑类、二羧酰亚胺类及目前市场上已有的杀菌剂无交互抗性，对交链孢属、葡萄孢属、疫霉属、单轴霉属、核盘菌属和黑星菌属菌非常有效，对抗苯并咪唑类和二羧酰亚胺类杀菌剂的灰葡萄孢也有良好效果。对辣椒、马铃薯疫病和块茎腐烂有特效，并对多种蔬菜的根肿病、霜霉病、炭疽病、疮痂病、灰霉病、黑星病、轮纹病、菌核病等具有较好防治效果。

（3）对各种病害的各个生育阶段都能发挥很好的抑制作用，对作物实行全面保护，不易产生抗性，提前预防能确保蔬菜品质好。

（4）作用机理独特，与其他药剂无交互抗性，对产生抗药性的病菌有良好的防除效果。

（5）活性高，速效性好，低剂量下有优良和稳定的防效，持效期长达 10～14d，可减少用药次数，省时、省力。

（6）耐雨水冲刷，兼有优良的控制红蜘蛛等植食性螨类的作用，对十字花科植物根肿病也有卓越的防效，对由根霉菌引起的水稻猝倒病也有很好的防效。

（7）对天敌低风险，受气候影响小，对人、畜、天敌和环境安全，为环保型药剂。

（8）可与异菌脲复配。

防治对象　氟啶胺杀菌谱广，对黑斑病、疫霉病、黑星病和其他的病原体病害有良好的防治效果，在蔬菜上主要用于防治马铃薯早疫病、晚疫病、黄瓜灰霉病、腐烂病、霜霉病、炭疽病、白粉病、茎部腐烂病，辣椒疫病、炭疽病，番茄晚疫病以及大白菜根肿病等。

使用方法

（1）防治辣椒疫病，发病初期用 50%悬浮剂 1500 倍液喷雾，7～10d 喷 1 次，连续喷 2～3 次，病害大流行时，5～7d 喷 1 次。

（2）防治辣椒晚疫病，发病初期，每亩用 50%悬浮剂 25～35mL，兑水 50～70kg 喷雾，间隔 10d 喷 1 次，连喷 3 次。或与氰霜唑连续轮换用药，节约防治成本。

（3）防治辣椒炭疽，病害发生前或发生初期，每亩用 500g/L 悬浮剂 25～33mL，兑水 50kg 均匀喷雾。

（4）防治马铃薯晚疫病，发病初期用 50%悬浮剂 2000 倍液喷雾，每隔 7d 喷 1 次，连喷 3～4 次，在晚疫病流行年份，发病严重地块可提前割除地上部分植株，及时运出田外，减少薯块感染率。

（5）防治马铃薯早疫病，病害发生前或发生初期，每亩用 500g/L 悬浮剂 27～33mL，兑水 50kg 喷雾。

（6）防治马铃薯疮痂病，发病初期喷淋 500g/L 悬浮剂 1500～2000 倍液，兼治粉痂病、灰霉病、白绢病。

（7）防治白菜、甘蓝等十字花科蔬菜根肿病，氟啶胺是目前蔬菜大田防治根肿病的首选药剂之一，氟啶胺不宜作灌根等集中式施药，也不宜在苗期使用，适宜在移栽大田对土壤喷雾后混土处理。其方法是：先对大田翻耕整地（深度 15～20cm），把土粒整碎，每亩用 50% 悬浮剂 300mL 左右，兑水 50～70kg，喷雾土壤表面，或对种植穴内的土壤进行喷雾，待土壤风干后用专用工具或人工把土壤上下混匀（深度 15cm 左右），使药剂在上下 15cm 的土壤中均匀分布，使土壤中的根肿病菌与药剂接触，同时让药剂与长出的蔬菜根系接触，混土愈均匀土粒愈细防治效果愈好，然后用经过氰霜唑悬浮剂处理过的菜苗移栽定植，基本能控制移栽大田中的菜苗在生育期内不会受到根肿病的危害。每季大白菜仅施药 1 次。

（8）防治番茄灰霉病，用 50% 悬浮剂 2500 倍液喷雾，每隔 7d 左右喷 1 次，连续 2～3 次，注意以上药剂交替使用，叶片正反两面都要喷到。

（9）防治番茄晚疫病，露地番茄进入雨季后及时喷洒 500g/L 悬浮剂 1500～2000 倍液。

（10）防治番茄菌核病，于发病初期或大棚地面上长出子囊盘及时喷洒 500g/L 悬浮剂 1500～2000 倍液。

（11）防治露地番茄斑枯病，发病初期喷洒 500g/L 悬浮剂 1800 倍液。

（12）防治菜豆菌核病，喷洒 500g/L 悬浮剂 1500 倍液。

（13）防治豇豆灰霉病，发病初期，用 500g/L 悬浮剂 1500～2000 倍液灌根，隔 10d 左右灌 1 次，防治 2～3 次。

（14）防治大白菜、白菜菌核病，发病初期，用 500g/L 悬浮剂 1500～2000 倍液喷雾。

（15）防治菠菜霜霉病，发病初期，用 500g/L 悬浮剂 1800 倍液喷雾，隔 7～10d 左右喷 1 次，连续防治 2～3 次。

（16）防治芹菜壳针孢叶斑病，用 500g/L 悬浮剂 1500～2000 倍液喷雾，隔 7～10d 喷 1 次，连续防治 2～3 次。

（17）防治莴苣、结球莴苣灰霉病、菌核病，露地于发病初期喷洒 500g/L 悬浮剂 1500～2000 倍液，隔 7～10d 喷 1 次，连续防治 3～4 次。

（18）防治韭菜茎枯病，发病初期，用 500g/L 悬浮剂 1500～2000 倍液喷雾。

（19）防治大葱、洋葱霜霉病，发病初期，用 500g/L 悬浮剂 1500～2000 倍液喷雾，隔 7～10d 喷 1 次，连续防治 2～3 次。

（20）防治芦笋茎枯病，发病初期，用 500g/L 悬浮剂 1500 倍液喷洒或涂抹。防治芦笋尾孢叶斑病、斑点病，用 500g/L 悬浮剂 1500 倍液喷雾。

（21）防治食用百合灰霉病，喷灌 500g/L 悬浮剂，每亩用 25～30mL，兑水 30～45L。

（22）防治食用菊花灰霉病，发病初期，用 500g/L 悬浮剂 1800 倍液喷雾，保护花和芽，防止侵染蔓延。

（23）防治芋疫病，及早喷药预防，可用 500g/L 悬浮剂 1500～2000 倍液灌根，隔 10～15 天再灌 1 次。

中毒急救　接触该药剂后，请更换衣服，如果药剂进入眼睛，用大量水冲洗至少 15min。如果接触皮肤，用水和肥皂冲洗。如误服，请用水充分漱口，并立即携该产品标签到医院就诊。

注意事项

（1）使用前要充分摇匀。为了保证药效，必须在发病前或发病初期使用。喷药时要将药液均匀地喷雾到植株全部叶片的正反面，以保证药效。

（2）对瓜类易产生药害，使用时注意勿将药液飞散到邻近瓜地。在大白菜上土壤喷施本品时应将大块土壤打碎以保证药效，并且不要施药于大白菜苗床上。

本品不可与肥料、其他农药等混用。不宜在温室使用。建议将本品与其他不同作用机制杀菌剂轮换使用，以延缓产生抗药性。

（3）本品对水生生物和家蚕有毒，施药期间在蚕室和桑园附近禁用。远离水产养殖区施药，禁止在河塘等水体中清洗施药器具；赤眼蜂等害虫天敌放飞区域禁用。本品药液及其废液不得污染各类水域、土壤等环境。

（4）对皮肤过敏者有敏感可能，具有过敏体质的人员不要进行施药作业；下雨时，不进行施药工作；剪枝、施肥、套袋等工作尽量在施药前完成；高温、高湿时避免长时间作业。

（5）本品在马铃薯上使用的安全间隔期为 14d，一季最多使用 4 次；在大白菜上使用的安全间隔期为 15d，一季最多使用 1 次；在辣椒上使用的安全间隔期为 15d，一季最多使用 3 次。

啶菌噁唑（pyrisoxazole）

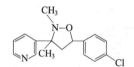

C₁₆H₁₇ClN₂O, 288.8, 847749-37-5

其他名称　菌思奇、灰踪。

化学名称　*N*-甲基-3-(4 氯)苯基-5-甲基-5-吡啶-3-基-异噁唑啉

主要剂型

（1）单剂　25％乳油（菌思奇），10％微乳剂。

（2）混剂　30％啶菌·乙霉威悬浮剂，40％啶菌·福美双悬浮剂。

理化性质　纯品为浅黄色黏稠油状物，低温时有固体析出，蒸气压 0.48mPa（25℃），易溶于丙酮、乙酸乙酯、氯仿、乙醚，微溶于石油醚，不溶于水。在水中、日光或避光下稳定。

产品特点

（1）啶菌噁唑属于甾醇合成抑制剂杀菌剂，具独特作用机制和广谱杀菌活性，且同时具有保护和治疗作用，有良好的内吸性，通过根部和叶茎吸收，能有效控制叶部病害的发生和危害。

（2）啶菌噁唑具有广谱和突出的离体杀菌活性，对番茄灰霉病菌、叶霉病菌、早疫病菌，黄瓜黑星病菌、枯萎病菌有很强的抑制作用。

（3）对灰霉病具有优异的预防和治疗作用，并有良好的内吸传导性，对作物安全。与目前广泛使用的甲基硫菌灵、腐霉利、多菌灵、异菌脲、乙霉威等杀菌剂作用机制不同，也不具有交互抗性，因此，建议使用啶菌噁唑复配剂，与其他灰霉病防治药剂轮换使用，一个生长季连续使用本品不超过 4 次，以防止病菌抗药性产生。

防治对象 防治对象为番茄灰霉病、黄瓜灰霉病、草莓灰霉病等。同时对番茄叶霉病、黄瓜白粉病、黑星病也有很好的防治效果。

使用方法

（1）防治番茄灰霉病，每亩用 25％乳油 53～107mL 稀释 625～1250 倍，在未发病或发病初期叶面喷雾，施药间隔期 7～8d，喷药 2～3 次。

（2）防治保护地番茄叶霉病，每亩用 25％乳油有效成分量 13～26g，兑水 60kg 喷雾。

（3）防治莴苣菌核病，用 25％乳油 1000～1500 倍液喷雾。

（4）防治大棚黄瓜灰霉病，用 25％乳油 800 倍液喷雾，不但可以防治灰霉病，而且还可以增强植株的抗病性，从而提高黄瓜产量。要把摘掉的病株叶放到离大棚较远的地方，防止再次被感染。交替使用啶菌噁唑和百菌清等药液可同时兼防黑星病、炭疽病、蔓枯病等病害。

（5）防治大葱灰霉病，发病初期用 25％乳油 600～800 倍液喷雾。

（6）防治菜豆灰霉病，定植后发现零星病叶即喷洒 25％乳油 700～1200 倍液。

（7）使用混配剂喷雾。每亩用 30％啶菌·乙霉威悬浮剂有效成分量 13～26g，兑水 60kg 喷雾，防治日光温室黄瓜灰霉病。每亩用 40％啶菌·福美双悬浮剂有效成分量 13～26g，兑水 60kg 喷雾，防治日光温室番茄灰霉病。

注意事项

（1）在灰霉病发病前或发病初期施药，防治效果最好，发病重时需加大用药量。

（2）避免在高温条件下贮存药剂。

（3）一般作物安全间隔期为 7d，每季作物最多使用 3 次。

咯菌腈（fludioxonil）

$C_{12}H_6F_2N_2O_2$, 248.2, 131341-86-1

其他名称 适乐时、卉友、氟咯菌腈。

化学名称 4-(2,2-二氟-1,3-苯并二氧戊环-4-基)吡咯-3-腈

主要剂型 2.5％、10％、25g/L 悬浮种衣剂，10％水分散粒剂，50％可湿性粉剂。

理化性质 浅黄色晶体。熔点 199.8℃，蒸气压 3.9×10^{-4} mPa（25℃），相对密度 1.54（20℃）。溶解度：水中 1.8mg/L（25℃）；丙酮 190（g/L，25℃，下同），乙醇 44，甲苯 2.7，正辛醇 20，正己烷 0.01。稳定性：25℃，pH5～9 条件下不易发生水解。

产品特点

（1）作用机理主要是通过抑制菌体葡萄糖磷酰化有关的转移，并抑制真菌菌丝体的

生长，导致病菌死亡。

（2）咯菌腈是一种新型吡咯类非内吸性广谱杀菌剂。作为种子处理杀菌剂，悬浮种衣剂能够防治很多种病害。应用结果表明，咯菌腈灌根或土壤处理对各种作物的立枯病、根腐病、枯萎病、蔓枯病等许多根部病害都有非常好的效果。另外，咯菌腈还可以用作喷雾防治各种作物的灰霉病和菌核病。

（3）有效成分对子囊菌、担子菌、半知菌的许多病原菌有非常好的防效。当处理种子时，有效成分在处理时及种子发芽时只有很小量内吸，但却可以杀死种子表面及种皮内的病菌。与现行的所有杀菌剂没有交互抗性。

（4）咯菌腈用于种子处理成膜快、不脱落，有效成分在土壤中不移动，因而在种子周围形成一个稳定而持久的保护圈。持效期长达4个月以上，既可供农户简易拌种使用，又可供种子行业批量机械化拌种处理。

（5）对作物种子安全性极好，不影响种子出苗，并能促进种子提前出苗，出苗齐，长势壮。对人和动物非常安全，是化学合成的仿生制剂，其毒性比食盐还低，非常适合无公害蔬菜的生产。

防治对象　防治的病害有玉米青枯病、茎基腐病、猝倒病，大豆立枯病、根腐病、油菜黑斑病、黑胫病，马铃薯立枯病、疮痂病，蔬菜枯萎病、炭疽病、褐斑病、蔓枯病。

使用方法

（1）拌种

① 药剂用量

a. 马铃薯每100kg种子用2.5%悬浮种衣剂100～200mL或10%悬浮种衣剂25～50mL。其他蔬菜种子，按每100kg种子用2.5%悬浮种衣剂400～800mL或10%悬浮种衣剂100～200mL拌种。

b. 防治玉米茎基腐病，用2.5%悬浮种衣剂4～6g/100kg种子包衣；防治玉米苗枯病，按5kg种子用2.5%悬浮种衣剂10g，兑水100g，进行拌种。

c. 防治西瓜枯萎病，用2.5%悬浮种衣剂10～15g/100kg种子包衣。

d. 防治黄瓜蔓枯病，干种子用2.5%悬浮种衣剂包衣，剂量为干种子重量的0.45%，包衣后晾干播种。

e. 防治豇豆苗期根腐病，用10%悬浮种衣剂，每50kg种子用药50mL，先以0.25～0.5kg水稀释后均匀拌和种子，晾干后即可播种，对镰刀菌根腐病防效优异。也可用62.5g/L精甲·咯菌腈悬浮剂10～25g/100kg种子进行包衣。

f. 防治菜用大豆根腐病，每50kg种子用2.5%悬浮种衣剂100～200mL，先用0.3～0.5L水稀释药液，而后均匀拌和种子。也可用62.5g/L精甲·咯菌腈悬浮剂18.75～25g包衣100kg大豆种子，防效优异。

② 手工拌种　准备好桶或塑料袋，将咯菌腈悬浮种衣剂用水稀释（一般稀释到1～2L/100kg种子），充分混匀后倒入种子上，快速搅拌或摇晃，直到药液均匀分布到每粒种子上（根据颜色判断）。若地下害虫严重可加常用拌种剂如辛硫磷等混匀后拌种。

③ 机械拌种　根据所采用的拌种机械性能及作物种子，按不同的比例把咯菌腈悬浮种衣剂加水稀释好即可拌种。例如国产拌种机一般药种比为1∶60，可将咯菌腈悬浮

种衣剂加水稀释至 1660mL/100kg；若采用进口拌种机，一般药种比为 1∶（80～120），将咯菌腈悬浮种衣剂加水调配至 800～1250mL/100kg 种子的程度即可开机拌种。

（2）点花　用 2.5％悬浮剂 200 倍液与保花保果的激素混用蘸花，防治冬天比较严重的蔬菜灰霉病、蔓枯病效果佳，可较长时间保持花瓣新鲜，预防茄子、番茄等蔬菜烂果。用 2.5％悬浮剂 10mL，兑水 4～5kg 喷施，效果也较好。

（3）灌根　用 2.5％悬浮剂 800～1500 倍液可有效防治各种作物的枯萎病。

① 防治草莓根腐病，用 2.5％悬浮剂 1500 倍液灌根。

② 防治豆类蔬菜根腐病，用 2.5％悬浮剂包衣或灌根，防治豆类蔬菜立枯病，用 2.5％悬浮剂 2500 倍液包衣或灌根。

③ 防治菜豆枯萎病、红根病，采用穴盘育苗的于定植时用 2.5％悬浮剂 1200 倍液蘸根。

④ 防治辣椒枯萎病，用 2.5％悬浮剂 2000 倍液包衣、灌根。

⑤ 防治辣椒镰孢根腐病、疫病，辣椒定植后，先把 2.5％悬浮剂 1000 倍液配好，取 15kg 放入比穴盘大的容器内，再将穴盘整个浸入药液中把根部蘸湿，半月后，还可灌根 1～2 次，每株灌 250mL。田间出现中心病株时马上灌根，可用 2.5％咯菌腈悬浮剂 1000 倍液混加 68％精甲霜•锰锌水分散粒剂 600 倍液，10d 左右灌 1 次，灌 1～2 次。

⑥ 防治番茄疫霉根腐病、番茄茄腐镰孢根腐病，定植时先把 2.5％悬浮剂 1000 倍液配好，取 15kg 放在长方形大容器中，然后把穴盘整个浸入药液中，蘸湿即可。

⑦ 防治黄瓜镰孢枯萎病，定植时先把 2.5％悬浮剂 1000 倍液配好，取 15kg 放入长方形容器内，再将育好黄瓜苗的穴盘整个浸入药液中，把根部蘸湿灭菌。发病初期单用 2.5％咯菌腈悬浮剂或 2.5％咯菌腈悬浮剂 100 倍液混 50％多菌灵可湿性粉剂 600 倍液或 2.5％咯菌腈可溶液剂混 68％精甲霜•锰锌 600 倍液灌根，对枯萎病防效高。

⑧ 防治西瓜枯萎病，发病初期单用 2.5％咯菌腈悬浮剂 1000 倍液，或 2.5％咯菌腈悬浮剂 1200 倍液混 50％多菌灵可湿性粉剂 600 倍液，或 2.5％咯菌腈可溶液剂 1000 倍液混 68％精甲霜•锰锌可湿性粉剂 600 倍液灌根，对枯萎病防效高，还可兼治根腐病。

⑨ 防治黄花菜根腐病，发病初期，用 2.5％悬浮剂 1000 倍液浇灌。

⑩ 防治食用菊花枯萎病，发病初期，用 50％可湿性粉剂 5000 倍液灌根，每株灌对好的药液 0.4～0.5L，视病情连续灌 2～3 次。

⑪ 防治马铃薯枯萎病，用 50％可湿性粉剂 5000 倍液浇灌。

⑫ 防治豆薯腐霉根腐病，发病初期，用 2.5％悬浮剂 1000 倍液喷淋或浇灌。

（4）苗床土壤处理　用 2.5％悬浮剂 2500 倍液，采用种子包衣或苗床土壤处理，可防治立枯病。

（5）喷雾

① 防治炭疽病，用 2.5％悬浮剂 1200 倍液喷雾。

② 防治蔓枯病，用 2.5％悬浮剂 1500 倍液喷雾。

③ 防治白绢病，用 2.5％悬浮剂 1000 倍液喷雾。

④ 防治草莓灰霉病，用 2.5％悬浮剂 3000 倍液喷雾。

⑤防治草莓褐腐病，用 2.5％悬浮剂 1200 倍液喷雾。

⑥ 防治辣椒、番茄早疫病，用 2.5％悬浮剂 2500 倍液喷雾。

⑦ 防治辣椒、番茄炭疽病，用 2.5％悬浮剂 1200 倍液喷雾。

⑧ 防治辣椒、番茄灰霉病，用 2.5%悬浮剂 3000 倍液喷雾。

⑨ 防治黄瓜蔓枯病，用 2.5%悬浮剂 3000 倍液喷雾。或用 50～100 倍液涂抹病部。

⑩ 防治菜豆灰霉病，定植后发现零星病叶即喷洒 50%可湿性粉剂 5000 倍液。

⑪ 防治蚕豆赤斑病、枯萎病，发病初期，用 50%可湿性粉剂 5000 倍液喷雾，隔 10d 左右喷 1 次，连续防治 2～3 次。

⑫ 防治豌豆灰霉病，发现病株即开始喷洒 50%可湿性粉剂 5000 倍液。

⑬ 防治豌豆镰孢枯萎病、根腐病，发病初期，用 50%可湿性粉剂 5000 倍液喷洒或浇灌。

⑭ 防治扁豆斑点病，发病初期，用 2.5%悬浮剂 1000 倍液喷雾，隔 10d 左右喷.1 次，连续防治 2～3 次。

⑮ 防治菜用大豆根腐病，发病初期，用 2.5%悬浮剂 1000 倍液喷雾。

⑯ 防治大白菜、白菜立枯病和褐腐病，用 2.5%悬浮剂 1000 倍液喷雾。

⑰ 防治菠菜炭疽病，发病初期，用 2.5%悬浮剂 1200 倍液喷雾，隔 7～10d 喷 1 次，连续防治 3～4 次。

⑱ 防治芹菜猝倒病，发病初期，用 2.5%悬浮剂 1000 倍液喷雾。

⑲ 防治莴苣、结球莴苣灰霉病，露地于发病初期喷洒 50%可湿性粉剂 5000 倍液，隔 7～10d 喷 1 次，连续防治 3～4 次。

⑳ 防治蕹菜猝倒病，发病初期喷洒 2.5%悬浮剂 1000 倍液。

㉑ 防治蕹菜链格孢叶斑病，发病前，用 50%可湿性粉剂 5000 倍液喷雾。

㉒ 防治黄花菜褐斑病，在花茎抽出 2～3cm 时喷洒 2.5%悬浮剂 1000 倍液，隔 10～14d 喷 1 次，连续防治 2～3 次。

㉓ 防治黄花菜叶斑病，发病初期，用 2.5%悬浮剂 1000 倍液喷雾，隔 7～10d 喷 1 次，连喷 2～3 次。

㉔ 防治黄秋葵轮纹病，发病初期，用 2.5%悬浮剂 1000 倍液喷雾，隔 10d 左右喷 1 次，连续防治 2～3 次。

㉕ 防治莲藕假尾孢叶斑病，结合防治莲藕腐败病，及时喷洒 2.5%悬浮剂 1000 倍液。

㉖ 防治慈姑黑粉病，发病初期，用 2.5%悬浮剂 1000 倍液喷雾，隔 10d 喷 1 次，连续防治 2～3 次。

㉗ 防治马铃薯早疫病，发病初期，选用 50%可湿性粉剂 5000 倍液喷雾。

㉘ 防治姜眼斑病，重病地或田块，用 2.5%悬浮剂 1200 倍液喷雾。

中毒急救　无专用解毒剂，如误服请勿引吐，应立即携带标签送医院就诊。

注意事项

(1) 对水生生物有毒，勿把剩余药物倒入池塘、河流。

(2) 农药泼洒在地，立即用沙、锯末、干土吸附，把吸附物集中深埋，曾经泼洒的地方用大量清水冲洗。

(3) 回收药物不得再用；用于处理的种子应达到国家良种标准。

(4) 配置好的药液应在 24h 内使用。

(5) 经处理的种子绝对不得用来喂禽畜，绝对不得用于加工饲料或食品。

(6) 用剩种子可以贮放 3 年，但若已过时失效，绝对不可把种子洗净作饲料及食品。

（7）播后必须盖土，严禁畜禽进入。

（8）在作物新品种上大面积应用时，必须先进行小范围的安全性试验。

异菌脲（iprodione）

C₁₃H₁₃Cl₂N₃O₃, 330.2, 36734-19-7

其他名称　扑海因、抑霉星、鲜果星、冠龙、蓝丰、奇星、美星、勤耕、丰灿、灰腾、辉铲、福露、咪唑霉、异菌咪、桑迪思、依普同、异丙定。

化学名称　3-(3,5-二氯苯基)-1-异丙基氨基甲酰基乙内酰脲

主要剂型　95％、96％原药，50％可湿性粉剂，23.5％、25％、25.5％、255g/L、45％、50％、500g/L悬浮剂，3％、5％粉尘剂，5％、25％油悬浮剂，10％乳油。

理化性质　纯品异菌脲为白色、无色、无吸湿性结晶，熔点134℃，工业品熔点126～130℃，蒸气压 5×10^{-4} mPa（25℃），相对密度1.00（20℃）。溶解度：水中为13mg/L（20℃）；正辛醇10（g/L，20℃，下同），乙腈168，甲苯150，乙酸乙酯225，丙酮342，二氯甲烷450，己烷0.59。在酸性及中性介质中稳定，遇强碱分解。二羧酰亚胺类触杀型广谱保护性低毒杀菌剂。制剂对鸟类、蜜蜂毒性低。

产品特点

（1）作用机制是通过抑制蛋白激酶，控制多种细胞功能的细胞内信号，干扰碳水化合物进入真菌细胞而致敏。

（2）为广谱、触杀型、保护性杀菌剂，高效低毒，对环境无污染，对人畜安全，对蜜蜂无毒，尤其适合在蔬菜作物上应用。

（3）主要用于预防发病，药效期较长，一般10～15d。因此，它既可抑制真菌孢子的萌发及产生，也可抑制菌丝生长，对病原菌生活史中的各个发育阶段均有影响。可以防治对苯并咪唑类内吸杀菌剂（如多菌灵、噻菌灵）有抗性的菌种，也可防治一些通常难以控制的菌种。

（4）异菌脲常与百菌清、腐霉利、戊唑醇、嘧霉胺、嘧菌环胺、氟啶胺、福美双、代森锰锌、烯酰吗啉、甲基硫菌灵、丙森锌、肟菌酯、咪鲜胺、多菌灵等杀菌剂成分混配，用于生产复配杀菌剂。

防治对象　对葡萄孢属、链孢霉属、核盘菌属、小菌核属等具有较好的杀菌效果，对链格孢属、蠕孢霉属、丝核菌属、镰刀菌属、伏革菌属等真菌也有杀菌效果。异菌脲对多种作物的病原真菌均有效，可以在多种作物上防治多种病害。

在蔬菜生产上主要用于防治油菜褐腐病、褐斑病，青花菜褐斑病、灰霉病，紫甘蓝褐斑病、灰霉病，乌塌菜菌核病，白菜类黑斑病、菌核病、霜霉病、灰霉病，甘蓝类黑斑病、霜霉病，芥菜类菌核病、霜霉病、黑斑病，萝卜霜霉病、黑斑病，番茄早疫病、晚疫病、黑斑病、斑枯病、灰霉病、菌核病、茎枯病，茄子果腐病、灰霉病、菌核病，

甜（辣）椒灰霉病、菌核病等。

使用方法

（1）拌种

① 防治大蒜白腐病，用蒜种重量 0.2％ 的 50％ 可湿性粉剂，用水量为蒜种重量的 0.6％，将药剂溶于水中，再用药液拌种。

② 防治白菜类的黑斑病、白斑病，用药量为种子重量的 0.2％～0.3％。

③ 防治乌塌菜菌核病，用药量为种子重量的 0.2％～0.5％。

④ 防治瓜类蔓枯病、大葱和洋葱的白腐病，胡萝卜的斑点病、黑斑病、黑腐病，菜心黑斑病，落葵蛇眼病，用药量为种子重量 0.3％。

⑤ 防治甜（辣）椒菌核病，用药量为种子重量的 0.4％～0.5％。

⑥ 防治扁豆角斑病，用种子重量 0.3％ 的 50％ 可湿性粉剂拌种。

（2）浸种

① 将 50％ 可湿性粉剂兑水稀释后，用药液浸种，然后捞出洗净后催芽播种或晾干后播种，药液浓度和浸种时间长短，因病而异。

② 防治番茄的早疫病、斑枯病、黑斑病，用 50％ 可湿性粉剂 500 倍液，浸种 50min。

③ 防治西瓜叶枯病，用 50％ 可湿性粉剂 1000 倍液，浸种 2h。

④ 防治大葱紫斑病和霜霉病，用 50％ 异菌脲可湿性粉剂 1000 倍液与 25％ 甲霜灵可湿性粉剂 1000 倍液混配后，浸种 50min。

（3）苗床消毒

① 防治十字花科黑根病，播前每亩用 50％ 可湿性粉剂 3kg，拌细土 40～50kg 均匀撒于苗床表面，留少量药土盖种。

② 防治油菜褐斑病，每平方米苗床面积上用 50％ 可湿性粉剂 8g，与 0.8～1.6kg 过筛干细土混匀，制成药土，油菜籽播种后，将药土覆盖在种子上。

（4）涂茎

① 瓜类蔓枯病较重时，可用 50％ 可湿性粉剂 500～600 倍液涂抹病茎。

② 防治黄瓜、西葫芦、冬瓜、节瓜等的菌核病，西瓜蔓枯病，用 50％ 可湿性粉剂 50 倍液，涂抹茎蔓上发病处。

③ 防治番茄早疫病，用 50％ 可湿性粉剂 180～200 倍液，涂抹茎、叶上发病处。

④ 防治番茄和茄子的灰霉病，在配好的植物生长调节剂药液中（如 2,4-滴、对氯苯氧乙酸钠），加入 0.1％ 的 50％ 可湿性粉剂，然后处理花朵。

（5）灌根

① 防治黄瓜枯萎病，用 50％ 可湿性粉剂 400 倍液灌根。

② 防治豌豆根腐病，必要时喷淋 50％ 可湿性粉剂 1000 倍液，隔15d 喷淋 1 次，连续防治 2～3 次。

③ 防治食用百合枯萎病，浇灌 50％ 可湿性粉剂 1000 倍液。

④ 防治黄秋葵枯萎病，发现病株及时浇灌 50％ 可湿性粉剂 900 倍液。

⑤ 防治食用菊花枯萎病，发病初期，用 50％ 可湿性粉剂 1000 倍液灌根，每株灌对好的药液 0.4～0.5L，视病情连续灌 2～3 次。

（6）喷粉尘剂　每亩保护地每次用粉尘剂 1kg，在傍晚密闭棚膜喷施。用 3％ 粉尘剂，防治西芹的斑枯病、叶斑病，番茄早疫病；用 5% 粉尘剂，防治番茄、黄瓜、韭菜、草莓等的灰霉病、叶霉病、炭疽病，番茄的早疫病、晚疫病，黄瓜菌核病。

（7）喷雾防治

① 防治草莓灰霉病、叶斑病，番茄菌核病，瓜类、茄子灰霉病、早疫病等，在发病前或发病初期开始喷药，每亩用 50% 可湿性粉剂或 50% 悬浮剂 50～100mL，兑水 50kg 均匀喷雾，每隔 7～10d 喷 1 次，连用 2～3 次。

② 防治番茄早疫病和灰霉病，番茄移植后约 10d 或发病初期开始喷药，每次每亩用 50% 可湿性粉剂 100～200g 兑水喷雾，每隔 14d 喷 1 次，共喷 3～4 次。

③ 防治大蒜、大白菜、豌豆、菜豆、芦笋等蔬菜的灰霉病、菌核病、黑斑病、斑点病、茎枯病等，在发病初期开始用药，防治叶部病害，每隔 7～10d 喷 1 次；防治根茎部病害，每隔 10～15d 喷 1 次，视病情连用 2～3 次，每次每亩用 50% 可湿性粉剂 66～100mL，兑水 50kg 喷雾。

④ 防治黄瓜灰霉病，在发病初期，每亩用 50% 可湿性粉剂 75～100g，兑水 50kg 喷雾，每隔 7～10d 喷 1 次，共喷 1～3 次。

⑤ 防治黄瓜菌核病，在发病初期，每亩用 50% 可湿性粉剂 75～100g，兑水 80～100kg 喷雾，每隔 7～10d 喷 1 次，共喷 2 次。

⑥ 防治莴苣灰霉病，每亩用 50% 可湿性粉剂 25g，兑水 50kg 喷雾，于发病初期，每隔 10～15d 喷 1 次，共喷 2～3 次。

⑦ 防治蘘菜链格孢叶斑病，发病前，用 50% 可湿性粉剂 1000 倍液喷雾。

⑧ 防治甘蓝类黑胫病，用 50% 可湿性粉剂 1500 倍液喷雾，每隔 7d 喷 1 次，连喷 2～3 次。药要喷到下部老叶、茎基部和畦面。

⑨ 防治大葱、洋葱匍柄霉紫斑病、链格孢叶斑病、小粒菌核病，发病初期，用 50% 可湿性粉剂 1000 倍液喷雾。

⑩ 防治水生蔬菜，如莲藕褐斑病，茭白瘟病，胡麻斑病、纹枯病，荸荠灰霉病，茭白纹枯病，芋污斑病等，于发病初期开始，用 50% 可湿性粉剂 700～1000 倍液喷雾，每隔 7～10d 喷 1 次，连喷 2～3 次。在药液中加 0.2% 中性洗衣粉后防病效果更好。

⑪ 防治石刁柏茎枯病，在春、夏季采茎期或割除老株留母茎后的重病田，用 50% 可湿性粉剂 1500 倍液喷雾，保护幼茎出土时免受病害侵染。在幼茎期，若出现病株及时用 50% 可湿性粉剂 1500 倍液喷雾，每隔 7～10d 喷 1 次，连喷 3～4 次。

⑫ 防治蚕豆赤斑病、韭菜灰霉病，每亩用 50% 可湿性粉剂 50g，兑水 50～75kg 喷雾，每隔 7～10d 喷 1 次，连喷 2～3 次。

⑬ 防治扁豆轮纹斑病、淡褐斑病，发病初期，用 50% 可湿性粉剂 800～1000 倍液，隔 7～10d 喷 1 次，连续防治 2～3 次。

⑭ 防治温室葫芦科蔬菜、胡椒、茄子等的灰霉病、早疫病、斑点病，发病初期开始施药，每亩用 500g/L 悬浮剂 50～100mL，兑水 50kg 喷雾，每隔 7d 喷 1 次，连续施 2～3 次。

⑮ 防治油菜菌核病，在始花期花蕾率达 20%～30% 或病害初发时（茎病率小于0.1%）和盛花期各施 1 次，每次每亩用 50% 可湿性粉剂 66～100mL，兑水 50kg 喷雾。

⑯ 防治玉米小斑病，在发病初期，每亩用 50% 可湿性粉剂或悬浮剂 200～400g，兑水 60kg 喷雾，隔 15d 再喷药 1 次。

⑰ 防治黄秋葵尾孢叶斑病，发病初期，用50％可湿性粉剂700倍液喷雾。防治黄秋葵轮纹病，发病初期，用50％可湿性粉剂1000倍液喷雾，隔10d左右喷1次，连续防治2～3次。

⑱ 防治魔芋轮纹斑病、白绢病，必要时用50％可湿性粉剂1000倍液喷雾。

⑲ 防治莲藕链格孢叶斑病、叶点霉烂叶病、小菌核叶腐病，发病初期，用50％可湿性粉剂1000倍液喷雾，10d左右喷1次，防治2～3次。

⑳ 防治慈姑叶柄基腐病，发病初期，用50％可湿性粉剂1000倍液喷雾，隔10d左右喷1次，连续防治2～3次。

㉑ 防治豆薯镰孢根腐病，发病初期，用50％可湿性粉剂1000倍液喷雾。

中毒急救　如吸入本品，应迅速将患者转移到空气清新流通处。如呼吸停止，给人工呼吸。如呼吸困难，给氧。如有症状及时就医。皮肤接触后，立即用水和肥皂清洗，并彻底冲洗干净。眼睛接触后，把眼睑打开用流水冲洗几分钟，如有持续症状，及时就医。误食，立即用大量清水漱口、洗胃。洗胃时注意保护气管和食管，及时送医院对症治疗。

注意事项

（1）须按照规定的稀释倍数进行使用，不可任意提高浓度。配制药液时，先灌入半喷雾器水，然后加入异菌脲制剂并搅拌均匀，最后将水灌满并混匀；叶面喷雾应力求均匀、周到，使植株充分着液又不滴液为宜。悬浮剂可能会有一些沉淀，摇匀后使用不影响药效。

（2）异菌脲是一种以保护性为主的触杀型杀菌剂，应在病害发生初期施药，使植株均匀着药。

（3）随配随用，不能与碱性物质和强酸性药剂混用。避免在暑天中午高温烈日下操作，避免高温期采用高浓度。避免在阴湿天气或露水未干前施药，以免发生药害，喷药24h内遇大雨补喷。

（4）不宜长期连续使用，以免产生抗药性，应与其他类型的药剂交替使用或混用，但不要与本药剂作用机制相同的农药如腐霉利、乙烯菌核利等混用或轮用。

为预防抗性菌株的产生，作物全生育期异菌脲的使用次数控制在3次以内，在病害发生初期和高峰使用，可获得最佳效果。一般叶部病害两次喷药间隔7～10d，根茎部病害间隔10～15d，都在发病初期用药。

（5）本品对鱼类等水生生物有毒，远离水产养殖区施药。

（6）本品在番茄上安全间隔期为2d，一季最多使用3次。

恶霉灵（hymexazol）

C₄H₅NO₂，99.09，10004-44-1

其他名称　绿亨一号、爱根、力博、康有力、绿佳、抑霉灵、天达恶霉灵、根际、立枯灵、克霉灵、杀纹宁、康丹、土菌消、土菌克、土菌清、绿佳宝、百禾源恶霉灵等。

化学名称 3-羟基-5-甲基异噁唑

主要剂型 95%、99%原药，8%、15%、18%、30%水剂，15%、70%、95%、96%、99%可湿性粉剂，70%种子处理干粉剂，70%可溶粉剂。

理化性质 纯品恶霉灵为无色晶体，熔点86～87℃，沸点200～204℃，蒸气压182mPa（25℃），相对密度0.551。溶解度：水中65.1（纯水），58.2（pH3），67.8（pH9）；丙酮730（g/L，20℃，下同），二氯甲烷602，乙酸乙酯437，甲醇968，甲苯176，正己烷12.2。在碱性条件下稳定，酸性条件下相对稳定，对光和热稳定。属杂环类内吸性低毒杀菌剂。制剂对兔眼睛、兔皮肤有轻微刺激，对蜜蜂无毒。

产品特点

（1）恶霉灵作为一种内吸性杀菌剂和土壤消毒剂，具有独特的作用机理。恶霉灵能被植物的根吸收及在根系内移动，在植株内代谢产生两种糖苷，对作物有提高生理活性的效果，从而能促进植株生长、根的分蘖、根毛的增加和根的活性提高。恶霉灵进入土壤后被土壤吸收并与土壤中的铁、铝等无机金属盐离子结合，有效抑制孢子的萌发和病原真菌菌丝体的正常生长或直接杀灭病菌，药效可达两周。因对土壤中病原菌以外的细菌、放线菌的影响很小，所以对土壤中微生物的生态不产生影响，在土壤中能分解成毒性很低的化合物，对环境安全。

（2）恶霉灵为内吸性有机杂环类杀菌剂，同时又是一种土壤消毒剂，而且也是一种植物生长调节剂。药效作用独特，高效、低毒、无公害，属于绿色环保高科技精品。主要用于灌根和土壤处理，对多种病原真菌引起的植物病害有较高的防治结果，对鞭毛菌、子囊菌、担子菌、半知菌亚门的腐霉菌、苗腐菌、镰刀菌、丝核菌、伏革菌、根壳菌、雪霉菌等都有很好的治疗效果。作为土壤消毒剂，对腐霉菌、镰刀菌等引起的土传病害如猝倒病、立枯病、枯萎病、菌核病等有较好的预防效果，是世界公认的无公害、无残留、低毒农药，符合绿色食品生产的要求。

（3）具有内吸性和传导性，能直接被植物根部吸收，进入植物体内，移动极为迅速。在根系内仅3h便移动到茎部，24h内移动至植株全身，其在植物体内的代谢产物为两种葡萄糖苷，对植物有促进根系发育和植物生长的作用。

（4）在土壤中能提高药效，大多数杀菌剂用作土壤消毒容易被土壤吸附，有降低药效的趋势，而恶霉灵两周内仍有杀菌活性，在土壤中能与无机金属盐的铁、铝离子结合，抑制病菌孢子的萌发，被土壤吸附的能力极强，在垂直和水平方向的移动性很小，对提高药效有重要作用。

（5）对植物有促进生长作用，促进根部的分叉，使根毛的数量增加，根的活力提高，地下部分的干物质重量增加5%～15%。吸收水分、养分的能力很强，施用恶霉灵的根比未施恶霉灵的根颜色明显白嫩，有防止根老化作用。可防止由于低温引起生理障碍的萎凋苗，有良好的抗旱、抗寒、减轻除草剂药害功能。提高秧苗的壮苗率，总苗重增加，秧苗移入大田后的成活率提高，缩短移栽后的缓苗时间，移栽后转青快1～2d。

（6）安全低毒无残留，是环保型杀菌剂，是绿色食品的首选农药。

（7）可与多种杀虫剂、杀菌剂、除草剂混合使用。恶霉灵常与甲霜灵、福美双、甲基硫菌灵、络氨铜、咪鲜胺混配，用于生产复配杀菌剂。

（8）鉴别要点：原药外观为无色结晶，溶于大多数有机溶剂。水剂为浅黄棕色透明液体。可湿性粉剂为白色细粉，带有轻微特殊刺激气味。恶霉灵单剂及复配制剂产品应取得农药生产批准证书（HNP），选购时应注意识别该产品的农药登记证号、农药生产批准证书号、执行标准号。该产品的定性鉴定一般应送样品至法定质检机构进行鉴别。

防治对象　主要用于防治西瓜、黄瓜枯萎病、蔓枯病、疫病、菌核病、立枯病、白绢病、灰霉病；番茄灰霉病、早疫病、晚疫病、绵疫病、枯萎病；茄子褐纹病、枯萎病、绵疫病、菌核病；甜（辣）椒灰霉病、疫病；白菜、甘蓝黑根病、菌核病；豆类枯萎病、灰霉病、菌核病；葱、蒜类灰霉病、紫斑病，以及沤根、连作重茬障碍等。并具有促进作物根系生长发育、生根壮苗提高成活率的作用。

使用方法

（1）种子消毒　分干拌、湿拌。每千克种子用原药1g，或95%精品（绿亨一号）1～2g。干拌时，将药剂与少量过筛细土掺匀之后加入种子拌匀即可。湿拌时，将种子用少量水润湿之后，加入所需药量均匀混合拌种即可。也可以把原药用水稀释成2000倍液（1g原药加2kg水），用适量的稀释液与所要消毒的种子均匀拌好之后阴干播种。拌种最好用拌种桶，每次拌种量不要超过半桶，每分钟20～30rad，正倒转各50～60次，使种子与药拌匀。拌种后随即播种，不要闷种。

① 防治甜菜立枯病，主要采用拌种处理，干拌法每100kg甜菜种子，用70%恶霉灵可湿性粉剂400～700g与50%福美双可湿性粉剂400～800g混合均匀后再拌种；湿拌法100kg种子，先用种子重量30%的水把种子拌湿，然后用70%恶霉灵可湿性粉剂400～700g与50%福美双可湿性粉剂400～800g混合均匀后再拌种。

② 防治大白菜、白菜猝倒病、立枯病，用种子重量0.2%～0.3%的70%可湿性粉剂拌种。

（2）苗床消毒　预防蔬菜苗床立枯病、猝倒病、炭疽病、枯萎病等多种病害的发生，在播种前，用96%可湿性粉剂3000～6000倍液（或30%水剂1000倍液）细致喷洒苗床土壤，每平方米喷洒药液3g。或将1g 95%精品（绿亨一号）与15～20kg过筛细土掺匀后，将其1/3撒在床内，余下2/3用作播种后盖土。

① 防治黄瓜的猝倒病、幼苗（腐霉）根腐病、立枯病，冬瓜立枯病，茄科蔬菜幼苗立枯病，用15%水剂450倍液，在发病初期，每平方米苗床面积喷淋药液2～3L，酌情喷淋1～2次。

② 防治黄瓜（腐霉）根腐病，在苗床浇透水后，用30%可湿性粉剂500倍液均匀喷洒于苗床上。或每平方米用30%可湿性粉剂8～10g，与适量细干土拌匀，配成药土，先把1/3的药土撒在苗床上，播种后再把2/3的药土撒在种子上。或每立方米苗床土用30%可湿性粉剂150g，拌匀后装于营养钵或穴盘内育苗。

③ 防治西瓜猝倒病，采用穴盘轻基质育苗时，每立方米基质里加入95%恶霉灵精品30g或54.5%恶霉·福可湿性粉剂10g，均匀混合。采用营养钵育苗时，播种前1d用54.5%恶霉·福可湿性粉剂800倍液浇透苗土，再把种子平放播于营养钵内。

④ 防治芹菜猝倒病，每平方米用15%水剂8～12mL与过筛的细土或细沙5～8kg混合，播种时将1/3的药土铺在苗床表面，其余2/3的药土作种子的盖土。

（3）营养土消毒　每立方米用恶霉灵原药2～3g，兑水3～5kg，均匀喷洒在营养土上，充分掺匀后装盆播种。也可先用10～20kg过筛细土与上述用药量掺匀之后，再与营养土充分拌匀，然后装盆播种。

（4）幼苗定植时或秧苗生长期消毒　用96％可湿性粉剂3000～6000倍液（或30％水剂1000倍液）喷洒，间隔7d再喷1次，不但可预防枯萎病、根腐病、茎腐病、疫病、黄萎病等病害的发生，而且可促进秧苗根系发达，植株健壮，增强对低温、霜冻、干旱、涝渍、药害、肥害等多种自然灾害的抗御性能。在发病初期每株作物根围用96％可湿性粉剂3000倍液100～150mL浇灌，密植时可用同样浓度的药液进行条施，施药时应使药液达到根部。

① 防治黄瓜等瓜类蔬菜枯萎病，可用70％可湿性粉剂300～500倍液，从黄瓜苗定植后，开始灌根，每隔10d灌1次，第一次每株灌100mL药液，第二次和第三次每株灌200mL药液，第四次和第五次每株灌300mL药液。

② 防治番茄（腐霉）茎基腐病、根腐病等，用30％水剂800倍液，在发病初期灌根，每株灌药液100～200mL。

③ 防治辣椒枯萎病，定植时先把70％可湿性粉剂配成1500倍液，取15kg放入长方形大容器中，再把穴盘整个浸入药液中蘸湿即可。发病初期，可用72.2％霜霉威水剂700倍液混70％恶霉灵1500倍液浇灌，隔10d左右灌1次，防治2～3次。

④ 防治食用百合疫病，发现病株立即拔除并销毁，病穴用30％水剂800倍液消毒。

（5）喷雾或灌根

① 防治甜菜立枯病，用70％恶霉灵可湿性粉剂400～700g加50％福美双可湿性粉剂400～800g，兑适量水稀释后，均匀拌种100kg。田间发病初期，用70％可湿性粉剂3000～3300倍液喷洒或灌根。

② 防治甜菜根腐病和苗腐病，必要时喷洒或浇灌70％可湿性粉剂3000～3300倍液。

③ 防治黄瓜、番茄、茄子、辣椒的猝倒病、立枯病，发病初期，用30％水剂2000倍液喷雾，每平方米喷药液2～3kg。

④ 防治西瓜、黄瓜等瓜类枯萎病，用15％水剂或15％可湿性粉剂300～400倍液，或30％水剂600～800倍液，或70％可湿性粉剂1500～2000倍液灌根，每株需要浇灌药液150～250mL。

⑤ 防治西瓜猝倒病，发病初期，用30％水剂800倍液喷淋。

⑥ 防治菜豆红根病，发病重的，可用70％恶霉灵可湿性粉剂1500倍液混加72％农用高效链霉素1500倍液再混生根剂1500倍液灌根。

⑦ 防治豇豆基腐病，喷雾70％可湿性粉剂1500倍液，能促进根系对不利气候条件的抵抗力。

⑧ 防治豇豆根腐病，发病初期用70％恶霉灵可湿性粉剂1500倍液混加72％链霉素1500倍液再混生根剂1500倍液灌根。

⑨ 防治豌豆镰孢枯萎病、根腐病，发病初期，用70％可湿性粉剂1500倍液喷洒或浇灌。

⑩ 防治菜用大豆根腐病，发病初期，用70％可湿性粉剂1500倍液喷雾，或54.5％恶霉·福可湿性粉剂700倍液喷雾。

⑪ 防治菠菜枯萎病，发病初期，用70％可湿性粉剂1500倍液，或54.5％恶霉·福可湿性粉剂700倍液喷淋。

⑫ 防治芹菜猝倒病，发病初期，用70％可湿性粉剂1800倍液喷雾。

⑬ 防治芹菜黄萎病，喷淋或浇灌 70％可湿性粉剂 1500 倍液，或 30％水剂 700倍液。

⑭ 防治蕹菜根腐病，发病初期，用 70％可湿性粉剂 1500 倍液喷雾。

⑮ 防治冬寒菜根腐病，及早挖除病株，病穴及其附近植株喷淋 70％可湿性粉剂 1500 倍液，或 54.5％恶霉·福可湿性粉剂 700 倍液，连续喷淋 2～3 次。

⑯ 防治大葱、洋葱苗期立枯病，出苗后发病初期，用 70％可湿性粉剂 800 倍液喷淋根部，隔 7d 喷淋 1 次，连喷 2 次。

⑰ 防治大葱、洋葱枯萎病，用 70％可湿性粉剂 1500 倍液喷淋。

⑱ 防治黄花菜白绢病、镰孢枯萎病，发病初期，用 30％水剂 800 倍液浇灌。

⑲ 防治黄花菜叶斑病，发病初期，用 70％可湿性粉剂 1500 倍液喷雾，隔 7～10d喷 1 次，连喷 2～3 次。

⑳ 防治芦笋枯萎病、冠腐病，发病初期，用 30％恶霉灵水剂 800 倍液，或 3％恶霉·甲霜水剂 700 倍液浇灌，隔 10d 灌 1 次，防治 2～3 次。防治芦笋梢枯病，发病初期，用 70％恶霉灵可湿性粉剂 1500 倍液喷雾，或涂茎。

㉑ 防治草莓枯萎病，发病初期浇灌 70％可湿性粉剂 2000 倍液。

㉒ 防治食用百合白绢病，发病初期，用 70％可湿性粉剂 1500 倍液喷雾。防治食用百合枯萎病，浇灌 70％可湿性粉剂 1500 倍液。

㉓ 防治黄秋葵枯萎病，发现病株及时浇灌 70％可湿性粉剂 1500 倍液。

㉔ 防治食用菊花枯萎病，发病初期，用 70％可湿性粉剂 1500 倍液灌根，每株灌对好的药液 0.4～0.5L，视病情连续灌 2～3 次。

㉕ 防治马铃薯枯萎病，用 70％可湿性粉剂 1500 倍液浇灌。

㉖ 防治姜枯萎病，发病初期，于病穴及其四周植穴淋施 3％恶霉·甲霜水剂 600 倍液，或 70％恶霉灵可湿性粉剂 1500 倍液，或 54.5％恶霉·福可湿性粉剂 700 倍液。

㉗ 防治芋枯萎病，浇灌 30％恶霉灵水剂 800 倍液，或 54.5％恶霉·福可湿性粉剂700 倍液。

㉘ 防治豆薯腐霉根腐病，发病初期，用 70％可湿性粉剂 1500 倍液喷淋或浇灌。

中毒急救　如不慎吸入，将病人移到空气流通处。不慎接触皮肤或溅入眼睛，请用大量清水冲洗至少 15min，仍有不适，立即就医。万一误服时，应饮大量水，催吐，保持安静，并立即请医生治疗。若不慎中毒，请携该产品标签送医院，对症治疗。

注意事项

（1）恶霉灵可与多种杀虫剂、杀菌剂、除草剂混合使用。碱性土壤中使用，配合调酸效果更好，不宜与强碱性的农药等物质混用。

（2）恶霉灵与福美双混配，用于种子消毒和土壤处理效果更佳。

（3）用于拌种时，宜干拌，并严格掌握药剂用量，拌后随即晾干，不可闷种，防止出现药害。湿拌和闷种易出现药害，可引起小苗生长点生长停滞，叶片皱缩，似病毒病状，出现药害时可叶面喷施细胞分裂素＋甲壳素，用生根剂灌根，促进根系发育，让小苗尽快恢复。

（4）荷兰芹菜对该药剂敏感，使用时应注意。

（5）严格控制用药量，以防抑制作物生长。

（6）一般作物安全间隔期为 7d，一季最多使用 3 次。

霜霉威（propamocarb）

$$H_3C-N-CH_2CH_2CH_2-NH-C(=O)-O-CH_2CH_3$$

C₉H₂₀N₂O₂, 188.3, 24579-73-5,25606-41-1(盐酸盐)

其他名称　普力克、霜威、普生、疫霜净、蓝霜、霜剪、破霜、霜杰、霜霉普克、霜霜威、丙酰胺、霜疫克星、霜灵、亮霜、破霜、扑霉净。

化学名称　3-(二甲基氨基)丙基氨基甲酸丙酯

主要剂型　35%、36%、40%、66.5%、66.6%、72.2%、722g/L 水剂，30%高渗水剂，50%热雾剂。

理化性质　纯品霜霉威盐酸盐为无色带有淡淡芳香气味的吸湿性晶体，熔点64.2℃，蒸气压 $3.8×10^{-2}$ mPa（20℃），相对密度1.085g/mL（20℃）。溶解度：水中＞500g/L（pH1.6～9.6，20℃）；甲醇656（g/L，20℃，下同），二氯甲烷＞626，甲苯0.41，丙酮560.3，乙酸乙酯4.34，己烷＜0.01。易光解，易水解，对金属有轻度腐蚀性。氨基甲酸酯类低毒杀菌剂。

产品特点

（1）霜霉威为具有局部内吸作用的高效杀菌剂，主要抑制病菌细胞膜成分中的磷脂和脂肪酸的生物合成，抑制菌丝生长、孢子囊的形成和萌发。

（2）具超强内吸治疗性的卵菌纲杀菌剂，低毒、低残留，使用安全，不污染环境。霜霉威不会淋溶渗入地下水，未被植物吸收的霜霉威也会很快被土壤微生物分解，是种植无公害蔬菜的理想药剂。

（3）适用于黄瓜、番茄、甜（辣）椒、莴苣、蕹菜、洋葱、马铃薯等多种蔬菜。可有效防治霜霉病、猝倒病、疫病、晚疫病、黑胫病等病害。对藻状菌引起的病害、十字花科白锈病和黑星病等也较理想。与其他杀菌剂无交互抗性，尤其对抗性病菌效果更好，可与非碱性杀菌剂混用，以扩大杀菌谱。

（4）具有施药灵活的特点，可采用苗床浇灌处理防治黄瓜等蔬菜的苗期猝倒病、疫病；叶面喷雾防治霜霉病、疫病等，能很快被叶片吸收并分布在叶片中，在30min内就能起到保护作用，有良好的预防保护和治疗效果。用于土壤处理时，能很快被根吸收并向上输送到整个植株。该药还可用于无土栽培、浸泡块茎和球茎、制作种衣剂等。

（5）质量鉴别

① 物理鉴别　制剂为淡黄色、无味水溶液，密度1.08～1.09。

② 生物鉴别　选取两片感染霜霉病病菌的黄瓜叶片，将其中一片用77.2%霜霉威水剂500倍稀释液直接喷雾，数小时后在显微镜下观察喷药叶片上病菌孢子情况并对照观察未喷药叶片上病菌孢子的变化情况。若喷药叶片上病菌孢子活动明显受阻且有致死孢子，则该药品质量合格，否则为不合格或伪劣产品。

防治对象　主要用于黄瓜、甜椒、番茄、莴苣、草莓、马铃薯等蔬菜，主要用于防治青花菜花球黑心病、霜霉病，白菜类霜霉病，甘蓝类霜霉病，芥菜类霜霉病，萝卜霜霉病，紫甘蓝霜霉病，茄子果实疫病、绵疫病，甜（辣）椒疫病，番茄晚疫病、茎基腐病、根腐病、绵疫病，马铃薯晚疫病，茄科蔬菜幼苗猝倒病等。主要用于喷雾，也可用于苗床浇灌。

使用方法

（1）防治黄瓜苗期猝倒病和疫病，并且具有健苗、壮苗等作用。播种前或播种后以及移栽前可采用苗床浇灌方法，每平方米用72.2%水剂5～7mL兑水2～3L苗床浇灌，或发病前期及初期喷药，每隔7～10d喷药1次，整个育苗期喷施1～2次，可基本抑制病害的发生发展，对施药区植株的生长有明显的促进作用。在其他蔬菜的苗床消毒上效果也较好。

（2）防治黄瓜霜霉病，发病初期开始施药，用72.2%水剂600～1000倍液叶面喷雾，每隔7～10d喷药1次，共喷2～3次。

（3）防治辣（甜）椒疫病，种子消毒可用72.2%水剂浸12h，洗净后晾干催芽。也可用72.2%水剂400～600倍液，移栽后7d灌根处理。或600～900倍液叶面喷雾，并尽可能使喷洒的药液沿着茎基部流渗到根周围的土壤里，每隔7～10d喷药1次，共喷2～3次。

（4）防治番茄根腐病，可用72.2%水剂400～600倍液浇灌苗床（每平方米用药液量2～3kg）；或在移栽前用72.2%水剂400～600倍液浸苗根，也可于移栽后用72.2%水剂400～600倍液灌根。防治番茄晚疫病，可用72.2%水剂600～800倍喷雾防治。

（5）防治蕹菜白锈病，发病初期用72.2%水剂800倍液喷雾，每隔7～10d防治1次即可。

（6）防治洋葱苗期猝倒病，苗床播种及移栽前5d，用72.2%水剂500倍液各喷淋1次，每平方米用药液4L。

（7）防治西葫芦霜霉病，发现中心病株后用72.2%水剂800倍液喷雾，7～10d喷1次，视病情发展确定用药次数。

（8）防治莴苣霜霉病、十字花科蔬菜霜霉病，从病害发生初期开始喷药，一般每亩用72.2%水剂或722g/L水剂60～90mL，或66.5%水剂70～100mL，或35%水剂120～180mL，兑水30～45kg喷雾。每隔7～10d喷1次，连喷2次左右，重点喷洒叶片背面。

（9）防治马铃薯晚疫病，从田间初见病斑时开始喷药，一般每亩用72.2%水剂或722g/L水剂70～110mL，或66.5%水剂80～120mL，或35%水剂150～220mL，兑水45～75kg均匀喷雾。每隔7～10d喷1次，与不同类型药剂交替使用，连喷5～7次。

（10）防治菜豆猝倒病，发病初期喷洒72.2%水剂400倍液，主要喷幼苗茎基部及地面，也可于发病初期用72.2%水剂400倍液喷雾。每隔7～10d喷1次，连续2～3次。

中毒急救 如有误服，对神志清醒的患者，应立即引吐，并携带标签送医院治疗。如患者出现明显的胆碱酯酶受阻症状，可以使用硫酸阿托品解毒剂，并对症治疗。

注意事项

（1）在生产中发现，霜霉威水剂在防治黄瓜霜霉病时，如果使用次数过多，比如连续使用2～3次，黄瓜易出现药害，其症状是叶片皱缩，发厚发硬，生理机能急速恶化，而且较难恢复，受害严重的温室，其恢复期可长达1～2个月，产量比用其他农药（乙腈·锰锌）防治的减产 50％以上。目前对霜霉威在黄瓜上发生毒害作用的机理尚不清楚，解除的办法也不太明确，在应用时要引起注意。

（2）霜霉威可与大多数非碱性农药混配，但不能与液体化肥或植物生长调节剂一起混用。

（3）注意与不同类型药剂轮换使用，以延缓病菌产生抗药性。可与福美双混用。

（4）在配制药液时，要搅拌均匀。喷淋土壤时，药液量要足，喷药后，土壤要保持湿润。

（5）应在原包装内密封好，在干燥、阴凉处贮存。切勿让儿童接触此药。

（6）在黄瓜上安全间隔期为 3d，一季最多使用 3 次。

乙嘧酚（ethirimol）

$C_{11}H_{19}N_3O$, 209.29, 23947-60-6

其他名称 乙嘧醇、灭霉定、乙嘧醇、乙菌定、乙氨哒酮、胺嘧啶。

化学名称 5-丁基-2-乙氨基-4-羟基-6-甲基嘧啶

主要剂型 25％悬浮剂。

理化性质 白色结晶固体，熔点 159～160℃。在 140℃时发生相变，在 25℃时的蒸气压为 0.267mPa；相对密度为 1.21（25℃）。室温时在水中的溶解度为 253mg/L（pH5.2），153mg/L（pH9.3）；几乎不溶于丙酮，微溶于乙醇，能溶于氯仿、三氯乙烷、强碱和强酸。它在高温及碱性和酸性溶液中稳定，不腐蚀金属，不能贮存在镀锌的钢铁容器中。

产品特点

（1）白粉病是一种较难防治的世界性病害，在许多重要农作物上发生普遍，并易暴发流行，给农业生产造成巨大损失。25％乙嘧酚水悬浮剂是防治白粉病的特效药剂。

（2）乙嘧酚与病原菌接触以后，对菌丝体、分生孢子、受精丝有非常强的杀灭效果，强力抑制孢子的形成，阻断病菌再次侵染的来源和途径；对白粉病的作用位点很多，杀菌效果更加全面、彻底；具有保护和治疗功能，发病前或发病初期使用乙嘧酚，能保护未发病作物不受白粉病菌的侵染，对于已经发病的作物能起很好地治疗作用，铲除已经侵入植物体内的病菌，抑制病菌的扩展。

（3）乙嘧酚属酚类化合物，与常规药剂相比作用机制不同，无交互抗性；内吸性强，植物根、叶均可吸收，并可向新叶传导；具有铲除治疗、全面保护功效；若作拌种处理，植物根可以从土壤持续吸收药剂，因而在整个生长期中都具有保护作用；水悬浮剂型具有有效成分粒子小、活性表面大、药效高、耐雨水冲刷、对环境安全的特点，并且用后不留污渍；对人畜低毒，对作物高度安全，整个生育期均可使用，能促进作物生长，使田间农作物叶片叶色浓绿、光滑、厚大，促进果实增产，果实卖相好。

（4）可与嘧菌酯、甲基硫菌灵等复配，如 40％嘧菌·乙嘧酚悬浮剂、70％甲硫·乙嘧酚可湿性粉剂。

防治对象 主要用于防治黄瓜白粉病等。

使用方法

(1) 防治豆类白粉病，发病初期，用25％悬浮剂1000倍液喷雾，5～7d喷1次，连喷2～3次。

(2) 防治茄子白粉病，发病初期，用25％悬浮剂1000倍液喷雾，7～10d喷1次，连喷2～3次。

(3) 防治辣椒白粉病，发病初期，用25％悬浮剂800～1000倍液喷雾。

(4) 防治瓜类白粉病、黑星病，发病初期，用25％悬浮剂800～1000倍液喷雾，7～10d喷1次，连喷2～3次。

(5) 防治莴苣、结球莴苣白粉病，发病初期喷洒25％悬浮剂900倍液，隔10～20d喷1次，防治1～2次。

(6) 防治草莓白粉病，发病初期，用25％悬浮剂1000倍液喷雾，在发病中心及周围重点喷施，7～10d喷1次，连喷2～3次。

中毒急救 如吸入本品，应迅速将患者转移到空气清新流通处。如呼吸停止，给人工呼吸。如呼吸困难，给氧。如有症状及时就医。皮肤接触后，立即用水和肥皂清洗，并彻底冲洗干净。眼睛接触后，把眼睑打开用流水冲洗几分钟，如有持续症状，及时就医。误食，立即用大量清水漱口，洗胃。洗胃时注意保护气管和食管，及时送医院对症治疗。

注意事项

(1) 不可与强碱性农药混用。

(2) 作种子处理时，用100～200倍液浸种5～10min，晾干后播种。

(3) 与其他作用机制不同的杀菌剂轮换使用，有利于预防产生抗性或抗性治理。

(4) 在作物整个生育期一般施药2～3次，每隔7～10d施1次。

(5) 施药严格掌握浓度，不可随意提高浓度，中午高温和风大时不宜施药，避免高温期采用高浓度。

(6) 避免在阴湿天气或露水未干前施药，以免发生药害，喷药24h内遇大雨补喷。

(7) 在黄瓜上使用的安全间隔期为7d，每季最多使用3次。

噻菌铜（thiodiazole copper）

$$\left[H_2N - \underset{S}{\overset{N-N}{\diamond}} - S \right]_2 Cu$$

C$_4$H$_4$N$_6$S$_4$Cu, 327.9, 3234-61-5

其他名称 龙克菌。

化学名称 2-氨基-5-巯基-1,3,4-噻二唑铜络合物

主要剂型 20％悬浮剂。

理化性质 原药外观为黄绿色粉末，密度1.29g/cm³，熔点300℃。不溶于水，微溶于吡啶、二甲基甲酰胺。遇强碱易分解，能燃烧。

产品特点

（1）噻菌铜属于噻唑类杀细菌制剂。噻菌铜是由噻二唑基团和铜离子基团构成，具有双重杀菌机理。噻二唑对植物具有内吸和治疗作用，对细菌性病原菌具有特效；铜离子具有预防和保护作用，对细菌性病害也具有一定的效果。两个基团共同作用，对细菌性病害的防治效果更好，杀菌谱更广，持效时间更长，杀菌机理更独特。

（2）高效、低毒、安全的噻唑类有机铜杀菌剂。噻二唑和铜离子的有机结合，杀菌更加广泛、更加彻底、更加长效，能很好地治疗和预防蔬菜细菌性病害和真菌性病害，具有高效、低毒、安全和无公害等优点。

（3）内吸传导性好，具有良好治疗和保护作用，治疗作用的效果大于保护作用，对细菌性病害有良好的防治效果，对真菌性病害亦有高效。超微粒，扩散性好，悬浮率高达90％以上，细度在 $4\sim8\mu m$，更加容易黏附和更加容易吸附。

（4）使用安全。原药和制剂的毒性极低，对农作物、鱼、鸟、蜜蜂、蚕、人畜及天敌安全，对环境无污染。

（5）无机铜制剂，完全依靠铜离子来杀菌，容易引起药害（如落花、落果、落叶、烧苗），不容易与其他酸性农药混用（无机铜大多数为碱性的），容易诱发螨类、锈壁虱等次要害虫的增殖与猖獗发生（因为铜离子是重金属，容易刺激害虫产卵）。而噻菌铜为有机铜制剂，更安全（不容易产生药害），更环保（铜残留更少），更具有亲和性（更容易复配和混配），病菌不会因为多次使用而产生抗药性，可一年四季使用，对红蜘蛛和锈壁虱的增殖影响微乎其微，不会引起螨类的猖獗发生。

（6）持效期长。在通常用量下，持效期可达 $10\sim14d$，药效稳定。

（7）能够替代多种同类产品（如叶青双、无机铜、硫酸链霉素等），施药方法多种多样（如浸种、拌种、灌根、土壤消毒、叶面喷雾、浇根等）。

（8）不会产生药害，花期和幼果期均可使用。

防治对象　主要用于防治大白菜细菌性病害，花椰菜细菌性病害，甘蓝细菌性病害，萝卜细菌性病害，大白菜软腐病，辣椒细菌性斑点病、炭疽病、青枯病，番茄细菌性髓部坏死病、青枯病，茄子青枯病等。

使用方法

（1）喷雾

① 防治十字花科蔬菜黑腐病，发病初期喷洒20％悬浮剂 $500\sim600$ 倍液，每隔 $7\sim10d$ 喷1次，连喷 $2\sim3$ 次。

② 防治萝卜软腐病，用20％悬浮剂 $500\sim600$ 倍液喷雾。

③ 防治百合灰霉病，初发病时用20％悬浮剂 600 倍液喷雾，每隔 $7\sim10d$ 喷1次，共 $3\sim4$ 次。

④ 防治黄瓜细菌性角斑病，发病初期或发病前施药，用20％悬浮剂 600 倍液喷雾，每隔 $7\sim10d$ 喷1次，连喷 $2\sim3$ 次。

⑤ 防治大蒜软腐病（包括韭菜、洋葱软腐病），发病初期用20％悬浮剂 500 倍药液喷雾基部，每隔 $7\sim10d$ 喷1次，连续 $2\sim3$ 次。

⑥ 防治大葱、洋葱软腐病、球茎软腐病，发病初期，用20％悬浮剂 500 倍液喷雾，视病情隔 $7\sim10d$ 喷1次，防治 $1\sim2$ 次。

⑦ 防治大豆细菌性斑点病，幼苗分枝期开始用20％悬浮剂 500 倍药液喷雾，每隔

7d 喷 1 次，连续 2～3 次。

⑧ 防治扁豆斑点病，发病初期，用 20％悬浮剂 500 倍液喷雾，隔 10d 左右喷 1 次，连续防治 2～3 次。

⑨ 防治菠菜茎枯病，发病初期，用 20％悬浮剂 500 倍液喷雾。

⑩防治魔芋软腐病，种芋用 20％悬浮剂 600 倍液浸种 4h，再晒 1～2d 后播种；田间的病株及时拔除，并用 20％悬浮剂 600 倍液土壤消毒；发病初期用 20％悬浮剂 600 倍液喷洒。

⑪ 防治芋细菌性斑点病，发病初期，用 20％悬浮剂 500 倍液喷雾。

⑫ 防治菊芋尾孢叶斑病，发病初期，用 20％悬浮剂 500 倍液喷雾。

（2）喷雾或灌根

① 防治大蒜根腐病，发病初期每亩用 20％悬乳剂 30～90mL，兑水 40～60kg 喷雾或灌根。

② 防治芋软腐病，种芋药液浸种，或土壤消毒，或发病时用 20％悬浮剂 600 倍液喷雾或淋灌。

③ 防治大白菜软腐病，发病初期拔取病株，在病穴及四周用 20％悬浮剂 600 倍液浇喷，每隔 10d 喷 1 次，连续防治 2～3 次，或用 600 倍液喷在发病部或浇根。

（3）灌根

① 防治姜瘟病，种姜用 20％悬浮剂 600 倍液浸种 4h，再晒 1～2d 后播种；挖取老姜后，用 20％悬浮剂 600 倍液淋蔸或者土壤消毒；发病初期，用 20％悬浮剂 600 倍液灌根或粗喷。

② 防治西瓜枯萎病，发病初期药液灌根，用 20％悬浮剂 600 倍液，每隔 7～10d 灌根 1 次，每株灌 250mL，防效可达 80％以上。

③ 防治辣椒疫病、细菌性斑点病、炭疽病、枯萎病，用 20％悬浮剂 500 倍液浇根，每隔 7d 浇 1 次，连续 2～3 次。

④ 防治番茄（包括辣椒、茄子）青枯病，发病初期用 20％悬浮剂 600 倍药液灌根，每株灌 250mL，每隔 7～10d 灌淋 1 次，连续 3～4 次。

⑤ 防治草莓枯萎病、细菌性角斑病，发病初期浇灌 20％悬浮剂 500 倍液。

中毒急救　经口中毒时，立即催吐、洗胃。解毒剂为依地酸二钠钙。

注意事项

（1）应掌握在初发病期使用（喷雾或灌根），每隔 7～10d 用药 1 次，连续用药 2～3 次，采用喷雾和弥雾使用之前，先摇匀。喷雾时，宜将叶面喷湿；灌根时，最好在距离根 10～15cm 周围挖一个小坑灌药液，防止药液流失。

（2）如有沉淀，摇匀后不影响药效。使用时，先用少量水将悬浮剂搅拌成浓液，然后兑水稀释。

（3）噻菌铜的酸碱度（pH 值）为 5.5～8.5，属于弱酸弱碱性农药，可以和大多数酸性杀虫剂、杀螨剂、杀菌剂混用，但不能和石硫合剂、波尔多液等强碱性农药混用。对福美双及福美系列复配剂，不能混用。叶面肥中含有甲壳素的不能混用。

噻菌铜在西瓜大棚防治病害时，气温高出 28℃，不能与苯醚甲环唑混用，因为苯醚甲环唑在 28℃以上用在西瓜上易出现药害。对铜敏感的作物要慎用。容易与"铜离子"发生反应的其他农药，也最好不要混用。如果需要两药混用时，应先将噻菌铜正常稀释之后，再加入其他农药。

（4）在西瓜上安全间隔期为 14d，每季作物最多使用 3 次；在大白菜上安全间隔期为 7d，每季作物最多使用 2 次；在黄瓜上安全间隔期为 3d，每季作物最多使用 3 次。

噻霉酮（benziothiazolinone）

C_7H_5NOS，151.2

其他名称　菌立灭、立杀菌、细刹、辉润、金霉唑。

化学名称　1，2 苯并异噻唑啉-3-酮

主要剂型　1.60%涂抹剂，1.50%水乳剂，3%可湿性粉剂。

理化性质　原药外观为微黄色粉末，熔点 158℃，相对密度 0.8，20℃水中溶解度为 4g/L。

产品特点

（1）噻霉酮是内吸性、广谱杀菌剂，对真菌性病害有预防和治疗作用。其作用机理是破坏病菌细胞核结构，干扰病菌细胞的新陈代谢，使其生理紊乱，最终导致病菌死亡，将病菌彻底杀死，而达到铲除病害的理想效果。该药剂既可以抑制病原孢子的萌发及产生，也可以控制菌丝体的生长，对病原真菌生活史的各发育阶段均有影响。

（2）高效性　用很低的浓度，就可以达到高浓度同类产品的防治效果，并对植物的病原有杀灭作用。

（3）低毒　国内对农药产品的毒性分五级，毒力累积指数 LD 在 500 以上的为低毒，噻霉酮原药的 LD 在 1600 以上，远远超过了国内规定的标准，因此将噻霉酮系列产品使用在农作物上，无任何毒副作用。

（4）广谱性　噻霉酮系列产品对多种细菌、真菌性病害均有特效。

（5）低残留　人每天要摄取大量的蔬菜、水果以及农副产品，而残留在这些农副产品表面的农药在人体中若累积到一定数量，人就会中毒，噻霉酮系列产品不含国家规定检测的 S、Cl、Hg 等对人体有害的元素，对人畜安全。

（6）使用安全　噻霉酮系列产品均为水乳剂，其剂型先进、散热性好、环保、不污染环境，是无公害农业生产的首选杀菌剂。

（7）保护和铲除双重作用　在病害发生初期使用可有效保护植株不受病原物侵染，病害发生后酌情增加用药量可明显控制病菌的蔓延，从而达到保护和铲除的双重作用。

防治对象　主要用于防治黄瓜霜霉病、细菌性角斑病等。

使用方法

（1）防治黄瓜细菌性角斑病，发病前或发病初期开始施药，每次每亩用 3%可湿性粉剂 73～88g，或 1.5%水乳剂 116～175mL 兑水喷雾，间隔 7d 左右喷 1 次，连续喷施 3 次。

（2）防治黄瓜霜霉病，发病初期开始喷雾 1.5%水乳剂 1000 倍液。

（3）防治黄花菜叶斑病、细菌性叶斑病，发病初期，用 1.5%水乳剂 700 倍液喷雾，隔 7～10d 喷 1 次，连喷 2～3 次。

（4）防治食用百合细菌枯萎病，发病初期，用 1.5%水乳剂 400 倍液喷雾。

（5）防治食用菊花白粉病，发病初期，用 1.5%水乳剂 600 倍液喷雾。

（6）防治芋软腐病、细菌性斑点病，发现病株开始腐烂或水中出现发酵情况时，要及时排水晒田，然后喷洒 1.5％水乳剂 500～800 倍液，隔 10d 左右喷 1 次，连续防治 2～3 次。

注意事项

（1）建议与其他作用机制不同的杀菌剂轮换使用，以延缓病菌抗药性产生。

（2）该药剂对蜂蚕低毒，对鸟中等毒性，鸟类放飞区禁用，蚕室及桑园附近禁用。

（3）在黄瓜上安全间隔期为 3d，每季作物最多使用 3 次。

菇类蛋白多糖

$$(C_6H_{12}O_6)_m \cdot (C_5H_{10}O_5)_nRNH_2$$

其他名称　抗毒剂 1 号、抗毒丰、扫毒、菌毒宁、条枯毙、真菌多糖。

化学名称　主要成分是菌类多糖，其结构中含有葡萄糖、甘露糖、半乳糖、木糖，并挂有蛋白质片段。

主要剂型　0.5％、1％水剂。

理化性质　原药为乳白色粉末，溶于水，制剂外观为深棕色，稍有沉淀，无异味，pH 值为 4.5～5.5，常温贮存稳定，不宜与酸碱性药剂相混。对高等动物毒性低。

产品特点

（1）作用机理是通过钝化病毒活性，有效地破坏植物病毒基因和病毒细胞，抑制病毒复制，起抑制作用的主要组分是食用菌菌体代谢所产生的蛋白多糖。通过抑制病毒核酸和蛋白质的合成，干扰病毒 RNA 的转录和翻译 DNA 的合成与复制，进而控制病毒增殖；并能在植物体内形成一层"致密的保护膜"，阻止病毒二次侵染。

（2）菇类蛋白多糖水剂为深棕色液体，稍有沉淀。菇类蛋白多糖是一种多糖类低毒保护性病毒钝化剂，主要成分为菇类蛋白多糖，是以微生物固体发酵而制得的绿色生物农药，为预防性病毒生物制剂。

（3）对由 TMV（烟草花叶病毒）、CMV（黄瓜花叶病毒）等引起的病毒病害有显著的防治效果，宜在病毒病发生前施用，可使作物生育期内不感染病毒。对真菌性病害、细菌性病害也有很好的防治效果。

（4）在防病的同时，为作物提供多种氨基酸和微量元素，增强抗性，促进生长，增产增收，且能改善作物品质。

（5）对人畜无毒，安全，在作物上无残留，无蓄积作用，是生产无公害、绿色蔬菜比较好的药剂。

（6）可与井冈霉素复配。

防治对象　适用于番茄、辣椒、西葫芦、西瓜、黄瓜、菜豆、芹菜、大白菜、马铃薯、玉米等。主要用于防治病毒类病害，如花叶病、卷叶病、蕨叶病、条纹枯病、丛矮病、粗缩病，在蔬菜上对烟草花叶病毒、黄瓜花叶病毒等的侵染均有良好的抑制效应，尤对烟草花叶病毒抑制效果更佳。

使用方法　可采取喷雾、浸种、灌根和蘸根等方法施药。

（1）喷雾

① 防治番茄、辣椒、茄子、芹菜、西葫芦、韭菜、生姜、菠菜、苋菜、蕹菜、茼蒿、落葵、魔芋、莴苣等的病毒病，茄子斑萎病毒病，黄瓜绿斑花叶病，番茄斑萎病毒病、曲顶病毒病，辣椒花叶病毒病，大蒜褪绿条斑病毒病、嵌纹病毒病等，用0.5％水剂250～300倍液于苗期或发病初期开始喷雾，可每隔7～10d喷1次，连喷3～5次，发病严重的地块，应缩短使用间隔期。

② 防治菜豆花叶病毒病，扁豆花叶病毒病，菠菜矮花叶病毒病，萝卜花叶病毒病，乌塌菜、青花菜、紫甘蓝、黄秋葵、草莓等的病毒病，用0.5％水剂300倍液喷雾。

③ 防治大蒜病毒病，将带皮蒜瓣放入100～200倍液中，浸6～8h后捞出，沥水，播种。出苗后，每隔7～10d喷300～400倍液1次，共喷2次，药液中加适合适量的杀虫剂，可同时杀死蒜蛆。

④ 防治西瓜、西葫芦、黄瓜、甜瓜、哈密瓜花叶病，定植前1d，在苗床喷300～400倍液1次，定植缓苗后，每隔7～10d喷1次，共喷2～3次。

⑤ 防治大白菜、油菜、胡萝卜病毒病，定植后，每隔7～10d喷300～400倍液1次，共喷2次。

⑥防治架豆、大豆、矮生豆病毒病，幼苗从2片真叶起，每隔7～10d喷300～400倍液1次，共喷2～3次。

⑦ 防治马铃薯病毒病，种薯切块后，置于0.5％水剂100～200倍液中，泡4～5h后再播种。出苗后每隔7～10d喷1次，共喷2次。

⑧ 防治芦笋、百合等的病毒病，用0.5％水剂300～350倍液喷雾。

（2）浸种　有的瓜菜类种子可能带毒，播种前用0.5％水剂100倍液浸种20～30min，而后洗净、播种，对控制种传病毒病的为害效果较好。

防治马铃薯病毒病，可用0.5％水剂600倍液浸薯种1h左右，晾干后种植。

（3）灌根　防治蔬菜病毒病，可用0.5％水剂250倍液灌根，每株每次用50～100mL药液，每隔10～15d喷1次，连灌2～3次。

（4）蘸根　在番茄、茄子、辣椒等的幼苗定植时，用0.5％水剂300倍液浸根30～40min后，再栽苗。

中毒急救　可引起头痛、头昏、恶心呕吐。若不慎溅入眼睛或沾染皮肤，用大量清水冲洗至少15min。若误服，立即携该产品标签送医院治疗，可催吐，无特效解毒剂，对症治疗。

注意事项

（1）避免与酸、碱性农药混用。可与中性或微酸性农药、叶面肥和生长素混用，但必须先配好本药后再加入其他农药或肥料。

（2）最好在幼苗定植前2～3d喷1次药液，喷雾、蘸根、灌根可配合使用，若与其他防治病毒病措施（如防治蚜虫）配合作用，防效更好。喷施本品后24h内遇雨，及时补喷。

（3）为获得最佳的防治效果，请尽量于病害发生之前整株均匀喷雾。使用本品，连续阴雨或湿度较大的环境中，或者当病情较重的情况下，建议使用较高剂量。避免在极端温度和湿度下，或作物长势较弱的情况下使用本品。

（4）本产品为生物制剂，开启前仍继续发酵，因而鼓瓶为正常现象；开启包装物要远离眼睛，以防发酵产生的气体伤害眼睛和皮肤。

（5）本品有少许沉淀，使用时要摇匀，沉淀不影响药效。

（6）配制时需用清水，现配现用，配好的药剂不可贮存。

（7）一般作物安全间隔期为 10d，一季最多使用 3 次。

香菇多糖（lentinan）

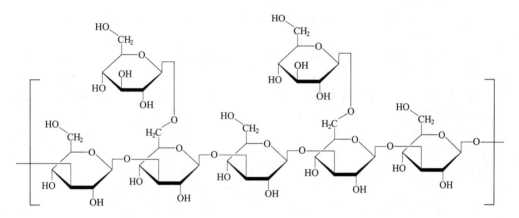

$C_{42}H_{72}O_{36}$, 1153.0, 37339-90-5

化学名称　β-(1→3)(1→6)-D-葡萄糖

主要剂型　0.5%、1%、2%水剂。

理化性质　香菇多糖属植物诱抗剂，抑制病毒的主要组分系食用菌菌体代谢所产生的蛋白多糖。纯品为类白色结晶粉末，无臭、无味。溶于水，不溶于甲醇、乙醇、丙酮、乙醚等。

产品特点

（1）香菇多糖是从优质香菇子实体中提取的有效活性成分，香菇多糖中的活性成分是具有分支的 β-(1-3)-D-葡聚糖，主链由 β-(1-3)-连接的葡萄糖基组成，沿主链随机分布着由 β-(1-6) 连接的葡萄糖基，呈梳状结构。香菇含有一种双链核糖核酸，能刺激人体网状细胞及白血球释放干扰素，而干扰素具有抗病毒作用。香菇菌丝体提取物可抑制细胞的吸附疱疹病毒，从而防治单纯疱疹病毒、巨细胞病毒引起的各类疾病。香菇多糖的免疫调节作用是其生物活性的重要基础。香菇多糖是典型的 T 细胞激活剂，促进白细胞介素的产生，还能促进单核巨噬细胞的功能，被认为是一种特殊免疫增强剂。其免疫作用在于它能促进淋巴细胞活子（LAE）的产生，释放各种辅助性 T 细胞因子，增强宿主腹腔巨噬细胞吞噬率，恢复或刺激辅助性 T 细胞的功能。另外，香菇多糖还能促进抗体生成，抑制巨噬细胞释放。

（2）本品在植物细胞中合成多肽的同时，又能长时间寄生在植物细胞中，形成一种蛋白缓释剂。同时本品富含多种氨基酸，能够预防、抵抗病毒。

（3）在农业生产中应用，该药为生物制剂，为预防型抗病毒剂，对病毒起抑制作用的主要组分是食用菌代谢所产生的蛋白多糖，蛋白多糖用作抗病毒剂在国内为首创，由于制剂内含丰富的氨基酸，因此施药后不仅抗病毒，还有明显的增产作用。

防治对象　可应用于防治番茄病毒病等。

使用方法

（1）防治番茄病毒病，番茄移栽后或病毒病发病初期施药，每亩用 0.5％水剂 160～250g，兑水 50～75kg 喷雾，每隔 7～10d 用药 1 次。每季作物施药 2～4 次，均匀喷布于番茄叶片正反面。

（2）防治辣椒病毒病，发病初期，每亩用 0.5％水剂 100～150g，兑水 45～60kg 喷雾，每隔 7～10d 用药 1 次。每季作物施药 2～4 次，均匀喷布于辣椒叶片正反面。

（3）防治茄子病毒病，每亩用 1％水剂 80～120mL，兑水 30～60kg 均匀喷雾。

（4）防治西瓜病毒病，发病初期，每亩用 0.5％水剂 100～200g，兑水 50～75kg 喷雾，每隔 7～10d 用药 1 次。每季作物施药 2～4 次，均匀喷布于西瓜叶片正反面。

（5）防治菜豆花叶病、黄花叶病，发病初期，用 2.5％水剂 300 倍液喷雾，隔 10d 左右喷 1 次，连续防治 3～4 次。

（6）防治菠菜病毒病，发病初期，用 0.5％水剂 300 倍液喷雾，隔 10d 喷 1 次，连续防治 2～3 次。

（7）防治莴苣、结球莴苣病毒病，播种前用 0.5％水剂 600 倍液浸种 20～30min，晾干后播种，对控制种传病毒病有效。发病初期喷洒 1％水剂 500 倍液。

（8）防治黄花菜病毒病，发病初期，喷洒 1％水剂 500 倍液。

（9）防治草莓病毒病，发病初期开始，用 1％水剂 500 倍液喷雾，隔 10～15d 喷 1 次，连续防治 2～3 次。

（10）防治黄秋葵病毒病，发病初期，用 1％水剂 500 倍液喷雾。

中毒急救　如吸入本品，应迅速将患者转移到空气清新流通处。如呼吸停止，给人工呼吸。如呼吸困难，给氧。如有症状及时就医。皮肤接触后，立即用水和肥皂清洗，并彻底冲洗干净。眼睛接触后，把眼睑打开用流水冲洗几分钟，如有持续症状，及时就医。误食，立即用大量水漱口，洗胃。洗胃时注意保护气管和食管，及时送医院对症治疗。

注意事项

（1）避免与酸、碱性物质混用，宜单独使用。

（2）早期使用，净水稀释，现用现配。

（3）病害轻度发生或作为预防处理时使用本品用低剂量，病害发生较重或发病后使用本品用高剂量。

（4）连续阴雨或湿度较大的环境中，或者当病情较重的情况下，建议使用较高剂量。避免在极端温度和湿度下，或作物长势较弱的情况下使用本品。

（5）禁止在河塘等水体中清洗施药器具。药液及废液不得污染各类水域、土壤等环境。

（6）建议与其他作用机制不同的杀菌剂轮换使用，以延缓抗性的产生。

（7）避免在暑天中午高温烈日下操作，避免高温期采用高浓度。

（8）避免在阴湿天气或露水未干前施药，以免发生药害，喷药24h内遇大雨补喷。

氨基寡糖素（oligosaccharns）

$$(C_6H_{11}NO_4)_n \ (n=2\sim20)$$

其他名称　净土灵、壳寡糖、百净、施特灵、好普、天达裕丰。

化学名称　低聚-D氨基葡萄糖

主要剂型　0.5％、1％、2％、3％、5％水剂，0.5％可湿性粉剂，99％粉剂。

理化性质　原药外观为黄色或淡黄色粉末，密度1.002g/cm³（20℃），熔点190～194℃。制剂为淡黄色（或绿色）稳定的均相液体，密度1.003g/cm³（20℃），pH3.0～4.0。微毒至低毒。

产品特点

（1）氨基寡糖素是指D-氨基葡萄糖以β-1,4糖苷链连续的低聚糖，可由几丁质降解得壳聚糖后再降解制得，或由微生物发酵提取的低毒杀菌剂。

（2）作用机理是在酸性条件下，氨基寡糖素分子中—NH⁺³与细菌细胞壁所含硅酸、磷酸脂等解离出的阴离子结合，从而阻碍细菌大量繁殖；然后，氨基寡糖素进一步低分子化，通过细胞壁进入微生物细胞内，使遗传因子从DNA到RNA转录过程受阻，造成微生物彻底无法繁殖。

（3）诱导杀菌。氨基寡糖素在防病和抗病方面有着多种机制，可作为活性信号分子，迅速激发植物的防卫反应，启动防御系统，使植株产生酚类化合物、木质素、植保素、病程相关蛋白等抗病物质，并提高与抗病代谢相关的防御酶和活性氧清除酶系统的活性，寡糖对植物病原菌直接的抑制作用也是其抗病机制的必要组成部分。

（4）植物功能调节剂。氨基寡糖素可作为植物功能调节剂，具有活化植物细胞，调节和促进植物生长，调节植物抗性基因的关闭与开放，激活植物防御反应，启动抗病基因表达等作用。日本已将氨基寡糖素制成植物生长调节剂，用于提高某些农作物产量。

（5）种子被膜剂。氨基寡糖素作为一种植物生长调节剂及抗菌剂，可诱导植物产生PR蛋白和植保素，利用氨基寡糖素为基本成分研制的新型种衣剂具有巨大的市场潜力。对氨基寡糖素油菜种衣剂剂型应用效果进行研究，利用壳聚糖酶降解壳聚糖获得的氨基寡糖素为基本成分，配以化肥、微量元素及防腐剂等成分进行混合，调制成较稳定的胶体溶液后拌种，对油菜种子发芽和出苗均无明显影响，但可促进油菜生长，提高壮苗率，增加产量，增产以增加每角果粒数为主。氨基寡糖素拌种可明显抑制油菜菌核病的发生。

（6）作物抗逆剂。氨基寡糖素诱导作物的抗性不仅表现在抗病（生物逆境）方面，也表现在抵抗非生物逆境方面。施用氨基寡糖素对作物的抗寒冷、抗高温、抗旱涝、抗盐碱、抗肥害、抗气害、抗营养失衡等方面均有良好作用。这是由于氨基寡糖素对作物本身以及土壤环境均产生了多方面的良好影响，譬如氨基寡糖素诱导作物产生的多种抗性物质中，有些具有预防、减轻或修复逆境对植物细胞伤害的作用。另外氨基寡糖素能促进作物生长健壮，健壮植株自然也有较强的抗逆能力。

当作物幼苗遇低温冷害而萎蔫时，及时施用氨基寡糖素，很快植株就恢复了长势；当不论是什么原因导致根系老化时，施用氨基寡糖素能促发有活力的新根；当作物遭受农药药害导致枝叶枯萎时，施用氨基寡糖素可以辅助解毒并使之很快就抽出新的枝叶。

（7）能解除药害，达到增加产量、提高品质的目的。在发病前或发病初期施用，可提高作物自身的免疫能力，达到防病、治病的功效。对于保护性杀菌剂作用不理想的病害，效果尤为显著，同时有增产作用。

（8）可与极细链格孢激活蛋白、嘧霉胺、氟硅唑、戊唑醇、烯酰吗啉、嘧菌酯、乙蒜素等复配。

防治对象　主要用于防治蔬菜由真菌、细菌及病毒引起的多种病害，对于保护性杀菌剂作用不及的病害，效果尤为显著，对病菌具有强烈抑制作用，对植物有诱导抗病作用，可有效防治土传病害，如枯萎病、立枯病、猝倒病、根腐病、霜霉病、白粉病、病毒病、晚疫病、枯萎病、灰霉病、软腐病、黄萎病、花叶病毒病、黑星病、斑点落叶病、小叶病、炭疽病、蔓枯病、青枯病等。

使用方法

（1）浸种　主要可防治番茄、辣椒上的青枯病、枯萎病、黑腐病等，瓜类枯萎病、白粉病、立枯病、黑斑病等，及蔬菜的病毒病，可于播种前用0.5%氨基寡糖素水剂400～500倍液浸种6h。

（2）灌根

① 防治枯萎病、青枯病、根腐病等根部病害，用0.5%水剂400～600倍液灌根，每株灌200～250mL，间隔7～10d，连用2～3次。

② 防治西瓜枯萎病，可用0.5%水剂400～600倍液在4～5片真叶期、始瓜期或发病初期灌根，每株灌药液100～150mL，每隔10d灌1次，连续防治3次。

③ 防治茄子黄萎病，用0.5%水剂200～300倍液，在苗期喷1次，重点为根部，定植后发病前或发病初期灌根，每株灌100～150mL，每隔7～10d灌1次，连续灌根3次。

④ 防治菜豆枯萎病，发病初期喷淋0.5%水剂500倍液，隔10d喷淋1次，共2～3次。

（3）喷雾

① 防治茎叶病害，用0.5%水剂600～800倍液，发病初期均匀喷于茎叶上，每隔7d左右喷1次，连用2～3次。

② 防治黄瓜霜霉病，用2%水剂500～800倍液，在初见病斑时喷1次，每隔7d喷1次，连用3次。

③ 防治大白菜等软腐病，可用2%水剂300～400倍液喷雾。第一次喷雾在发病前或发病初期，以后每隔5d喷1次，共喷5次。

④ 防治番茄病毒病，用2%水剂300～400倍液，苗期喷1次，发病初期开始，每隔5～7d喷1次，连用3～4次。

⑤ 防治番茄、马铃薯晚疫病，每平方米用0.5%水剂190～250mL或2%水剂50～

80mL，兑水 60～75kg 喷雾，每隔 7～10d 喷 1 次，连喷 2～3 次。

⑥ 防治西瓜蔓枯病，用 2％水剂 500～800 倍液，在发病初期开始喷药，每隔 7d 喷 1 次，连喷 3 次。

⑦ 防治芹菜壳针孢叶斑病，用 0.5％水剂 500 倍液喷雾，隔 7～10d 喷 1 次，连续防治 2～3 次。

⑧ 防治土传病害和苗床消毒，每平方米用 0.5％水剂 8～12mL，兑水成 400～600 倍液均匀喷雾，或对细土 56kg 均匀撒入土壤中，然后播种或移栽。发病严重的田块，可加倍使用。发病前用作保护剂，效果尤佳。

⑨ 防治芦荟炭疽病，可用 2％水剂 300 倍液喷雾。

中毒急救 若溅入眼睛，应用大量清水冲洗。若皮肤沾染，应用肥皂水或清水冲洗。若不慎吸入，应将患者移至空气流通处。如误服中毒，立即携该产品标签送医院，对症治疗。洗胃时，注意保护气管和食管。无特效解毒剂。

注意事项

(1) 喷施应避开烈日和阴雨天，傍晚喷施于作物叶片或果实上。

(2) 避免与碱性农药混用，可与其他杀菌剂、叶面肥、杀虫剂等混合使用。

(3) 喷雾 6h 内遇雨需补喷。

(4) 用时勿任意改变稀释倍数，若有沉淀，使用前摇匀即可，不影响使用效果。

(5) 为防止和延缓抗药性，应与其他有关防病药剂交替使用。

(6) 不能在太阳下暴晒，于上午 10 时前，下午 4 时后叶面喷施。

(7) 宜从苗期开始使用，防病效果更好。本品为植物诱抗剂，在发病前或发病初期使用预防效果好。对病害有预防作用，但无治疗作用，应在植物发病初期使用。

(8) 一般作物安全间隔期为 3～7d，一季最多使用 3 次。

菌毒清（junduqing）

$$C_8H_7NHCH_2CH_2$$
$$C_8H_7NHCH_2CH_2 \diagdown NCH_2COOH \cdot HCl$$

$$C_{22}H_{48}N_3O_2Cl, 422.1$$

其他名称 环中菌毒清、安索菌毒清、菌治得、菌必清、菌必净、泰宁、灭菌灵、消病清、细速。

主要剂型 5％、6.5％水剂，5％、20％可湿性粉剂。

理化性质 纯品为淡黄色针状结晶。易溶于水，在水中不水解，性质稳定。在酸性和中性介质中稳定，在碱性介质中易分解。5％菌毒清水剂外观为淡黄色透明液体，有轻微肥皂味，相对密度 1.01～1.02（20℃），不易燃，无爆炸性，无腐蚀性，不能与其他农药混用。

产品特点

(1) 菌毒清为甘氨酸类杀菌、杀病毒剂，有一定的内吸和渗透作用，对病菌菌丝生长及孢子萌发有极强的抑制作用。杀菌机理是凝固病菌蛋白质，破坏病菌细胞膜，凝固蛋白质，使病菌酶系统变性，从而杀死病菌（病毒），可用于防治部分病毒病。

（2）菌毒清对多种病原微生物有强烈的杀灭作用，可用来防治多种真菌、细菌和病毒引起的病害，如用于防治病毒病及番茄、瓜类枯萎病等，在食用菌上常用于防治蘑菇生长环境的多种杂菌。

（3）菌毒清是一种氨基酸类内吸性杀菌剂，具有高效、低毒、无残留等特点，并有较好的渗透性。

（4）无残留，对环境无污染，对人畜无毒。该产品与当前常用的药剂无交互抗性，对防治番茄和辣椒病毒病和疫病等有特效。

（5）菌毒清可与霜霉威、盐酸吗啉胍混配，用于生产复配杀菌剂。

防治对象 菌毒清防病范围很广，既可防治真菌性病害，又可防治细菌性病害，还可控制病毒类病害。对蔬菜腐烂病（软腐病）、病毒病、霜霉病有特效；对瓜类（黄瓜、西瓜、冬瓜等）角斑病、腐烂病、霜霉病、病毒病、枯萎病效果亦很显著；对茄科蔬菜的青枯病、腐烂病、病毒病等，生姜的姜瘟，马铃薯晚疫病等也有很好的防治效果。

使用方法 既可喷雾，又可涂抹，还可用于灌根。

（1）防治乌塌菜病毒病、芽用芥菜病毒病、甘蓝花叶病、萝卜花叶病毒病、青花菜病毒病、紫甘蓝病毒病、番茄病毒病、辣椒病毒病、番茄斑萎病毒病、番茄曲顶病毒病、茄子斑萎病毒病、辣（甜）椒花叶病、茄子茎基腐病等，用5％水剂200～300倍液喷雾或灌根。

（2）防治辣（甜）椒、番茄、茄子、黄瓜、菜豆、芹菜等多种蔬菜病毒病，于发病初期即分苗前、定植前、定植缓苗后各喷1次，用5％水剂200～300倍液喷雾，以后视病情再喷1～2次。

（3）防治南瓜病毒病，用5％水剂400倍液喷雾。

（4）防治西葫芦的花叶病、病毒病，用5％水剂500倍液喷雾。

（5）防治黄瓜、大白菜霜霉病等其他病害，用5％水剂200～400倍稀释液，在发病初期叶面喷雾，每隔7～10d喷1次，连喷2～3次，一定要在病害刚开始表现病状时，立即进行叶面喷药，否则药效明显下降。

（6）防治番茄、瓜类枯萎病，可用5％水剂200～300倍液灌根，防治番茄枯萎病时，一般施用2次，第一次施药可在植株定植时作定植水用，第二次可在定植后一个月进行灌根，每亩用药液60～80kg，每株灌药液250mL。

（7）防治茄子茎基腐病，用5％水剂500倍液灌根。

（8）防治茄子黄萎病，从门茄似鸡蛋大小时开始灌药（浇灌根部），一般用5％水剂100～200倍液，或20％可湿性粉剂500～700倍液浇灌，每株浇灌药液200～250mL，每隔10～15d灌1次，连灌2～3次。

（9）防治黄瓜、西瓜、甜瓜等瓜类蔬菜的枯萎病，可在定植后1～1.5个月开始灌药（浇灌根部），一般用5％水剂100～200倍液，或20％可湿性粉剂500～700倍液浇灌，每株浇灌药液200～250mL，每隔10～15d灌1次，连灌2～3次。

（10）防治食用菌的褐腐病、褐斑病，用5％水剂200～300倍液稀释液，在菇床盖土前后进行表面均匀喷雾消毒2次。

（11）防治黄秋葵病毒病，发病初期，用5％可湿性粉剂200倍液喷雾。

注意事项

（1）不宜与其他药剂混用，特别不能与高锰酸钾混用，以防降低药效。

（2）田间防治病害重点在于早期使用，通常在发病前和开始发病期施用效果最佳。

（3）与吗胍·乙酸铜粉剂等其他病毒抑制剂轮换使用，可有效预防病毒病的发生。

（4）当气温偏低时，在水剂中可能有结晶沉淀，可用温水在容器外加热，使沉淀溶解后再用。

（5）有些人对该药有敏感反应，出现皮肤发红等现象时，应立即停止用药及接触。

（6）不宜用普通聚氯乙烯容器包装和贮存。

（7）一般作物安全间隔期为 7d，每季作物最多使用 3 次。

多抗霉素（polyoxin）

polyoxin B:R=—CH$_2$OH
polyoxorim:R=—CO$_2$H

C$_{17}$H$_{25}$N$_5$O$_{13}$, 507.4, 11113-80-7

其他名称　多氧霉素、多效霉素、宝丽安、多氧清、多抗灵、科生霉素、保利霉素、禾康、兴农 606、灭腐灵、多克菌、多凯。

化学名称　本品是肽嘧啶核苷类抗生素，含有 A～N14 种不同同系物的混合物。我国多抗霉素是金色产色链霉素产生的代谢物，主要成分是多抗霉素（C$_{23}$H$_{32}$N$_6$O$_{14}$）和多抗霉素 B（C$_{17}$H$_{25}$N$_5$O$_{13}$），含量为 84%。

多抗霉素 B：5-(2-氨基-5-氨基甲酰基-2-脱氧-L-木质酰胺基)-1,5-二脱氧-1-(1,2,3,4-四氢-5-羟基甲基 2,4-二氧代嘧啶-1-基)-β-D-别呋喃糖醛酸。

多抗霉素：5-(2-氨基-5-O-氨基甲酰基-2-脱氧-L-木质酰胺基)-1-(5-羧基-1,2,3,4-四氢-2,4-二氧代嘧啶-1-基)-β-D-别呋喃糖醛酸。

主要剂型　1.5%、2%、3%、5%、10%可湿性粉剂，0.3%、1%、3%水剂。

理化性质　为无色针状结晶，熔点 180℃。系可可链霉菌阿苏变种所产生的代谢物，主要成分为多抗霉素 B，纯品为无定形结晶。原药含多氧霉素 B 22%～25%，为浅褐色粉末，相对密度 0.10～0.20，分解温度 149～153℃，pH2.5～4.5，水分含量小于 3%。对紫外线稳定。在酸性和中性溶液中稳定，但在碱性溶液中不稳定。

产品特点

（1）其作用机制是干扰病菌细胞壁几丁质的生物合成，使菌体细胞壁不能进行生物合成导致病菌死亡。芽管和菌丝接触药剂后，局部膨大、破裂、溢出细胞内含物，而不能正常发育，导致死亡。因此还具有抑制病菌产孢和病斑扩大的作用。

（2）10%多抗霉素可湿性粉剂为浅棕黄色粉末；1.5%、2%、3%多抗霉素可湿性粉剂为灰褐色粉末。多抗霉素属微生物源、广谱性、肽嘧啶核苷酸类抗生素杀菌剂，具有较好的内吸传导作用。

（3）低毒、安全。多抗霉素毒性低，对环境非常安全。迄今未发现对人畜有任何毒性，也不存在任何对环境的污染问题，是农药应用史上最安全的农药之一，更是各国生产各种绿色食品的专家推荐首选用药。

（4）广谱高效、药肥双效。多抗霉素的使用浓度为 $50\sim200mg/kg$，有效作用剂量低。具有高效性，是国内外公认的安全、高效、广谱的生物杀菌剂。与常规化学杀菌剂相比，它不会产生药害，作用效果迅速，并能刺激作物生长，具有药肥双效的独特功效。

（5）具有较好的内吸传导作用，能够提高作物抗逆性，高效增产。

（6）多抗霉素主要用于叶面喷雾，也可灌根、浸种、土壤消毒。由于其良好的内吸传导性，可很快遍布植物全身，起到防病治病效果。

（7）稳定、速效。由于农用抗生素是微生物在新陈代谢过程中的自然产物，因而本品又具有易降解、对环境友好等常规化学农药所不具备的优点，兼具生物农药与化学农药的优点。

（8）多抗霉素常与多菌灵等杀菌剂混配，用于生产复配杀菌剂。

防治对象　广泛应用于蔬菜真菌性病害的防治，主要用于防治番茄灰霉病、叶霉病、菌核病，黄瓜霜霉病、白粉病，西瓜枯萎病，甜菜褐斑病，丝核菌引起的叶菜和其他蔬菜腐烂病、猝倒病等，对细菌病害无效。

使用方法

（1）防治蔬菜苗期猝倒病，用2％可湿性粉剂500倍液，或10％可湿性粉剂1000倍液进行土壤消毒。

（2）防治番茄早疫病、晚疫病、灰霉病，草莓灰霉病，在发病前或发病初期，每亩用10％可湿性粉剂500～800倍液喷雾，每周喷1次，连喷3～4次。

（3）防治黄瓜霜霉病、白粉病、炭疽病、灰霉病，以防治霜霉病为主，从霜霉病发生初期开始喷药，一般每亩用1.5％可湿性粉剂800～1000g，或2％可湿性粉剂600～750g，或3％水剂或3％可湿性粉剂400～500g，或10％可湿性粉剂120～150g，兑水60～75kg均匀喷雾。7～10d喷1次，连喷2～3次，与不同类型药剂交替使用，连续喷施。

（4）防治黄瓜枯萎病，用0.3％水剂60倍液浸种2～4h后播种，移栽时用0.3％水剂80～120倍液蘸根或灌根，盛花期再用0.3％水剂80～120倍液喷1～2次。也可于发病初期用10％可湿性粉剂400～500倍液灌根，每株灌药液250mL，7d灌1次，连灌3次。也可用3％可湿性粉剂60倍液浸种，移栽时用80～120倍液蘸根，盛花期用600～1000倍液喷雾1～2次。

（5）防治西瓜枯萎病，出现零星病株时，用3％可湿性粉剂600～900倍液喷雾，或对病株灌根，每隔7d灌1次，共灌根2～3次。

（6）防治草莓芽枯病，草莓现蕾后，用10％可湿性粉剂1500倍液喷雾，间隔5～7d喷1次，连喷2～3次，可兼防灰霉病。

（7）防治草莓灰霉病，从草莓的初花期开始喷药，每次每亩用10％可湿性粉剂100～

150g，兑水 75kg 喷雾，间隔 7d 喷 1 次，共喷 3～4 次。

（8）防治甜瓜炭疽病、白粉病，西瓜炭疽病，从病害发生初期开始喷药，每亩用 1.5％可湿性粉剂 300～400g，或 2％可湿性粉剂 250～300g，或 3％水剂或 3％可湿性粉剂 150～200g，或 10％可湿性粉剂 50～60g，兑水 45～60kg 均匀喷雾，每隔 7～10d 喷 1 次，连喷 3～4 次。

（9）防治茄子和番茄的叶霉病，用 2％可湿性粉剂 100 倍液，或 10％可湿性粉剂 1000 倍液喷雾。

（10）防治茄子红粉病，发病初期喷淋 3％水剂 800 倍液。

（11）防治豌豆黑斑病，发病初期，用 3％水剂 800 倍液喷雾，隔 10d 左右喷 1 次，连续防治 2～3 次。

（12）防治甜菜立枯病、褐斑病，用 10％可湿性粉剂 600～800 倍液喷雾。

（13）防治洋葱、大葱、大蒜紫斑病，发病初期，用 3％可湿性粉剂 900～1200 倍液，或 2％可湿性粉剂 800～1000 倍液喷雾，隔 7～10d 喷 1 次，连用 2～3 次。

（14）防治青花菜、花椰菜灰霉病，发病初期用 10％可湿性粉剂 600 倍液喷雾，对异菌脲、腐霉利产生抗性的病区，选用多抗霉素仍能取得良好防效。

（15）防治芹菜叶斑病，从病害发生初期开始喷药，每亩用 1.5％可湿性粉剂 300～400g，或 2％可湿性粉剂 250～300g，或 3％水剂或 3％可湿性粉剂 150～200g，或 10％可湿性粉剂 50～60g，兑水 45～60kg 均匀喷雾，7～10d 喷 1 次，连喷 2～4 次。

（16）防治莴苣、结球莴苣白粉病，发病初期喷洒 10％水剂 800 倍液，隔 10～20d 喷 1 次，防治 1～2 次。

（17）防治白菜等十字花科蔬菜黑斑病，从病害发生初期开始喷药，每亩用 1.5％可湿性粉剂 300～400g，或 2％可湿性粉剂 250～300g，或 3％水剂或 3％可湿性粉剂 150～200g，或 10％可湿性粉剂 50～60g，兑水 45～60kg 均匀喷雾，7～10d 喷 1 次，连喷 1～2次。

（18）防治马铃薯早疫病、晚疫病，从病害发生初期开始喷药，每亩用 1.5％可湿性粉剂 300～400g，或 2％可湿性粉剂 250～300g，或 3％水剂或 3％可湿性粉剂 150～200g，或 10％可湿性粉剂 50～60g，兑水 45～60kg 均匀喷雾，10d 左右喷 1 次，与不同类型药剂交替使用，连喷 5～7 次。

注意事项

（1）不同厂家生产的产品中含有的多抗霉素种类有所不同，例如我国生产的产品大多数都是以多氧霉素和多氧霉素 B 为主。不同的组分对不同病害的防治效果有一定的差异。因此，在选择多抗霉素防治病害时既要看药剂名称，还要看生产厂家。

（2）在一般情况下，宜在早上露水干后或傍晚喷施为好，尽量避开干热的条件下喷施。

（3）只能与中性农药混合使用，不能与碱性或酸性农药混用。

（4）宜与其他类型的杀菌剂（尤其是保护型杀菌剂）交替使用。

（5）在施药后 24h 内遇雨，应及时补喷。

（6）多抗霉素虽属低毒药剂，使用时仍应按安全规则操作。

（7）密封保存，以防潮解失效。

（8）一般作物安全间隔期 2～3d，每季作物最多使用 3 次。

春雷霉素（kasugamycin）

$C_{14}H_{25}N_3O_9$, 379.4, 6980-18-3

其他名称　春日霉素、旺野、雷爽、艾雷、靓星、宇好、田翔、冲胜、加收米、爱诺春雷、烯霉唑、嘉赐霉素。

化学名称　［5-氨基-2-甲基-6-（2,3,4,5,6-五羟基环己基氧代）四氢吡喃-3-基］氨基-α-亚胺乙酸

主要剂型　2％液剂、可溶液剂，2％水剂，2％、4％、6％可湿性粉剂。

理化性质　春雷霉素是由肌醇和二基己糖合成的二糖类物质，是一种由链霉菌产生的弱碱性抗生素。春雷霉素盐酸盐纯品，呈白色针状或片状结晶，熔点 202～204℃（分解），蒸气压＜$1.3×10^{-2}$mPa（25℃），相对密度 0.43g/cm^3（25℃）。溶解度：水中为 207（pH5），228（pH7），438（pH9）（g/L，25℃）；甲醇中为 2.76，丙酮、二甲苯＜1（mg/kg，25℃）。在室温下非常稳定。在 pH4.0～5.0 的弱酸稳定，但强酸和碱中不稳定，易被破坏失活（失效）。易溶于水，水溶液呈浅黄色，不溶于醇类、酯类（乙酯）、三氯甲烷、氯仿、苯及石油醚等有机溶剂。属微生物源、农用抗生素类、低毒杀菌剂。对鱼、虾毒性低，对鸟类毒性低，对蜜蜂有一定毒性。

产品特点

（1）春雷霉素有效成分是小金色放线菌的代谢产物，属内吸性抗生素，兼有治疗和预防作用。杀菌机理是通过干扰病菌体内氨基酸代谢的酯酶系统，从而影响蛋白质的合成，抑制菌丝伸长和造成细胞颗粒化，最终导致病原体死亡或受到抑制，但对孢子萌发无影响。

（2）药剂纯品为白色结晶，商品制剂外观为棕色粉末，具有保护、治疗及较强的内吸性，易溶于水，在酸性和中性溶液中比较稳定。春雷霉素是防治多种细菌和真菌性病害的理想药剂，有预防、治疗、生长调节功能，其治疗效果更为显著。对辣椒细菌性疮痂病、芹菜早疫病、菜豆晕枯病、茭白胡麻叶斑病等有好的防治效果。

（3）渗透性强，并能在植物体内移动，喷药后见效快，耐雨水冲刷，持效期长，且能使施药后的瓜类叶色浓绿并延长收获期。

（4）按规定剂量使用，对人畜、鱼类和环境都非常安全。

（5）春雷霉素常与王铜、多菌灵、氯溴异氰尿酸、噻唑锌、咪鲜胺锰盐、硫磺、稻瘟灵、三环唑、四氯苯酞混配，用于生产复配杀菌剂。

防治对象 适用作物为番茄、黄瓜、白菜、辣椒、芹菜、菜豆等。对多种真菌性和细菌性病害均具有很好的防治效果。春雷霉素还可以防治番茄叶霉病、西瓜细菌性角斑病、黄瓜枯萎病、甜椒褐斑病、辣椒疮痂病、菜豆褐枯病、芹菜早疫病、白菜软腐病、茭白胡麻叶斑病等病害。

使用方法 主要用于防治甘蓝黑腐病、白菜软腐病、番茄叶霉病、番茄灰霉病、辣椒细菌性疮痂病、马铃薯环腐病。主要用于喷雾和灌根，于发病初期开始用药，7～10d后第 2 次用药，共用 2 次即可。还可用于马铃薯浸种消毒。

（1）喷雾

① 防治黄瓜炭疽病、细菌性角斑病，用 2％水剂 400～750 倍液喷雾。

② 防治黄瓜枯萎病，于发病前或开始发病时，用 4％可湿性粉剂 100～200 倍液灌根、喷根颈部，或喷淋病部、涂抹病斑。

③ 防治番茄叶霉病、灰霉病，甘蓝黑腐病，从病害发生初期开始用药，每亩用 2％水剂（液剂）140～170mL，或 2％可湿性粉剂 140～170g，或 4％可湿性粉剂 70～85g，或 6％可湿性粉剂 45～55g，兑水 45～60kg 均匀喷雾。每隔 7～10d 喷 1 次，连喷 3 次左右，重点喷洒叶片背面。

④ 防治白菜软腐病，发病初期用 2％可湿性粉剂 400～500 倍液喷雾，间隔 7～8d喷 1 次，连喷 3～4 次。

⑤ 防治辣椒疮痂病，发病初期每亩用 2％液剂 100～130mL，兑水 60～80L 喷雾，间隔 7d 喷 1 次，连喷 2～3 次。

⑥ 防治菜豆晕枯病，于发病初期，每亩用 2％液剂 100～130mL，兑水 65～80L喷雾。

⑦ 防治芹菜早疫病、辣椒细菌性疮痂病、菜豆晕枯病，于发病初期，每亩用 2％液剂 100～130mL，兑水 65～80L 喷雾。辣椒疮痂病需要每隔 7d 喷药 1 次，连续喷药 2～3 次。

⑧ 防治茭白胡麻斑病，发病初期喷 4％可湿性粉剂 1000 倍液，7～10d 喷 1 次，共喷 3～5 次。

⑨ 防治甜菜褐斑病，发病初期，用 2％水剂 300～400 倍液喷雾。

（2）灌根 防治黄瓜、西瓜、甜瓜等瓜类蔬菜的枯萎病，从定植后 1 个月左右或田间初见病株时开始用药液浇灌植株根部，一般用 2％水剂（液剂、可湿性粉剂）200～300 倍液，或 4％可湿性粉剂 400～600 倍液，或 6％可湿性粉剂 600～800 倍液。15d 后再浇灌 1 次，每株浇灌药液 250～300mL。

（3）浸种 防治马铃薯环腐病，用 25～40mg/L 浓度的春雷霉素药液，浸泡种薯15～30min。

中毒急救 无典型中毒症状。一旦发生中毒，请对症治疗。用药时如果感觉不适，立即停止工作，采取急救措施，并送医就诊。皮肤接触，立即脱掉被污染的衣物，用大量清水彻底清洗受污染的皮肤，如皮肤刺激感持续，请医生诊治。眼睛溅药，立即将眼睑翻开，用清水冲洗至少 15min，请医生诊治。发生吸入，立即将吸入者转移到空气新鲜处，如果吸入者停止呼吸，需进行人工呼吸。注意保暖和休息，请医生诊治。如误服，请勿引吐，送医就诊。紧急医疗措施：使用医用活性炭洗胃，注意防止胃容物进入呼吸道。对昏迷病人，切勿经口喂入任何东西或引吐。本品无专用解毒剂，对症治疗。

注意事项

（1）可以与多种农药混用，可与多菌灵、代森锰锌、百菌清等药剂混用，但应先小面积试验，再大面积推广应用。不能与强碱性农药及含铜制剂混用。

（2）叶面喷雾时，可加入适量中性洗衣粉，提高防效。喷药后 8h 内遇雨，应补喷。

（3）药液应现配现用，一次用完，以防霉菌污染变质失效。不宜长期单一使用本剂。连续使用本品时可能产生抗药性，为防止此现象的发生，最好和其他作用机制不同杀菌剂交替使用。

（4）菜豆、豌豆、大豆等豆类作物，以及莲藕对春雷霉素敏感，使用时要慎重，应防止雾滴飘移，以免影响周边敏感植物。

（5）在番茄、黄瓜上安全间隔期为 21d，一季最多使用 3 次。

宁南霉素（ningnanmycin）

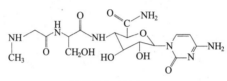

$C_{16}H_{24}N_7O_8$, 441.4

其他名称　菌克毒克、翠美、翠通。

化学名称　1-(4-肌氨酰胺-L-丝氨酰胺-4-脱氧-β-D-吡喃葡萄糖酰胺)胞嘧啶

主要剂型　1.4%、2%、4%、8% 水剂，10% 可溶性粉剂。

理化性质　游离碱为白色粉末，熔点为 195℃（分解），易溶于水，可溶于甲醇，微溶于乙醇，难溶于丙酮、乙酯、苯等有机溶剂，pH3.0～5.0 较为稳定，在碱性时易分解失效。制剂外观为褐色液体，带酯香，无臭味，沉淀<2%，pH 值 3.0～5.0，遇碱易分解。制剂对于水生生物、蜜蜂、鸟类、家蚕等毒性低，对害虫天敌赤眼蜂安全。

产品特点

（1）作用机理为抑制病毒核酸的复制和外壳蛋白的合成。宁南霉素为对植物病毒病害及一些真菌病害具有防治效果的农用抗菌素。喷药后，病毒症状逐渐消失，并有明显促长作用。

（2）环保型绿色生物农药。宁南霉素水剂为褐色液体，带酯香，具有预防、治疗作用。宁南霉素属胞嘧啶核甘肽型抗生素，为抗生素类、低毒、低残留、无"三致"和蓄积问题、不污染环境的新型微生物源杀菌剂。对病害具有预防和治疗作用，耐雨水冲刷，适宜防治病毒病（由烟草花叶病毒引起）和白粉病。是国内外发展绿色食品、无公害蔬菜、保护环境安全的生物农药。

（3）广谱型的高效安全生物农药。广泛用于防治各种蔬菜的病毒病、真菌及细菌病害。可有效防治番茄、辣椒、瓜类、豆类等多种作物的病毒病，对白粉病、蔓枯病、软腐病等多种真菌、细菌性病害也有较好的防效。

（4）生长调解型的生物农药。宁南霉素除防病治病外，因其含有多种氨基酸、维生素和微量元素，对作物生长具有明显的调解、刺激生长作用，对改善蔬菜品质、提高产量、增加效益均有显著作用。

（5）宁南霉素不但具有预防作用，还对植物病毒病有显著的治疗效果。

（6）宁南霉素主要用于喷雾，也可拌种。

（7）可与嘧菌酯、戊唑醇、氟菌唑等复配，用于生产复配杀菌剂。

防治对象　适用作物为黄瓜、番茄、辣椒等。能够防治多种作物病毒、真菌和细菌性病害，如白菜病毒病、黄瓜白粉病、番茄白粉病、番茄病毒病、甜（辣）椒病毒病等。其他作物病毒病、茎腐病、蔓枯病、白粉病等多种病害上也有推广应用。

使用方法

（1）防治番茄、甜（辣）椒、白菜、黄瓜等瓜类、豇豆等豆类、草莓、榨菜病毒病，喷雾后植株矮化，叶片皱缩的病毒病症状消失，花荚期延迟，成熟果荚肥大，色泽鲜亮，防病增产作用优于三唑酮。在幼苗定植前，或定植缓苗后，用2％水剂200～260倍液，或8％水剂800～1000倍液各喷雾1次，发病初期视病情连续喷雾3～4次，每隔7～10d喷1次。

（2）防治豆类根腐病，播种前，以种子量的1％～1.5％用量拌种，亦可在生长期发病时用2％水剂260～300倍液＋叶面肥进行叶面喷雾。

（3）防治菜豆白粉病，发病初期，每亩用2％水剂300～400mL，兑水常规喷雾。

（4）防治番茄、黄瓜等瓜类、豇豆、豌豆、草莓等白粉病，用2％水剂稀释200～300倍液，或8％水剂1000～1200倍液喷雾1～2次，每隔7～10d喷1次。

（5）防治西瓜等瓜类蔓枯病，发现中心病株立即涂茎，或在西瓜未发病或发病初期，用2％水剂200～260倍液，或用8％水剂800～1000倍液喷雾2～3次，每隔7～10d喷1次。

（6）防治十字花科蔬菜软腐病，发病初期用2％水剂250倍液，或8％水剂1000倍液喷在发病部位，使药液能流到茎基部，每隔7～10d喷1次，共喷2～3次。

（7）防治芦笋茎枯病，用8％水剂800～1000倍液喷雾，或8％水剂1000倍液在芦笋发病前灌根，每株灌500mL，连灌2次，每隔7～10d灌1次。

（8）防治黄秋葵病毒病，发病初期，用2％水剂300倍液喷雾。

（9）防治菠菜病毒病，发病初期，用2％水剂500倍液喷雾，隔10d喷1次，连续防治2～3次。

中毒急救　如吸入本品，应迅速将患者转移到空气清新流通处。如呼吸停止，给人工呼吸。如呼吸困难，给氧。如有症状及时就医。皮肤接触后，立即用水和肥皂清洗，并彻底冲洗干净。眼睛接触后，把眼睑打开用流水冲洗几分钟，如有持续症状，及时就医。误食，立即用大量清水漱口，洗胃，不要催吐。及时送医院对症治疗。

注意事项

（1）应在作物将要发病或发病初期开始喷药，喷药时必须均匀喷布，不漏喷。

（2）不能与碱性物质混用，如有蚜虫发生则可与杀虫剂混用。与其他作用机制不同的杀菌剂轮换使用，以延缓抗性产生。

（3）本品在番茄上安全间隔期为7d，一季最多使用3次；在辣椒上安全间隔期为7d，一季最多使用3次；在黄瓜上安全间隔期为3d，一季最多使用3次。

淡紫拟青霉（paecilomyces lilacinus）

其他名称　线虫清、防线霉、颠杀线虫剂。

主要剂型　2亿活孢子/g粉剂，5亿活孢子/g颗粒剂，100亿活孢子/g高浓缩粉剂。

理化性质 原药外观为淡紫色粉末状。

产品特点

(1) 淡紫拟青霉属于内寄生性拟青霉属真菌，是一些植物寄生线虫的重要天敌，能够寄生于卵，也能侵染幼虫和雌虫，可明显减轻多种作物根结线虫、胞囊线虫、茎线虫等植物线虫病的危害。尤其是南方根结线虫与白色胞囊线虫卵的有效寄生菌，对南方根结线虫卵的寄生率高达 60%～70%。

(2) 淡紫拟青霉菌对根结线虫的抑制机理是淡紫拟青霉与线虫卵囊接触后，在黏性基质中，生防菌菌丝包围整个卵，菌丝末端变粗，由于外源性代谢物和真菌几丁质酶的活性使卵壳表层破裂，随后真菌侵入并取而代之。也能分泌毒素对线虫起毒杀作用，淡紫拟青霉孢子萌发后，所产生的菌丝可穿透线虫的卵壳、幼虫及雌性成虫体壁，菌丝在其体内吸取营养，进行繁殖，破坏卵、幼虫及雌性成虫的正常生理代谢，从而导致植物寄生线虫死亡。

(3) 淡紫拟青霉菌生物制剂是纯微生物活孢子制剂，对番茄根结线虫具有很好的防治作用。淡紫拟青霉制剂施入土壤后孢子萌发长出很多菌丝，菌丝分泌几丁质酶，从而破坏线虫卵壳的几丁质层，菌丝得以穿透卵壳，以卵内物质为养料大量繁殖，使卵内的细胞和早期胚胎受破坏，不能孵出幼虫。

(4) 具有高效、广谱、长效、安全、无污染、无残留等特点，可明显刺激作物生长。试验证明，在植物根系周围施用淡紫拟青霉菌剂不仅能明显抑制线虫侵染，而且能促进植物根系及植株营养器官的生长，如播前拌种，定植时穴施，对种子的萌发与幼苗生长具有促进作用，可实现苗全、苗绿、苗壮，一般可使作物增产 15%以上。

(5) 此菌广泛分布于世界各地，具有寄主广、易培养等优点，特别在控制植物病原线虫方面功效卓著。

(6) 有机蔬菜生产中生物防治植物线虫病的主要生物类型。

防治对象 大豆、番茄、烟草、黄瓜、西瓜、茄子、姜等作物根结线虫、胞囊线虫。

使用方法 防治多种蔬菜根结线虫。在播种时拌种，或定植时拌入有机肥中穴施。连年施用本剂对根治土壤线虫有良好效果，并对作物无残毒，也不污染土壤，还对作物有一定刺激生长作用。

(1) 沟施或穴施 施在种子或种苗根系附近，每亩用活菌总数≥100 亿/g 的淡紫拟青霉 2kg。病害严重的地块，可以适当增加用量。

(2) 处理苗床 将淡紫拟青霉菌剂与适量基质混匀后撒入苗床，播种覆土。1kg 菌剂处理 15～20m² 苗床。

(3) 处理育苗基质 将 1kg 菌剂均匀拌入 1～1.5m³ 基质中，装入育苗容器中。

(4) 拌种 按种子量的 1%进行拌种后，堆捂 2～3h，阴干即可播种。

(5) 其他方法 混拌有机肥或其他肥料，于翻耕前撒施后及时翻耕。

① 防治番茄根结线虫，先在苗床上撒 2 亿活孢子/g 粉剂 4～5g，混土层厚度 10～15cm；定植时每亩用 2.5～3kg 粉剂撒在定植沟内，使其均匀分布在根附近，然后定植。每茬作物使用 1 次。

② 防治茄子根结线虫，在定植时每亩在定植穴（沟）内撒 2 亿活孢子/g 粉剂 2.5～

3kg，使药剂均匀分散在根系附近，然后定植幼苗、覆土、浇水。

中毒急救　如不慎吸入，将病人移到空气流通处；不慎接触皮肤或溅入眼睛，请用大量清水冲洗至少15min，仍有不适，立即就医。若不慎中毒，请携该产品标签送医院，对症治疗。无特效解毒剂。

注意事项

（1）本品最佳施药时间为早上或傍晚。勿使药剂直接放置于强阳光下。

（2）蜜源作物花期、蚕室和桑园附近禁用本品。

（3）本品为生物源农药，建议与其他不同作用机制的杀线虫剂轮换使用。

（4）淡紫拟青霉菌是一种活体寄生菌，所以不可与呈碱性的农药等物质、其他化学杀菌剂混合使用。

（5）药液及其废液不得污染各类水域，避免本品直接流入鱼塘、水池等而污染水源，禁止在河塘等水体中清洗施药工具。

（6）拌过药剂的种子应及时播入土中，不能在阳光下暴晒。

（7）在保质期内将药剂用完，对过期失效的药剂不能再用。

（8）药剂应贮存在阴凉、干燥处，勿使药剂受潮。

大黄素甲醚（physcione）

$C_{18}H_{12}O_5$，284.3，521-61-9

其他名称　蜈蚣苔素。

化学名称　1,8 二羟基-3-甲氧基-6-甲基蒽醌

主要剂型　0.5％水剂。

理化性质　纯品为黄色针状结晶。熔点203℃～207℃，蒸气压4.8×10^{-11}Pa（20～25℃）。溶解性：几乎不溶于水，微溶于乙酸和乙酸乙酯，溶于苯、氯仿、吡啶、甲苯，不溶于甲醇、乙醚、丙酮，少量大黄素甲醚能缓慢溶于乙醇和水中。在强酸条件下水解，在强紫外线下缓慢光解。8.5％母药外观为黄色粉末或膏状；pH3.5～6；水分≤3.5％。0.5％水剂外观为稳定均相液体，无可见悬浮物，pH6～8。

产品特点

（1）主要成分为大黄素甲醚，其他有效成分为大黄素、芦荟大黄素、大黄酚、大黄酸等，均有较好的抑菌杀菌效果。以天然植物大黄为原料，经精心提取其活性成分，加工研制而成，是北京清源保生物科技有限公司研发的一种高活性植物源白粉病特性杀菌剂。不仅可抑制真菌的萌发生长，还可诱导作物产生抗逆保卫反应，对多数作物白粉病具有极好的防治作用，同时对霜霉病、灰霉病、炭疽病等也有较好的防效。大黄素甲醚对人畜毒性极低，对环境友好，特别适合于绿色和有机蔬菜生产。

（2）具有较好的内吸传导作用，通过干扰病原真菌细胞壁几丁质的生物合成，抑制

真菌菌丝、吸器的形成，及孢子的产生，阻断病害的蔓延。

（3）对蔬菜白粉病特效，同时可兼防霜霉病、灰霉病、炭疽病。活性高，持效期长。以预防作用为主，兼有治疗作用，可防治病害发生、控制病情蔓延。能够诱导作物增强抗病、抗逆能力。和其他的农药有良好的混配性。

防治对象　属植物源农药，具有内吸性，主要为抑制细菌的糖和糖代谢中间产物的氧化、脱氢，抑制蛋白质和核酸的合成，对黄瓜白粉病有良好的防效。

使用方法　主要用于防治蔬菜、茶叶、果树和瓜类的白粉病、霜霉病、灰霉病、炭疽病等，在病害发生前或发病初期，当叶片上出现黄色小点时开始防治，用 0.5％大黄素甲醚水剂兑水稀释 600～1000 倍喷雾，间隔 7～10d，连续防治 2 次。大风天或预计 1h 内降雨，不要施药。喷药量以作物植株完全湿润，药滴刚开始下滴为宜。

中毒急救　施药时应戴防护用具，防止口鼻吸入药液，不得吸烟、进食、饮水，施药后应清洗手、脸及身体被污染部分。皮肤污染或药液溅入眼睛，立即用大量清水冲洗至少 15min。不慎吸入，立即将吸入者转移到空气新鲜及安静处，病情严重者及时就医，对症治疗。

注意事项

（1）建议与其他作用机制杀虫剂交替使用，以延缓抗性产生。

（2）不得与碱性农药等物质混用，以免降低药效。

（3）本品对蜜蜂、家蚕有毒，花期蜜源作物周围禁用，施药期间应密切注意对附近蜂群的影响，蚕室及桑园附近禁用；对鱼类等水生生物有毒，远离水产养殖区施药，禁止在河塘等水域内清洗施药器具。

（4）孕妇和哺乳期妇女不得接触本品。

（5）应贮存在干燥、阴凉、通风、防雨处，远离火源或热源。

（6）用过的包装物应妥善处理，不可做他用，也不可随意丢弃。

乙蒜素（ethylicin）

C₄H₁₀O₂S₂, 200.0, 52-51-7

其他名称　抗菌剂 402、抗菌剂 401、四零二。

化学名称　乙基硫代磺酸乙酯

主要剂型　20％、30％、40.2％、41％、70％、80％乳油，20％高渗乳油，90％原油，15％、30％可湿性粉剂。

理化性质　纯品为无色或微黄色油状液体，有大蒜臭味。工业品为微黄色油状液体，有效成分含量 90％～95％，有大蒜和醋酸臭味，挥发性强，有强腐蚀性，可燃。乙蒜素可溶于多种有机溶剂，水中溶解度为 1.2％，沸点 56℃，常温下贮存比较稳定。

产品特点

（1）乙蒜素是大蒜素的乙基同系物，其杀虫机制是其分子结构中的二硫氧基团与菌体分子中含—SH 的物质反应，从而抑制菌体正常代谢。

（2）具有保护、治疗作用，属于仿生型杀菌剂。80％乙蒜素乳油是目前唯一只需要叶面喷施便可以控制枯萎病、蔓枯病的杀菌剂。

（3）乙蒜素杀菌作用迅速，具有超强的渗透力，快速抑制病菌的繁殖，杀死病菌，起到治疗和保护作用，同时乙蒜素可以刺激植物生长，经它处理后，种子出苗快，幼苗生长健壮，对多种病原菌的孢子萌发和菌丝生长有很强的抑制作用。

（4）乙蒜素可有效地防治枯、黄萎病，甘薯黑斑病，使用范围广泛，可以防治60多种真菌、细菌引起的病害；可以用于作物块根防霉保鲜剂，也可作为兽药，为家禽、家畜、鱼、蚕等治病，甚至可以作为工业船只表面的杀菌、防藻剂等。其使用安全，可以作为植物源仿生杀菌剂，不产生耐药性，无残留危害，使用后在作物上残留期很短，在草莓上的残留半衰期仅1.9d，黄瓜中1.4～3.5d，水稻中1.4～2.1d。与作物亲和力强，使用了半个世纪，每亩用量变化不大。

防治对象　可有效抑制玉米大小斑病、黄叶，西瓜蔓枯病，西瓜苗期病害，番茄灰霉病、青枯病，黄瓜苗期绵疫病、枯萎病、灰霉病、黑星病、霜霉病，白菜软腐病，姜瘟病，辣椒疫病等。

使用方法　可浸种、拌种、土壤消毒、喷雾、涂抹；可单独使用，制成乳油、粉剂、悬浮剂等多种制剂喷雾，防治多种作物真菌、细菌病害；可与其他杀菌剂复配，扩大杀菌谱，提高速效性，增加防治效果，减少使用剂量；可与杀虫剂复配，抑制害虫活性酶，增加渗透性能，提高杀虫活性，延缓抗性。

（1）用乙蒜素辣椒专用型2500～3000倍液叶面喷洒可预防辣椒多种病害发生，促使植物生长，提高作物品质。用乙蒜素辣椒专用型1500～2000倍液于发病初期均匀喷雾，重病区隔5～7d再喷1次，可有效控制辣椒病害的发展，并恢复正常生长。

（2）防治番茄青枯病、软腐病，发病初期浇灌80％乳油1200倍液。

（3）防治茄子黄萎病，发病初期用1％申嗪霉素悬浮剂800倍液或50％啶酰菌胺水分散粒剂1000倍液混80％乙蒜素乳油1000～1200倍液浇灌。防治茄子青枯病，茄子定植后发病初期，用80％乙蒜素乳油1000～1100倍液喷雾。

（4）防治西瓜立枯病，用80％乳油1500倍喷淋在发病部位，可以迅速缓解病害的发生。西瓜移栽7d后开始用80％乳油1500倍液，于下午4点后进行叶面喷雾，结瓜后每隔10d喷雾1次，以防病害发生。表现为皮光滑、肉厚、甜度高，增产幅度大，一般亩增产25％以上，并可提前20d上市。

（5）80％乳油熏窖，可防治鲜甘薯黑斑病，用3000倍药液浸种薯10min，或用3000倍药液浸种薯苗基部10min能有效防治苗期病害，用1500倍药液大田喷洒防治效果100％。

（6）防治葱黑斑病，发病初期，用70％乳油2000倍液喷雾。

（7）防治黄瓜细菌性角斑病，发病初期，每亩用41％乳油70～80mL，兑水40～50kg喷雾。

（8）防治黄瓜霜霉病，发病初期，每亩用30％乳油70～90L，兑水40～50kg喷雾。

（9）防治白菜霜霉病，发病初期，用80％乳油5000～6000倍液喷雾。

（10）防治油菜霜霉病，发病初期，用80％乳油5500～6000倍液喷雾。

（11）防治大豆紫斑病，用80％乳油5000～6000倍液浸泡豆种1h，晾干后播种。

中毒急救　乙蒜素属中等毒性杀菌剂，对皮肤和黏膜有强烈的刺激作用。配药和施药人员需注意防止污染手脸和皮肤，如有污染应及时清洗，必要时用硫酸钠液敷。乙蒜素能通过食道、皮肤等引起中毒，急性中毒损害中枢神经系统，引起呼吸循环衰竭，出现意识障碍和休克。无特效解毒药，一般采取急救措施和对症处理。注意止血和抗休克，维持心、肺功能和防止感染。口服中毒者洗胃要慎重，注意保护消化道黏膜，防止消化道狭窄和闭锁。早期应灌服硫代硫酸钠溶液和活性炭。可试用二巯基丙烷磺酸钠治疗。

注意事项

（1）不能与碱性农药混用，经处理过的种子不能食用或作饲料。

（2）浸过药液的种子不得与草木灰一起播种，以免影响药效。

几丁聚糖（chitosan）

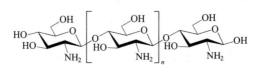

$(C_6H_{11}O_4N)_n$, 9012-76-4

其他名称　甲壳素。

主要剂型　0.5％、2％水剂。

化学名称　(1,4)-2-氨基-2-脱氧-β-D-葡聚糖

理化性质　产品为白色，略有珍珠光泽，呈半透明片状固体。几丁聚糖为阳离子聚合物，化学稳定性好，约185℃分解，无毒，不溶于水和碱液，可溶解于硫酸、有机酸（如1％醋酸溶液）及弱酸水溶液。

产品特点

（1）几丁聚糖又称脱乙酰甲壳素，是由自然界广泛存在的几丁质经浓碱水脱去乙酰基后生成的水溶性产物，是从蟹、虾壳中应用遗传基因工程提取的动物性高分子纤维素，被科学界誉为"第六生命要素"。作为生物农药，它是一种具有抗病作用的植物诱抗剂，改变病原菌细胞膜的结构和功能，从而抑制其生长，提高作物的防病、抗病等免疫机能。

（2）可与嘧菌酯、咪鲜胺、戊唑醇等复配，如16％几糖·嘧菌酯悬浮剂、45％几糖·戊唑醇悬浮剂、46％咪鲜·几丁糖水乳剂等。

防治对象　主要用于防治番茄晚疫病、番茄病毒病、黄瓜霜霉病、黄瓜白粉病等。

使用方法

（1）防治番茄晚疫病，于晚疫病发病前或发病初期，每亩用2％水剂100～150g，兑水50kg均匀喷雾。发病前，叶片正反两面均匀喷雾，间隔7～14d；发病初期，间隔3～5d，可连续施药2～3次。

（2）防治番茄病毒病，于病毒病发病前或发病初期，用0.5％水剂300～500倍液均匀喷雾。发病前，叶片正反两面均匀喷雾，间隔7～14d；发病初期，间隔3～5d，可连续施药2～3次。

（3）防治黄瓜霜霉病，于霜霉病发病前或发病初期，用0.5％水剂300～500倍液均匀喷雾。发病前，叶片正反两面均匀喷雾，间隔 7～14d；发病初期，间隔 3～5d，可连续施药 2～3 次。

（4）防治黄瓜白粉病，于白粉病发病前或发病初期，用 0.5% 水剂 100～500 倍液均匀喷雾。发病前，叶片正反两面均匀喷雾，间隔 7～14d；发病初期，间隔 3～5d，可连续施药 2～3 次。

中毒急救　若与皮肤和眼睛接触，及时用清水冲洗至少 15min。如不慎吸入，应移至空气流通处。如误服出现不适症状，立即携该产品标签就医，对症治疗。

注意事项

（1）本品为生物源农药，建议与其他作用机制不同的杀菌剂轮换使用。

（2）不能与呈碱性的农药等物质、其他化学杀菌剂混合使用。

（3）药液及其废液不得污染各类水域，避免本品直接流入鱼塘、水池等而污染水源，禁止在河塘等水体中清洗施药工具。

（4）在作物上使用的安全间隔期为 7d，每季作物最多使用 4 次。

丁子香酚（eugenol）

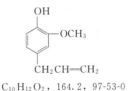

$C_{10}H_{12}O_2$，164.2，97-53-0

其他名称　灰霜特。

化学名称　4-烯丙基-2-甲氧基苯酚

主要剂型　0.3% 可溶性液剂，2.1% 水剂。

理化性质　原药外观为无色到淡黄色液体，在空气中转变为棕色，并变成黏稠状。相对密度 1.0664（20℃），沸点 253～254℃。微溶于水（0.427g/L），溶于乙醇、乙醚、氯仿、冰醋酸、丙二醇。制剂外观为稳定均相液体，无可见的悬浮物和沉淀物，pH5.0～7.0。

产品特点　丁子香酚属植物源低毒杀菌剂，是从丁香、百部等十多种中草药中提取出杀菌成分，辅以多种助剂研制而成的，广谱、高效，兼具预防和治疗双重作用。丁子香酚为溶菌性化合物，是一种霜霉病、疫病、灰霉病等病菌溶解剂；由植物的叶、茎、根部吸收，并有向上传导功能。安全、环保、低残留；药效治疗迅速，持效期长。已发病的作物喷药后，病菌孢子马上变形，被溶解消失。

防治对象　对各种作物感染的真菌、细菌性病害有特效，防治蔬菜、瓜类等作物上的灰霉病、霜霉病、白粉病、炭疽病、疫病、叶霉病等，对各种叶斑病也有良好的防治作用。

使用方法

（1）防治青椒、辣椒枯萎病，用 0.3% 可溶性液剂 1000～1500 倍液喷雾。

（2）防治瓜类霜霉病、灰霉病、白粉病，用 0.3% 可溶性液剂 1000～1200 倍液喷雾。

（3）防治西瓜病害。防治西瓜霜霉病，每亩用 0.3％可溶液剂 88～120mL 喷雾；防治西瓜炭疽病，每亩用 0.3％可溶液剂 100～150mL 喷雾；防治西瓜白绢病，每亩用 0.3％可溶液剂 90～120mL 喷雾；防治西瓜蔓枯病，每亩用 0.3％可溶液剂 88～120mL 喷雾；防治西瓜叶枯病，每亩用 0.3％可溶液剂 88～120mL 喷雾；防治西瓜白粉病，每亩用 0.3％可溶液剂 70～100mL 喷雾；防治西瓜疫病，每亩用 0.3％可溶液剂 88～120mL 喷雾；防治西瓜锈病，每亩用 0.3％可溶液剂 80～100mL 喷雾；防治西瓜黑星病，每亩用 0.3％可溶液剂 90～120mL 喷雾。

（4）防治番茄病害。防治番茄番茄灰霉病，每亩用 0.3％可溶液剂 88～120mL 喷雾；防治番茄白粉病，每亩用 0.3％可溶液剂 80～100mL 喷雾；防治番茄霜霉病，每亩用 0.3％可溶液剂 90～120mL 喷雾；防治番茄晚疫病，每亩用 0.3％可溶液剂 70～100mL 喷雾；防治番茄煤霉病，每亩用 0.3％可溶液剂 88～120mL 喷雾；防治番茄绵腐病，每亩用 0.3％可溶液剂 90～120mL 喷雾；防治番茄黑星病，每亩用 0.3％可溶液剂 88～120mL 喷雾；防治番茄叶霉病，每亩用 0.3％可溶液剂 88～120mL 喷雾。

（5）防治黄瓜病害。防治黄瓜白粉病，每亩用 0.3％可溶液剂 88～120mL 喷雾；防治黄瓜白绢病，每亩用 0.3％可溶液剂 70～100mL 喷雾；防治黄瓜锈病，每亩用 0.3％可溶液剂 88～120mL 喷雾；防治黄瓜霜霉病，每亩用 0.3％可溶液剂 90～120mL 喷雾；防治黄瓜枯萎病，每亩用 0.3％可溶液剂 100～150mL 喷雾；防治黄瓜立枯病，每亩用 0.3％可溶液剂 88～120mL 喷雾；防治黄瓜灰霉病，每亩用 0.3％可溶液剂 70～100mL 喷雾；防治黄瓜花叶病，每亩用 0.3％可溶液剂 100～150mL 喷雾。

（6）防治油菜病害。防治油菜菌核病，每亩用 0.3％可溶液剂 95～150mL 喷雾；防治油菜霜霉病，每亩用 0.3％可溶液剂 100～150mL 喷雾；防治油菜软腐病，每亩用 0.3％可溶液剂 90～120mL 喷雾；防治油菜黑腐病，每亩用 0.3％可溶液剂 100～150mL 喷雾；防治油菜白粉病，每亩用 0.3％可溶液剂 120～150mL 喷雾；防治油菜炭疽病，每亩用 0.3％可溶液剂 90～120mL 喷雾；防治油菜茎腐病，每亩用 0.3％可溶液剂 95～150mL 喷雾。

（7）防治菜豆病害。防治菜豆白粉病，每亩用 0.3％可溶液剂 100～150mL 喷雾；防治菜豆白绢病，每亩用 0.3％可溶液剂 80～110mL 喷雾；防治菜豆锈病，每亩用 0.3％可溶液剂 100～150mL 喷雾；防治菜豆霜霉病，每亩用 0.3％可溶液剂 80～110mL 喷雾；防治菜豆枯萎病，每亩用 0.3％可溶液剂 100～150mL 喷雾；防治菜豆立枯病，每亩用 0.3％可溶液剂 90～120mL 喷雾；防治菜豆灰霉病，每亩用 0.3％可溶液剂 100～150mL 喷雾；防治菜豆花叶病，每亩用 0.3％可溶液剂 88～120mL 喷雾。

（8）防治芹菜病害。防治芹菜黑斑病，每亩用 0.3％可溶液剂 90～110mL 喷雾；防治芹菜霜霉病，每亩用 0.3％可溶液剂 100～150mL 喷雾；防治芹菜斑点病，每亩用 0.3％可溶液剂 100～150mL 喷雾；防治芹菜早疫病，每亩用 0.3％可溶液剂 80～100mL 喷雾；防治芹菜叶斑病，每亩用 0.3％可溶液剂 100～150mL 喷雾；防治芹菜灰霉病，每亩用 0.3％可溶液剂 90～110mL 喷雾；防治芹菜软腐病，每亩用 0.3％可溶液剂 100～150mL 喷雾；防治芹菜花斑病，每亩用 0.3％可溶液剂 70～100mL 喷雾。

中毒急救 如皮肤污染用肥皂水和清水彻底洗涤。毒物溅入眼内可用洁净水冲洗。经口中毒可用 2％～4％碳酸氢钠液洗胃，保持安静。

注意事项

（1）勿与碱性农药、肥料混用，存放阴凉处。

（2）喷药 6h 内遇雨补喷。

（3）水温低于 15℃时，先加少量温水溶化后再兑水喷施。

（4）施药时应注意叶面、叶背均匀喷雾。

（5）施药时要有防护措施，戴口罩、手套，穿保护性作业服，严禁吸烟和饮食。避免药物与皮肤和眼睛直接接触。

（6）洗涤器械时，应避免污染水源和池塘等。

（7）安全间隔期 15 天，每季度最多使用 3 次。

荧光假单胞杆菌（psdeuomonas fluorescens）

其他名称 青萎散、消蚀灵、同灭、重茬灵。

主要剂型 5 亿/g 可湿性粉剂、10 亿/mL 水剂、15 亿/g 水分散粒剂、3000 亿/g 粉剂。

理化性质 制剂外观为灰色粉末，pH 值 6.0～7.5。

产品特点

（1）荧光假单胞杆菌属于假单胞菌属 rRNAI 群荧光 DNA 同源组，是植物根际最普遍的微生物类群，具有分布广、数量多、营养需要简单、繁殖快、竞争定殖力强的特点。世界许多国家均有人报道分离到抗植物病害的荧光假单胞菌，而且许多菌株能产生几种活性物质，抗多种植物病害。

（2）根据植物病毒生物防治原理研制而成的微生物活体农药，杀菌机理是通过有效成分荧光假单孢杆菌拮抗细菌的营养竞争、位点占领等保护植物免受病原菌的侵染，同时能有效地抑制病原菌的生长，达到防病治病的目的。另外，荧光假单胞杆菌还可以产生生长素类物质，促进作物根系生长，解决烂根问题。可用于防治番茄青枯病，并能催芽壮苗、促使植物生长，具有防病和菌肥的双重作用。

（3）荧光假单胞杆菌制剂，是采用具有广谱抑菌作用的荧光假单胞杆菌，经先进的发酵工艺加工而成微生物源低毒杀菌剂，具有良好的促根生长效果，并可预防和抑制番茄、茄子、辣椒等茄科作物的青枯病和生姜瘟病等土传病害的发生，且具有促进种子萌发、提高发芽势和出苗率等功能特点，是高效、无毒、无公害、无污染的环保微生物制剂。

（4）通过拮抗细菌和营养竞争，用有益菌抑制杀死重茬病菌，清除土壤中的有毒物质，改善重茬种植作物的生存环境，消除土壤板结、疏松土壤，有效解除各种蔬菜、瓜果的黄枯萎、蔓枯、根腐、青枯及其他不明原因的死秧现象，解除重茬种植的负面影响。内含有抗病植物酶因子，对刺激作物生根、壮苗效果显著，使作物更好地吸收足够的水分和营养，提高作物的抗旱、抗寒、抗倒伏能力。调整作物在不良环境的生长，对生长在盐碱含量高的地块上的作物，使用本品后的长势可以超过好地块作物的长势，一次使用长期有效。

（5）适应性强，可在土壤中快速繁殖，长期存活，有效防治青枯病菌、立枯丝核菌、镰刀菌以及软腐病菌等引起的多种病害。

（6）可产生生长素类物质，促进作物根系生长。

（7）可分泌抗生素类物质，抑制致病菌生长，减少病害发生。

（8）纯生物发酵，不添加任何化学物质，安全无公害。

防治对象　主要用于防治番茄青枯病等。

使用方法

（1）防治番茄青枯病，用10亿/mL水剂80～100倍液灌根，或每亩用3000亿个/g粉剂437.5～550g浸种＋泼浇＋灌根。

（2）防治茄子青枯病，发病初期用55亿个/g可湿性粉剂2000亿～3000亿个/亩，均匀喷雾，间隔7d，连喷2次，具有较好的防效。

（3）防治辣椒青枯病，用3000亿个/g可湿性粉剂500倍液浸种，500倍液淋起身药；始花期，每亩用450～500g（制剂量），兑水0.25L/株灌根。

（4）防治姜瘟病，每亩用3000亿个/g可溶性粉剂30～40g，兑水喷雾。

（5）防治黄瓜细菌性角斑病，每亩用3000亿个/g可溶性粉剂30～40g，兑水喷雾。

（6）防治黄瓜靶斑病，发病初期，每亩用1000亿个/g可湿性粉剂70～80g，兑水喷雾，间隔7～8d喷1次，连喷3次。

中毒急救　不慎吸入，应将病人移至空气流通处。不慎接触皮肤或溅入眼睛，应用大量清水冲洗至少15min。误服则应立即携该产品标签将病人送医院诊治。洗胃时，应注意保护气管和食管。

注意事项

（1）不能与碱性物质混用。

（2）对于连续多年种植同一作物的重茬重病区，可酌情增加用量。对于同一地块连续3年以上种植同一作物，即使未发生重茬病，也应施用本品抑制病原菌繁殖，防止病害发生。

（3）应避免对周围蜂群的影响，蜜源作物花期、蚕室和桑园附近禁用。

（4）病害轻度发生或作为预防处理时使用本品用低剂量，病害发生较重或发病后使用本品用高剂量。

（5）连续阴雨或湿度较大的环境中，或者当病情较重的情况下，建议使用较高剂量。避免在极端温度和湿度下，或作物长势较弱的情况下使用本品。

（6）不要在水产养殖区施用本品，禁止在河塘等水体中清洗施药器具。药液及废液不得污染各类水域、土壤等环境。

（7）建议与其他作用机制不同的杀菌剂轮换使用，以延缓抗性的产生。

（8）拌种过程中避开阳光直射，灌根时使药液尽量顺垄进入根区，可与杀虫剂、杀菌剂混用。

（9）贮存于避光、干燥处。产品应密封包装。

（10）在登记作物上使用的安全间隔期为14d，每季作物最多使用2次。

枯草芽孢杆菌（bacillus subtilis）

其他名称　华夏宝、格兰、天赞好、力宝、重茬2号。

主要剂型　10亿活芽孢/g、1000亿活芽孢/g可湿性粉剂，1万活芽孢/mL悬浮种衣剂，50亿活菌/g水剂，200亿活菌/g菌粉。

理化性质　制剂外观为彩色（紫红、普兰、金黄等），相对密度1.15～1.18，酸碱度5～8，悬浮率75%，无可燃性，无爆炸性，冷热稳定性合格，常温贮存能稳定1年。

产品特点

（1）枯草芽孢杆菌是从自然界土壤样品中筛选到的BS-208菌株生产的杀菌剂，是疏水性很强的生物菌，属细菌微生物杀菌剂，具有强力杀菌作用，对多种病原菌有抑制作用。枯草芽孢杆菌喷洒在作物叶片上后，其活芽孢利用叶面上的营养和水分在叶片上繁殖，迅速占领整个叶片表面，同时分泌具有杀菌作用的活性物质，达到有效排斥、抑制和杀灭病菌的作用。

（2）主要作用机理：一是枯草芽孢杆菌菌体生长过程中产生枯草菌素、多粘菌素、制霉菌素、短杆菌肽等活性物质，这些活性物质对致病菌或内源性感染的条件致病菌有明显的抑制作用。

二是枯草芽孢杆菌迅速消耗环境中的游离氧，造成肠道低氧，促进有益厌氧菌生长，并产生乳酸等有机酸类，降低肠道pH值，间接抑制其他致病菌生长。

三是刺激动物免疫器官的生长发育，激活T、B淋巴细胞，提高免疫球蛋白和抗体水平，增强细胞免疫和体液免疫功能，提高群体免疫力。

四是枯草芽孢杆菌菌体自身合成α-淀粉酶、蛋白酶、脂肪酶、纤维素酶等酶类，在消化道中与动物体内的消化酶类一同发挥作用。

五是能合成维生素B_1、B_2、B_6、烟酸等多种B族维生素，提高动物体内干扰素巨噬细胞的活性。

六是通过分解有机质、固氮解磷解钾，提高肥料利用率，因此，枯草芽孢杆菌也是肥料。此外，还可以分泌吲哚乙酸等生长调节物质，促进植株健康生长，培育健壮植株。

（3）可与井冈霉素复配，有井冈·枯芽菌水剂、井冈·枯芽菌可湿性粉剂。

防治对象　枯草芽孢杆菌以防治植物的真菌性病害为主，对一些细菌性病害也有防治效果；一些菌株对导致食品腐败及采后果实病害的细菌、霉菌和酵母菌也有一定程度的抑制作用。对枯草芽孢杆菌敏感的致病菌包括镰刀菌、曲霉属、链格孢属和丝核菌属等。可用于防治黄瓜白粉病、黄瓜灰霉病、草莓白粉病、草莓灰霉病、番茄青枯病等。

使用方法　枯草芽孢杆菌主要用于喷雾，也可灌根、拌种及种子包衣等。

（1）喷雾

① 防治草莓灰霉病，病害初期或发病前，每亩用1000亿孢子/g可湿性粉剂40～60g，兑水50～75kg喷雾，或用10亿活芽孢/g可湿性粉剂600～800倍液喷雾，施药时注意使药液均匀喷施至作物各部位，间隔7d再喷药1次，可连续喷雾2～3次。

② 防治草莓白粉病，病害初期或发病前，每亩用1000亿孢子/g可湿性粉剂40～60g，兑水50～75kg喷雾，或用10亿活芽孢/g可湿性粉剂600～800倍液喷雾，施药时注意使药液均匀喷施至作物各部位，间隔7d再喷药1次，可连续喷雾2～3次。

③ 防治黄瓜白粉病，病害初期或发病前，每亩用1000亿孢子/g可湿性粉剂56～84g，兑水50～75kg喷雾，或用10亿活芽孢/g可湿性粉剂600～800倍液喷雾，施药时注意使药液均匀喷施至作物各部位，间隔7d再喷药1次，可连续喷雾2～3次。

④ 防治黄瓜灰霉病，发病前或发病初期施药，每次每亩用1000亿活芽孢/g可湿性

粉剂35～55g，连续施药2～3次，每次间隔7d。

⑤ 防治番茄灰霉病，于发病盛期喷洒BAB-1枯草芽孢杆菌菌株发酵液桶混液，每毫升含有0.5亿芽孢，防效83％～90％。

⑥ 防治辣椒青枯病，发病初期或进入雨季开始喷洒10亿活芽孢/g可湿性粉剂600～800倍液。

⑦ 防治茄子青枯病，茄子定植后发病初期喷洒10亿活芽孢/g可湿性粉剂700倍液，或1000亿活芽孢/g可湿性粉剂1500～2000倍液。

（2）灌根

① 防治番茄青枯病时，多采用药液灌根方法。从发病初期开始灌药，10～15d灌1次，需要连灌2～3次。用10亿活芽孢/g可湿性粉剂600～800倍液灌根，顺茎基部向下浇灌，每株需要浇灌药液150～250mL。

② 防治辣椒枯萎病，发病前或发病初期灌根施用，每次每亩用10亿活芽孢/g可湿性粉剂200～300g，兑水混合均匀后灌根。

③ 防治茄子黄萎病，茄子定植时用100亿活芽孢/g可湿性粉剂1500倍液取15kg蘸根，半个月后再灌1～2次，每株灌250mL。

中毒急救 如吸入本品，应迅速将患者转移到空气清新流通处。如呼吸停止，给人工呼吸。如呼吸困难，给氧。如有症状及时就医。皮肤接触后，立即用水和肥皂清洗，并彻底冲洗干净。眼睛接触后，把眼睑打开用流水冲洗几分钟，如有持续症状，及时就医。误食，立即用大量清水漱口，催吐、洗胃，及时送医院对症治疗。

注意事项

（1）使用前，将本品充分摇匀。

（2）不能与广谱的种子处理剂克菌丹及含铜制剂混合使用，可推荐作为广谱种衣剂，拓宽对种子病害的防治范围。

（3）不同菌种、不同剂型的生物菌剂效果差异很大，要注意根据病害种类，选择合适的产品，如灰霉病可以用四川太抗的枯芽春进行防治。

（4）创造利于枯草芽孢杆菌繁殖的空间。可以与杀菌剂（指真菌）混用，如恶霉灵、啶酰菌胺等，先杀灭一部分病原菌，为枯草芽孢杆菌繁殖清理出一个较好的生存空间，确保孢子能够迅速存活并繁殖。

（5）枯草芽孢杆菌为细菌，不能与防治细菌性病害的药剂混用，包括以下几种药剂：一是含有重金属离子的杀菌剂，如各类铜制剂，含锰、锌离子的药剂等；二是抗生素类，如链霉素、中生菌素、宁南霉素、春雷霉素等；三是氯溴异氰尿酸、三氯异氰尿酸、乙蒜素等强氧化性杀菌剂；四是叶枯唑、噻唑锌等唑类杀菌剂。

（6）补充养分促进增殖。枯草芽孢杆菌制剂使用时，可以与白糖、氨基酸叶面肥、海藻肥等混用，给枯草芽孢杆菌繁殖提供营养，以利于其生长繁殖更快。

（7）枯草芽孢杆菌使用时，还要注意"早用、连续用"。最好是从苗期开始使用，给植物穿上一层"铠甲"。使用前，可以先用高温闷棚、用杀菌剂等进行消毒，之后和有机肥等一起施用。连续使用，可以确保枯草芽孢杆菌等有益菌群占据绝对优势。

（8）使用消毒剂、杀虫剂4～5d后，再使用本药剂。宜在晴朗天气早、晚两头趁露水未干时施用，夜间喷施效果尤佳，阴雨天可全天喷施，风力大于3级时不宜喷施。

（9）建议与其他作用机制不同的杀菌剂轮换使用，以延缓产生抗药性。

（10）勿在强阳光下喷施本品。包装开启后最好一次用完，未用完密封保存。避免污染水源地，远离水产养殖区施药。在阴凉干燥条件下贮存，活性稳定在 2 年以上。

蜡质芽孢杆菌（bacillus cereus）

其他名称　叶扶力，叶扶力 2 号，BC752 菌株、广谱增产菌、益微、增多菌。

主要剂型　8 亿活芽孢/g 可湿性粉剂，20 亿活芽孢/g 可湿性粉剂，300 亿菌体/g 可湿性粉剂。

理化性质　与假单胞菌形成的混合制剂，外观为淡黄色或浅棕色乳液状，略有黏性，有特殊腥味。密度为 1.08g/cm^3，pH 值 6.5～8.4。45℃ 以下稳定。

产品特点

（1）蜡质芽孢杆菌，属微生物源、低毒杀菌剂。蜡质芽孢杆菌能通过体内的 SOD 酶（超氧化物歧化酶），提高作物对病菌和逆境危害引发体内产生氧的清除能力，调节作物细胞微生境，维护细胞正常的生理代谢和生化反应，提高抗逆性，加速生长，提高产量和品质。

（2）可与井冈霉素复配，如 12.5％井冈·蜡芽菌水剂、15％井冈·蜡芽菌可溶粉剂、40％井冈·蜡芽菌可湿性粉剂、10％井冈·蜡芽菌悬浮剂等。

防治对象　蜡质芽孢杆菌适用于果树、蔬菜、大田等多种作物生产，在蔬菜上主要用于防治姜瘟病、番茄青枯病等。

使用方法

（1）灌根

① 防治姜瘟病时，多采用顺垄漫灌方式用药，从发病初期开始进行。每亩用 8 亿活芽孢/g 可湿性粉剂 500～1000g，或 20 亿活芽孢/g 可湿性粉剂 200～400g，兑水灌根。15d 后再用药 1 次，灌药时应力求均匀用药。

② 防治番茄青枯病时，多采用药液灌根方法。从发病初期开始灌药，10～15d 灌 1 次，需要连灌 2～3 次。一般使用 10 亿活芽孢/g 可湿性粉剂 600～800 倍液灌根，顺茎基部向下浇灌，每株需要浇灌药液 150～250mL。

（2）浸泡　种植生姜前，用 8 亿活芽孢/g 可湿性粉剂 100～150 倍液，或 20 亿活芽孢/g 可湿性粉剂 300～400 倍液浸泡姜种 30min，对姜瘟病具有很好的防治效果。

（3）拌种　油菜、玉米、大豆及各种蔬菜作物播种前，每 1000g 种子用 300 亿活芽孢/g 可湿性粉剂 15～20g 拌种，然后播种。如果种子先浸种后拌蜡质芽孢杆菌菌粉时，应在拌药后晾干再进行播种。

（4）喷雾

① 对油菜、玉米、大豆及蔬菜作物，在旺长期，每亩用 300 亿活芽孢/g 可湿性粉剂 0.1～0.15kg 药粉，兑水 30～40L 均匀喷雾。据在油菜上试验，可增加油菜的分枝数、角果数及籽粒数，有一定的增产作用，并可降低油菜霜霉病及油菜立枯病的发病率，有一定的防病作用。

② 防治茄子青枯病时，在茄子定植后发病初期，用 8 亿活芽孢/g 可湿性粉剂 100～120 倍液喷雾，10d 左右喷 1 次，防治 2～3 次。

③ 防治辣椒青枯病，发病初期或进入雨季开始，用 20 亿活芽孢/g 可湿性粉剂 200～

300 倍液喷雾。

中毒急救 中毒症状表现为恶心、呕吐等。不慎吸入，应将病人移至空气流通处。不慎接触皮肤或溅入眼睛，应用大量清水冲洗至少 15min。误服，应立即携该产品标签将病人送医院诊治。洗胃时，应注意保护气管和食管。

注意事项

（1）本品不能与碱性物质混用。

（2）施药后 24h 内如遇大雨需要重新施药。

（3）病害轻度发生或预防处理时使用本品用低剂量，病害发生较重或发病后使用高剂量，并增加使用次数。

（4）连续阴雨或湿度较大的环境中，或者当病情较重的情况下，建议使用较高剂量。避免在极端温度和湿度下，或作物长势较弱的情况下使用。

（5）不要在水产养殖区施用本品，禁止在河塘等水体中清洗施药器具。药液及废液不得污染各类水域、土壤等环境。

（6）赤眼蜂等害虫天敌放飞区域禁用。

（7）建议与其他作用机制不同的杀菌剂轮换使用，以延缓抗性的产生。

（8）对蜜蜂、家蚕有毒，施药期间应避免对周围蜂群的影响，蜜源作物花期、蚕室和桑园附近禁用。

（9）本剂为活体细菌制剂，保存时应避免高温，50℃以上易造成菌体死亡，宜存放于阴凉通风处，打开即用，勿再存放。

（10）在登记作物上使用的安全间隔期为 14d，每季作物最多使用 2 次。

多黏类芽孢杆菌（paenibacillus polymyza）

其他名称 康地蕾得、康蕾。

主要剂型 10 亿 CFU/g 可湿性粉剂、0.1 亿 CFU/g 细粒剂。

理化性质 淡黄褐色细粒，相对密度 0.42，有效成分可在水中溶解。

产品特点

（1）多黏类芽孢杆菌，是世界上第一个以类芽孢杆菌属菌株（多黏类芽孢杆菌）为生防菌株的微生物农药，是一种细菌活菌体杀菌剂，对植物黄萎病、油菜腐烂病等多种植物病害均具有一定的控制作用。

（2）通过其有效成分——多黏类芽孢杆菌（多黏类芽孢杆菌属中的一个种）产生的广谱抗菌物质、位点竞争和诱导抗性等机制达到防治病害的目的。多黏类芽孢杆菌在根、茎、叶等植物体内具有很强的定殖能力，可通过位点竞争阻止病原菌侵染植物；同时在植物根际周围和植物体内的多黏类芽孢杆菌不断分泌出的广谱抗菌物质（如有机酚酸类物质及杀镰刀菌素等脂肽类物质等），可抑制或杀灭病原菌；此外，多黏类芽孢杆菌还能诱导植物产生抗病性。同时多黏类芽孢杆菌还可产生促生长物质，而且具有固氮作用。

（3）其主要功能有两点：一是通过灌根可有效防治植物细菌性和真菌性土传病害，同时可使植物叶部的细菌和真菌病害明显减少，以康蕾产品加生化黄腐酸组合效果最好，相对防效为 89%～100%；二是对植物具有明显的促生长、增产作用，作物的茎秆粗细和高度增加，长势旺盛，增产 10%～15%。

防治对象　用于防治马铃薯软腐病、黄瓜角斑病、青椒疮痂病等。

使用方法

（1）防治土传病害，播种期，每亩（育移栽一亩地所需苗床面积）用10亿CFU/g可湿性粉剂20g稀释100倍，浸种与苗床泼浇。育苗期，每亩（育移栽一亩地所需苗床面积）用10亿CFU/g可湿性粉剂60g稀释1000倍，泼浇。移栽定植及初发病前期，每亩用10亿CFU/g可湿性粉剂180～300g稀释1000～3000倍，分别灌根一次。

（2）防治叶部病害，在刚见病就用药，每亩用10亿CFU/g可湿性粉剂100～200g稀释300～900倍，喷雾，7天1次，连续3次。

（3）防治番茄、辣椒、西瓜枯萎病，茄子、辣椒、番茄青枯病，用10亿CFU/g可湿性粉剂100倍液浸种，或10亿CFU/g可湿性粉剂3000倍液泼浇，或每亩用10亿CFU/g可湿性粉剂440～680g，兑水80～100kg灌根。播种前种子用本药剂100倍液浸种30min，浸种后的余液泼浇营养钵或苗床；育苗时的用药量为种植1亩或1公顷地所需营养钵或苗床面积的量折算；移栽定植时和初发病前始花期各用1次。

（4）防治黄瓜角斑病、西瓜炭疽病，每亩用10亿CFU/g可湿性粉剂100～200g，兑水50kg喷雾。

（5）对细菌性土传病害——植物青枯病具有很好的防治效果，在收获后期，对番茄、茄子、辣椒、马铃薯青枯病和生姜青枯病、姜瘟病的田间防效可达70%～92%，最高增产率达493%，甚至当对照发病率高达97%时防效也是如此。

（6）对真菌性土传病害——植物枯萎病也具有很好的防治效果，在收获后期，对番茄、茄子、辣椒、西瓜、甜瓜、黄瓜、苦瓜、冬瓜和草莓等枯萎病的田间防效可达65%～85%。

（7）对芋头软腐病、大白菜软腐病、辣椒根腐病、番茄猝倒病、番茄立枯病以及辣椒疫病等土传病害也具有较好的防治作用。

（8）对植物具有明显的促进作用，可使田间植株高度比空白对照区增加10～30cm；甚至在植物不发青枯病时，也可使植物的产量增加27.5%，且增产主要表现在收获前期。

中毒急救　如吸入本品，应迅速将患者转移到空气清新流通处。如有症状及时就医。皮肤接触后，立即用水和肥皂清洗，并彻底冲洗干净。眼睛接触后，把眼睑打开用流水冲洗几分钟，如有持续症状，及时就医。对皮肤和眼睛有刺激，经口中毒出现头昏、恶心、呕吐。一旦药液溅入眼睛和黏附皮肤，应立即用水冲洗至少15min。误食，立即用大量清水漱口，不可催吐。送医院对症救治。

注意事项

（1）重在预防。该产品在发病初期固然可以用来治疗，但预防更能发挥它的优势。

（2）使用前须先用10倍左右清水浸泡2～6h，再稀释至指定倍数，同时在稀释时和使用前须充分搅拌，以使菌体从吸附介质上充分分离（脱附）并均匀分布于水中。

（3）对青枯病、枯萎病等土传病害的防治，苗期用药不仅可提高防效而且还具有防治苗期病害及壮苗的作用。

（4）施药应选在傍晚进行，不宜在太阳暴晒下或雨前进行，若施药后24h内遇有大雨天气，天晴后应补施一次。

（5）土壤潮湿时，应减少稀释倍数，确保药液被植物根部土壤吸收；土壤干燥、种植密度大或冲施时，则应加大稀释倍数，确保植物根部土壤浇透。

（6）与其他优质的生物药肥组合施用，发挥各自的作用，互相配合才能达到最好的效果。但不能与杀细菌的化学农药直接混用或同时使用，使用过杀菌剂的容器和喷雾器需要用清水彻底清洗后使用。

（7）禁止在河塘等水域中清洗施药器具。

（8）赤眼蜂等害虫天敌放飞区域禁用本品。

（9）本品结合基施或穴施有机肥、生物菌肥使用，以及与甲壳素、生根剂、杀线剂及叶面肥等配合使用，可明显增强防治效果、促进作物生长。

地衣芽孢杆菌［PWD-1（baclicus lincheniformis PWD-1）］

其他名称　201 微生物。

主要剂型　80 亿活芽孢/mL、1000 单位/mL 水剂。

理化性质　原药外观为棕色液体，略有沉淀，沸点 100℃。

产品特点

（1）地衣芽孢杆菌是一种在土壤中常见的革兰氏阳性嗜热细菌。在鸟类，特别是居住在地面的鸟类（如雀科）和水生的鸟类（如鸭）的羽毛中也能找到这种细菌，特别是在其胸部和背部的羽毛中，酶分泌的最适温度为 37℃。它可能以孢子形式存在，从而抵抗噁劣的环境；在良好环境下，则可以生长态存在。该细菌可调整菌群失调达到治疗目的，可促使机体产生抗菌活性物质、杀灭致病菌。能产生抗活性物质，并具有独特的生物夺氧作用机制，能抑制致病菌的生长繁殖。地衣芽孢杆菌的作用机制是"以菌治菌"，对葡萄球菌、酵母样菌等致病菌有拮抗作用，然而对双歧杆菌、乳酸杆菌、拟杆菌、消化性链球菌具有促进生长作用，从而调整菌群失调，达到治疗目的。

（2）属细菌杀菌剂，对于西瓜枯萎病、黄瓜霜霉病等有一定的防治效果。

防治对象　地衣芽孢杆菌对多种作物、蔬菜、瓜果、花卉等植物的真菌性、细菌性病害具有很好的防治作用。在蔬菜上可用于防治黄瓜（保护地）霜霉病、西瓜枯萎病、番茄灰霉病、辣椒根腐病和叶斑病、黄瓜苗期猝倒病等。

使用方法

（1）防治西瓜枯萎病。播种前用药液浸泡种子，严格消毒杀菌，防止种子传病。瓜苗定植后，及时穴浇或浇灌 1000 单位/mL 水剂 500～750 倍液药液，每株 50～100mL，每 10～15d 浇 1 次，连续浇灌 2～3 次。西瓜坐瓜以后，要注意观察，一旦发现初发病株，立即扒开根际土壤，开穴至粗根显露，土穴直径达 20cm 以上，穴内灌满药液，可阻止发病，恢复植株健壮，保证西瓜长成。注意不施用含有西瓜秧蔓、叶片、瓜皮的圈肥，防止肥料传病；增施钾肥、微肥、有机肥料和生物菌肥，减少速效氮肥用量，防止瓜秧旺长，促秧健壮。

（2）防治黄瓜霜霉病。于发病初期，每亩用 1000 单位/mL 水剂 350～700mL（100～200 倍液），兑水常规喷雾，上午 10 点前、下午 4 点后使用为好。7d 喷 1 次，连喷 2～3 次。

中毒急救　如吸入本品，应迅速将患者转移到空气清新流通处。如有症状及时就医。皮肤接触后，立即用水和肥皂清洗，并彻底冲洗干净。眼睛接触后，把眼睑打开用流水冲洗几分钟，如有持续症状，及时就医。对皮肤和眼睛有刺激，经口中毒出现头昏、恶心、呕吐。一旦药液溅入眼睛和黏附皮肤，应立即用水冲洗至少 15min。误食，立即用大量清水漱口，不可催吐。送医院对症救治。

注意事项

（1）本品为微生物农药，建议与其他作用机制不同的杀菌剂轮换使用。

（2）不可与呈碱性的农药等物质、其他化学杀菌剂混合使用。

（3）施用本品应选在傍晚或早晨，不宜在太阳暴晒下或雨前进行；若施药后 24h 内遇大雨，天晴后应补用一次。

（4）不得用于防治食用菌类病害。

（5）使用本品，当土壤潮湿时，在登记范围内则减少稀释倍数，确保药液被植物根部土壤吸收；土壤干燥、种植密度大或冲施时，在登记范围内则加大稀释倍数，确保植物根部土壤浇透。

（6）不能与杀细菌的化学农药直接混用或同时使用，使用过杀菌剂的容器和喷雾器需要用清水彻底清洗后使用。禁止在河塘等水域中清洗施药器具。

寡雄腐霉（pythium oligandrum）

其他名称　多利维生。

主要剂型　100 万孢子/g 可湿性粉剂。

产品特点

（1）寡雄腐霉菌是一种新型的微生物杀菌剂，可有效地抑制多种土壤真菌的生长及其危害作用，具有较强的真菌寄生性和竞争能力，同时还能刺激植物产生抗病机体所需的植物激素，从而增强植物的抗病能力，促使植物生长与强壮，增强植物的防御机能及对致病真菌的抗性。

（2）寡雄腐霉菌是卵菌纲霜霉目腐霉科腐霉属中的一种重寄生有益真菌，在自然界中广泛分布，以寄生为主兼生腐生，能在多种农作物根围定殖，不仅不会对作物产生致病作用，而且还能抑制或杀死其他致病真菌和土传病原菌，诱导植物产生防卫反应，减少病原菌的入侵；同时，寡雄腐霉菌产生的分泌物及各种酶，是植物很好的促长活性剂，能促进作物根系发育，提高养分吸收。以对致病真菌的寄生为其获得营养的主要途径，是 20 多种常见植物致病真菌的天敌。其在植物→致病真菌→寡雄腐霉菌食物链中处于最高层。寡雄腐霉通过寄生作用有效杀灭致病真菌，通过抗生作用抑制致病真菌的孢子萌发、菌丝生长，从而达到治病防病的目的；其可定殖在植物根系表面，并可进入根系维管束，从而能有效预防和治疗植物根系病害；其进入根系的过程促使植物根系细胞壁增厚，其分泌物寡雄蛋白可刺激植物本身抗病机制的发生，提高植物抗病能力，从而达到减少各种病害发生的目的；寡雄腐霉分泌的类生长素化合物促进植物生长素的合成，分泌的多种胞外酶分解土壤中的磷，从而达到促进根系生长、增加作物产量的效果。

（3）寡雄腐霉具有四大功能。一是对病原菌的寄生作用。寡雄腐霉对 20 多种植物病原真菌或其他卵菌具有寄生作用，寄生作用的过程包括吸附、缠绕和穿透。寡雄腐霉通过菌丝侵入致病真菌或其他卵菌组织内，逐渐消耗其体内养分，最终达到杀灭作用。

二是病原真菌的抑制作用。寡雄腐霉对真菌的抑制作用表现在还未接触寄主菌，寄主菌的生长已受到抑制，结构发生改变。寡雄腐霉在生长过程中能产生大量的分泌物，如纤维素酶、胞外溶解酶、蛋白酶、脂肪酶、β-1,3-葡聚糖酶等，这些分泌物对植物的多种病原真菌菌丝的生长有抑制作用，能够导致病原真菌菌丝细胞壁破裂、穿孔、干瘪，菌丝分化出的分生孢子梗少，产孢量明显下降。

三是诱导作物产生系统抗性。寡雄腐霉能产生一种与诱导抗性相关的被称为寡雄蛋白的拟激发素，诱导植物产生抗性，抵抗病原菌的侵入，显著降低病害的发生率。

四是能够促进作物生长。寡雄腐霉及其代谢产物能够促进作物养分吸收。研究发现，寡雄腐霉能够促进植物对磷的吸收。寡雄腐霉能增加植物中吲哚乙酸的含量，吲哚乙酸是植物生长调节剂，能够促进植株生长。

（4）寡雄腐霉菌具有六大特点。一是广谱。具有极广的杀菌谱，可以有效防治由疫霉属、灰霉菌属、轮枝菌属、镰刀菌、盘核霉、丝核菌属、链格孢属、腐霉属、葡萄孢霉、蠕孢菌、根串珠霉菌属、粉痂菌属等引起的白粉病、霜霉病、灰霉病、疫病、叶斑病、黑星病等真菌性病害。

二是高效。活性成分寡雄腐霉菌是致病真菌的天敌。通过寄生和抗生双重方式作用于致病真菌，有效预防病害发生并能有效铲除病害。

三是抗病。寡雄腐霉菌分泌的寡雄蛋白等分泌物可诱导作物产生系统抗性，从而有效提高作物的抗病能力。

四是促长。可提高作物体内吲哚乙酸的合成，促进植物根系增长，增加幼苗成活率，促进植株健康。

五是增产。可促进作物对磷的吸收，从而明显提高作物产量和品质。

六是环保。寡雄腐霉菌属纯天然制剂，长期使用不会产生抗药性。在地下水、溪流等自然环境保护区域可以放心使用。

产品类型及防治对象　在蔬菜生产上有以下系列产品。

（1）草莓专用型　防治草莓白粉病、灰霉病、菌核病、根腐病等。

（2）叶菜专用型　防治甘蓝、白菜、芦笋、生菜等的根腐病、白粉病、灰霉病等。

（3）番茄、辣椒专用型　防治番茄晚疫病、白粉病、灰霉病，辣椒疫病、炭疽病、灰霉病、叶枯病等。

使用方法

（1）拌种　作物播种前，取 100 万孢子/g 可湿性粉剂 1g 兑水 1kg，一般可拌种 20kg，将待拌的种子放入大容器中，用喷雾器将稀释液均匀喷施到种子上，边喷边搅拌使种子表面全部湿润，拌匀晾干后即可播种。拌种能够杀灭种皮内的病原菌及孢子，减少病害侵入。

（2）浸种　播种前根据种子实际用量，将 100 万孢子/g 可湿性粉剂 10000 倍液浸种（取寡雄腐霉 1g，加水 10kg，依次类推），以浸没种子为宜。根据种子种皮的厚薄、干湿程度掌握好浸种时间，然后播种。浸种时间因种皮厚薄、吸胀能力强弱和气温差异而有所不同。蔬菜种子浸泡 5～10h。浸种能促进种子发芽率，增强幼苗发根能力，培养壮苗，减少病害侵入。

（3）苗床及土壤喷施　将 100 万孢子/g 可湿性粉剂稀释 10000 倍液进行苗床及土壤喷施，可以有效防治猝倒病、立枯病、炭疽病等多种苗期病害发生，还可提高苗床土壤内有益菌活性，促进幼苗根系发育，培养壮苗。

（4）灌根　作物大田定植后使用 100 万孢子/g 可湿性粉剂 10000 倍液灌根 2～3 次，每次间隔 7d 左右，可有效杀灭作物根系土壤内的病原真菌，预防立枯病、炭疽病、枯萎病等苗期病害的发生。

（5）喷施　将 100 万孢子/g 可湿性粉剂 7500～10000 倍液从作物花期开始叶片喷施，能有效预防白粉病、灰霉病、霜霉病等多种真菌性病害，还能促使作物提高系统抗性，增强抵御病害的能力；另外，作物病害发生初期，使用 100 万孢子/g 可湿性粉剂 7500 倍液喷施，可以有效杀灭病害，防止病害蔓延。

① 防治番茄晚疫病，发病初期开始施药，每次每亩用 100 万孢子/g 可湿性粉剂 6.7～20g，兑水喷雾，每隔 7d 施药 1 次，连续施用 3 次。

② 防治茄子灰霉病，初见病变时或连阴 2d 后，喷洒 100 万亿孢子/g 可湿性粉剂 1000～1500 倍液。

③ 防治西瓜灰霉病，初见病变或连阴 2d 后，用 100 万孢子/g 可湿性粉剂 1000～1500 倍液喷雾，10d 左右喷 1 次，连续防治 2～3 次。

注意事项

（1）使用前应先配制母液，取原药倒入容器中，加适量水充分搅拌后静置 15～30min。

（2）本产品为活性真菌孢子，不能和化学杀菌剂类产品混合使用，化学杀菌剂会杀灭本品中的有效成分。

（3）喷施化学杀菌剂后的作物，在药效期内禁止使用本品。使用过化学杀菌剂的容器要充分清洗干净后方可使用本产品。

（4）喷施要选择在晴天无露水、无风条件下，上午 9 点前，下午 4 点后进行。不宜在太阳暴晒下或下雨前使用。

（5）喷施时应使液体淋湿整棵植株，包括叶片的正、反两面，茎、花、果实都要喷到，部分液体应下渗到根。

（6）对鱼有风险，远离水产养殖区施药，禁止在河塘等水体中清洗施药器具。

（7）对蜜蜂有风险，蜜源植物花期禁用。

（8）瓢虫等害虫天敌放飞区域、鸟类保护区禁用本品。

（9）过敏者禁用，使用中有任何不良反应请及时就医。

（10）可与其他肥料、杀虫剂等混合使用。

（11）应贮存在干燥、阴凉、通风、防雨处，保质期 2 年。

第三章　除草剂

乙草胺（acetochlor）

C$_{14}$H$_{20}$ClNO$_2$, 269.8, 34256-82-1

其他名称　禾耐斯、消草安、圣农施、刈草安、乙基乙草安、艾塞特、草悠、草斩、茬茬宁、沉甸甸、锄定、春先行、纯中纯、大田隆、都福、盖草盖、田草光。

化学名称　N-2-乙基-6-甲基苯基-N-乙氧甲基-氯乙酰胺

主要剂型　15.7%、50%、81.5%、88%、89%、90%、900g/L、90.5%、99%、990g/L、999g/L乳油，20%可湿性粉剂，50%粉剂，50%微乳剂，40%、48%、50%水乳剂，25%微囊悬浮剂，5%颗粒剂。

理化性质　纯品为透明黏稠液体（原药为红葡萄酒色或黄色至琥珀色）。熔点10.6℃，蒸气压：2.2×10^{-2}mPa（20℃），4.6×10^{-2}mPa（25℃）。溶解度（25℃）：水233mg/L，溶于乙酸乙酯、丙酮、乙腈等有机溶剂。稳定性：20℃稳定性超过2年。属酰胺类选择性芽前除草剂，低毒。

产品特点

（1）作用机理为主要通过萌芽中的幼茎吸收，其次以根系吸收，经导管向上输送。药剂累积于植物营养器官，很少累积于繁殖器官。禾本科等单子叶植物主要是芽吸收，双子叶植物主要通过下胚轴，其次是幼芽吸收，所以幼芽区是禾本科植物对乙草胺最敏感的部分，而双子叶植物则是幼根最敏感。乙草胺在植物体内干扰核酸代谢及蛋白质合成，药剂施于杂草后，幼根和幼芽受到抑制。如果田间水分适宜，幼芽未出土即被杀死；如果土壤水分少，杂草出土后，随着土壤湿度的增大，杂草吸收药剂后而起作用，禾本科杂草心叶卷曲萎缩，其他叶皱缩，最后整株枯死。

（2）鉴别要点

① 物理鉴别　乙草胺原药为淡黄色液体，不易挥发和光解。纯品为淡黄色液体，原药因含有杂质而呈现深红色。50%乙草胺乳油为棕色或紫色透明液体，88%乙草胺乳油为棕蓝色透明液体，90%乙草胺乳油为蓝色至紫色液体。乙草胺乳油应取得农药生产

许可证（XK），其他产品应取得农药生产批准证书（HNP），选购时应注意识别该产品的农药登记证号、农药生产许可证或农药生产批准证书号、执行标准号。

② 生物鉴别　乙草胺对马唐、狗尾草、牛筋草、稗草、千金子、看麦娘、野燕麦、早熟禾、硬草、画眉草等一年生禾本科杂草有特效，对藜科、苋科、蓼科、鸭跖草、牛繁缕、菟丝子等阔叶杂草也有一定的防效，但是效果比禾本科杂草差，对多年生杂草无效，可通过小试确定乙草胺的真伪。

乙草胺配伍力很强，可与嗪草酮、莠去津、苄嘧磺隆、扑草净等复配。

防治对象　主要登记蔬菜种类为油菜、马铃薯、大蒜、姜，还可用于菜豆、大豆、豌豆、豇豆、蚕豆、辣椒、茄子、番茄、甘蓝等蔬菜田除草，特别适宜于各种地膜覆盖物芽前除草。

可防除多种一年生禾本科杂草和部分阔叶杂草，禾本科如稗草、马唐、牛筋草、狗尾草、看麦娘、硬草、野燕麦、臂形草、棒头草、稷、千金子等，阔叶杂草如藜、小藜、反枝苋、铁苋菜、酸模叶蓼、柳叶刺蓼、节蓼、卷茎蓼、鸭跖草、狼把草、鬼针草、菟丝子、香薷、繁缕、野西瓜苗、水棘针、鼬瓣花等。将乙草胺乳油兑水稀释后喷雾，每亩用药量因蔬菜种类而异。对多年生杂草无效，对双子叶杂草效果差。在土壤中持效期可达 2 个月以上。

使用方法　每亩所需药剂兑水 40～60kg，在作物播种后杂草出土前均匀喷洒在土壤表面，地膜覆盖田在盖膜前用药。在土壤湿度较大的南方旱田作物每亩用 50％乙草胺乳油 30～40g（有效成分），地膜覆盖田用 50～70g，北方的夏季作物每亩用 50～70g，蔬菜田每亩用 50g，东北的旱田每亩用 75～125g。乙草胺的活性比甲草胺和异丙甲草胺高，土壤有机质对乙草胺的影响也较小。施药后土壤含水量在 15％～18％时，即可发挥较好的药效。

（1）在茄科、十字花科、豆科等蔬菜定植前或豆科蔬菜播后苗前，用 50％乳油 100mL，兑水 50kg，均匀处理畦面。

（2）在豌豆播后苗前，每亩用 90％乳油 50g，兑水 50kg 均匀处理畦面。

（3）番茄、辣椒定植前，每亩用 90％乳油 70～75mL，兑水 30kg 均匀处理畦面后盖膜。

（4）在马铃薯播后苗前，每亩用 50％乳油 180～250mL，兑水 40～60mL，均匀喷雾土壤。

（5）胡萝卜、芹菜、茴香、芫荽田，每亩用 50％乳油 100～150mL，兑水 40～50L，在播后苗前均匀喷雾土壤。温度过高或过低时不宜使用乙草胺，以免引起药害。

注意事项

（1）乙草胺活性很高，施用时剂量不能随意加大，喷药要求均匀周到，不要重喷和漏喷，喷头高度要控制到合适的位置，过低则沟底着药、沟沿杂草丛生，过高则易误喷播种行上，引起药害。

（2）要提高土壤湿度。乙草胺对杂草的作用，主要是通过杂草幼芽与幼根的吸收，抑制幼芽和幼根的生长，刺激根产生瘤状畸形，致使杂草死亡。一定的土壤湿度，有利于提高杀草效果。如在用药阶段遇到持续干旱天气，除草效果会大大降低。因此应先浇水增大土壤湿度，然后再用药，这是提高乙草胺除草药效的关键措施之一。此外，在用药剂量上，应考虑土壤温度、湿度和有机质含量。在土壤湿度大、气温较高的情况下可以用以上推荐的低剂量；反之用高剂量。在砂质土壤上选用低剂量，黏土及有机质含量高的土壤选用高剂量。在地膜覆盖蔬菜田一般选用低剂量。

（3）在高温高湿下使用，或施药后遇降雨，种子接触药剂后，叶片上易出现皱缩发黄现象。

（4）选择适宜的用药时间。乙草胺是一种选择性芽前除草剂，只有在作物播种后、杂草出土前施药，才能发挥出它的药效，且用药时间越早越好。对已出土杂草防效差，土壤干旱影响除草效果。

（5）不能与碱性物质混用。可将其与均三氮苯、取代脲、苯氧羧酸类等防除阔叶杂草的芽前除草剂混用，以达到扩大杀草谱的目的。

（6）要选择适宜的品种，控制用药量。地膜毛豆慎用乙草胺除草。在韭菜、菠菜等作物上易产生药害，应慎用。对葫芦科作物敏感，在西瓜、黄瓜、甜瓜种子出土前或苗期使用极易产生药害，轻则植株矮化、叶片皱缩、枝蔓细短，造成一定程度的减产，严重的会造成绝收、甚至死亡。

乙草胺除草剂在番茄、白菜、甘蓝、花椰菜、萝卜、辣椒、茄子和莴苣等蔬菜田上使用时，每亩用量应限制在 50~75mL，否则容易产生药害。

白菜发生乙草胺除草剂药害，其原因是白菜田用乙草胺除草剂进行土壤处理时，用药量过多，超出了白菜所能耐受的程度，使组织器官受到了损害，出现了不正常的病态。白菜田遇到内涝等不良环境条件，也会造成药液聚集，产生药害。白菜田使用过量乙草胺除草剂，不影响白菜出苗。但是，白菜出苗后心叶卷缩，出现畸形，生长受到抑制。即使以后长出的叶片能正常，但生长速度减慢，产量、质量受到不利的影响。预防白菜发生乙草胺除草剂药害，其基本方法在于适量、适时、适法施用乙草胺除草剂。不要在白菜苗前混土施药，避免施药量过大或施药不均匀。在低洼易涝的白菜地块，不要施用乙草胺。

（7）温度过高或过低时不宜施用乙草胺，以免引起作物药害。在大棚等保护设施里使用乙草胺要减量，否则易出现药害。小麦、谷子和高粱较敏感，施用时注意防治药液飘移到这类禾本科作物上，以防产生药害。

（8）整地的质量直接关系到乙草胺的药效。一方面，整地质量不好，老草未铲除干净，直接影响除草效果，因为乙草胺只能被杂草幼芽和幼根吸收，对已成型杂草无防除效果；另一方面，整地质量不好，土壤高低不平，无法使药液均匀喷施，妨碍除草效果的提高。

（9）施药工具用毕后要及时清洗干净。在使用或贮运过程，应远离火源。

（10）一季最多使用 1 次。

复配剂及应用

（1）45％戊·氧·乙草胺乳油，用于防除大蒜田一年生杂草，播后苗前土壤喷雾，每亩用 45~72g。

（2）42％氧氟·乙草胺乳油，用于防除大蒜田一年生杂草，土壤喷雾，每亩用 37.8~43.3g（大蒜田）。

（3）62％烟嘧·乙·莠可分散油悬剂，用于防除玉米田一年生杂草，茎叶喷雾，每亩用 43.4~49.6g。

二甲戊灵（pendimethalin）

$$\text{NHCH}(C_2H_5)_2$$

$C_{13}H_{19}N_3O_4$，281.3，40487-42-1

其他名称　施田补、除草通、快乐园、草芽灵、杀草通、菜草通、除芽通、胺硝草、二甲戊乐灵。

化学名称　N-(1-乙基丙基)-2,6-二硝基-3,4-二甲基苯胺

主要剂型

（1）单剂　330g/L、33％、500g/L乳油，3％、5％颗粒剂，45％、450g/L微胶囊剂，20％、30％悬浮剂。

（2）混剂　甲戊·丁草胺、甲戊·扑草净、甲戊·乙草胺、甲戊·莠去津、氧氟·甲戊灵等。

理化性质　纯品为橘黄色结晶固体，熔点54～58℃，蒸气压1.94mPa（25℃）。溶解度：水中0.33mg/L（pH7，20℃），丙酮、二甲苯和二氯甲烷＞800（g/L，20℃，下同），正己烷48.98，易溶于苯、甲苯和三氯甲烷，微溶于石油醚和汽油。稳定性：大于5℃小于130℃稳定，在酸碱条件下稳定，光照下缓慢分解。

产品特点

（1）主要抑制植物分生组织细胞分裂，不影响杂草种子的萌发，而是在杂草种子萌发过程中，通过植物幼芽、茎和根吸收药剂后，抑制幼芽和次生根分生组织细胞分裂，从而阻碍杂草幼苗生长而致死，是一种分生组织细胞分裂抑制剂。双子叶植物吸收部位为下胚轴，单子叶植物为幼芽，其受害症状是幼芽和次生根被抑制。二甲戊灵属二硝基苯胺类、选择性、内吸传导型、芽前土壤处理除草剂，杂草可通过幼芽、茎和根吸收药剂。

（2）杀草谱广。对大多数旱田一年生禾本科，如千金子、马唐、稗草、牛筋草、异型莎草、碎米莎草、狗尾草、金狗尾草和看麦娘等单子叶杂草，以及如马齿苋、鸭舌草、陌上草、萤蔺、藜等阔叶杂草有效，仅对多年生杂草效果较差。

（3）适用范围广。可适用于玉米、花生、棉花、水稻、马铃薯、烟草、蔬菜等多种作物田除草，通常也可以用于稻田除草。

（4）作物安全性好。对作物根系没有伤害。持效期间不影响其他药剂使用，对作物没有隐形药害。

（5）毒性低。对人畜低毒，对鸟类、蜜蜂低毒。

（6）挥发性和淋溶性低。二甲戊灵的蒸气压（比氟乐灵）低，意味着挥发性低。水溶性（0.3mg/L）比异丙甲草胺（530mg/L）和甲草胺（240mg/L）低，意味着受水分影响小，淋溶性小，持效期长。

防治对象　主要登记蔬菜为大蒜、韭菜、姜、甘蓝、移栽白菜田、胡萝卜、马铃薯，还可用于洋葱、芹菜、花椰菜、番茄、茄子、辣椒、豌豆、菜豆、豇豆等蔬菜田。

可防除一年生单子叶和双子叶杂草，如虎尾草、马唐、稗草、牛筋草、早熟禾、狗尾草、苋、看麦娘、猪殃殃、荠、蓼、鸭舌草、婆婆纳、藜、马齿苋、反枝苋、雀舌草、繁缕、辣蓼、碎米莎草等，持效期达42～63d，但不影响杂草发芽，对欧洲千里苋、铁苋菜、苦苣菜等防除效果不好；易被土壤吸附，土壤长期干旱，除草效果下降。

使用方法

（1）在播种前处理土壤

① 在胡萝卜播种前，每亩用33％乳油55～100mL，兑水50～60kg，均匀处理畦面。

② 在菜豆播种前，每亩用33％乳油65～135mL，兑水50～60kg，均匀处理畦面。

（2）在播后苗前处理土壤

① 十字花科蔬菜，如甘蓝和移栽白菜田，每亩用33％乳油100～150mL，兑水40～60L，在播种后出苗前均匀喷雾于土表，土壤湿度大有利于提高防除效果。

② 胡萝卜、芹菜、茴香、芫荽等。在播后苗前，每亩用33％乳油100～150mL，兑水40～50kg，在播后苗前均匀喷雾土壤表面，砂质土用药量略减。

③ 芹菜。在播后苗前，露地每亩用33％乳油100～150mL、温室内每亩用33％乳油75～100mL，兑水50～60kg，均匀处理畦面。也可用100kg细土与药剂拌匀后，均匀（喷洒或撒施）处理畦面。

④ 菜豆。在播后苗前，每亩用33％乳油65～135mL，兑水50～60kg，均匀处理畦面。

⑤ 豌豆。在播后苗前，每亩用33％乳油100mL，兑水50～60kg，均匀处理畦面。

⑥ 在西葫芦、小白菜（油菜）、花椰菜、甘蓝、萝卜、胡萝卜、菜豆等播后苗前，每亩用33％乳油100～150mL，兑水50～60kg，均匀处理畦面后，适时浇水；对生长期长的蔬菜，可过40d后，再以同样药量施药1次。

⑦ 洋葱。直播洋葱田在洋葱播后苗前或苗后施药，每亩使用33％乳油或330g/L乳油120～150mL，兑水30～45kg均匀喷雾，苗前除草时洋葱覆土深度在2cm以上。

⑧ 葱。直播葱、移栽葱和根茬葱均可使用，每亩使用33％乳油或330g/L乳油100～150mL，兑水30～45kg，在播后苗前、移栽前或根茬葱返青前，于土壤表面均匀喷雾。土壤有机质含量高的田块用高剂量，有机质含量低的田块用低剂量。小葱苗床慎用。适当增加土壤湿度有利于提高除草效果。

⑨ 大蒜。播后苗前或苗后早期均可用药，最佳施药时期是蒜瓣移栽后至出苗前、杂草未出苗时。每亩使用33％乳油或330g/L乳油150～200mL，兑水45～60kg，均匀喷雾。大蒜出苗早期，单子叶杂草不大于1叶1心期、阔叶杂草不大于2叶期也可施药，每亩使用33％乳油或330g/L乳油150～200mL。施药期注意将土地整平整细，蒜瓣移栽后应覆土3～4cm，避免蒜瓣和药土层接触。在荠菜和猪殃殃较多的地区，可与乙氧氟草醚混用，混用量为每亩使用33％乳油或330g/L乳油150～200mL，加20％乙氧氟草醚乳油30～40mL。

⑩ 韭菜。育苗韭菜田除草，每亩使用33％乳油或330g/L乳油100～200mL，兑水30～40kg，在韭菜播后苗前，于土壤表面均匀喷雾，砂质土用药量略减。第一次用药后，间隔40～45d再用1次，可基本控制整个生育期间的杂草危害。

⑪ 甘蓝。甘蓝移栽前，杂草未出苗前，每亩用33％乳油150～200mL，兑水40～

60kg，土壤均匀喷雾。

⑫ 生姜。姜田播后苗前，每亩用33%乳油130～150mL，兑水40～60kg，土壤均匀喷雾。

⑬ 马铃薯。播后苗前用药，最好在播种覆土后随即施药，播后3d之内施完。覆膜马铃薯，每亩用33%乳油或330g/L乳油120～150mL，兑水30～45kg，于土壤表面均匀喷雾，用药后及时盖膜。露地马铃薯在喷药后3～5d内遇较干旱天气，要适量喷水以保持土壤湿度，提高除草效果。

⑭ 黄瓜。在播后苗前，每亩用33%乳油250～300mL，兑水50～60kg，均匀处理畦面。

⑮ 玉米。玉米播后苗前，田间杂草未出土前施药，每亩用33%乳油150～200mL（夏玉米）或200～300mL（春玉米），兑水30～40kg，当杂草为害较重时使用高剂量。有机质含量低的砂壤土，使用低剂量；土壤黏重或有机质含量超过2%，使用推荐用量的高剂量；土壤处理时，整地要平整，避免有大土块或土壤残渣。

（3）在出苗后处理土壤　在洋葱等出苗后早期，每亩用33%乳油100～200mL，兑水50kg，均匀处理畦面。

（4）移栽蔬菜

① 十字花科蔬菜，如甘蓝和移栽白菜田，每亩用33%乳油100～150mL，兑水40～60L，在蔬菜移栽前均匀喷雾。移栽时应尽量少翻动土层，砂质土用药量略减。

② 瓜类移栽缓苗后4～6叶期，苗高15cm以上（冬瓜、南瓜、西葫芦也可移栽前）；洋葱移栽前或移栽缓苗后；豆类移栽前；沟葱、莴苣移栽缓苗后；芹菜移栽前或移栽后杂草出土前，每亩用33%乳油100～150mL，兑水50kg，均匀处理畦面。

③ 番茄、茄子、甜椒、甘蓝、花椰菜、莴苣等，在幼苗定植前1～3d（或定植缓苗后），每亩用33%乳油或330g/L乳油150～200mL，兑水30～45kg，均匀处理畦面。移苗时尽量不要翻动土壤，整地后尽早施药，砂壤土用量低。如果在移栽后施药，必须在田间进行定向喷雾，不能将药液喷到茄科类蔬菜作物上，尤其不能将药液喷到幼嫩的心叶上。

④ 洋葱。每亩用33%乳油100～150mL，兑水40～50L，在移栽前喷雾土壤表面。砂质土用药量略减。

地膜覆盖田应盖膜前用药。

（5）老根韭菜、采籽洋葱　老根韭菜每次收割后要清除田间大草并松土，待伤口愈合后可每亩用33%乳油或330g/L乳油100～200mL，兑水30～40kg进行土壤处理。如土壤有机质达到1.5%以上，则每亩壤质土用药量为267mL；黏质土用药量可达到330mL。

采籽洋葱返青后现蕾开花前苗高10～15cm，可每亩用33%乳油100～150mL，兑水50kg定向喷雾。

（6）混配喷雾处理土壤　在马铃薯播种后，即每亩用33%乳油110～330mL与70%嗪草酮可湿性粉剂27～54g混配后，兑水25～40kg，均匀处理畦面；有机质含量低的地块，宜用低剂量。

中毒急救　施药时注意安全防护，如误服，清醒时可引吐，并送医院对症治疗，无特效解毒药剂。

注意事项

（1）二甲戊灵除单子叶（禾本科）杂草效果比双子叶（阔叶）杂草效果好，只对部分双子叶杂草有效，在双子叶杂草多的地块，可改用其他除草剂或与其他除草剂混用。

（2）对 2 叶期内的一年生杂草效果好，要掌握施药适期。

（3）只能做土壤处理，不能做茎叶处理。

（4）要有好的土壤墒情。二甲戊灵一旦与土壤结合，很难再移动。施药时如果墒情较好，施下的二甲戊灵才能向下和向四周扩散，形成 2～3cm 厚的严密的药土层，保证土壤封闭效果。施药后土壤干燥时，难以形成良好的药土层，会影响防效。因此，为增加土壤吸附效果，减轻对作物的药害，在用药前先浇水处理土壤后再施药。如果在施药后土壤湿度过大，或者短时间内遇雨，药物有可能进入作物播种层，容易对作物特别是比较敏感的作物产生药害。

（5）用药不宜过迟。在用于蔬菜作物除草时，如果蔬菜种子已萌发，甚至已开始出苗，施用二甲戊灵后药物被作物幼芽大量吸收，很容易产生药害。几乎所有的作物，在芽苗期接触二甲戊灵都容易产生严重药害。因此，若在苗前用药，越早越好，忌在萌芽期用药，该药用后可不混土。

（6）播种不宜过浅。种子处于药层中，萌发后吸收药物的量较大，容易受到药害。因此，播后苗前施药时种子应尽量避免露籽，防止种子直接接触药剂而产生药害。移栽前施药需保证作物的移栽深度在 3cm 以上，并避免移栽时露根或根系接触到毒土层。

（7）用药量不宜过大。当单位面积上用药量偏大时，对大葱有轻微药害，因此，在大葱上，每亩用 33％乳油药量不宜超过 200mL。对小葱有轻微药害，在伏葱和秋播小葱田使用时每亩用药量不要超过 100mL，伏葱播种时应加大播种量，防止因部分药害造成缺苗。

（8）二甲戊灵用药量因杂草多少、土壤质地和土壤有机质含量不同而有所差异，应酌情调整用药量。春季地温低时可使用高量，夏季地温高时应使用低量；在砂土地上或有机质含量低的土壤上用低量，反之用高量。

（9）水萝卜田禁用，直播十字花科蔬菜作物禁用。

（10）施药前应整地，不要有大土块和植物残茬，且喷雾应均匀周到，避免重喷、漏喷。

在低温情况下施药或施药后浇水及降大雨可能会影响药效或使植物产生轻微药害。施药后 7d 左右表土干旱影响药效。

（11）应密封于原容器内。药剂可燃烧，在运输和贮藏过程中，应远离火源，注意防火。

（12）对鱼有毒，应远离水产养殖区施药，禁止在河塘等水体中清洗施药器具，避免污染水源。

（13）在叶菜上最多使用 1 次。

异丙甲草胺（metolachlor）

$C_{15}H_{22}ClNO_2$, 283.8, 51218-45-2

其他名称　都尔、杜尔、杜耳、金都尔、甲氧毒草胺、屠莠胺、莫多草、毒禾草、都阿、都高、多乐、高闲、深大、胜尔。

化学名称　*N*-（2-乙基-6-甲基苯基）-*N*-（1-甲基-2-甲氧基乙基）-氯乙酰胺

主要剂型　5％、70％、72％、720g/L、79％、88％、96％、960g/L乳油。

理化性质　纯品为无色液体，原药则皆为棕色油状液体，沸点100℃（0.133Pa），蒸气压1.7mPa（20℃）。溶解度（20℃）：水488mg/L，与苯、甲苯、甲醇、乙醇、辛醇、丙酮、二甲苯、二氯甲烷、DMF、环己酮、己烷等有机溶剂互溶。酰胺类选择性芽前除草剂。对高等动物毒性低。制剂对兔眼睛有轻微刺激，对兔皮肤有轻微刺激性；对鱼类毒性中等，对鸟类毒性低；对蜜蜂有胃毒；无接触毒性。

产品特点

（1）作用机理是主要抑制发芽种子的蛋白质合成，其次抑制胆碱渗入磷脂，干扰卵磷脂形成。主要通过植物的幼芽即单子叶和胚芽鞘、双子叶植物的下胚轴吸收向上传导。出苗后主要靠根吸收向上传导，抑制幼芽与根的生长。敏感杂草在发芽后出前或刚刚出土立即中毒死亡，表现为芽鞘紧包着生长点，稍变粗，胚根细而弯曲，无须根，生长点逐渐变褐色。如果土壤墒情好，杂草被杀死在幼芽期。如果土壤水分少，杂草出土后随着降雨土壤湿度增加，杂草吸收药剂后，禾本科杂草心叶扭曲、萎缩后枯死，阔叶杂草叶皱缩变黄整株枯死。因此施药应在杂草发芽前进行。由于禾本科杂草幼芽吸收异丙甲草胺的能力比阔叶杂草强，因而该药防除禾本科杂草的效果远远好于阔叶杂草。

（2）异丙甲草胺属酰胺类、内吸传导型选择性芽前旱地土壤处理除草剂。对单子叶杂草，主要被种子上部的幼芽吸收；对双子叶杂草，可以被幼芽和根部吸收，抑制蛋白质的分解。

（3）异丙甲草胺相比乙草胺具有安全性更高、适用作物种类更多的优点。

（4）96％精异丙甲草胺乳油是异丙甲草胺中得到的精制活性异构体，其杀草谱和使用范围都和72％异丙甲草胺乳油相同。

（5）可与苄嘧磺隆、扑草净、莠去津、异噁草松、嗪草酮、2,4-滴丁酯、苯噻酰草胺、乙草胺、甲磺隆复配。

防治对象　适用于十字花科、伞形花科、百合科、豆科、茄果类、马铃薯、生姜、西瓜等芽前除草。

主要防除一年生禾本科杂草及部分双子叶杂草，如稗草、马唐、牛筋草、狗尾草、野黍、臂形草、千金子、画眉草等一年生禾本科杂草，兼治苋菜、马齿苋、黄香附子、荠菜、辣子草、繁缕等部分小粒种子阔叶杂草和碎米莎草，对多年生杂草和多数阔叶杂草防效较差。持效期30～50d。

使用方法

（1）在黄瓜定植前，或菜豆、洋葱等播后苗前。每亩用72％乳油100～200mL，兑水40kg，均匀处理畦面。

（2）番茄。若是铺地膜，每亩用72％乳油100mL，兑水40kg，均匀处理畦面后，铺地膜栽苗。

（3）辣椒。直播前施药，每亩用72％乳油或720g/L乳油75～100mL，或960g/L乳油75mL，兑水40kg，均匀处理畦面，施药后浅混土；若是移栽前或铺地膜前施用药剂，每亩用 72％乳油或 720g/L 乳油 100mL，或 960g/L 乳油 75mL，兑水 40kg，均匀处理畦面后，栽苗或铺地膜栽苗。

（4）茄子。在移栽前或铺地膜前，每亩用 72％乳油 100mL，兑水 40kg，均匀处理畦面后，栽苗或铺地膜栽苗。

（5）马铃薯。播种后立即施药，每亩用 72％乳油或 720g/L 乳油 100～230mL，或 960g/L 乳油 75～170mL，兑水 40kg，均匀处理畦面。为增加对马铃薯田内阔叶杂草的防除效果，每亩用 72％异丙甲草胺乳油 100～167mL 与 70％嗪草酮可湿性粉剂 20～40g 混配后，兑水 40kg，在播后苗前，用混配药液均匀处理畦面。播前施药要注意撒播种子后浅覆土 1～1.5cm，且覆土要均匀，防止种子外露造成药害。

（6）直播白菜田。华北地区为播后立即施药，每亩用 72％乳油或 720g/L 乳油 75～100mL，或 960g/L 乳油 55～75mL。长江流域中下游地区夏播小白菜为播前 1～2d 施药，每亩用 72％乳油或 720g/L 乳油 50～75mL，或 960g/L 乳油 40～55mL。播前施药要注意撒播种子后浅覆土 1～1.5cm，且覆土要均匀，防止种子外露造成药害。

（7）直播甜椒、甘蓝、油菜、大（小）白菜、大（小）萝卜及育苗花椰菜等。在播后苗前，每亩用 72％乳油 100mL，兑水 40kg，均匀处理畦面。

（8）甜（辣）椒、花椰菜、甘蓝等。在定植缓苗后，每亩用 72％乳油 100mL，兑水 40kg，定向均匀处理畦面。

（9）花椰菜移栽田。移栽前或移栽缓苗后施药，每亩用 72％乳油或 720g/L 乳油 75mL，或 960g/L 乳油 55mL，兑水 40kg，均匀处理畦面。特别注意，地膜移栽是地膜行施药，即为苗带施药，用药量应根据实际喷洒面积计算。

（10）韭菜。韭菜苗圃除草，在播种后立即施药，每亩用 72％乳油或 720g/L 乳油 100～125mL，或 960g/L 乳油 75～90mL，兑水 40kg，均匀处理畦面；若老茬韭菜割后 2d 施药，每亩用 72％乳油或 720g/L 乳油 75～I00mL，或 960g/L 乳油 55～75mL，兑水 40kg，均匀处理畦面。

（11）大蒜。露地或地膜地均在播后 3d 内施药，露地每亩用 72％乳油 100～150mL，或 960g/L 乳油 75～110mL，兑水 40kg，铺地膜地每亩用 72％乳油或 720g/L 乳油 75～100mL，或 960g/L 乳油 55～75mL，兑水 40kg，均匀处理畦面。

（12）芹菜苗圃。芹菜播种后即施药，每亩用 72％乳油或 720g/L 乳油 100～125mL，960g/L 乳油 75～90mL，兑水 40kg，均匀处理畦面。

（13）西瓜。覆膜西瓜，应在覆膜前施药；直播田在播后苗前立即施药；移栽田在移栽前或移栽后施药。小拱棚西瓜地，在西瓜定植或膜内温度过高时应及时揭膜通风，防止药害。每亩用 72％乳油或 720g/L 乳油 100～200mL，或 960g/L 乳油 75～150mL 兑水喷雾，如仅在地膜内施药，应根据实际施药面积计算用药量。土壤质地疏松、有机质含量低、低洼地、土壤水分好时用低剂量，土壤质地黏重、有机质含量高、岗地、土壤水分少时用高剂量。地膜覆盖的可减少 20％用药量。不能在小拱棚西瓜田使用该药剂。

（14）生姜。播后苗前施药，最好在播种后 3d 内施药，每亩用 72％乳油或 720g/L 乳油 75～100mL，或 960g/L 乳油 55～75mL，兑水 40kg，均匀处理畦面。

（15）番茄。移栽前，每亩用 96％乳油 130mL，兑水 30kg 均匀喷洒畦面，然后采用水泥秧法栽番茄苗。

（16）瓜类、豆类蔬菜、白菜等。在播后苗前，每亩用 96％ 乳油 100mL，兑水 50kg，均匀喷洒畦面。

（17）甘蓝移栽田。在移栽前土壤喷雾处理，每亩用 72％ 乳油或 720g/L 乳油 130mL，或 960g/L 乳油 95mL，兑水 50kg 喷雾。

中毒急救　中毒症状为对皮肤、眼、呼吸道有刺激作用。如吸入本品，应迅速将患者转移到空气清新流通处，解开衣领、腰带，保持呼吸畅通。如呼吸停止，给人工呼吸。如呼吸困难，给氧。如有症状及时就医。皮肤接触后，立即用水和肥皂清洗，并彻底冲洗干净。眼睛接触后，把眼睑扒开用流水冲洗几分钟，如有持续症状，及时就医。误食，立即用大量清水漱口，洗胃。使用医用活性炭洗胃，注意防止胃容物进入呼吸道。及时送医院对症治疗。

注意事项

（1）在瓜类及茄果类蔬菜上使用浓度偏高时，易产生药害；使用不当对十字花科蔬菜有轻微药害；以小粒种子繁殖的一年生蔬菜如西芹、芫荽、苋等对该药敏感，均应慎用（或先试后用）或不宜使用。

在地膜覆盖栽培的西瓜上使用精异丙甲草胺除草剂，膜下高温、高湿的环境，会促进药剂的挥发和西瓜苗对药剂的吸收，容易引发药害。西瓜受精异丙甲草胺药害后，其症状表现为瓜苗叶片发黄、扭曲，植株不长，有的枯死，不枯死的植株不结瓜或结的瓜个小。

对受害西瓜苗，应及时破开地膜通风散湿，增强棚内通风，在一定程度上缓解药害。但受害较重的西瓜苗，即使以后能恢复生长，其结瓜时间和瓜的大小与质量，也可能受到很大不利影响。因此，不要勉强地抢救受害瓜苗，否则很可能得不偿失。在排除药剂质量问题和前期用药量不是太大的情况下，可以考虑将发生药害的大棚内的地膜揭开，适当松土散湿后直播或移栽西瓜，以利用大棚，减少损失。棚内轻度受害的西瓜苗，可以暂留下来，观察其恢复情况。如果能很快恢复生长，可以考虑留用。

（2）蔬菜田使用异丙甲草胺，要求整地质量好，田中无大土块或植物残株。覆盖地膜的作物，应在覆膜前喷药，然后盖膜。由于地膜中的温湿度能够充分发挥异丙甲草胺的药效，因此要求使用低剂量。移栽作物田使用异丙甲草胺，应在移栽前施药，移栽时尽量不要翻开穴周围的土层。如果需要移栽后施药，尽量不要将药剂喷洒到作物上，或喷药后及时喷水洗苗。

药效易受气温和土壤肥力条件的影响。温度偏高时和砂质土壤、有机质含量低，用药量宜低；反之，气温较低时和黏质土壤、有机质含量高，用药量可适当偏高。

（3）露地蔬菜在干旱条件下施药后，应迅速进行浅混土，深 4～5cm，或覆盖地膜。若铺地膜，实际上仅在苗带施药，要根据实际喷洒药液的面积来计算用药量，而且宜选用低药量。覆膜作物田施药不混土，药后必须立即覆膜。

（4）采用毒土法施药，应掌握在下雨或灌溉前后最好，不然除草效果不理想。

（5）异丙甲草胺残效期一般为 30～35d，在此期间可以封行，基本可以控制全生育期的杂草为害；不能封行的作物，需要第二次施药，或结合培土等人工措施除草。

（6）本品耐雨水冲刷，药后 3h 遇雨药效不受影响。

（7）雨水多、排水不良的地块，田间积水易发生药害，应注意排水。

（8）作为播后苗前的土壤处理剂对大多数作物安全，使用范围很广。

(9) 喷雾时严格避免碰到发芽作物种子。

(10) 本品对鱼类高毒，养鱼稻田禁止使用。远离水产养殖区施药，禁止在河塘等水体中清洗施药器具。不得以任何形式污染农田及水源。不可在临近雨季的时间用药，以免经连续降雨将药剂冲刷到附近农田里而造成药害。

(11) 应在阴凉、干燥、通风、防雨、远离火源处贮存。若在零下 10℃ 处贮存，该药会有结晶析出。在使用前，可将药剂容器放入 40℃ 水中加热，可使结晶溶解，不影响药效。勿与食品、饲料、种子、日用品等同贮同运。

置于儿童够不着的地方并上锁，不得重压、损坏包装容器。

(12) 一季最多使用 1 次。

精异丙甲草胺（S-metolachlor）

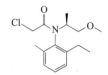

C$_{15}$H$_{22}$ClNO$_2$，283.8，87392-12-9

其他名称 金都尔、高效异丙甲草胺、莫多草、屠莠胺、都阿。

化学名称 2-乙基-6-甲基-N-(1′-甲氧-2′-甲氧乙基)氯化乙酰基苯胺

主要剂型 960g/L、96%乳油、40%微胶囊悬浮剂。

理化性质 纯品为浅黄色至褐色液体，伴有非特异性气体。熔点 $-61.1℃$，蒸气压 3.7mPa（25℃），相对密度 1.117（20℃）。溶解度：水 480mg/L（pH 值 7.3，25℃），完全溶于正己烷、甲苯、二氯甲烷、甲醇、正辛醇、丙酮和醋酸乙酯。稳定性：水解稳定（pH 值 4～9，25℃）。

产品特点

(1) 精异丙甲草胺属于选择性芽前除草剂，广谱、低毒。主要通过植物的幼芽即单子叶植物的胚芽鞘、双子叶植物的下胚轴吸收向上传导，种子和根也吸收传导，但吸收量较小，传导速度慢。出苗后主要靠根吸收向上传导，抑制幼芽与根的生长。敏感杂草在发芽后出土前或刚刚出土即中毒死亡，表现为芽鞘紧包着生长点，稍变粗，胚根细而弯曲，无须根，生长点逐渐变褐色、黑色烂掉。如果土壤墒情好，杂草被杀死在幼苗期；如果土壤水分少，杂草出土后随着降雨土壤湿度增加，杂草吸收异丙甲草胺，禾本科杂草心叶扭曲、萎缩，其他叶皱缩后整株枯死。阔叶杂草叶皱缩变黄，整株枯死。因此施药应在杂草发芽前进行，作用机制为通过阻碍蛋白质的合成而抑制细胞生长。

(2) 用于玉米、大豆、花生、甘蔗，也可用于非砂性土壤的棉花、油菜、马铃薯和洋葱、辣椒、甘蓝等作物，防治一年生杂草和某些阔叶杂草，在出芽前作土面处理。持效期 30～35d。

(3) 可与莠去津、特丁津、硝磺草酮等复配，如 670g/L 异丙·莠去津悬浮剂、50%草胺·特丁津悬浮剂、38.5%硝·精·莠去津悬浮剂等。

防治对象 适用于作物播后苗前或移栽前土壤处理，可防除一年生禾本科杂草如稗草、马唐、臂形草、画眉草、早熟禾、牛筋草、黑麦草、狗尾草等，对繁缕、藜、反枝苋、猪毛菜、马齿苋、荠菜、柳叶刺蓼、酸模叶蓼等阔叶杂草有较好防除效果，但对看麦娘、野燕麦防效差。

使用方法

（1）胡萝卜、芹菜、茴香、芫荽田，每亩用 960g/L 乳油 50～65mL，兑水 50L 在播后苗前均匀喷雾土壤表面。土壤湿度大有利于提高防效。用药量随土壤有机质含量的增加可适当增加。

（2）菜豆。防除一年生禾本科杂草及部分阔叶杂草，北方地区每亩用 960g/L 乳油 65～85mL，其他地区 50～65mL，播后苗前土壤喷雾。作物播后苗前、杂草出苗之前，采用扇形雾或空心圆锥雾等细雾滴喷头，每亩兑水 20～40kg，进行土壤封闭喷雾处理。施用前后要求田间土壤湿润，否则应灌水增墒后使用。干旱气候不利于药效发挥，在土壤墒情较差时，可在施药后浅混土 2～3cm。用于地膜覆盖作物时，在播种后施药，然后盖膜；或在施药后盖膜，然后打孔移栽。

（3）大豆。大豆播种后出苗前，夏大豆每亩用 960g/L 乳油 50～85mL，春大豆每亩用 960g/L 乳油 60～85mL，兑水 20～40kg，土壤喷雾施药 1 次。

（4）夏玉米。夏玉米播种前，每亩用 960g/L 乳油 50～85mL，兑水 20～40kg，土壤喷雾施药 1 次。

（5）马铃薯。马铃薯播种后出苗前，土壤有机质含量小于 3%，每亩用 960g/L 乳油 52.5～65mL；土壤有机质含量 3%～4%，每亩用 960g/L 乳油 100～130mL，兑水 20～40kg，土壤喷雾施药 1 次。

（6）大蒜。大蒜播种后出苗前，每亩用 960g/L 乳油 52.5～65mL，兑水 50kg，在大蒜播后苗前均匀喷雾土壤表面。土壤湿度大有利于提高防效。用药量随土壤有机质含量的增加可适当增加。

（7）冬油菜。冬油菜移栽前，每亩用 960g/L 乳油 45～60mL，兑水 40～50kg，土壤喷雾，防除一年生禾本科杂草和部分阔叶杂草。

（8）甘蓝。甘蓝移栽前，每亩用 960g/L 乳油 47～56mL，兑水 20～40kg，土壤喷雾施药 1 次。

（9）洋葱。洋葱播种后出苗前，每亩用 960g/L 乳油 52.5～65mL，兑水 20～40kg，土壤喷雾施药 1 次。

（10）番茄。防除一年生禾本科杂草及部分阔叶杂草，北方地区每亩用 960g/L 乳油 65～85mL，其他地区 50～65mL，播后苗前土壤喷雾。作物播后苗前、杂草出苗之前，采用扇形雾或空心圆锥雾等细雾滴喷头，每亩兑水 20～40kg，进行土壤封闭喷雾处理。施用前后要求田间土壤湿润，否则应灌水增墒后使用。干旱气候不利于药效发挥，在土壤墒情较差时，可在施药后浅混土 2～3cm。用于地膜覆盖作物时，在播种后施药，然后盖膜；或在施药后盖膜，然后打孔移栽。

（11）甜菜。防除一年生禾本科杂草及部分阔叶杂草，每亩用 960g/L 乳油 75～80mL，播后苗前土壤喷雾。作物播后苗前、杂草出苗之前，采用扇形雾或空心圆锥雾等细雾滴喷头，每亩兑水 20～40kg，进行土壤封闭喷雾处理。施用前后要求田间土壤湿润，否则应灌水增墒后使用。干旱气候不利于药效发挥，在土壤墒情较差时，可在施药后浅混土 2～3cm。用于地膜覆盖作物时，在播种后施药，然后盖膜；或在施药后盖膜，然后打孔移栽。

（12）西瓜。防除一年生禾本科杂草及部分阔叶杂草，每亩用 960g/L 乳油 40～65mL，移栽前土壤喷雾。作物移栽前、杂草出苗之前，采用扇形雾或空心圆锥雾等细雾滴喷头，每亩兑水 20～40kg，进行土壤封闭喷雾处理。施用前后要求田间土壤湿润，否则应灌水增墒后使用。干旱气候不利于药效发挥，在土壤墒情较差时，可在施药后浅混土 2～3cm。用于地膜覆盖作物时，在播种后施药，然后盖膜；或在施药后盖膜，然后打孔移栽。

中毒急救　一旦发生中毒，请对症治疗。用药时如果感觉不适，立即停止工作，采取急救措施，并携标签送医就诊。如皮肤接触，立即脱掉被污染的衣物，用大量清水彻底清洗受污染的皮肤，如皮肤刺激感持续，请医生诊治。如药液溅入眼睛，立即将眼睑翻开，用清水冲洗至少 15min，再请医生诊治。发生吸入，立即将吸入者转移到空气新鲜处，如果吸入者停止呼吸，需要进行人工呼吸。注意保暖和休息，请医生诊治。如误服，立即携带该产品标签，送医就诊。紧急医疗措施：使用医用活性炭洗胃，洗胃时注意防止胃容物进入呼吸道。注意对昏迷病人，切勿经口喂入任何东西或引吐。无专用解毒剂，对症治疗。

注意事项

（1）稀释时，先在容器中加入所需水量的一半，然后按所需剂量加入，再加足剩余的水，搅拌均匀即可使用。

（2）在质地黏重的土壤上施用时，使用高剂量；在疏松的土壤上施用时，使用低剂量。

（3）在低洼地或砂壤土使用时，如遇雨，容易发生淋溶药害，需慎用。

（4）勿在水旱轮作栽培的西瓜田和小拱棚使用。

（5）露地栽培作物在干旱条件下施药，应迅速进行浅混土，覆膜作物田施药不混土，施药后必须立即覆膜。残效期一般为 30～35d，所以一次施药需结合人工或其他除草措施，才能有效控制作物全生育期杂草为害。

（6）采用毒土法，应掌握在下雨或灌溉前后施药。施药后，彻底清洗防护用具，洗澡，并更换和清洗工作服。

（7）施药地块严禁放牧和畜禽进入。

（8）对鱼、藻类和水蚤有毒，应避免污染水源。

（9）每季作物最多使用本品 1 次。

氟吡甲禾灵（haloxyfop-methyl）

C$_{16}$H$_{13}$ClF$_3$NO$_4$, 375.7, 69806-34-4

其他名称　盖草能，精盖草能。

化学名称　(RS)-2-[4-(3-氯-5-三氟甲基-2-吡啶氧基)苯氧基]丙酸甲酯

主要剂型　12.5%、3%、10.8%、108g/L乳油。

理化性质　无色晶体。熔点55～57℃，蒸气压0.80mPa（25℃）。溶解度：水中9.3mg/L（25℃），乙腈4.0（kg/kg，20℃，下同），丙酮3.5，二氯甲烷3.0，二甲苯1.27。

产品特点

（1）通过与杂草体内乙酰辅酶A羧化酶结合，阻止此酶发挥作用，破坏脂肪酸的合成，使细胞膜等含脂结构破坏，导致植物死亡。高效氟吡甲禾灵由于去除了氟吡甲禾灵中非活性的S光学异构体，其除草活性要高，药效更稳定，受低温、雨水等不利环境影响更小，施药1h后降雨对药效影响很小。

（2）属有机杂环类、选择性、内吸传导型、茎叶除草剂，乳油外观为橘黄色液体。茎叶处理后能很快被禾本科杂草的叶子吸收，传导至整个植株，抑制茎和根的分生组织而导致杂草死亡。杂草在吸收药剂后，很快停止生长，幼嫩组织和生长旺盛的组织首先受到抑制。施药48h后，可观察到杂草的受害症状。首先是芽和节等分生组织部位开始变褐，然后心叶逐渐变紫、变黄，直到全株枯死。老叶表现症状稍晚，在枯萎前先变紫、变橙或变红。从施药到杂草死亡，一般需要6～10d。在低剂量、杂草较大或干旱条件下，杂草有时不会完全死亡，但施药植物生长受到严重的抑制，表现为根尖发黑、地上部短小、结实率极低等。杂草的死亡速度因杂草的种类和叶龄不同而稍有不同。喷洒落入土壤上的药剂易被根部吸收，也能起杀草作用。

防治对象　对杂草有苗后选择性内吸传导除草作用，对出苗后到抽穗初期的一年生禾本科杂草（如看麦娘、牛筋草、马唐、稗草、狗尾草、千金子等）和多年生禾本科草（如狗牙根、白茅、芦苇、荻草等）有较好的防除效果，持效期长，但对阔叶杂草和莎草无效，对阔叶作物安全。

使用方法

（1）将12.5%乳油，兑水稀释后喷雾，在禾本科杂草有2～5片叶时处理杂草茎叶，每亩用药量因蔬菜种类而异。

① 大白菜。在有3～4片叶时，每亩用12.5%乳油30mL，兑水50kg喷雾。

② 十字花科蔬菜田。每亩用12.5%乳油30～50mL，兑水30kg喷雾。

③ 胡萝卜、芹菜等。在幼苗出土后，每亩用12.5%乳油50～75mL，兑水30～50kg喷雾。

④ 菜豆。在幼苗有2～4片复叶时，若田间以一年生禾本科杂草为主，在土壤湿润时，每亩用12.5%乳油40～60mL，兑水30～50kg喷雾；在土壤干旱时，用12.5%乳油60～80mL，兑水30～50kg喷雾；若田间以多年生禾本科杂草为主，每亩用12.5%乳油100～160mL，兑水50kg喷雾。

（2）用10.8%高效乳油，可防除茄子、辣椒、番茄、菜豆、甘薯、马铃薯、甜菜、油菜、大豆、黄瓜、西瓜、哈密瓜、胡萝卜等的杂草。

一年生禾本科杂草3～4叶期，每亩用10.8%高效乳油25～30mL，4～5叶期30～35mL，兑水20～30kg喷雾；5叶期以上用药量适当增加。防治多年生禾本科杂草，3～5叶期每亩用10.8%高效乳油40～60mL，兑水20～30kg喷雾。

中毒急救　避免药剂溅入眼睛和皮肤、衣服上，如溅入眼中，立即用大量清水冲洗至少15min，如触及皮肤，立刻用肥皂和大量清水冲洗。如误服，送医诊治。不要引吐，不要给失去知觉者喂食任何东西。

注意事项

（1）该药是禾本科杂草专用除草剂，只适用于阔叶蔬菜作物田使用。

（2）一般来说，从禾本科杂草出苗到抽穗，都可以施药。在杂草 3～5 叶，生长旺盛时施药最好，此时杂草对高效氟吡甲禾灵最为敏感，且杂草地上部分较大，易接受到较多雾滴。在杂草叶龄较大时，适当加大药量，也可收到很好的防效。应尽量在禾本科杂草出齐后用药。如果夏季使用氟吡甲禾灵，则应该在田间湿度较大、气温相对较低时进行。

（3）对禾本科作物敏感，喷药时注意风向、风速，大风天气不能喷雾，避免药液飘移到小麦、玉米、水稻等作物田。

（4）视田间杂草种类敏感程度、杂草密度、生长状况，选择最佳经济有效剂量。以禾草为主地块，采用单用结合中耕一次施药一次，控制全生育期杂草。单、双子叶杂草混生可与防除阔叶及莎草的除草剂混用。

（5）喷雾均匀周到，在施药后 1～2h 内遇雨不影响除草效果，在单、双子叶杂草混生的地块，本剂可与能防除阔叶杂草和莎草的除草剂混用，但不能与豆磺隆混用，收获前 60d 停止使用。

（6）施药工具用毕要清洗干净，用剩的药液不可倒入鱼塘，以防鱼类中毒。

（7）在贮运过程，应远离火源和高温。

（8）每季作物最多使用 1 次。

精喹禾灵（quizalofop-p-ethyl）

$C_{19}H_{17}ClN_2O_4$, 372.8, 100646-51-3

其他名称　精禾草克、精克草能、高效盖草灵、盖草灵。

化学名称　（R）-2-[4(6-氯喹喔啉-2-氧基)苯氧基]丙酸

主要剂型　5%、8%、8.8%、10%、10.85%、155%、15.85%、17.5%、20%乳油，5%、8%微乳剂，60%水分散粒剂。

理化性质　白色结晶，无味固体。熔点 76.1～77.1℃，沸点 220℃/26.6Pa，蒸气压 1.1×10^{-4} mPa（20℃），相对密度 1.36。溶解度：水中 0.61mg/L（20℃），丙酮、乙酸乙酯和二甲苯＞250（g/L，20℃，下同），1,2-二氯乙烷＞1000。稳定性：中性和酸性条件下稳定，碱性条件下不稳定。高温条件下有机溶剂中稳定。

产品特点

（1）属有机杂环类茎叶处理除草剂，有效成分为精喹禾灵，是将喹禾灵原药中无活性部分去掉后精制而成的，药效提高并稳定，对人、畜低毒。乳油外观为棕色油状液体，pH5.5±1.5（4～7），在常温下贮存 3 年，有效成分无变化。对杂草有选择性内吸除草作用，施药后 14d，杂草枯死。

（2）同精稳杀得一样用于阔叶作物田里防除稗草、野燕麦等一年生禾本科及狗牙根、芦苇等多年生禾本科杂草，是一种高度选择性的新型旱田茎叶处理剂，在禾本科杂草和双子叶作物间有高度的选择性，对阔叶作物田的禾本科杂草有很好的防效。

（3）在禾本科杂草与双子叶作物之间有高度选择性，茎叶可在几小时内完成对药剂的吸收作用，在植物体内向上部和下部移动，药剂对一年生杂草在24h内可传遍全株，使其坏死。一年生杂草受药后，2～3d新叶变黄，停止生长，4～7d茎叶呈坏死状，10d内整株枯死。多年生杂草受药后，药剂迅速向地下根茎组织传导，使之失去再生能力。

（4）具有见效快、耐低温、耐干燥、抗雨淋、安全性高等特点；在通常条件下，药剂内吸传导较快，喷药后3～5d杂草开始发黄，7～10d整株枯死，低温干燥对药效影响不大；耐雨水冲刷，施药后1～2h下小雨对药效影响很小，不需重喷；在阔叶作物的任何时期都可使用，对一年生和多年生禾本科杂草，在任何生育期间都有防效；对阔叶作物、人畜安全性高，对后茬作物无毒害作用。

（5）本品与喹禾灵相比，提高了被植物吸收性和在植株内移动性，所以作用速度更快，药效更加稳定，不易受雨水、气温及湿度等环境条件的影响，同时用药量减少，药效增加，对环境安全。

（6）可与氟磺胺草醚、灭草松、异噁草松、乙草胺、草除灵、三氟羧草醚、乳氟禾草灵、咪唑乙烟酸、嗪草酮、乙羧氟草醚等复配。

防治对象 适用于大豆、甜菜、油菜、马铃薯、豌豆、蚕豆、西瓜、阔叶蔬菜等多种作物。有效防除野燕麦、稗草、狗尾草、金狗尾草、马唐、野黍、牛筋草、看麦娘、画眉草、千金子、雀麦、大麦属、多花黑麦草、毒麦、稷属、早熟禾、双穗雀稗、狗牙根、白茅、芦苇等一年生和多年生禾本科杂草。

使用方法

① 大白菜。防除1年生禾本科杂草，每亩用50g/L乳油40～60mL，兑水15～30kg搅拌均匀，禾本科杂草3～5叶期，阔叶杂草2～6叶期，进行茎叶喷雾处理。喷药时药液要均匀周到。施药时，避免飘移到周围作物田地及其他作物。

② 西瓜。防除1年生禾本科杂草，每亩用50g/L乳油40～60mL，兑水15～30kg搅拌均匀，禾本科杂草3～5叶期，阔叶杂草2～6叶期，进行茎叶喷雾处理。喷药时药液要均匀周到。施药时，避免飘移到周围作物田地及其他作物。

③ 油菜。防除1年生禾本科杂草，在禾本科杂草3～5叶期，每亩用5%乳油50～60mL，兑水30～40kg茎叶喷雾。防除狗尾草、野黍时用药量需增加至60～70mL。防除多年生杂草芦苇南方需80～100mL，东北、内蒙古、新疆等为100～130mL。喷药时药液要均匀周到。施药时，避免飘移到周围作物田地及其他作物上。

④ 甜菜。防除1年生禾本科杂草，在禾本科杂草3～5叶期，每亩用5%乳油80～100mL，兑水茎叶喷雾施药1次。

⑤ 大豆。防除1年生禾本科杂草，大豆苗后，一年生禾本科杂草3～5叶期，春大豆田每亩用5%乳油60～100mL，夏大豆田每亩用5%乳油50～80mL，兑水茎叶喷雾施药1次。

中毒急救 如吸入本品，应迅速将患者转移到空气清新流通处，解开衣领、腰带，保持呼吸畅通。如呼吸停止，给人工呼吸。如呼吸困难，给氧。如有症状及时就医。皮肤接触后，立即用水清洗，并彻底冲洗干净。眼睛接触后，把眼睑打开用流水冲洗几分钟，如有持续症状，及时就医。误食，立即用大量清水漱口，洗胃。洗胃时注意保护气管和食管，及时送医院对症治疗。一旦药液溅入眼睛和黏附皮肤，应立即用水冲洗至少15～20min。可催吐，神志不清的病人不要经口食用任何东西。

注意事项

（1）在高温、干燥等异常气候条件下，有时在作物叶面（主要是大豆）会在局部出现接触性药斑，但以后长出的新叶发育正常，所以不影响后期生长，对产量无影响。

（2）土壤水分、空气相对湿度较高时，有利于杂草对精喹禾灵的吸收和传导。长期干旱无雨、低温和空气相对湿度低于65%时不宜施药。

（3）一般选早晚施药，上午10时至下午3时不应施药；施药前应注意天气预报，施药后应2h内无雨。

（4）长期干旱若近期有雨，待雨后田间土壤水分和湿度改善后再施药，或有灌水条件的在灌水后再施药，虽然施药时间拖后，但药效比雨前或灌水前施药好。

（5）禾本科作物对该药敏感，喷药叶要避免药物飘移到小麦、玉米、水稻等禾本科作物上，以免产生药害。套作有禾本科作物的大豆田，不能使用该药剂。

（6）本品只能防除禾本科杂草，不能防除阔草，在禾本科杂草和阔叶杂草混生的田块，精喹禾灵应与其他防除阔叶杂草的措施协调使用，才能取得较好的增产效果。

（7）精喹禾灵与灭草松、三氟羧草醚、氯嘧磺隆等防除阔叶杂草的药剂混用时，要注意药剂间的拮抗作用会降低精喹禾灵对禾本科杂草的防效，并可能加重对作物的药害。

（8）在杂草生长停止时，有时效果会降低。

（9）不能与呈碱性的农药等物质混用。

（10）每季使用1次对下茬作物无影响，安全间隔期为60d，每季最多使用1次。

烯禾定（sethoxydim）

C₁₇H₂₉NO₃S, 327.5, 74051-80-2

其他名称　拿捕净、乙草丁、禾莠净、烯禾啶、硫乙草丁、西杀草、倍加净、草不闹、草惧、得收、毁草、隆大拿、灭草敌、七天净、驱禾舰、维苗、闲农禾草拿。

化学名称　2-［1-(乙氧基亚氨基)丁基]-5-［2-(乙硫基)丙基]-3-羟基环己-2-烯酮

主要剂型　12.5%、20%乳油，12.5%机油乳剂，含机油的产品可使药效显著提高，通常可减少有效成分用量的25%。

理化性质　纯品烯禾定为无臭油状液体，沸点＞90℃（0.4×10⁻⁵kPa），蒸气压＜0.013mPa（25℃），相对密度1.043（25℃）。溶解度：水中（20℃，mg/L）：25（pH4），4700（pH7）；溶于大多数有机溶剂，丙酮、苯、乙酸乙酯、正己烷、甲醇＞

1kg/kg（25℃）。正常贮存条件下产品稳定至少 2 年。不能与无机或有机铜化合物相混配。

产品特点

（1）作用机理为抑制乙酰辅酶 A 羧化酶，干扰脂肪酸的合成，因此杂草死亡症状出现较晚。乳油外观为浅棕色或红棕色液体，机油乳剂外观为浅棕色或浅黄色液体。属肟类、选择性、传导性强的茎叶处理除草剂。在禾本科和阔叶植物（双子叶植物）间选择性很强，对阔叶植物无影响。施药后禾本科杂草茎叶吸收较快，传导到叶尖和节间分生组织处累积，破坏细胞分裂能力，使生长点和节间组织坏死，药后 3d 受药植株停止生长，7d 后新叶退色或出现青紫色，2～3 周内全株枯死。施入土壤后很快分解失效，为茎叶处理剂。药剂在接触到杂草后会很快渗透到杂草体内发挥作用，直至杂草死亡。

（2）属环己烯酮类选择性内吸传导型茎叶处理除草剂，为选择性极强的内吸传导型茎叶处理剂，对阔叶作物安全。

（3）试验条件下对动物无致畸、致癌、致突变作用，对高等动物毒性低。原药对鱼类、鸟类、蜜蜂毒性低。

（4）可与氟磺胺草醚复配，生产复配除草剂。

防治对象　适用于阔叶蔬菜、马铃薯等，防治对象为一年生禾本科杂草。对防除稗草、马唐、野燕麦、牛筋草、狗尾草、看麦娘、千金子等一年生禾本科杂草特效，对狗牙根、芦苇和白茅等多年生禾本科杂草有一定效果，受药杂草在 14～21d 内全株枯死。对阔叶杂草、莎草属、紫羊茅、早熟禾无防除效果，对阔叶作物安全。在土壤中持效期较短，施药当天可播种阔叶作物。

使用方法　用于苗后茎叶喷雾处理。用药量应根据杂草的生长情况和土壤墒情确定。水分适宜，杂草少，用量宜低，反之宜高。一般情况下，在一年生禾本科杂草 3～5 叶期，每亩使用 20％乳油或 12.5％机油乳剂 50～80mL；防除多年生禾本科杂草，每亩需使用 80～150mL，每亩加水 30～50kg 进行茎叶喷雾。阔叶杂草发生多的田块，应和防除阔叶杂草的除草剂混用或交替使用。在大豆田可与虎威混用，或与苯达松等交替使用。

（1）20％烯禾啶乳油处理　将 20％乳油兑水稀释后，在禾本科杂草幼苗 2～5 片叶时，均匀喷雾处理杂草茎叶，每亩用药量因蔬菜种类而异。

① 茄子。播种后 25d，禾本科杂草 10 片叶时，每亩用 20％乳油 20～25mL，兑水 50kg 喷雾。

② 菜豆、豌豆、豇豆、蚕豆。等出苗后，每亩用 20％乳油 100～120mL，兑水 50kg 喷雾。

③ 大（小）白菜、花椰菜、芥菜、芹菜、青（白）萝卜、胡萝卜。每亩用 20％乳油 100～125mL，兑水 37kg 喷雾。

④ 马铃薯。防除一年生禾本科杂草，每亩用 20％乳油 65～100mL；防除多年生禾本科杂草，用 20％乳油 200～400mL，均兑水 25～40kg 喷雾。

⑤ 西瓜。若稗草幼苗 2～4 片叶，每亩用 20％乳油 67～100mL；若稗草 6～7 片叶，每亩用 20％乳油 133mL，均兑水 30～40kg 喷雾。

⑥韭菜。苗期杂草大量发生时，应先人工拔除大草，3～4 叶期每亩用 20％乳油 65～100g，兑水 50kg，对杂草茎叶喷雾。

⑦ 油菜。防除一年生禾本科杂草，在 2～3 叶期施用，每亩用 20％乳油 66.5～120mL，兑水 15～30kg 喷雾。

（2）12.5％机油乳剂处理　在禾本科杂草 3～5 叶期为最佳施药期，均匀喷雾处理杂草茎叶，每亩用药量因蔬菜种类而异。

① 移栽芹菜。禾本科杂草 3～5 叶期时，每亩用 12.5％机油乳剂 75～100mL，兑水 30～40kg，对准杂草茎叶喷雾。

② 油菜。防除一年生禾本科杂草，油菜出苗后，在多数杂草 2～3 叶期，每亩用 12.5％机油乳剂 100mL；4～5 叶期，用 110mL；6～7 叶期，用 120mL，均兑水 30～40L 进行茎叶喷雾。

防除多年生禾本科杂草，在多数杂草 3～5 叶期，每亩用 12.5％机油乳剂 200～330mL，兑水 30～40L 进行茎叶喷雾。

③ 甜菜田。禾本科杂草 3～5 叶期，每亩用 12.5％乳油 60～100mL，兑水 20～40kg 茎叶喷雾。

④ 在单、双子叶杂草混生的田块，可与甜菜宁混用；每亩用 12.5％烯禾定乳油 65～100mL 加 16％甜菜宁乳油 300～400mL，兑水 30～40L 进行茎叶喷雾。

中毒急救　溅入眼内，立即用清水冲洗 10～15min，再送医院治疗。如皮肤沾上此药剂，请立即擦掉，并用清水冲洗。如误服此药剂，立即给服大量的水，让其把胃里的东西吐出，保持安静，并携该产品标签去医院治疗。采取医疗措施时，需进行洗胃，并防止胃物进入病人呼吸道，再按病症治疗。暂无特效解毒剂。

注意事项

（1）不能与碱性农药混用。严格按推荐的使用技术均匀施用，不得超范围使用。

（2）最好现配现用，不宜长时间搁置。应在晴天上午或下午施药，避免在中午气温高时喷药。长期干旱无雨，低温和空气湿度低于 65％时不宜施药。喷药时，避免药滴随气流飘移到附近水稻、玉米、小麦等禾本科作物上。施药后 2h 内下雨需要补喷。烯禾定杀草效果 7d 后才能见到。所以，施药后不要急于采取其他除草措施。施药后需间隔 2～3h 降雨才不影响药效。

（3）当天气干旱或禾本科杂草叶片数较多时，用高限药量或适当增加用药量，在双、单子叶杂草混生地，在使用本剂后，要注意采取措施防除双子叶杂草，避免该类杂草过量生长。在烯禾啶的喷洒药液中，添加非离子型表面活性剂 0.1％或普通中性洗衣粉 0.2％，能显著提高除草效果。对于 20％烯禾定乳油，若配药时加入柴油 130～170mL/亩，在药效稳定的情况下，可减少约 30％的用药量。在夏、秋季杂草种类多的情况下，用 20％烯禾定乳油与 50％莠去津可湿性粉剂混合喷雾于杂草上，可提高除草效果。

（4）喷过本品的喷雾器，应在彻底清洗干净后方可用于阔叶作物田喷施其他农药。

（5）12.5％和 20％烯禾定乳油与磺酰脲类混用要慎重。

（6）烯禾定对阔叶杂草无效，阔叶草密度大时除结合中耕除草外，可采取烯禾定与其他防除阔叶杂草的药剂混用或交替应用的措施。

（7）操作者应做好劳动保护，如穿戴工作服、手套、面罩等，避免人体直接接触药剂。工作后漱口、清洗裸露在外的身体部分并更换干净的衣服。施药期间不可吃东西、饮水等。

孕妇及哺乳期的妇女避免接触本品。

（8）本品对酸、碱、热稳定，在光照条件下中等稳定，贮、运及使用时应加以注意。如本品包装损坏有遗洒物在外面，可将遗洒物聚拢收集，地面的少量残余物可用清水冲洗干净，收集废水集中处理，不可流入水体。本品不自燃，如遇着火等突发事故时，本品在高温下会分解，并产生大量有毒有害的烟气，灭火时应佩戴自呼吸式防毒面具。小火可采用窒息法扑灭，大火必要时可用水。

（9）本品在油菜上使用的安全间隔期为 60d，一季最多使用 1 次；在大豆上安全间隔期为 14d，一季最多使用 1 次；在甜菜上安全间隔期为 60d，一季最多使用 1 次。

草甘膦（glyphosate）

$C_3H_8NO_5P$, 169.1, 1071-83-6

其他名称　农达、农民乐、农旺、镇草宁。

化学名称　N-（膦羧甲基）甘氨酸

主要剂型　30%、41%、62%水剂，50%、60%、70%、74.7%、75.7%、77.7%、95%可溶粒剂，30%、31.5%、50%、58%、60%可溶性粉剂，50%钠盐可溶粒剂，75.7%、88.8%、95%铵盐可溶粒剂，41%异丙铵盐水剂。

理化性质　纯品草甘膦为无味、白色晶体，200℃分解，蒸气压 1.31×10^{-2} mPa（25℃），相对密度 1.705（20℃）。溶解度（25℃）：水 11.6g/L，不溶于丙酮、乙醇、二甲苯等常用有机溶剂，溶于氨水。草甘膦及其所有盐不挥发、不降解，在空气中稳定。属有机磷类内吸传导型广谱灭生性低毒除草剂。

产品特点

（1）草甘膦对植物无选择性，作用过程为喷洒-黄化-褐变-枯死。药剂由植物茎叶吸收在体内输导到各部分。不但可以通过茎叶传导到地下部分，而且可以在同一植株的不同分蘖间传导，通过抑制植物体内丙烯醇丙酮基莽草素磷酸合成酶，从而抑制莽草素向苯丙氨酸、酪氨酸及色氨酸的转化，干扰植物体内的蛋白质合成，使地下根茎失去再生能力，导致杂草死亡。

（2）草甘膦属有机磷类、内吸传导型、广谱、灭生性除草剂，草甘膦与土壤接触立即钝化失去活性，故无残留作用。对土壤中潜藏的种子和土壤微生物无不良作用。对未出土的杂草无效，只有当杂草出苗后，作茎叶处理，才能杀死杂草，因而只能用作茎叶处理。

（3）杀草谱广。对 40 多科的植物有防除作用，包括单子叶和双子叶、一年生和多年生、草本和灌木等植物。豆科和百合科一些植物对草甘膦的抗性较强。草甘膦入土后很快与铁、铝等金属离子结合而失去活性。因此，施药时或施药后对土壤中的作物种子都无杀伤作用，对施药后新长出的杂草无杀伤作用。当然，也不能采用土壤处理施药，必须是茎叶喷雾。

（4）杀草速度慢。一般一年生植物在施药一周后才表现出中毒症状，多年生植物在

2周后表现中毒症状，半月后全株枯死。中毒植物先是地上叶片逐渐枯黄，继而变褐，最后根部腐烂死亡。某些助剂能加速药剂对植物的渗透和吸收，从而加速植株死亡。使用高剂量，叶片枯萎太快，影响对药剂的吸收，即吸入药量少，也难于传导到地下根茎，因而对多年深根杂草的防除反而不利。因草甘膦是靠植物绿色茎、叶吸收进入体内的，施药时杂草必须有足够吸收药剂的叶面积。一年生杂草要有 5～7 片叶，多年生杂草要有 5～6 片新长出的叶片。

（5）鉴别要点：纯品为非挥发性白色固体，大约在 230℃熔化，并伴随分解。水剂外观为琥珀色透明液体或浅棕色液体。50％草甘膦可湿性粉剂应取得农药生产许可证（XK），草甘膦的其他产品应取得农药生产批准证书（HNP）。选购时应注意识别该产品的农药登记证号、农药生产许可证号。

在休耕地、田边或路边，选择长有一年生及多年生禾本科杂草、莎草科杂草和阔叶杂草，于杂草 4～6 叶期，用 41％水剂稀释 120 倍后对杂草茎叶定向喷雾，待后观察药效，若喷过药的杂草因接触药剂而死亡，则说明该药为合格产品，否则为不合格或伪劣产品。

（6）草甘膦可与乙草胺、异丙甲草胺、莠去津、苄嘧磺隆、丙炔氟草胺、咪唑乙烟酸、环嗪酮、2,4-滴丁酯、二甲四氯等混用，既可提高防效，又可解决草甘膦难防杂草的问题。

防治对象　适用于休闲地、路边等除草。能防除一年生或多年生禾本科杂草、莎草科和阔叶杂草。对百合科、旋花科和豆科的一些杂草抗性较强，但只要加大剂量，仍然可以有效防除。

使用方法

（1）旱田除草　由于各种杂草对草甘膦的敏感度不同，因此用药量不同。

① 防除一年生杂草如稗、狗尾草、看麦娘、牛筋草、苍耳、马唐、藜、繁缕、猪殃殃等时，每亩用 41％水剂或 410g/L 水剂 200～250mL，或 74.7％可溶性粒剂 100～120g。

② 防除车前草、小飞蓬、鸭跖草、通泉草、双穗雀稗等时，每亩用 41％水剂或 410g/L 水剂 250～300mL，或 74.7％可溶性粒剂 150～200g。

③ 防除白茅、硬骨草、芦苇、香附子、水花生、水萝、狗牙根、蛇莓、刺儿菜、野葱、紫菀等多年生杂草时，每亩用 41％水剂或 410g/L 水剂 450～500mL，或 74.7％可溶性粒剂 200～250g，兑水 20～30L，在杂草生长旺盛期、开花前或开花期，对杂草茎叶进行均匀定向喷雾，避免药液接触种植作物的绿色部位。

（2）休闲地、排灌沟渠、道路旁、非耕地除草　草甘膦特别适用于上述没有作物的地块或区域除草。一般在杂草生长旺盛期，每亩用 41％水剂或 410g/L 水剂 400～500mL，或 50％可溶性粉剂 300～400g，或 74.7％可溶性粒剂 200～250g，或 80％可溶性粉剂 100～200g，兑水 20～30kg 在杂草茎叶上均匀喷雾，可有效杀死田间杂草，获得理想除草效果。

（3）几种混剂配方扩大杀草谱

① 草甘膦 45～90g/亩＋乙草胺 45～90g/亩，可以防除已出苗的多种杂草，并达到土壤封闭的除草效果，是目前免耕除草的有效除草剂混用配方，能达到良好的灭草效果，并有效控制作物种植后杂草的发生，对作物安全，一次施药可以控制整个生长期内

杂草的危害。

② 草甘膦 50～90g/亩＋异丙甲草胺 72～90g/亩，是目前免耕除草的有效除草剂混用配方，能达到良好的灭草效果，并有效控制作物种植后杂草的发生，对作物安全，一次施药可以控制整个生长期内杂草的危害。

③ 草甘膦 70～80g/亩＋环嗪酮 50～70g/亩，二者作用机制不同，混用具有增效作用，可提高药效，杀草灭灌更广，兼有封闭除草和杀草的双重功能。

④ 草甘膦 1000g a.i./公顷＋丙炔氟草胺 12.5～25.0g a.i./公顷，对棒头草、水花生、铁苋菜、牛膝菊等防效良好，药后 2 天杂草就表现出严重的药害症状，而且持效性较好。

⑤ 草甘膦 40～80g/亩＋苄嘧磺隆 2～4g/亩，可以扩大杀草谱。苄嘧磺隆对一年生阔叶杂草、莎草科杂草高效，对部分多年生杂草也有很好的防效。

⑥ 草甘膦 28g/亩＋氨氯吡啶酸 5g/亩，可提高对大蓟的防除效果。

⑦ 草甘膦 50～80g/亩＋氯氟吡氧乙酸 4～8g/亩，可提高对空心莲子草防除效果。

⑧ 草甘膦 28g/亩＋苯达松 75g/亩，可提高对苘麻等的防除效果。

⑨ 草甘膦 65～80g/亩＋吡草醚 0.5～0.75g/亩，可提高对马齿苋、田旋花、水游草（稻李氏禾）的防除效果。

注意事项

(1) 草甘膦只适于休闲地、路边、沟旁等处使用，严禁使药液接触蔬菜等作物，以防药害。施药时，应防止药液雾滴飘移到其他作物上造成药害。当风速超过 2.2m/s 时，不能喷洒药液。配好的药液应当天用完。在蔬菜上进行茎叶除草时，喷药前应在喷头上安装一个防护罩，以防药液溅到蔬菜茎叶上，喷药时尽量将喷头压低，如果没有专用防护罩，可用一个塑料碗，在底部中央钻一个大小适当的孔，固定在喷头上即可使用。

(2) 以杂草开花前用药最佳。一般一年生杂草有 15cm 左右高度，多年生杂草有 30cm 高度、6～8 片叶时喷是最适宜的。在作物行间除草，当作物植株较高，与杂草存在一定的落差时，用药效果较好且安全。应在夏秋季的雨后、晴天下午或阴天施药。空气及土壤的温度适宜、湿度偏大时，除草效果最佳。干旱期间、快下雨前及烈日下，均不宜施药。

(3) 在一定的浓度范围内浓度越高，喷雾器的雾滴越细，越有利于杂草的吸收，选用 0.8mm 孔径的喷头比常用的 1.0mm 孔径的喷头效果好。在浓度相同的情况下用量越多则除草效果越好。药剂接触茎叶后才有效，故喷洒时要力争均匀周到，让杂草黏附药剂。

(4) 应用硬度较低的清水配制药液，使用过的喷雾器要反复清洗，避免以后使用时造成其他作物药害。不宜与二甲四氯等速效型除草剂混配使用，但草甘膦中加入一些植物生长调节剂和辅剂可提高防效。如在草甘膦中加入 0.1% 的洗衣粉，或每亩用量加入 30g 柴油均能增强药物的展布性、渗透性和黏着力，提高防效。

(5) 大风天或预计有雨，请勿施药，施药后 4h 内遇雨会降低药效，应补喷药液，施药后 3d 内不能割草、放牧、翻地等。

(6) 不可与呈碱性的农药等物质混合使用。

(7) 草甘膦对多年生恶性杂草如白茅、香附子等，在第一次施药后隔一个月再施 1

次，才能取得理想的除草效果。

（8）对金属有一定的腐蚀作用，贮存和使用过程中尽量不用金属容器。低温贮存时会有草甘膦结晶析出，用前应充分摇动，使结晶溶解，否则会降低药效。

（9）禁止在河塘等水体中清洗施药器具。

草铵膦（glufosinate ammonium）

$C_5H_{15}N_2O_4P$, 198.2, 51276-47-2

其他名称 草丁膦、百速顿。

化学名称 4-［羟基（甲基）膦酰基］-D/L-高丙氨酸

主要剂型 20%、200g/L、30%水剂，18%可溶液剂。

理化性质 纯品为结晶固体，具有微弱的刺激性气味。熔点215℃，蒸气压（20℃）<0.1mPa，相对密度1.4（20℃）。水中溶解度（20℃，g/L）1370，其他溶剂溶解度（20℃，g/L）：丙酮0.16，乙醇0.65，甲苯0.14，乙酸乙酯0.14，己烷0.2。不挥发、不降解，对光和在空气中稳定。

产品特点

（1）作用机制是抑制体内谷酰胺合成酶，该酶在氮代谢过程中催化谷氨酸加氨基合成谷酰胺。当植株喷施草铵膦药剂后3～5d，植株固定二氧化碳的速率迅速下降；随后细胞破裂，叶绿素破损，光合作用受到抑制，植物叶片出现枯萎和坏死。

（2）草铵膦为具有部分内吸作用的非选择性（灭生性）触杀型除草剂，使用时主要作触杀剂，施药后有效成分通过叶片起作用，尚未出土的幼苗不会受到伤害。

（3）草铵膦的杀草作用在很大程度上受环境因子的影响较大，当气温低于10℃或遇到干旱天气时使用会降低药效；但当遇到充足的水分供应和较高气温时使用能延长药效期，在某种情况下还能提高药效。在最适合的植物生长条件下，并且植物大部分叶片新陈代谢水平高的时候，草铵膦的杀草作用更能充分发挥。

（4）在草铵膦处理过的土壤上，随后种植各类作物，对作物的生长不会受到伤害。残留量分析结果表明，草铵膦会很快被微生物所降解。

（5）在除草活性上草铵膦对杂草也具有与百草枯相近的触杀性，只是药效慢了一点且杀草范围窄些。其杀草速度要快于草甘膦，且可在植物木质部内进行传导，但不具有下行传导性，其速度介于百草枯和草甘膦之间。

（6）具有杀草谱广、低毒、活性高、部分传导性和环境相容性好等特点，而且非常适合做抗性基因。可将草铵膦抗性基因导入水稻、小麦、玉米、甜菜、烟草、大豆、棉花、马铃薯、番茄、油菜、甘蔗等20多种作物中，上述作物的耐草铵膦作物已被成功种植出来。

防治对象 适于非耕地防除一年生和多年生杂草，如鼠尾看麦娘、马唐、稗、野生大麦、多花黑麦草、狗尾草、金狗尾草、野小麦、野玉米。用草甘膦防除牛筋草几乎是无效的，而使用草铵膦防除牛筋草（或小飞蓬）等杂草有特殊效果。

使用方法

（1）防除非耕地杂草，在杂草生长旺盛期，每亩用 200g/L 水剂 450～580mL，或 50％水剂 280～400mL，兑水定向茎叶喷雾施药 1 次。

（2）防治蔬菜园（清园）上茬蔬菜采收后、下茬蔬菜栽种前，每亩用 18％可溶液剂 150～250mL，兑水 30～50kg，对残余作物和杂草进行茎叶喷雾，灭茬清园。

注意事项

（1）喷药应均匀周到，应选择在杂草生长初期施药。

（2）本品对赤眼蜂有风险性，施药期间应避免对周围天敌的影响，天敌放飞区附近禁用。

（3）远离水产养殖区施药，禁止在河塘等水体中清洗施药器具，清洗施药器具的水也不能排入河塘等水体。

（4）严格按推荐的使用技术均匀施用。用于矮小的果树和蔬菜（行距≥75cm）行间定向喷雾处理时，应在喷头上加装保护罩，避免将雾滴喷到或飘移到作物植株的绿色部位上，以免发生药害。

（5）干旱及杂草密度、蒸发量和喷头流量较大或防除大龄杂草及多年生恶性杂草时，采用较高的推荐制剂用量和兑水量。本剂以杂草茎叶吸收发挥除草活性，无土壤活性，应避免漏喷，确保杂草叶片充分着药（30～50 雾滴/cm²）。一般在杂草出齐后 10～20cm 高时，采用扇形喷头均匀喷施，最高效、经济。选无风、湿润的晴天施用，避免在连续霜冻和严重干旱时施用，以免药效降低。施用后 6h 后下雨不影响药效。

（6）用过草铵膦的机具要彻底清洗干净。

第四章　植物生长调节剂

赤霉素（gibberellin）

$C_{19}H_{22}O_6$, 346.4, 77-06-5

其他名称　赤霉素、奇宝、九二零、GA₃。

化学名称　二萜类植物激素，已知的赤霉素至少有 38 种，其主要结构 GA₃ 为：($3S$，$3aR$，$4S$，$4aS$，$7S$，$9aR$，$9bR$，$12S$)-7,12-二羟基-3-甲基-6-亚甲基-2-氧全氢化-4a,7-亚甲基-9b,3-次丙烯奥 [1,2-b] 呋喃-4-羧酸

主要剂型　20％可湿性粉剂，40％水溶性粒（片）剂，80％、85％、90％、95％结晶粉，4％、6％乳油（4 万单位/mL），片剂（10mg/片），2.7％涂布剂，16％、105、20％可溶性粉剂。

理化性质　本品为结晶固体，熔点 223～225℃（分解）。溶解度：水中 4.6mg/mL（室温），易溶于甲醇、乙醇、丙酮，微溶于乙醚和乙酸乙酯，不溶于氯仿。钾、钠、铵盐容易在水中溶解（钾盐 50g/L）。干燥的赤霉素在室温下稳定，但在水或酒精溶液中缓慢水解。对人、畜低毒。结晶粉外观为白色或微带黄色粉末；乳油外观为棕褐色液体。

产品特点

（1）赤霉素（九二零），是一种高效能的植物生长刺激素，能促进细胞、茎的伸长，增加植株高度，能促进生理或病毒型矮化植物的生长；打破某些蔬菜的种子、块茎和鳞茎等器官休眠，提高发芽率，起低温春化和长日照作用，促进和诱导长日照蔬菜当年开花；促进蔬菜坐果、保果和果实的生长发育。赤霉素在低温、干旱、弱光或短日照等逆境条件下应用效果更显著。

（2）质量鉴别

① 物理鉴别（感官鉴别）　含量 80％以上的赤霉素结晶粉为白色至微黄色结晶粉末，无味，可溶于 60℃以上的白酒或酒精中，也可溶于小苏打水中，不溶于水。

4%、6%赤霉素乳油为棕色稳定的透明液体，无可见的悬浮物和沉淀，有梨香味，易燃，溶于水形成乳白色或透明稳定液体，不分层。

10%、16%、20%可溶性粉剂为白色至微黄色结晶粉末，全溶于水，溶于醇类、丙酮、乙酸乙酯等有机溶剂中，还可溶于碳酸氢钠及pH6.2的磷酸缓冲溶液。

2.7%涂布剂为白色或黄色软膏状，膏体细腻稳定，手搓无沙粒感。

② 化学鉴别　4%、6%赤霉素乳油及2.7%涂布剂：吸取4%或6%赤霉素乳油试样1mL于试管（或透明玻璃杯）中，加适量浓硫酸（约9mL），轻轻摇动后，对光观察，可见蓝绿色荧光。2.7%赤霉素涂布剂挤出少许，采用同样方法鉴别。

赤霉素结晶粉及可溶性粉剂：取药粉少许溶于2mL浓硫酸中，可形成带绿色荧光的微红色溶液。将粉剂赤霉素倒入酒精（或白酒）中，稍加搅拌，能完全溶解，溶液呈透明浅黄色则多为真品；若不完全溶解，出现浑浊，可向溶液中加少量碘酒，溶液呈蓝色或淡蓝色，说明此粉剂中含有淀粉，并且赤霉素的有效含量很低。

③ 生物鉴别　赤霉素的重要作用之一是刺激幼嫩植物的节间伸长，它对矮生型植物茎叶生长的促进作用尤其明显。其能强烈促进水稻幼苗的叶片伸长，在一定浓度范围内（0.01～100mg/L）幼苗株高同外加赤霉素浓度的对数呈直线关系。因此，水稻幼苗法可用作生物鉴定方法以测定未知样品的赤霉素含量。

水稻幼苗法：同品种的水稻种子在30℃左右的水中浸泡2～3d催芽，精选芽长5mm、高度一致的幼苗60株待用，将种芽播入铺有2～3mm厚的消毒棉花的罐头瓶中。每杯放10株幼苗，分别用0（对照）、0.01mg/L、0.1mg/L、1mg/L、2mg/L、10mg/L、100mg/L的标准赤霉素溶液处理，再置25～32℃温度下培养。在培养过程中，每天在各瓶中加水2mL，以补足失去的水分。培养3d、5d、7d后，进行测定，测量茎基部至叶尖的高度，并画出标准曲线图。用未知样品如上述方法处理幼苗，测其高度，便可从标准曲线上求出样品中赤霉素的含量。

白菜幼苗法：选同品种、籽粒大小、色泽一致的白菜种子，经发芽后，取芽长一致的幼苗，放入纯赤霉素配成不同浓度的溶液中，培养3～4d，量其高度，并在一定范围的浓度绘成一个标准曲线，作为测定的标准。测定赤霉素含量时，将芽长一致的白菜幼苗放入购买的按一定稀释倍数溶解的赤霉素溶液中，在上述相同条件下，培养3～4d测量芽的高度，在标准曲线上便可查出赤霉素的浓度，浓度乘以稀释倍数就是药剂的含量。该法经多次试验证明，效果较好。如与水培养对照没有差异药剂不含赤霉素。

如果只做定性鉴别，不测定赤霉素含量，只需将待鉴定样品配成约50～100mg/L溶液，将发芽的水稻幼苗或白菜幼苗，在待测药液和清水中分别培养，3d后对比，如在待测药液中生长显著高于对照，即可证明该药液含有赤霉素。

剂型有85%结晶粉剂、4%乳油和10mg的片剂。乳油和片剂易溶于水，可直接配制使用。粉剂难溶于水，易溶于醇类，故配制时，取1g结晶粉，放入量筒中，加少量酒精或高浓度白酒溶解后，加水稀释到1000mL，即约1000mg/kg赤霉素母液。配药时不可加热，水温不得超过50℃，使用时根据所需浓度取母液配用。

使用方法

(1) 促进植株生长

① 芹菜。在秋冬芹菜生长期，用10～20mg/kg的药液，喷洒植株。在芹菜采收前15d和前7d时，用40～100mg/kg药，喷洒全株各1次。

② 韭菜。在韭菜幼苗 3cm 高时，用 10～15mg/kg 的药液，喷洒全株 1～2 次。

③ 菠菜。在菠菜收获前 20d，用 10～20mg/kg 的药液，喷洒叶面 1～2 次（隔 3～5d）。

④ 莴笋、芫荽、茼蒿等绿叶菜。在生长前期，用 10～50mg/kg 的药液，喷洒植株。

⑤ 番茄。当幼苗从苗床定植到露地时，用 10～50mg/kg 的药液，喷洒幼苗，能缩短缓苗时间。

⑥ 雪里蕻。当 6～8 片叶时，用 10～100mg/kg 的药液，喷洒植株。

⑦ 苋菜。当 5～6 片叶时，用 20mg/kg 的药液，喷洒叶片 1～2 次（隔 3～5d）。

⑧ 花叶生菜。当 14～15 片叶时，用 20mg/kg 的药液，喷洒叶片 1～2 次（隔 3～5d）。

⑨ 芫荽。在收获前 10～14d，用 20～50mg/kg 的药液，全株喷洒。

⑩ 不结球白菜。在 4 片真叶时，用 20～75mg/kg 的药液，喷洒植株 2 次。

⑪ 油菜。在幼苗 5～6 片叶时，用 30～40mg/kg 的药液，喷洒全株。

⑫ 黄瓜。在苗期出现"花打顶"现象时，用 15～20mg/kg 的药液，喷洒幼苗 1～2 次；在黄瓜成株期出现"花打顶"现象时，可用 500～1000mg/kg 的药液，喷洒植株。

（2）打破休眠，促进发芽

① 马铃薯。用 0.5～1mg/kg 的药液，浸泡马铃薯种薯 10～15min，捞出沥干，播于湿砂土中催芽，当芽长 1～2mm 时，再播种于大田。或 5～15mg/kg 赤霉素液浸泡整薯 30min。休眠期短的品种浓度低些，长的高些。

在马铃薯收获前 28d、前 14d 或前 7d，用 10mg/kg、50mg/kg、100mg/kg 和 500mg/kg 的药液，喷洒植株。

② 扁豆。在播种前，用 10mg/kg 的药液，一次均匀拌种呈湿状。

③ 苦瓜种子。用 40mg/kg 的药液浸泡种子 6h。

④ 西葫芦种子。用 50mg/kg 的药液，浸泡已存放 2 年的种子 12h。

⑤ 豌豆种子。用 50mg/kg 的药液，浸泡种子 24h，晾干播种。

⑥ 芹菜种子。在夏季高温季节，用 100～200mg/kg 的药液，浸泡种子 24h 后，晾干播种。

⑦ 莴笋种子。用浓度为 200mg/kg 的药液在 30～40℃ 高温下浸种 24h 后发芽，可顺利打破莴笋种子的休眠，此法比民间深井吊种法省事，发芽稳定。

（3）促进坐果

① 矮生菜豆。在出苗后，若用 10～20mg/kg 的药液，喷洒植株 4～5 次，能提高早期产量；若用 50mg/kg 的药液，喷洒植株，可延迟开花，但总产量增加。

② 茄子。在开花时，用 10～50mg/kg 的药液，喷洒叶片。

③ 番茄。在开花期，用 10～50mg/kg 的药液，喷花 1 次。

④ 菜豆。在生长后期，用 100mg/kg 的药液，点滴生长点。

⑤ 黄瓜。在雌花开花后 1～2d，用 100～500mg/kg 的药液，喷嫩瓜。

（4）调节开花

① 草莓。在草莓大棚促成栽培、半促成栽培中，盖棚保温 3d 后，即花蕾出现 30% 以上时进行，每株喷浓度为 5～10mg/kg 的赤霉素液 5mL，重点喷心叶，能使顶花序提前开花，促进生长，提早成熟。

② 菜豆。用5～25mg/kg的药液，喷洒菜豆茎尖，促进开花。

③ 黄瓜。在幼苗期，用50mg/kg的药液，喷洒叶面，促生雄花。

④ 莴笋。在幼苗期，用100～1000mg/kg的药液，喷叶1次，诱导开花。

⑤ 菠菜。在幼苗期，用100～1000mg/kg的药液，喷叶1～2次，诱导开花。

⑥ 花椰菜。在幼苗茎粗0.5～1cm、6～8片叶时，用100mg/kg的药液，喷洒植株，促进花球早形成。

（5）延缓衰老及保鲜

① 黄瓜。收获前，用浓度为25～35mg/kg的药液喷瓜1次，可延长贮藏期。

② 西瓜。收获前，用浓度为25～35mg/kg的药液喷瓜1次，可延长贮藏期。

③ 蒜薹。用浓度为40～50mg/kg的药液浸蒜薹基部10～30min1次，能抑制有机物质向上运输，保鲜。

（6）保花保果，促进果实生长

① 番茄。用浓度为25～35mg/kg的药液，在开花期喷花1次，可促进坐果，防空洞果。

② 茄子。用浓度为25～35mg/kg的药液，于开花期喷花1次，促进坐果，增产。

③ 辣椒。用浓度为20～40mg/kg的药液，花期喷花1次，促进坐果，增产。

④ 西瓜。用浓度为20mg/kg的药液，于花期喷花1次促进坐果，增产，或幼瓜期喷幼瓜1次，增产。

⑤ 黄瓜。用浓度为70～80mg/kg的药液，于开花期喷花1次，可促进坐果。用浓度为35～50mg/kg的药液，于幼果期喷1次，促进果实生长。

⑥ 冬瓜。用浓度为30mg/kg的药液，于幼瓜期喷幼瓜1次，促进果实生长。

⑦ 甜瓜。用浓度为30～35mg/kg的药液，于幼果期喷幼瓜1次，促进果实生长。

⑧ 菜瓜。用浓度为35mg/kg的药液，于幼瓜期喷幼瓜1次，促进果实生长。

⑨ 南瓜。用浓度为25～30mg/kg的药液，于幼瓜期喷幼瓜1次，促进果实生长。

（7）诱导雄花，提高制种产量　用于黄瓜制种。用浓度为50～100mg/kg的药液，在幼苗2～6片真叶时喷洒，可以减少雌花，增加雄花。随浓度增加，雄花数随着增加，雌花数则减少。用于全雌花的黄瓜品种，可使全雌株的植株上产生雄花，成为雌雄株，再进行自交，可繁殖全雌性系的黄瓜品种，有利于黄瓜品种保存和培育杂种一代。

（8）促进抽薹开化，提高良种繁育系数　用浓度为50～500mg/kg的药液喷洒植株或滴生长点，可使胡萝卜、甘蓝、萝卜、芹菜、大白菜等二年生长日照作物在越冬前的短日照条件下抽薹。

（9）是多效唑、矮壮素等抑制剂的拮抗剂　番茄因防落素使用过量造成危害，可用浓度为20mg/kg的赤霉素液解除。

此外，在芹菜、韭菜、芫荽、苋菜、菠菜等叶类菜上使用，可促进营养生长，提早上市。在蘑菇原基形成时浸料块一下，子实体增大，增产，但因目前无公害蔬菜生产的需要，一般不主张使用。

中毒急救　中毒症状为对眼睛和皮肤有刺激作用。如吸入本品，应迅速将患者转移到空气清新流通处。如呼吸停止，给人工呼吸。如呼吸困难，给氧。如有症状及时就医。皮肤接触后，立即用水和肥皂清洗，并彻底冲洗干净。眼睛接触后，把眼睑打开用流水冲洗几分钟，如有持续症状，及时就医。误食，立即用大量清水漱口，洗胃。洗胃时注意保护气管和食管，及时送医院对症治疗。神志不清的病人不要经口食用任何东西。

注意事项

（1）每个生长期只能使用 1 次。

（2）施用时气温在 18℃ 以上为好。

（3）应在使用前现配现用，稀释用水宜用冷水，不可用热水，水温超过 50℃ 会失去活性。一次未用完的母液，放在 0～4℃ 冰箱中，最多只能保存 1 周。

（4）由于赤霉素的超高效，使用浓度极低，一般选用低含量、水溶性的产品，计算用药量和配药都很方便。

（5）不能与碱性物质混用，但可与酸性、中性化肥、农药混用，与尿素混用增产效果更好，水溶液易分解，不宜久放。

（6）使用赤霉素只有在肥水供应充分的条件下，才能发挥良好的效果，不能代替肥料。

（7）掌握使用浓度和使用时期，浓度过高会出现徒长、白化，直到畸形或枯死；浓度过低作用不明显。赤霉素药害表现为果实僵硬、开裂，成果味涩，植株贪青晚熟。

（8）对叶类蔬菜用液量因作物植株的大小、密度不同而不同，一般每亩每次用液量不少于 50kg。

（9）在蔬菜收获前 3d 停用。

乙烯利（ethephon）

$C_2H_6ClO_3P$, 144.5, 16672-87-0

其他名称　一试灵、乙烯磷、乙烯灵、益收生长素、玉米健壮素、果艳、巴丰、高欣、国光颜化、白花花。

化学名称　2-氯乙基膦酸

主要剂型　40％、54％ 水剂，10％ 可溶性粉剂，5％ 膏剂。

理化性质　本品为白色结晶性粉末，熔点 74～75℃，沸点 265℃，蒸气压＜0.01mPa（20℃）。溶解度：水中 800g/L（pH4），易溶于甲醇、乙醇、异丙醇、丙酮、乙醚及其他极性有机溶剂，难溶于苯和甲苯等非极性有机溶剂，不溶于煤油和柴油。稳定性：水溶液中 pH＜5 时稳定；在较高 pH 值以上分解释放出乙烯。紫外线照射下敏感。有机磷类广谱低毒植物生长调节剂。对高等动物毒性低，对其他水生生物低毒，对蜜蜂无害，对蚯蚓无毒。

产品特点

（1）乙烯利经由植物的叶片、树皮、果实或种子进入植物体内，然后传导到起作用的部位，便释放出乙烯，具有与内源激素乙烯相同的生理功能。其作用机理主要是增强细胞中核糖核酸合成的能力，促进蛋白质的合成。在植物离层中如叶柄、果柄、花瓣基部，由于蛋白质的合成增加，促使在离层区纤维素酶重新合成，因而加速了离层形成，导致器官脱落。乙烯能增强酶的活性，在果实成熟时还能活化磷酸酯酶及其他与果实成熟有关的酶，促进果实成熟。在衰老或感病植物中，由于乙烯促进蛋白质合成而引起过氧化物酶的变化。乙烯能抑制内源生长素的合成，延缓植物生长。

（2）乙烯利是一种促进成熟的植物生长调节剂，属于催熟剂，部分乙烯利可以释放出一分子的乙烯。乙烯几乎参与植物的每一个生理过程，能促进果实成熟及叶片、果实的脱落，促进雌花发育，诱导雄性不育，打破某种种子休眠，促进发芽，改变趋向性，减少顶端优势，增加有效分蘖，矮化植株，增加茎粗。

（3）一般情况下，香蕉采收后必须经过催熟环节，各种营养物质才能充分转化，这是香蕉本身的生物学特性决定的。乙烯利催熟是香蕉上市前必不可少的生产环节，是多年来全世界香蕉生产广泛使用的技术，乙烯利催熟技术是科学和安全的，使用乙烯利催熟香蕉不会对人体健康产生危害，不存在任何食品安全问题。使用乙烯利只是利用其溶水后散发的乙烯气体催熟，并诱导香蕉本身的内源乙烯，使香蕉自身快速产生乙烯气体，加速自熟。乙烯的催熟过程是一种复杂的植物生理生化反应过程，不是化学作用过程，不产生任何对人体有害的物质。

（4）鉴别要点

① 物理鉴别　纯品为无色针状晶体，工业品为白色针状结晶。40%乙烯利水剂为浅黄色至褐色透明液体。

用户在选购乙烯利制剂及复配产品时应注意：确认产品通用名称及含量；查看农药"三证"，40%乙烯利水剂应取得生产许可证（XK），其他单剂品种及其复配制剂均应取得农药生产批准文件（HNP）；查看产品是否在 2 年有效期内。

② 生物鉴别　将番茄的白熟果采收后，用 0.2%～0.3%浓度的药剂溶液浸泡 1～2min，取出晾干放在 20～25℃条件下，经 3～4d 果实如转红证明该药剂为乙烯利。或用棉布或软毛刷蘸取 0.2%～0.3%浓度的药剂溶液涂抹植株上的白熟果实，看 4～5d 后果实是否转色。

（5）可与芸薹素内酯、羟烯腺嘌呤、萘乙酸、胺鲜酯复配。

防治对象　适用作物为番茄、黄瓜、南瓜、瓠瓜、西葫芦、甜瓜等蔬菜。防治用途为催熟、增产、调节生长等。

使用方法　乙烯利具有用量小、效果明显的特点，因此必须严格根据不同作物的具体特点，用水稀释成相应浓度，采用喷洒、涂抹或浸渍等方法使用。

（1）促进雌花形成和雄性不育

① 黄瓜。苗龄在 1 叶 1 心时各喷 1 次药液，浓度为 200～300mg/kg，增产效果相当显著。浓度在 200mg/kg 以下时，增产效果不显著；高于 300mg/kg，则幼苗生长发育受抑制的程度过重，对于提高幼苗的素质也很不利。经处理后的秧苗，雌花增多，节间变短，坐瓜率高。据统计，植株在 20 节以内，几乎节节出现雌花。此时植株需要充足的养分方可使瓜坐住、长大，故要加强肥水管理。一般当气温在 15℃以上时要勤浇水多施肥，不蹲苗，一促到底，施肥量要比不处理的增加 30%～40%，同时在中后期用0.3%磷酸二氢钾进行 3～5 次的叶面喷施，用以保证植株营养生长和生殖生长对养分的需要，防止植株老化。

② 秋黄瓜。雌花着生节位高，在 3～4 片真叶时用 150mg/kg 乙烯利液喷洒 1 次，

主蔓着生雌花，可延续到 20～22 节，植株节间短，抗性强，增加早期产量 34％～64％，提早 7～10d 成熟。一般早熟黄瓜品种雌花多，结瓜早，不必用药；而夏、秋黄瓜出苗后，气温高、日照长而雌花开得迟，用药效果好。

③ 西葫芦。在幼苗 3 叶期，用浓度为 150～200mg/kg 的乙烯利液喷洒植株，以后每隔 10～15d 喷一次，共喷 3 次，可增加雌花，提早 7～10d 成熟，增加早期产量 15％～20％。

④ 瓠瓜。瓠瓜往往是雄花比雌花出现得早，因此结果较迟。用 100～200mg/kg 乙烯利溶液喷洒具有 5～6 片叶的瓠瓜幼苗，可以抑制雄花的形成，促进雌花发育，提早结实。品种不同，乙烯利使用的浓度也应不同。对早熟品种 100mg/kg 较适宜；对晚熟品种需要适当提高浓度，可达 200～300mg/kg。

⑤ 南瓜。可参照西葫芦进行，3～4 叶期叶面喷洒，可大大增加雌花的产生，抑制雄花发育，增加产量，尤其是早期的产量，但处理效果因品种而有差异。

⑥ 甜瓜。为增加雌花数，可在幼苗 2～4 叶期，用 40％水剂 2000～4000 倍液喷雾。

（2）促进果实成熟

① 番茄。番茄催熟，可采用涂花梗、涂果和浸果的方法。

a. 涂花梗　番茄果实在白熟期，用浓度为 300mg/kg 的乙烯利涂于花梗上。

b. 涂果　适用于番茄分期采收，当番茄果实进入转色期后，戴上纱手套或用块棉布在 40％水剂 133～200 倍液中浸湿后在果实表面抹一下，或用棉花、毛笔蘸药液涂在白熟果实的萼片及附近果面，整个果实都会变红，可提早 6～8d 成熟，其营养和风味与自然成熟的果实相近。

c. 浸果　转色期的青熟果实采收后，放在 40％水剂 400～800 倍液中浸泡 1min，取出沥干后装筐或堆放在温床、温室中，控制温度在 20～25℃下催红，3d 后大部分果实即可转红成熟。低于 15℃，催红效果差；高于 35℃，果实略带黄色，红度低。

d. 大田喷果催熟　适用于一次采收的加工番茄。在番茄生长后期，大部分果实已转红，尚有一部分不能做加工用，可用 40％水剂 400～800 倍液喷全株，重点喷果实，可使番茄叶面很快转黄，青果成熟快，增加红熟果的产量。对于番茄人工分期采收的田块，只能用在最后一次采收并又需要催熟的番茄上。

番茄使用乙烯利的注意事项：一是不论哪种处理方法，都必须在果顶泛白期进行，过早转色速度慢，即使转色，色泽也不好；二是不能使用过大浓度，浓度过大，着色不均匀，影响商品品质；三是乙烯利处理后转红速度与果实成熟期和催熟温度有关，为了加快着色，除了应在果顶泛白时进行处理外，还应注意催熟温度，温度以 25～28℃为宜，过低转色慢，过高（超过 32℃）果实带黄色；四是乙烯利为一种酸，应避免和手直接接触，否则会烧伤皮肤，用手涂果时，应戴塑膜手套隔离。

② 樱桃番茄。为促使樱桃番茄提前上市，用浓度为 10mg/kg 的乙烯利溶液均匀地涂抹在果实上，避免使叶片接触药液而引起脱落，可以催熟果实，使果实更鲜艳。

③ 西瓜。用浓度为 100～300mg/kg 乙烯利溶液喷洒已经长足的西瓜，可以提早 5～7d 成熟，增加可溶性固形物 1％～3％，增加西瓜的甜度，促进种子成熟，减少白籽瓜。

④ 甜瓜。当甜瓜基本长足后，用 500～1000mg/kg 的药液，喷洒瓜面。

⑤ 辣椒。调味品用的干辣椒，需采收的红辣椒，可在辣椒生长后期，已有 1/3 的

果实转红时，用40%水剂400～2000倍液喷洒全株，经4～6d后果实全部转红。气温低于15℃，不易转红。也可用40%水剂400～500倍液浸果1min，经5～7d转红。

⑥玉米。心叶末期每亩用40%水剂50mL，兑水15kg喷施，可降低株高，茎节变粗，双穗率增加，抗倒伏，秃尖减少，侧根增多，雄穗脖短，成熟期可提早3～5d。

（3）促早熟丰产

①黄瓜。在植株14～15片叶时，用50～100mg/kg的药液，喷洒全株。

②番茄。用300mg/kg的药液，每平方米苗床上喷的药液量，在番茄幼苗3叶1心时，用80mL；在幼苗5片真叶时，用120mL喷洒叶面，可抑制徒长，提高产量。

③洋葱。在生长早期，用500～2000mg/kg的乙烯利溶液处理4～5片真叶的洋葱幼苗1～3次，可促进鳞茎形成，加速鳞茎成熟。由于乙烯利抑制洋葱叶片生长，鳞茎会长得小些。

（4）打破休眠　生姜播种前用乙烯利浸种，有明显促进生姜萌芽的作用，表现在发芽速度快、出苗率高，每块种姜上的萌芽数量增多，由每个种块上1个芽增到2～3个芽。使用乙烯利浸种时，应严格掌握使用浓度，以250～500mg/kg为适宜浓度，有促进发芽、增加分枝、提高根茎产量的作用。如浓度过高，达750mg/kg，则对生姜幼苗的生长有明显抑制作用，表现为植株矮小，茎秆细弱，叶片小，根茎小，并导致减产。

（5）提高作物抗病性　巧克力斑点病为马铃薯产区的常见病，病状为块茎中出现褐色斑点。在马铃薯栽植5周后，用浓度为200～600mg/L乙烯利溶液叶面喷洒，症状可以得到控制。

中毒急救　对皮肤、眼睛有刺激作用，对黏膜有酸蚀作用。误服出现烧灼感，以后出现恶心、呕吐，呕吐物呈棕黑色，胆碱酯酶活性降低，3.5h左右患者呈昏迷状态。如吸入本品，应迅速将患者转移到空气清新流通处。如呼吸停止，给人工呼吸。如呼吸困难，给氧。如有症状及时就医。皮肤接触后，立即用水和肥皂清洗，并彻底冲洗干净。眼睛接触后，把眼睑打开用流水冲洗几分钟，如有持续症状，及时就医。误食，立即用大量清水漱口，洗胃。洗胃时注意保护气管和食管，及时送医院对症治疗。对昏迷病人，切勿经口喂入任何东西或引吐。本品无其他特效解毒剂。

注意事项

（1）乙烯利经稀释后配制的溶液，由于酸度下降，稳定性变差，因此，药液要随用随配，不可存放。

（2）配制的乙烯利溶液，若pH在4以上，则要加酸调至pH4以下。

（3）乙烯利适宜干燥天气使用，如药后6h遇雨，应当补喷。施用时气温最好在16～32℃，当温度低于20℃时要适当加大使用浓度。如遇天旱、肥力不足或其他原因植株生长矮小时，应降低使用浓度，并作小区试验；相反，如土壤肥力过大、雨水过多、气温偏低、不能正常成熟时，应适当加大使用浓度。使用乙烯利后要及时收获，以免果实过熟。严格掌握使用浓度或倍数，避免产生副作用或导致效果不好。

（4）乙烯利为强酸性药剂，遇碱会分解放出乙烯，因此，不能与碱性物质混用，也不能用碱性较强的水稀释。不宜施在弱势植株上。

（5）乙烯利用量过大或使用不当均可产生药害，较轻药害表现为植株顶部出现萎蔫，植株下部叶片及花、幼果逐渐变黄、脱落，残果提前成熟。较重药害表现为整株叶片迅速变黄脱落，果实迅速脱落，导致整株死亡。因此要注意按要求正确使用，但乙烯利药害不对下茬作物产生影响。

（6）使用乙烯利处理瓜类蔬菜增加雌花时，不要施药过早，否则会影响瓜苗初期生长，不利于以后的开花结果。

（7）未用完的制剂应放在原包装内密封保存，切勿将本品置于饮、食容器内。乙烯利对金属器皿有腐蚀作用，加热或遇碱时会释放出易燃气体乙烯，应小心贮存和作用，以免发生危险。孕妇和哺乳期妇女应避免接触本品。

（8）在蔬菜收获前 3d 停用。在留种作物上不宜使用。若天旱、土壤肥力不足，植株生长矮小等，应降低使用浓度，反之可适当加大使用浓度。

（9）本品在番茄上使用的安全间隔期为 20d，一季最多使用 1 次。

萘乙酸（1-naphthaleneacetic acid）

C$_{12}$H$_9$O$_2$, 186.2, 86-87-3

其他名称　α-萘乙酸，NAA、根大旺、巨根、国光生根等。

化学名称　2-(1-萘基)乙酸。

主要剂型　70％萘乙酸钠盐、10％液剂，2％钠盐水剂，0.03％、0.60％、1％、4.20％、5％水剂，10％泡腾片剂，1％、40％可溶粉剂，20％粉剂。

理化性质　萘乙酸为无色晶状粉末，熔点 134～135℃，蒸气压<0.01mPa（25℃）。溶解度：水中 420mg/L（20℃）；二甲苯 55g/L，四氯化碳 10.6g/L（26℃）；易溶于醇、丙酮、乙醚和氯仿。易存贮。

产品特点

（1）萘乙酸为广谱性植物生长调节剂。它有着内源生长素吲哚乙酸的作用特点和生理功能，如促进细胞分裂与扩大，诱导形成不定根，增加坐果，防止落果等。萘乙酸可经由叶片、树枝的嫩表皮等进入到植株体内，随营养流输导至起作用的部位。

（2）萘乙酸具有内源生长素的生理活性，可通过叶面、茎秆进入植物体内，能够显著增加作物的新陈代谢和光合作用，促进细胞的分裂与扩大，显著提高植株抗冻、抗青枯和干热风能力。

（3）它是一种植物激素生长素，常用于商用的发根粉和发根剂中，在植物使用扦插法繁殖时使用。它也可用于植物组织培养，是广谱型植物生长调节剂，能促进细胞分裂与扩大，诱导形成不定根，增加坐果，防止落果，改变雌雄花比率等。

（4）萘乙酸在植物组培中很常用，但组培需要无菌环境，这就需要对萘乙酸所配的溶液进行灭菌，选用的灭菌方法很重要。因为萘乙酸属于激素，若经过高温蒸汽灭菌会失活，所以通常采用过滤除菌。

（5）萘乙酸可与吲哚乙酸、吲哚丁酸、复硝酚钠、甲基硫菌灵、氯化胆碱复配，如50％吲乙·萘乙酸可溶粉剂、1.05％吲丁·萘乙酸水剂、2％吲丁·萘乙酸可溶粉剂、5％

吲丁·萘乙酸可溶液剂、10％吲丁·萘乙酸可湿性粉剂、50％吲丁·萘乙酸可溶粉剂、2.85％硝钠·萘乙酸水剂、3.315％甲硫·萘乙酸涂抹剂、18％氯胆·萘乙酸可湿性粉剂等。

（6）质量鉴别

① 物理鉴别　99％萘乙酸精粉白色、无味；80％萘乙酸原粉为浅土黄色粉末，有萘味。萘乙酸几乎不溶于冷水，易溶于热水。可以取1g样品放入50mL冷水中，搅拌后静置，粉末沉至杯底，加热并搅拌，粉末逐渐溶解消失，形成透明液体。萘乙酸钠盐、钾盐易溶于水。

② 化学鉴别　甲醛硫酸法：萘乙酸与甲醛硫酸作用，生成绿色的缩合物。

浓硫酸法：萘乙酸与浓硫酸作用，生成绿色醌型化合物。取少量样品粉末于白瓷碗中，加浓硫酸几滴，呈现绿色。

有以上颜色反应变化的为萘乙酸制剂，否则为假劣产品。

③ 生物鉴别　利用萘乙酸促进植物生根的作用特点进行鉴别。准备适量绿豆或黄豆各2份，1份在清水中浸泡8～10h（过夜），然后沥去水；另1份在5～10mg/L待鉴定萘乙酸药剂溶液中浸泡8～10h（过夜），然后用清水洗去多余的药液。2份均按常规发豆芽，发好后进行观察比较。如两份没有较大差别，则使用的药剂质量不合格；如通过药剂浸泡的1份豆芽根系肉质，直而粗壮，侧根少，与对照有明显差异，则该药剂质量可靠。

防治对象　萘乙酸适用于谷类作物，增加分蘖，提高成穗率和千粒重；用于瓜果类蔬菜防止落花，形成小籽果实，促进扦插枝条生根等。

使用方法

（1）防落花落果

① 菜豆。在开花结荚期，用浓度为5～25mg/kg的萘乙酸溶液喷花，可有效地减少落花落荚。

② 辣椒。在开花期喷花，浓度为50mg/kg，7～10d喷花1次，共喷4～5次，能明显提高坐果率，促进果实生长，增加果数和果重。

③ 番茄。在开花期，用15～25mg/kg（20％可溶性粉剂8000～20000倍液，或5％水剂2000～5000倍液，1％水剂或1％可溶性粉剂400～1000倍液）的药液喷花，具有促进坐果、防止落花、提高坐果率的作用。

④ 南瓜。在雌花开花时，用10～20mg/kg（20％可溶性粉剂10000～20000倍液，或5％水剂2500～5000倍液，1％水剂或1％可溶性粉剂500～1000倍液）的药液涂抹开花时的子房，具有促进坐果、防止化花的功效。

⑤ 西瓜。在开花期，用10～30mg/kg的药液喷花1次，可防止落花。

（2）防大白菜脱帮　用浓度为50～100mg/kg的萘乙酸液在大白菜收获前5～6d，或入窖前用药液浸蘸白菜基部，防止脱帮效果好。

（3）促进雌花　在黄瓜定植前，用10mg/kg（20％可溶性粉剂20000倍液，或5％水剂5000倍液，1％水剂或1％可溶性粉剂1000倍液）的药液喷洒全株1～2次，可增加雌花数量，提高产量。

（4）增强抗逆性　在番茄病毒病初发生时，用20mg/kg的药液，喷洒植株；从番茄初花期开始，用0.5％氯化钙溶液与50mg/的萘乙酸液混配后，喷洒植株，每隔15d

喷1次，连喷2～3次。

从大白菜莲座期起，用0.7％氯化钙溶液与50mg/kg的萘乙酸药液混配后，喷洒植株，每隔6～7d喷1次，连喷5次，防治干烧心。

（5）促进生长

① 在茄子定植时，用40mg/kg的药液，喷洒苗坨。

② 用20mg/kg的药液浸泡番茄种子，晾干播种。

③ 用20～40mg/kg的药液，浸泡白菜、萝卜等种子10～12h后，捞出洗净，晾干播种。

④ 马铃薯种薯切块前，用20～50mg/kg（20％可溶性粉剂4000～10000倍液，或5％水剂1000～2500倍液，1％水剂或1％可溶性粉剂200～500倍液）的药液浸泡马铃薯种薯2～24h，而后切块、拌药、播种，具有促进发芽、增加结薯量的作用。

（6）防萝卜糠心　萝卜播后25～30d和35～40d，各喷1次浓度为10mg/kg的萘乙酸，以防生长期糠心；收获前10d左右再喷1次，可控制萝卜贮藏期早糠心。

（7）抑制贮存期发芽

① 胡萝卜。在收获前4d，用1000～5000mg/L的药液，全田喷雾；收获后，宜在较低温度下贮存。

② 马铃薯。采收后用400mL/L溶液浸薯块12h，晾干后贮存，可有效地抑制发芽，延长贮存与销售时间。

（8）促进生根

① 从露地栽培的黄瓜植株上，剪取侧蔓，每段2～3节，分别用稀释500倍的萘乙酸和吲哚丁酸溶液快速浸蘸处理，扦插11d后生根，成活率分别可达85％和100％。

② 切取白菜、甘蓝等的叶片基部的中肋（带一个腋芽），用稀释500～1000倍的萘乙酸或吲哚丁酸水溶液快速浸蘸茎切口底面，注意不要蘸到芽，在温度20～25℃、湿度85％～95％的条件下扦插，生根成活率为85％～95％，可保持优良品种的抗病单株的品种纯度。

③ 茄果类蔬菜可用侧枝（主枝亦可）约2～3节，在基部用稀释500～1000倍的萘乙酸或吲哚丁酸水溶液快速浸蘸，可在10～15d后生根。

④ 甘薯插苗前用10mg/L溶液浸薯苗基部2～3cm处6～12h，可使出根早，缓苗快，成活率高。如在傍晚起薯苗，用萘乙酸溶液浸苗，第二天早晨移入土中，既可使薯秧充分吸收药液，又不耽误工时。

（9）在番茄上的应用

① 播前浸种　育苗前，用5～10mg/kg萘乙酸药液浸种10～12h，之后用清水冲洗干净播种，经催芽播种的种子出苗后幼苗整齐、健壮，抗寒性增强，还可防番茄疫病的发生。

② 苗床使用　番茄出苗后，如果幼苗生长细弱，叶片发黄时，用5～7mg/kg萘乙酸药液喷洒1次，可防治番茄早疫病的发生。

③ 定植前后使用　番茄定植前6～7d，用5mg/kg的萘乙酸药液喷洒1次，不仅能促长、壮棵，而且可促进早现蕾。定植复活后每10～15d喷洒1次5mg/kg的萘乙酸药液，共喷2次，可防止早疫病、病毒病的发生。

④ 盛果期使用　番茄幼果生长到鸡蛋大小时，用10mg/kg的萘乙酸药液全株喷洒

1次，连喷2次，可促进果实膨大，提高番茄品质，使果肉增厚、含糖量增加。

⑤ 后期使用　无限生长型的番茄，在结果后期，用10mg/kg的萘乙酸药液全株喷洒1次，可防止植株早衰，延长采收期，提高总产量。

番茄整个生育期，除浸种外，喷洒萘乙酸溶液5～6次，可增加产量15%左右。

注意事项

（1）应用时应严格按照推荐浓度使用，不可任意加大浓度，以免植株出现药害。轻度萘乙酸的药害表现为花和幼果脱叶，对植株生长影响较小。较重药害为叶片萎缩，叶柄翻转，叶片脱落，成果迅速成熟脱落。这种药害，轻则导致根少，根部畸形，重则不生根，不出苗，因此要严格掌握萘乙酸用药量和使用浓度，不得随意改变用药浓度，以避免药害。萘乙酸药害部分会对下茬作物产生药害作用，大多数不对下茬作物产生危害。

（2）用作生根剂时，单用生根作用虽好，但往往苗生长不理想，所以一般与吲哚乙酸或其他有生根作用的调节剂混用，效果更好。

（3）可与一般非碱性药剂混用。宜在上午10时前或下午4时后喷施，施后6h内遇雨应补施。

（4）本剂难溶于冷水，可先用少量酒精溶解后，再加水稀释到所需浓度。使用本品要即配即用。

（5）在番茄和瓜类蔬菜上使用时，应避免重复用药，并防止药液溅落到植株的叶片和嫩头处，以避免产生药害。

（6）在番茄上使用的安全间隔期为14d，每季作物最多使用2次。

芸薹素内酯（brassinolide）

$C_{28}H_{48}O_6$，480.7，72962-43-7

其他名称　益丰素、兰月奔福、威敌28-高芸薹素内酯、天丰素、芸薹素、油菜素甾醇、表油菜素内酯、云大-120、金云大-120、爱增美、油菜素内酯、丙酰芸薹素内酯、芸苔素481。

化学名称　（22R，23R，24R）-2α，3α，22R，23R-四羟基-24-S-甲基-β-7-氧杂-5α-胆甾烷-6-酮

主要剂型　0.0016%、0.003%、0.004%、0.0075%、0.01%、0.04%、0.1%水剂，0.01%、0.15%乳油，0.0002%、0.1%、0.2%可溶粉剂。

理化性质　原药为白色结晶粉末，熔点256～258℃。水中溶解度5mg/L，溶于甲醇、乙醇、四氢呋喃和丙酮等多种有机溶剂。属低毒植物生长调节剂，Ames试验表明

没有致突变作用。生长素类生长促进剂，对高等动物毒性低，对鱼类、水生生物毒性低。

产品特点

（1）芸薹素内酯为甾醇类植物激素，可增加叶绿素含量，增强光合作用，通过协调植物体内其他内源激素的相对水平，刺激多种酶系活力，促进作物生长，增加对外界不利影响的抵抗能力，在低浓度下可明显增加植物的营养体生长和促进受精作用等。

（2）芸薹素内酯具有生长素、赤霉素和细胞分裂素的多种功能，是已知激素中生理活性最强的，而且在植物体内的含量和施用量极微，被公认是一类新型的植物生长促进剂，是继生长素、赤霉素、细胞分裂素、脱落酸和乙烯五大类激素之后的第六大类激素。可促进蔬菜、瓜类、水果等作物生长，可改善品质，提高产量，使瓜果色泽艳丽，叶片更厚实。其能使茶叶的采叶时间提前，也可令瓜果含糖分更高，个体更大，产量更高，更耐贮藏。目前，农药市场上植物生长调节剂以人工合成的复硝酚钠和芸薹素两大类为主。在实际应用中，以天然提取的芸薹素质量最好，综合经济效益更优。不管属于哪一类植物激素，对人畜都是无害的，正常使用剂量非常安全有效。天然芸薹素可广泛用于粮食作物如水稻、麦类、薯类，一般可增产10%左右；应用于各种经济作物如果树、蔬菜、瓜果、棉麻、花卉等，一般可增产10%～20%，高的可达30%，并能明显改善品质，增加糖分和果实重量。同时还能提高作物的抗旱、抗寒能力，缓解作物遭受病虫害、药害、肥害、冻害的症状。

（3）生理性活极高。一般作物有效成分使用剂量仅为0.02～0.04mg/kg。

（4）适用范围广。芸薹素内酯可广泛应用于蔬菜、果树、花卉、食用菌及各种农作物。

（5）同时具备生长素、赤霉酸和细胞分裂素的作用，可广泛应用于多种植物的各个生长阶段。多数植物生长调节剂只对植物的某一种或某几种生理过程有调节作用，如赤霉酸主要促进植物器官的生长，乙烯利可促进植物成熟，矮壮素只能用于抑制植物徒长，而芸薹素内酯对植物的各个生长发育过程都能发挥调节作用。使用后不仅可显著促进植物生长、提高植物的坐果率，从而达到植物的增产、增收的目的，而且它还能提高作物的耐旱、耐冷、抗病、抗盐能力，有效减轻除草剂等农药对作物的伤害。芸薹素内酯的具体作用如下。

① 促进细胞分裂，促进果实膨大。对细胞的分裂有明显的促进作用，对器官的横向生长和纵向生长都有促进作用，从而起到膨大果实的作用。

② 延缓叶片衰老，保绿时间长，加强叶绿素合成，提高光合作用，促使叶色加深变绿。

③ 打破顶端优势，促进侧芽萌发，能够诱导芽的分化，促进侧枝生成，增加枝数，增多花数，提高花粉受孕性，从而增加果实数量，提高产量。

④ 改善作物品质，提高商品性。诱导单性结实，刺激子房膨大，防止落花落果，促进蛋白质合成，提高含糖量等。

⑤ 促进植物生长，增加千粒重，提高产量。

（6）无毒、无公害、无残留。天然芸薹素是从植物中提取的纯天然产品，对人、畜安全无毒，施于桑叶后喂家蚕，可减少病蚕死亡率。

（7）鉴别要点：物理鉴别（感官鉴别）可湿性粉剂为白色粉状固体，乳油和水剂为均匀透明液体。

(8) 对芸薹素内酯的认识误区：一是误认为其是叶面肥，芸薹素内酯本身没有营养，它是通过调节植物内源激素系统间接调节作物生长，跟叶面肥有很好的兼容性；二是误认为其是"万金油"产品，其实，芸薹素内酯功能全面，从种子处理到采收后作物全程都可以使用，而且，它可以提高作物抗逆性能，增强作物抗病、耐寒、抗旱、抗涝、抗盐碱及防早衰的能力，并可减轻由于施用农药、化肥不当所造成的药害。同时，芸薹素内酯没有抗药性，可以保花保果，增产效果明显。

(9) 可与乙烯利、赤霉酸、烯效唑、甲哌鎓等进行复配。

(10) 丙酰芸薹素内酯是芸薹素内酯的高效结构，又称迟效型芸薹素内酯，对植物体内的赤霉素、生长素、细胞分裂素、乙烯利等激素具有平衡协调作用，同时调配植物体内养分向营养需求最旺盛的组织（如花、果等）运输，为花、果的生长发育提供充足的养分。其通过保护细胞膜显著提高作物的耐低温、抗干旱等抗逆能力，保护作物的花、果在低温、干旱等不良天气条件下仍然健康生长发育。丙酰芸薹素内酯具有促进生长、保花保果、提高坐果率、提高结实率、促进根系发达、增强光合作用、提高作物叶绿素含量、增加产量、改进品质、促进早熟、提高营养成分、增强抗逆能力（耐寒、耐旱、耐低温、耐盐碱、防冻等）、减轻药害为害等多方面的积极作用。丙酰芸薹素内酯喷施后 5～7d 药效开始发挥，持效期长达 14d 左右。

防治对象　适用作物为黄瓜、西瓜、甜瓜、番茄、辣椒、茄子、豇豆、菜豆、叶菜类蔬菜等蔬菜。防治用途为强力生根、促进生长、提苗、壮苗、保苗、黄叶病叶变绿、促进坐果果实膨大早熟、减轻药害缓解药害、协调营养平衡、抗旱抗寒、增强作物抗逆性等。对因重茬、病害、药害、冻害等原因造成的死苗、烂根、立枯、猝倒现象急救效果显著，施用 12～24h 即明显见效，迅速恢复生机。

使用方法

(1) 番茄。0.0016％水剂，用 800～1600 倍液茎叶喷雾；0.01％可溶液剂（或乳油），用 2500～5000 倍液，分别于苗期、生长中期和花期喷雾 1 次。

(2) 黄瓜。0.01％水剂，用 2000～3333 倍液；0.0016％水剂，用 800～1000 倍液茎叶喷雾；0.01％可溶液剂（或乳油），用 2000～3333 倍液在黄瓜生长初期或花后结果期用药，每隔 15d 左右时施药 1 次，可连续施药 3 次。

(3) 辣椒。0.04％水剂，用 6667～13333 倍液，在植物的苗期、旺长期、始花期或幼果期，进行茎叶喷雾。当辣椒出现花叶病毒病时，及时按每 30kg 水中加医用病毒唑 5 支和 5g 0.1％芸薹素内酯（需先用 55～60℃温水溶解稀释）混合液，混匀后喷洒全株，每隔 7～10d 喷 1 次，连喷 2～3 次，或对病株灌根，每株 200g 药液，病毒病症状消失很快，一般不再复发，治愈率高。

(4) 菜心、白菜。用 0.004％水剂 2000～4000 倍液，在苗期、旺长期进行喷雾。

(5) 大白菜。用 0.0016％水剂 1000～1333 倍液，或 0.0002％可溶粉剂，每亩用 25～30g 制剂，兑水 30kg，在苗期、旺长期进行茎叶喷雾 3 次。

(6) 小白菜。用 0.004％水剂 2000～3077 倍液，或 0.01％可溶液剂（或乳油）2500～5000 倍液，或 0.0075％水剂 1000～1500 倍液，在小白菜苗期及生长期各叶面喷雾 2 次。

(7) 叶菜类蔬菜。用 0.004％水剂 2000～4000 倍液，于苗期及莲座期叶面喷雾。

（8）西瓜。于开花期用0.01%乳油1000倍液喷3次，每次间隔5d，能明显增加坐瓜率、单瓜重。

（9）草莓。从初花期开始喷施，10～15d喷1次，连喷2～3次，具有提高坐果率、促使结实多、果实大而均匀、糖度高，增加产量等作用。一般使用芸薹素内酯0.02～0.04mg/kg或丙酰芸薹素内酯0.01～0.015mg/kg喷雾。

（10）金针菜。用芸薹素内酯0.02～0.04mg/kg、或丙酰芸薹素内酯0.01～0.015mg/kg，从开花初期开始喷施，10d左右喷1次，连喷2～3次，具有调节生长、提高花蕾数、促进花蕾增大、增加产量、提高品质等作用。

（11）缓解药害。药害发生后，喷施芸薹素内酯0.02～0.04mg/kg或丙酰芸薹素内酯0.01～0.015mg/kg药液，具有减轻药害、促进植物快速恢复的功效，与优质叶面肥混用效果更好。

中毒急救　如吸入本品，应迅速将患者转移到空气清新流通处。如呼吸停止，给人工呼吸。如呼吸困难，给氧。如有症状及时就医。皮肤接触后，立即用水和肥皂清洗，并彻底冲洗干净。眼睛接触后，把眼睑打开用流水冲洗几分钟，如有持续症状，及时就医。误食，立即用大量清水漱口，洗胃。洗胃时注意保护气管和食管，及时送医院对症治疗。对昏迷病人，切勿经口喂入任何东西或引吐。本品无其他特效解毒剂。

注意事项

（1）不能与强酸强碱性物质混用，现配现用。与优质叶面肥混用可增加本药的使用效果。可与中性、弱酸性农药混用。不要将本品用于受不良气候如干旱、冰雹影响及病虫害为害严重的作物。

（2）宜在气温10～30℃时喷施，喷药时间最好在上午10时左右，下午3时以后。大风天气或雨天不要喷。

（3）使用本品时，用50～60℃温水溶解后施用，效果更好。施用时，应按兑水量的0.01%加入表面活性剂，以便药物进入植物体内。

（4）喷后6h内遇雨要补喷。

（5）芸薹素内酯品种很多，在不同作物上使用时间、使用方法也不一样，因此使用前要详细阅读农药标签。

（6）芸薹素内酯药害常表现为植株疯长，果实少而小，后期形成僵果。因此要注意正确使用。

（7）芸薹素内酯是一种仿生甾醇类结构的化学物质，在使用时有一定的适宜浓度，如果使用浓度过高，不仅会造成浪费，而且有可能对作物出现不同程度的抑制现象，因此施用时要正确配制使用浓度，防止浓度过高引起药害。操作时防止溅到皮肤与眼中。

（8）因为逆境下作用明显，所以作物长势优良的情况下使用效果不佳。因此，芸薹素内酯的作用不能过分夸大，如果作物破坏太严重，也不能起到起死回生的作用。另外，在使用芸薹素内酯的同时，也要使用其他农药，其不具备完全替代作用。

需要注意的是，芸薹素内酯本身没有养分，需依靠调节养分在植株体内上下传导（叶面吸收的养分向根部传导）发生作用，因此必须保证养分供应，"水、肥、调"一体化，以便芸薹素内酯在植株体内更好地发挥作用。

复硝酚钠 (compoud sodium nitrophenolate)

$$C_7H_6NNaO_4$$

其他名称 丰产素、特多收、爱多收、必丰收、花蕾宝、802、增效钠、艾收、爱多丰、保多收、多膨靓。

化学名称 邻硝基苯酚钠 (Ⅰ), 对硝基苯酚钠 (Ⅱ), 5-硝基邻甲氧基苯酚钠 (Ⅲ)

主要剂型 0.7%、0.9%、1.4%、1.8%、1.95%、2%水剂, 0.9%可湿性粉剂, 1.4%可溶性粉剂。

理化性质 5-硝基邻甲氧基苯酚钠 (Ⅲ) 为红色结晶性粉末, 有霉味。145℃以上分解, 蒸气压 4.13×10^3 mPa (25℃), 相对密度 1.55 (22℃)。溶解度: 水中 1.3 (pH4)、1.8 (pH7)、86.8 (pH10) (g/L); 正庚烷 2.8 (mg/L, 下同)、邻二甲苯 29、1,2-二氯乙烷 39, 丙酮 170, 甲醇 53000, 乙酸乙酯 59。在干燥条件下稳定。

邻硝基苯酚钠 (Ⅰ), 红色结晶性粉末, 带有霉味, 熔点 280℃, 蒸气压 7.74×10^{-2} mPa (25℃, 含气饱和度方法), 相对密度 1.65 (22℃)。溶解度: 水中 0.78g/L (pH4)、2.8g/L (pH7); 正庚烷 <0.2mg/L, 邻二甲苯 <0.28mg/L, 1,2-二氯乙烷 0.5<mg/L, 丙酮 1200mg/L, 甲醇 4700mg/L, 醋酸乙酯 180mg/L。干燥条件下稳定。

对硝基苯酚钠 (Ⅱ) 为明亮的黄色细颗粒。94℃时结晶失去水, 175℃时分解; 蒸气压 $<1.33 \times 10^{-2}$ mPa (25℃, 含气饱和度方法), 相对密度 1.41 (22℃)。溶解度: 水中 14.7g/L (pH4)、13.9g/L (pH7)。

产品特点

(1) 复硝酚钠由邻硝基苯酚钠、对硝基苯酚钠和 5-硝基邻甲氧基苯酚钠三种成分组成, 属硝基苯类植物生长调节剂, 为单硝化愈创木酚钠盐植物细胞复活剂。主要作用机理是加速作物细胞质的环流速度, 使细胞质的流速增加 10%~15%, 从而促进植物细胞间物质的交换和运输, 提高细胞活性, 增强作物的各种生理代谢机能, 从而最终达到增产增收的目的。而且它不同于其他激素和生长调节剂, 是无公害产品, 不但可以彻底改变使用其他激素造成的"香瓜不香, 甜瓜不甜"现象, 还能使它们更甜更香。

(2) 复硝酚钠水剂为淡褐色液体。复硝酚钠不是激素, 但作用类似于激素, 所以它既能提高产量, 又能改善品质; 不是肥料, 但可提高肥料的利用率。可用于促进植物生长发育, 提早开花、打破休眠、促进发芽、防止落花落果、膨果美果、防止早衰、抗病抗逆、改良植物产品的品质。

（3）该药可以通过叶面喷洒、浸种、苗床浇灌及花蕾撒布等方式进行处理，从植物播种开始至收获之间的任何时期都可使用。

（4）质量鉴别

① 物理鉴别　根据复硝酚钠外观及组成配比来鉴别：纯正的复硝酚钠原粉是红黄混合结晶体（枣红色片状结晶：深红色针状结晶：黄色片状晶体＝1∶2∶3），在日光下肉眼可见均匀细小的发亮结晶体。若无三种颜色明显、晶体均不相同的成分构成，即不是真正意义的复硝酚钠。劣质复硝酚钠颜色偏黄，类似橘红色，呈粉状或者较细的红色粉末。

从气味辨别复硝酚钠：复硝酚钠有木质香味，因为其含有5-硝基愈创木酚钠，质劣的复硝酚钠气味较刺鼻。

从复硝酚钠水中溶解度来鉴别：取少量放水中观察，正品复硝酚钠能迅速充分溶解，溶解后水溶剂是透明的，无悬浮物和不溶物；劣质复硝酚钠不能迅速溶解，有部分悬浮物和不溶解物。在常温下，复硝酚钠在水中溶解量为8％～10％，太大或太小都不对。另外，在溶解的过程中，有部分黄色晶体溶解较慢，但搅拌后全部溶解，呈透明澄清液体。

根据复硝酚钠溶液的颜色与质量的关系来鉴别：复硝酚钠是一种酚钠盐，在水溶液中的颜色受溶液的酸碱性即pH值影响，酸碱性不一样，溶液的颜色也就不一样。溶液的碱性越大，pH值越大，其颜色越深；酸性越强，pH值越小，颜色越浅。另外在同样的酸碱条件下，与复硝酚钠的浓度有关系，浓度越大，颜色越深；浓度越小，颜色越浅。不同溶液颜色不一样正是复硝酚钠溶液的正常表现，说明复硝酚钠的质量较好。

从复硝酚钠含水量鉴别真假：正品复硝酚钠含水量控制在标准之内；劣质复硝酚钠含水量过大（可以用烘干法测定含水量）。

② 化学鉴别　利用复硝酚钠与三氯化铁的颜色反应来鉴别：复硝酚钠与三氯化铁在中性或极弱的酸性溶液中作用生成蓝紫色络合物。

取水剂样品或原粉2％的水溶液2mL于玻璃试管中，用稀盐酸调整其pH值至6～7，加1％三氯化铁溶液1滴，即显蓝色或蓝紫色，说明样品中含有复硝酚钠。

使用方法

（1）应用于苗期

① 促进菜籽发芽。大多数蔬菜种子可浸于1.8％水剂6000倍液中8～24h，在暗处晾干后播种。

a. 大豆。在播种前使用1.4％水剂4000倍液，或1.8％水剂5000倍液浸种3h，而后晾干播种，具有促进发芽、促使苗齐、苗壮等作用。

b. 促进马铃薯发芽、出苗。种薯切块前，将薯块在药液中浸泡5～10h，而后切块、消毒、播种，具有促进发芽、苗齐、苗壮等作用。一般使用1.4％水剂3000～4000倍液，或1.8％水剂4000～5000倍液浸泡薯块。

② 培育壮苗。于蔬菜种子发芽期每周喷施1.8％水剂6000倍液1次，能防止幼苗徒长，达到苗全、苗齐、苗壮的目的。大豆、豌豆等豆类，在苗期、开花初期各喷洒茎叶1次，可调节植株生长、提高结荚率、增加产量，喷雾时一般用1.4％水剂3000～4000倍液，或1.8％水剂4000～5000倍液。

③ 防治冻害。能促进叶菜类幼苗叶片生长，每月喷施1.8％水剂6000倍液2～3

次，促进营养生长和花芽分化，并可防止幼苗徒长和老化。在蔬菜幼苗期寒流来临前提前喷 1.8％水剂 5000 倍液 1 次，可有效预防冻害的发生；蔬菜受冻后，迅速喷施 1.8％水剂 4000 倍液 2～3 次，可解除或缓解冻害。

（2）应用于生长期

① 促进瓜果类蔬菜移栽成活。移栽定植后，使用复硝酚钠药液（或与液体肥料混合后）浇灌根部，具有防止根系老化、促进新根形成等作用，一般使用 1.4％水剂 3000～4000 倍液，或 1.8％水剂 4000～5000 倍液浇灌。

② 温室蔬菜移植后生长期，用 1.8％水剂 6000 倍液（或与液肥混合后）浇灌，对防止根老化、促进新根形成效果显著。

a. 果蔬类，如番茄、辣椒、瓜类等，在生长期及花蕾期用 1.8％水剂 6000 倍液喷洒 1～2 次，间隔 7d 左右喷 1 次。如在黄瓜上，用 1.4％水剂 4000～7000 倍液，或 1.8％水剂 7200～9000 倍液茎叶喷雾，在初花期喷雾 1 次，结果初期喷第 2 次，可提高坐果率、增产、改善品质和口感，提早上市。在番茄生产上，用 0.7％水剂 2000～3000 倍液，或 1.4％水剂 4000～8000 倍液进行茎叶喷雾，可调节番茄生长。

b. 菜豆、豇豆 4 片真叶时，用 1.8％水剂 6000 倍液叶面喷施，可加速幼苗生长，提早 4～7d 抽蔓。初花期和盛花期用 1.8％水剂 6000 倍液叶面喷施，起保花保荚作用。采收盛期叶面喷施，促使早发新叶新梢，提前 5～7d 返花。

③ 促进叶菜类蔬菜增产。在生长期全株喷施 1～2 次，具有促进生长、显著增产的作用，一般使用 1.4％水剂 3000～4000 倍液，或 1.8％水剂 4000～5000 倍液。

④ 促进瓜果类蔬菜增产。在生长期及花蕾期喷施，具有调节生长、防止落花落果、增加产量的作用，一般使用 1.4％水剂 3000～4000 倍液，或 1.8％水剂 4000～5000 倍液。

a. 大白菜。莲座期，用 1.8％水剂 6000 倍液喷 1～2 次，可促进早包心，增产 30％以上。

b. 芹菜。用 1.4％水剂 5000～6000 倍液茎叶喷雾，可调节芹菜生长。

c. 西瓜。在幼苗期、伸蔓期、开花期和结果期使用 3mg/L 药液各喷施 1 次，可有效减少枯萎病发生、提高坐瓜率、单瓜增重和增加糖分含量。

（3）与杀虫剂、杀菌剂、除草剂、叶面肥混用，增效

① 与杀虫剂混用　可拓宽药谱，增强作物对虫害的抵抗作用，显著减轻植物虫害后遗症，增强作物本身的抗逆功能，加速作物被害虫危害伤口损伤的愈合，使植株迅速恢复生长。

② 与杀菌剂混用　可拓宽药谱，提高杀菌剂的防效，有效抑制病原菌的繁殖，活化抗病基因，激发植物自身的"免疫系统"产生抗体，显著提高杀菌剂的杀菌效果。

③ 与除草剂混用　可使作物苗齐、苗壮，增强作物本身的抗逆功能，提高作物使用除草剂的安全系数，把除草剂对作物的有害程度降到最低，并能调节作物生长平衡，达到除草无害、增产又增收的目的。

④ 与肥料混用　可增强植物对肥料的利用率，解除肥料之间的拮抗作用，协调营养平衡，显著提高肥效。

某种农药与复硝酚钠混用的检测方法：将要加入复硝酚钠溶液的农药先取一小部分溶于水，再慢慢倒入复硝酚钠溶液中，如复硝酚钠溶液中没有发现沉淀物，溶液仍然保

持褐红色，则此农药可以与复硝酚钠混用。

（4）缓解药害　经济价值高的作物，在发生较轻药害时，可及时喷施 1.4%水剂 5000～7000 倍液，或 1.8%水剂 6000～12000 倍液 1～2 次，有利于恢复正常生长。

注意事项

（1）必须严格掌握使用浓度，不要随意提高使用浓度，若浓度过高会对作物幼芽及生长有抑制作用。甜菜出现轻度复硝酚钠药害时，突出症状为抑制植株生长、幼果发育不良，重度药害为植株萎蔫、发黄甚至死亡。复硝酚钠药害较少发生，主要发生在桃树、西瓜等敏感作物上，导致作物落花、落果，出现空心果等现象。

（2）宜在上午 8～10 时，下午 3～5 时喷施。

（3）预计降雨或大风天，不要施药，以免影响效果，若喷施 6h 内遇雨需重喷。

（4）作茎叶处理时，喷洒应均匀，对于表面蜡质层厚、不易附着药滴的作物，应先加展着剂后再喷。务必喷施至全株布满均匀的露状药液为止。

（5）可与一般农药混用，包括波尔多液等碱性药液，但不宜与强酸性农药混用。若种子消毒剂的浸种时间与本剂相同时，可一并使用，与尿素及液体肥料混用时能提高功效。

（6）结球性叶菜应在结球前 1 个月停止使用，否则会推迟结球。

（7）复硝酚钠可以促进根系对肥料的吸收率，但它不是肥料，切勿因使用复硝酚钠而停止必要的施肥。

（8）应密封保存在避光的阴冷处。

（9）1.8%复硝酚钠水剂在番茄上最多使用 2 次，安全间隔期为 7d。

三十烷醇（triacontanol）

$$CH_3（CH_2）_{28}CH_2OH$$

$$C_{30}H_{62}O，438.82，593-50-0$$

其他名称　TRLA、TAL、正三十烷醇、增产宝、大丰力、蜂花醇、蜂蜡醇。

化学名称　三十烷醇-1（是由 30 个碳原子组成的长链伯醇）

主要剂型　0.1%微乳剂，1.4%可溶性粉剂，0.1%和 0.05%的乳剂和胶悬剂。

理化性质　纯品为白色结晶固体或蜡状粉末或片状固体，相对密度 0.777，沸点 244℃，在 86.5～87℃时开始熔化。不溶于水（在温室条件下水中溶解度约 10mL/L），易溶于苯和乙醚，微溶于乙醇。正常条件下稳定性很好，不易被光、空气、碱、热等分解。三十烷醇为天然产物，多以酯的形式存在于多种植物和昆虫的蜡质中。人们每天吃的蔬菜中三十烷醇的含量比处理 1 亩地的作物用的三十烷醇还要多，许多果皮中（如苹果）也含有三十烷醇，因此三十烷醇实际上对人、畜、环境基本无影响。

0.1%三十烷醇微乳剂由 0.1%的三十烷醇溶剂、表面活性剂及水组成。外观为微黄色透明液体，相对密度 0.98，pH6.5～8，无沉淀。

产品特点

（1）三十烷醇是一种内源植物生长调节剂，可由作物茎、叶吸收。高纯晶体配制的剂型，在极低浓度下（0.01～1μg/g）就能刺激作物生长，提高产量。三十烷醇能够促进细胞分裂，增加细胞鲜重，提高淀粉磷酸酶、多酚氧化酶、磷酸丙酮酸羧化酶等酶的活性。此外，三十烷醇还能促进植物光合作用顺利进行。其作用特点为提高光合色素含量，提高光合速率，增加能量积累，增加干物质积累，提高磷酸烯醇式酮酸（PEP）羧化酶的活性，促进碳素代谢，提高硝酸还原酶活性，促进氮素代谢，增加氮、磷、钾吸收，促进生长发育，增强生理调控。

（2）三十烷醇为无公害新型植物生长调节剂，对农作物有多种生理功能，增产明显。主要表现为增强植株体内酶的活性，促进作物花芽分化和须根的生长；提高叶绿素的含量，增强光合作用；促进早熟，提高结实率；增加干物质的积累，促进矿质元素的吸收，增加蛋白质含量和糖分含量；促进受伤组织的愈合；在生长中、后期使用可促进作物早熟，增加花蕾数，提高结实率，增加千粒重，增强作物抗旱能力。具有无污染，用量微，成本低，效益高的特点。

使用方法

（1）促早熟增产

① 黄瓜、西瓜、菜豆，在黄瓜花期，在西瓜幼果直径 10cm 时，在菜豆的盛花期和始荚期，用 0.5mg/kg 的药液，喷洒植株。

② 茄子、辣椒、瓠瓜、豇豆等，在花期，用 1mg/kg 的药液，喷洒叶片。

③ 大豆，在菜用大豆盛花期，用 0.1～0.5mg/kg 的药液，喷洒植株。

④ 黄瓜，先在夏黄瓜幼苗 4 片真叶和 5～6 片真叶时，用 150mg/kg 的乙烯利药液，各喷幼苗 1 次，待到定植后，从初花期起，用 0.3mg/kg 的三十烷醇药液，每隔 10d 喷洒植株 1 次，连喷 3 次，促坐果增产。

⑤ 番茄，在苗期和花果期喷洒 0.1～1.0mg/L 的三十烷醇药液 1～2 次，增产幅度为 10%～30%，表现为结实率和果实重提高，若用三十烷醇与 0.5～1.5mg/L 的 2,4-滴混合点花，可比单用 2,4-滴处理的畸形果少，落果少，结果率高，产量增加。

（2）促进植株生长

① 甘蓝，在生长期，用 0.1mg/kg 的药液喷洒植株。

② 大白菜、芹菜、大蒜等，在生长期内，用 0.5mg/kg 的药液，喷洒植株。

③ 韭菜，在苗高 6～7cm 时，用 0.5mg/kg 的药液，喷洒植株。

④ 青菜，在定植后，用 0.5mg/kg 的药液，连喷 3 次。

⑤ 苋菜，在 3 片真叶时，用 1mg/kg 的药液，喷洒植株。

⑥ 蘑菇，在菌丝体生长期、菌丝更新期、子实体形成初期三个时期喷施，用 1mg/kg 的药液，喷洒菌体。

⑦ 萝卜或胡萝卜，在肉质根膨大期，每 8～10d 喷施 1 次 0.5mg/L 的三十烷醇，亩用量 50L，连续喷施 2～3 次，能够促进植株生长及肉质根肥大，使品质细嫩。

⑧ 蒜苗，在生长期用 0.5mg/L 的三十烷醇喷洒植株，能促进生长，提高产量。

（3）增强植株抗病力

① 大白菜，在苗期、莲座期、结球期，用 0.5mg/kg 的药液，各喷洒植株 1 次，可增强抗霜霉病能力。

② 番茄，在花期，用 0.5～1mg/kg 的药液，喷洒植株 2 次，可使枯萎病发病率下降。

（4）提高发芽率　用 0.1～0.5mg/kg 的药液，浸泡菜用大豆（毛豆）的种子。

（5）打破休眠　将洗干净的甘薯种薯放在 1mg/L 的三十烷醇溶液中浸泡 10min，

取出晾干后，即可播入苗床，可打破种薯的休眠，促进种薯的萌发。

注意事项

（1）应选用经重结晶纯化、不含其他高烷醇杂物的制剂，否则效果不稳定。

（2）控制用药量，浓度过高会抑制发芽。三十烷醇使用量较大或纯度不高时，会导致苗期叶鞘弯曲，根部畸形，成株则导致幼嫩叶片卷曲。

（3）适宜温度为 20～25℃，选择晴天上午 9～11 时或下午 3～5 时进行喷施，以下午喷最好。

（4）在高温、低温、雨天、大风等不良天气条件下不宜喷施，喷药后 6h 内遇雨需补喷，可与多菌灵、杀虫双、尿素、微量元素等混用，一般现用现配，要严格掌握使用浓度。

（5）不得与酸性物质混合，以免分解失效。

（6）可与多菌灵、杀虫双、尿素、微量元素等混用，一般现用现配。在蔬菜收获前 3d 停用。

（7）配制时要充分搅拌均匀。市售三十烷醇液剂或乳剂往往会因为气温变化有少量沉淀或结晶物，使用时应反复摇动瓶中药液或置于 50～70℃ 热水中，待固体物全部溶解后方可使用，以免局部浓度过高造成药害。

胺鲜酯（diethyl aminoethyl hexanoate）

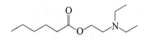

C₁₂H₂₅NO₂, 215.3, 10369-83-2

其他名称　得丰、DA-6、增效胺、胺鲜脂、增效灵、增效胺、己酸二乙氨基乙醇酯。

化学名称　己酸-β-二乙氨基乙醇酯

主要剂型　1.6%、2%、8%水剂，8%可溶性粉剂。

理化性质　纯品为无色液体，工业品为淡黄色至棕色油状液体，沸点 138～139℃/（0.01mPa），相对密度 0.88（20℃）。易溶于乙醇、丙酮、氯仿等大多数有机溶剂，微溶于水。在中性和弱酸性介质中稳定。不宜与碱性农药、肥料复配，以免影响药效。

产品特点

（1）胺鲜酯是具有广谱和突破性效果的高能植物生长调节剂，能提高植株体内叶绿素、蛋白质、核酸的含量和光合速率，提高过氧化物酶及硝酸还原酶的活性，促进植株的碳、氮代谢，增强植株对水肥的吸收和干物质的积累，调节体内水分平衡，增强作物、果树的抗病、抗旱、抗寒能力，延缓植株衰老，促进作物早熟、增产，提高作物的品质。

（2）胺鲜酯几乎适用于所有植物及整个生育期，施用 2～3d 后叶片明显长大变厚，长势旺盛，植株粗壮，抗病虫害等抗逆能力大幅度提高。其使用浓度范围大，1～100μg/g 的药剂均对植株有很好的调节作用，至今未发现有药害现象。胺鲜酯具有缓释作用，能被植物快速吸收和贮存，一部分快速起作用，可以广泛应用于塑料大棚和冬季作物。植物吸收胺鲜酯后，可以调节体内内源激素平衡。在前期使用，植物会加快营养生长，中后期使用，会增加开花坐果，加快植物果实饱满、成熟，这是传统调节剂所不具备的特点。

（3）增进光合作用。胺鲜酯可以增加叶绿素含量，施用 3d 后，使叶片浓绿、变大、变展、见效快、效果好；同时提高光合作用速率，增加植物对二氧化碳的吸收，调节植物的碳、氮比；增加叶片和植株的抗病能力，使植株长势旺盛，这方面要显著优越于其他植物生长调节剂。

（4）适应低温。其他植物生长调节剂在低于 20℃ 时，对植物生长失去调节作用，所以限制了它们在塑料大棚中和冬季里的应用。胺鲜酯在低温下，只要植物具有生长现象，就具有调节作用，所以可以广泛应用于塑料大棚和冬季作物。

（5）无毒副作用。芳香类化合物一般在自然界中不易降解，但胺鲜酯是一种脂肪酸类化合物，相当于油酯类，对人、畜没有任何毒性，不会在自然界中残留。经中国疾病控制中心和郑州大学医学院多年试验证明，属于无毒物质。

（6）超强稳定性。芳香类化合物易燃，不小心可能引起爆炸，造成生命财产的损失；腺嘌呤类具有腐蚀性，又需要特殊设备和贮藏设备；胺鲜酯原粉不易燃，不易爆，按照一般的化学物质贮运即可，不存在贮运和使用中的隐患问题。

（7）缓释作用。芳香类化合物、腺嘌呤类、生长素等植物生长调节剂，虽然都具有速效性，但作用效果很快消失；胺鲜酯具有缓释使用，它会被植物快速吸收和贮存，一部分快速起作用，而另一部分缓慢起作用。

（8）调节植物体内 5 大内源激素。胺鲜酯本身不是植物激素，但吸收以后，可以调节植物体内的生长素、赤霉素、脱落酸、细胞分裂素、乙烯等的活性和有效调节其配比平衡。一般前期用胺鲜酯会增加开花、坐果，并加快植物果实的成熟。这是芳香类化合物和其他植物生长调节剂所不具备的性质。

（9）使用浓度范围大。芳香类化合物和腺嘌呤类植物生长调节剂的使用浓度范围很窄，浓度低了没有作用，浓度高了抑制植物生长，甚至杀死植物；但胺鲜酯具有较宽的使用浓度，且不同的浓度有不同时间的作用高峰和增产效果，没有发现副作用和药害现象。

（10）固氮作用。胺鲜酯对大豆等喜氮作物具有良好的固氮作用。

（11）对作物枯萎病、病毒病有特效。

（12）可与甲哌鎓、乙烯利复配，如 27.5% 鲜胺·甲哌鎓水剂、30% 鲜胺·乙烯利水剂。

防治对象 可用于大豆、玉米、高粱、油菜、蔬菜等多种作物，使其苗壮、抗病抗逆性好、增花保果、提高结实率、果实均匀光滑、品质提高、早熟、收获期延长、增产、提高发芽率、抗倒伏、粒多饱满、穗数和千粒重增加等。

使用方法

（1）白菜，调节生长、增产，用 8% 可溶性粉剂 1000～1500 倍液，在白菜移栽定植成活后至结球期均匀喷雾。

（2）大豆，调节生长、增产，用 8% 可溶性粉剂 1000～1500 倍液，浸种 8h 或在大豆苗期、始花期、结荚期各喷施 1 次。

（3）萝卜、胡萝卜、榨菜、牛蒡等根菜类蔬菜，调节生长、增产，用 8% 可溶性粉剂 800～1000 倍液，浸种 6h 或在根菜类蔬菜幼苗期、肉质根形成期和膨大期各喷施 1 次。

（4）甜菜，调节生长、增产，用 8％可溶性粉剂 1000～1500 倍液，浸种 8h 或在甜菜幼苗期、直根形成期和膨大期各喷施 1 次。

（5）番茄、茄子、辣椒、甜椒等茄果类蔬菜，调节生长、增产，用 8％可溶性粉剂 800～1000 倍液，在茄果类蔬菜幼苗期、初花期、坐果后各喷施 1 次。

（6）西瓜、香瓜、哈蜜瓜等瓜类，调节生长、增产，用 8％可溶性粉剂 800～1000 倍液，在瓜类始花期、坐果后、果实膨大期各喷施 1 次。

（7）菜豆、扁豆、豌豆、蚕豆等豆类，调节生长、增产，用 8％可溶性粉粉剂 800～1000 倍液，在豆类幼苗期、盛花期、结荚期各喷施 1 次。

（8）韭菜、大葱、洋葱、大蒜等葱蒜类，调节生长、增产，用 8％可溶性粉剂 800～1000 倍液，在葱蒜类营养生长期间隔 10d 以上喷施 1 次，共 2～3 次。

（9）蘑菇、香菇、木耳、草菇、金针菇等食用菌类，调节生长、增产，用 8％可溶性粉剂 800～1000 倍液，在食用菌类子实体形成初期喷 1 次，在幼菇期、成长期各喷 1 次。

（10）玉米，调节生长、增产，用 8％可溶性粉剂 1000～1500 倍液，浸种 6～16h，或在玉米幼苗期、幼穗分化期、抽穗期各喷施 1 次。

（11）马铃薯、红薯、芋等块茎类蔬菜，调节生长、增产，用 8％可溶性粉剂 800～1000 倍液，在块茎类蔬菜苗期、块根形成期和膨大期各喷施 1 次。

（12）油菜，调节生长、增产，用 8％可溶性粉剂 800～1000 倍液，浸种 8h 或在油菜苗期、始花期、结荚期各喷施 1 次。

（13）黄瓜、冬瓜、南瓜、丝瓜、苦瓜、节瓜、西葫芦等瓜类蔬菜，调节生长、增产，用 8％可溶性粉剂 800～1000 倍液，在瓜类蔬菜幼苗期、初花期、坐果后各喷施 1 次。

（14）菠菜、芹菜、生菜、芥菜、蕹菜、甘蓝、花椰菜、香菜等叶菜类蔬菜，调节生长、增产，用 8％可溶性粉剂 800～1000 倍液，在叶菜类蔬菜定植后生长期间隔 7～10d 以上喷施 1 次，共 2～3 次。

中毒急救　如吸入本品，应迅速将患者转移到空气清流通处。如呼吸停止，给人工呼吸。如呼吸困难，给氧。如有症状及时就医。皮肤接触后，立即用水和肥皂清洗，并彻底冲洗干净。眼睛接触后，把眼睑打开用流水冲洗几分钟，如有持续症状，及时就医。误食，立即用大量清水漱口，洗胃。洗胃时注意保护气管和食管，及时送医院对症治疗。如出现呕吐，应给予补液，并请医生诊断是否需要进行洗胃。神志不清的病人不要经口食用任何东西。无特效解毒剂。

注意事项

（1）不能与强酸、强碱性农药及碱性化肥混用。

（2）喷药不能在强日光下进行。

（3）胺鲜酯在生产中不宜过于频繁使用，应注意使用次数，使用时，间隔期至少在一周以上。

（4）用量大时表现为抑制植物生长，故配制应准确，不可随意加大浓度。胺鲜酯药害表现为叶片有斑点，然后逐渐扩大，由浅黄色逐渐变为深褐色，最后透明，胺鲜酯药害仅在桃树上出现过，其他作物上到目前为止还没有药害发生。

（5）对蜜蜂高毒，养蜂场附近、蜜蜂作物花期禁用。

（6）禁止在河塘等水体中清洗施药器具或将施药器具的废水倒入河流、池塘等水源。

（7）本品放置于阴凉、干燥、通风、防雨、远离火源处，勿与食品、饲料、种子、日用品等同贮同运。

（8）安全间隔期为 3d，每季最多使用 3 次。

S-诱抗素（abscisic acid）

$C_{15}H_{20}O_4$, 264.3, 21293-29-8

其他名称 福生壮芽灵，壮芽灵，脱落酸，天然脱落酸，农宝，金美红、果蔬宝、福生。

化学名称 5-(1′-羟基-2′,6′,6′-三甲基-4′-氧代-2′-环己烯-1′-基)-3-甲基-2-顺-4-反-戊二烯酸

主要剂型 0.006%、0.02%、0.1%、0.25% 水剂，1% 可溶粉剂，80%、90%、98% 白色或淡黄色粉剂。

理化性质 纯品为白色或微黄色结晶，熔点 160～163℃。水中溶解度 1～3g/L，缓慢溶解；难溶于石油醚与苯，易溶于甲醇、乙醇、丙酮、乙酸乙酯与三氯甲烷。稳定性较好，常温下放置 2 年，有效成分含量基本不变。对光敏感，属强光分解化合物。制剂外观为无色溶液。

产品特点

（1）S-诱抗素又名脱落酸，是一种高效植物生长调节剂，与生长素、赤霉素、细胞分裂素、乙烯利并列为世界公认的五大类天然植物生长调节物质。它不仅可以提高植物的抗旱、抗寒、抗盐碱和抗病能力，而且可以显著提高作物的产量和品质，是活性最高、功能最强大的植物生长调节物质。

（2）作用机理是在逆境胁迫时，S-诱抗素在细胞间传递逆境信息，诱导植物机体产生各种应对的抵抗能力。在土壤干旱胁迫下，S-诱抗素启动叶片细胞质膜上的信号传导，诱导叶面气孔不均匀关闭，减少植物体内水分蒸腾散失，提高植物抗干旱能力。在寒冷胁迫下，S-诱抗素启动细胞抗冷基因，诱导植物产生抗寒蛋白质。一般而言，抗寒性强的植物品种，其内源 S-诱抗素含量高于抗寒性弱的品种。在病虫害胁迫下，S-诱抗素诱导植物叶片细胞 PIN 基因活化，产生蛋白酶抑制物阻碍病原或虫害进一步侵害，避免受害或减轻植物的受害程度。在土壤盐渍胁迫下，S-诱抗素诱导植物增强细胞膜渗透调节能力，降低每千克物质中 Na+ 含量，提高 PEP 羧化酶活性，增强植株的耐盐能

力。在药害肥害的胁迫下，调节植物内源激素的平衡，停止进一步吸收，有效解除药害肥害的不良影响。在正常生长条件下，S-诱抗素诱导植物增强光合作用和吸收营养物质，促进物质的转运和积累，提高产量、改善品质。

（3）S-诱抗素能显著提高作物的生长素质，诱导并激活植物体内产生150余种基因参与调节近代物质的平衡生长和营养物质合成，增强作物抗干旱、低温、盐碱、涝渍能力，有效预防病虫害的发生，解除药害肥害，并能稳花、保果和促进果实膨胀与早熟；还能增强作物光合作用，促进氨基酸、维生素和蛋白质等的合成，加速营养物质的积累，对改善品质、提高产量效果特别显著；施用本品，幼苗发根快、发根多，移栽后返青快、成活率高，作物整个营养生长期和生殖生长旺盛、抗逆性强、病虫害少。

（4）S-诱抗素是平衡植物内源激素和有关生长活性物质代谢的关键因子，具有促进植物平衡吸收水、肥和协调体内代谢的能力，可有效调控植物的根、冠和营养生长与生殖生长，对提高农作物的品质、产量具有重要使用。它是启动植物体内抗逆基因表达的"第一信使"，可有效激活植物体内抗逆免疫系统。具有培源固本、增强植物综合抗性的能力，如抗旱、抗热、抗寒、抗病虫、抗盐碱等。对农业生产上抗旱节水、减灾保产和生态环境的恢复具有重要作用。

（5）S-诱抗素是所有绿色植物均含有的纯天然产物，本品是通过微生物发酵获得的高纯度、高生长活性，对人畜无毒害、无刺激性，是一种新型高效、天然绿色植物生长活性物质。

防治对象　S-诱抗素适于各种粮食作物、经济作物、蔬菜、果树、茶树、中药材、花卉及园艺作物等。

使用方法

（1）番茄，调节生长，用0.1％水剂200～400倍液均匀喷雾，番茄移栽前2～3d或移栽后7～10d，叶面喷施。植株弱小时慎用。

（2）蔬菜种子浸种，用0.006％水剂200～250倍液，按常规方法浸种。

（3）马铃薯浸种，用0.006％水剂50～100倍液浸种1～2h。

中毒急救　吸入或误食，如有不适症状，立即携带该产品标签前往医院诊治。不慎接触皮肤，应用大量清水冲洗，若溅入眼睛，应用大量清水冲洗至少15min，严重时送医院诊治。

注意事项

（1）浸种应在敞口的容器中进行，药液要盖没种子，并每天搅动1～2次，使受药均匀。

（2）勿用碱性水稀释，稀释液中加入少量的食醋，效果会更好。但经稀释后的溶液稳定性变差。

（3）不能与碱性农药混放及混用，以免分解失效。生产上使用时应随配随用，放置过久后会降低使用效果。

（4）本品应避光保存，开启包装后最好一次性用完。未用完的药剂要密封，保存在避光、阴凉、干燥处，保持期2年。

（5）本品与非碱性杀菌剂、杀虫剂混用，药效将大大提高。

（6）植株弱小时，兑水量应取上限。

（7）请在阴天或晴天傍晚喷施本品，喷施后 6h 遇雨补喷。

（8）每季作物施药 1 次。

参考文献

［1］王迪轩，罗伟玲，何永梅.无公害蔬菜科学使用农药问答.北京：化学工业出版社，2010.

［2］王迪轩.有机蔬菜科学用药与施肥技术.北京：化学工业出版社，2011.

［3］王迪轩.有机蔬菜科学用药与施肥技术.第二版.北京：化学工业出版社，2015.

［4］王迪轩，何永梅，王雅琴.蔬菜常用农药100种.北京：化学工业出版社，2014.

［5］王迪轩，何永梅，徐洪.50种常见农药使用手册.北京：化学工业出版社，2017.

［6］汪建沃，等.优势农药品种发展与应用指南.长沙：中南大学出版社，2015.

［7］孙家隆，齐军山.现代农药应用技术丛书杀菌剂卷.北京：化学工业出版社，2016.

［8］郑桂玲，孙家隆.现代农药应用技术丛书杀虫剂卷.北京：化学工业出版社，2016.

［9］骆焱平，曾志刚.新编简明农药使用手册.北京：化学工业出版社，2016.

［10］农业部种植业管理司，农业部农药检定所.新编农药手册.第2版.北京：中国农业出版社，2015.

［11］张洪昌，李星林，赵春山.农药质量鉴别.北京：金盾出版社，2014.

［12］程伯瑛.菜园农药手册.北京：中国农业出版社，2003.

［13］张洪昌，李翼.生物农药使用手册.北京：中国农业出版社，2011.

［14］王江柱.农民欢迎的200种农药.北京：中国农业出版社，2009.

［15］张洪昌，李星林.植物生长调节剂使用手册.北京：中国农业出版社，2011.

［16］胡锐.蔬菜施药对与错.郑州：中原农民出版社，2016.

［17］张敏恒.农药品种手册精编.北京：化学工业出版社，2013.

［18］赵要辉，杨照东.新农药科学使用问答.北京：化学工业出版社，2013.

［19］张洪昌，李星林.植物生长调节剂使用手册.北京：中国农业出版社，2011.

［20］纪明山.生物农药问答.北京：化学工业出版社，2009.

［21］王丽君.菜园新农药手册.北京：化学工业出版社，2016.

［22］吕佩珂，苏慧兰，尚春明.茄果类蔬菜病虫害诊治原色图鉴.第二版.北京：化学工业出版社，2017.

［23］吕佩珂，苏慧兰，李秀英.瓜类蔬菜病虫害诊治原色图鉴.第二版.北京：化学工业出版社，2017.

索　引

中文农药通用名称

英文农药通用名称